Wärme- und Stoffübertragung

Herausgegeben von Ulrich Grigull

Karl Stephan

Wärmeübergang beim Kondensieren und beim Sieden

Mit 161 Abbildungen und 14 Tabellen

Springer-Verlag Berlin Heidelberg New York
London Paris Tokyo 1988

Prof. Dr.-Ing. Karl Stephan
Institut für Technische Thermodynamik
und Thermische Verfahrenstechnik
Universität Stuttgart
Pfaffenwaldring 9
7000 Stuttgart 80

Herausgeber
Prof. Dr.-Ing. Ulrich Grigull
Lehrstuhl A für Thermodynamik
TU München
Arcisstr. 21
8000 München 2

ISBN-13:978-3-540-18075-3   e-ISBN-13:978-3-642-83159-1
DOI: 10.1007/978-3-642-83159-1

CIP-Kurztitelaufnahme der Deutschen Bibliothek
Stephan, Karl.:
Wärmeübergang beim Kondensieren und beim Sieden/Karl Stephan. –
Berlin; Heidelberg; New York; London; Paris; Tokyo: Springer, 1988
(Wärme- und Stoffübertragung)
ISBN-13:978-3-540-18075-3

Texterfassung: Mit einem System der Springer Produktions-Gesellschaft, Berlin
Datenkonvertierung: Brühlsche Universitätsdruckerei, Gießen

2160-543210

Vorwort

Dieses Buch setzt die von U. Grigull herausgegebene Buchreihe „Wärme- und Stoffübertragung" fort, von der inzwischen drei Bände erschienen sind. Es soll den Studenten und auch den bereits in der Praxis tätigen Ingenieur mit den Gebieten des Wärmeübergangs beim Kondensieren und beim Sieden vertraut machen und wendet sich in erster Linie an Studenten und Ingenieure der Fachrichtungen Maschinenbau, Chemieingenieurwesen, Verfahrens- und Energietechnik.

Sie stehen häufig vor der Aufgabe, Probleme des Wärme- oder Stoffaustausches zu bearbeiten, bei denen Vorgänge des Kondensierens oder Siedens von reinen Stoffen oder von Gemischen entscheidend sind. Das Schrifttum hierüber ist zwar in den letzten Jahren stark angewachsen, es ist aber oft nur in einer Form zugänglich, die es dem Anwender schwer macht zu entscheiden, welches die Anwendungsbereiche und Gültigkeitsgrenzen der theoretischen oder experimentellen Befunde sind. Es schien daher geboten, das Wissen systematisch zu ordnen und für den Anwender aufzubereiten. Das erforderte andererseits eine Stoffauswahl durch den Autor und den Verzicht auf einige Teilgebiete, vor allem solcher, die noch zu sehr empirischer Natur sind.

Das Buch gliedert sich in die beiden Kapitel Wärmeübergang beim Kondensieren und Wärmeübergang beim Sieden, die in ähnlicher Weise aufgebaut sind.

Das Kapitel über den Wärmeübergang beim Kondensieren beginnt mit einem Überblick über die verschiedenen Arten der Kondensation und ihre grundlegenden Mechanismen; es behandelt dann die Film- und Tropfenkondensation ruhender und anschließend die strömender Dämpfe einschließlich der von Metalldämpfen.

In den meisten Kondensatoren werden Dämpfe von Vielstoffgemischen kondensiert, wobei sich ein Kondensat aus mischbaren oder auch aus unmischbaren Flüssigkeiten bildet. Diesem für die Technik wichtigen Gebiet ist ein verhältnismäßig breiter Raum gewidmet. Es zeigt sich, daß trotz der in jüngster Zeit erzielten Fortschritte immer noch viele Probleme einer Lösung harren. Auch die vielen Möglichkeiten der Verbesserung des Wärmeübergangs beim Kondensieren sind bisher keineswegs ausgeschöpft.

Um den Wärmeübergang beim Sieden zu verstehen, ist es unerläßlich, sich mit den Grundlagen der Dampferzeugung und der Dampfblasenbildung auseinanderzusetzen, die infolgedessen am Anfang des Kapitels über den Wärmeübergang beim Sieden behandelt werden. Die weiteren Ausführungen befassen sich mit dem Wärmeübergang beim Sieden in freier Strömung, in Fallfilmverdampfung und in erzwungener Strömung. Ähnlich wie im Kapitel über den Wärmeübergang beim

Kondensieren werden Vielstoffgemische aus misch- oder unmischbaren Flüssigkeiten sowohl hinsichtlich des Wärmeübergangs beim Sieden in freier als auch in
erzwungener Strömung ausführlich behandelt, und es werden schließlich die
verschiedenen Möglichkeiten zur Verbesserung des Wärmeübergangs beim Sieden
besprochen.

In der Darstellung stehen stets die physikalischen Grundlagen im Vordergrund;
auf sie bauen dann die Modellvorstellungen und Theorien auf, deren Grenzen und
Gültigkeitsbereich jeweils erörtert werden. Ebenso wichtig schien es aber auch, auf
die technischen Anwendungen in ausreichendem Umfang einzugehen und dem
Anwender das erforderliche Rüstzeug zur wärmetechnischen Berechnung von
Apparaten bereitzustellen. Diesem Zweck dienen Angaben über experimentelle
Ergebnisse, Gebrauchsformeln und auch Rechenschemata bei komplizierten
Problemen.

Für wertvolle Hinweise und Ratschläge bei der Abfassung des Manuskripts bin
ich den Herren Dr.-Ing. habil. H. Auracher und Dr.-Ing. J. Mitrović zu Dank
verpflichtet. Herrn Dipl.-Ing. D. Butz danke ich für das Mitlesen der Korrekturen
und für viele Anregungen, dem Springer-Verlag für die angenehme Zusammen-
arbeit und die sorgfältige Ausführung des Buches.

Stuttgart, im Oktober 1987   K. Stephan

Inhaltsverzeichnis

Symbolverzeichnis

a) Formelzeichen, lateinische Buchstaben

Zeichen	Bedeutung	SI-Einheit (als Beispiel)
a	Konstante	—
a	Temperaturleitfähigkeit, $a = \lambda/(\varrho c_p)$	m^2/s
a_{ij}	Koeffizienten	—
A	Fläche	m^2
A	Faktor	—
A_0	gesamte Oberfläche eines Rippenrohrs	m^2
A_G	Oberfläche des Grundrohrs	m^2
A_R	Rippenoberfläche	m^2
b	Breite	m
b	Konstante	—
b	Laplace-Konstante, $b = [2\sigma/g(\varrho_L - \varrho_G)]^{1/2}$	m
$b = \sqrt{\lambda\varrho c_p}$	Wärmeeindringkoeffizient	$Ws^{1/2}/m^2K$
b_{ij}	Koeffizienten	—
B	Faktor	—
c	Konzentration	mol/m^3
c_0, c	Konstanten	—
c_p	spez. Wärmekapazität	J/kgK
d	Durchmesser	m
d	Krümmungsradius im Scheitel einer Dampfblase	m
d_A	Abreißdurchmesser einer Dampfblase	m
d_e	äquivalenter Durchmesser, $d_e = 4\,A/U_b$	m
d_i	Gradient, $d_i = \operatorname{grad} y_i$	$1/m$
D	Diffusionskoeffizient	m^2/s
$\mathfrak{D}_{ik}$	binärer Diffusionskoeffizient	m^2/s
D_{ik}	polynärer Diffusionskoeffizient	m^2/s
f	Frequenz einer Dampfblase	$1/s$
f	Kondensationskoeffizient, Korrekturfaktor	—
f	Ungleichförmigkeitsgrad, $f = q_{max}/\bar{q}$	—
f, F	Zeichen für Funktion	—
F	Kraft	N
F	Verstärkungsfaktor bei Zweiphasenströmung	—
F_A	Auftriebskraft	N
F_R	Resultierende von Kräften	N
F_T	Trägheitskraft	N
g	Fallbeschleunigung	m/s^2
	Normalfallbeschleunigung $g_n = 9{,}80665\ m/s^2$	

Zeichen	Bedeutung	SI-Einheit (als Beispiel)
G	Parameter für Reibungsanteil bei Filmkondensation strömender Dämpfe, $G = (\Gamma \sigma_w)/(\varrho_L \sigma)$	m^2/s
h	spez. Enthalpie	J/kg
h	Höhe	m
Δh_v	spez. Verdampfungsenthalpie	J/kg
h'	spez. Enthalpie der siedenden Flüssigkeit	J/kg
h''	spez. Enthalpie des trocken gesättigten Dampfes	J/kg
H	Rippenhöhe	m
H_i	partielle molare Enthalpie der Komponente i	J/mol
j	Diffusionsstromdichte	$mol/m^2 s$
$\overset{*}{j}_G$	dimensionslose Dampfgeschwindigkeit $\overset{*}{j}_G = x^* \dot{M}/A [g d \varrho_G (\varrho_L - \varrho_G)]^{1/2}$	—
k	Konstante	—
k	Wärmedurchgangskoeffizient	$W/m^2 K$
K	Krümmung $K = 1/r$	$1/m$
K	Zahl der Komponenten	—
l, L	Länge	m
m	Exponent	—
$\dot{m}$	Massenstromdichte	$kg/m^2 s$
M	Molmasse	kg/mol
$\dot{M}$	Massenstrom	kg/s
n	Exponent	—
n	Zahl der Rohre	—
n_1, n_2, n_3	Exponent	—
n_i	Tropfenzahl der Größenklasse i	—
$\dot{n}$	Molstromdichte	$mol/m^2 s$
N	gesamte Tropfenzahl	—
$\dot{N}$	Molstrom	mol/s
p	Druck, $1\,Pa = 1\,N/m^2$	N/m^2
p_0	Partialdruck des Inertgases	N/m^2
p_1	Partialdruck von Stoff 1	N/m^2
p_{cr}	kritischer Druck	N/m^2
p^*	normierter Druck, $p^* = p/p_{cr}$	—
q	Wärmestromdichte	W/m^2
q_B	Wärmestromdichte durch Blasensieden	W/m^2
q_{cr}	kritische Wärmestromdichte	W/m^2
q_K	Wärmestromdichte durch Konvektion	W/m^2
q_{max}	maximale Wärmestromdichte beim Blasensieden	W/m^2
q_{min}	minimale Wärmestromdichte beim Blasensieden	W/m^2
$\bar{q}$	mittlere Wärmestromdichte	W/m^2
r	Krümmungsradius der Kondensathaut	m
r_1, r_2	Hauptkrümmungsradien	m
r_s	Wärmewiderstand der Schmutzschicht	$m^2 K/W$
R	Radius	m
R	universelle Gaskonstante, $R = 8{,}3143\ J/mol\,K$	$J/mol\,K$
R_p	Glättungstiefe nach DIN 4762	m
R_w	Wärmewiderstand	$m^2 K/W$
R_z	maximale Rauhtiefe	m
s	Bogenlänge	m
s	Schlupffaktor, $s = w_G/w_L$	—

Zeichen	Bedeutung	SI-Einheit (als Beispiel)
S	Faktor bei Zweiphasenströmung	—
t	Zeit	s
T	thermodynamische Temperatur	K
U_b	benetzter Umfang	m
v_G	spez. Volumen des Gases	m^3/kg
v_L	spez. Volumen der Flüssigkeit	m^3/kg
V_A	Abreißvolumen einer Dampfblase	m^3
$\underline{V}_i$	partielles Molvolumen der Komponente i	m^3/mol
$\bar{V}$	Molvolumen	m^3/mol
w	Geschwindigkeit	m/s
w_τ	Schubspannungsgeschwindigkeit, $w_\tau = \sqrt{\tau_w/\varrho_L}$	m/s
$\bar{w}$	mittlere Geschwindigkeit	m/s
$\mathbf{w}$	mittlere molare Geschwindigkeit, Gl. (6.72)	m/s
$\mathbf{w}_i$	mittlere Geschwindigkeit der Teilchensorte i, Gl. (6.71)	m/s
w'	Schwankungsgeschwindigkeit	m/s
w^+	bezogene Geschwindigkeit, $w^+ = w_x/w_\tau$	—
x	Koordinate, Molenbruch in der Flüssigkeit	—
x	Mengenstromdichte von Tropfen Anzahl Tropfen/m^2s	$1/m^2$s
x	spezifischer Dampfgehalt (der Dampftafel)	—
x_i	Mengenstromdichte von Tropfen der Größenklasse i	$1/m^2$s
$\overset{*}{x}$	Strömungsdampfgehalt, $\overset{*}{x} = \dot{M}_G/\dot{M}$	—
$\overset{*}{x}_{real}$	wahrer Dampfgehalt	—
$\overset{*}{x}_{th}$	thermodynamischer Dampfgehalt	—
X_{tt}	Martinelli-Parameter, definiert durch Gl. (4.78a)	—
y	Koordinate, Molenbruch im Dampf	—
y^+	bezogener Wandabstand, $y^+ = yw_\tau/v$	—
z	Koordinate	—

b) Formelzeichen, griechische Buchstaben

Zeichen	Bedeutung	SI-Einheit
α	Wärmeübergangskoeffizient	W/m^2K
α_B	Wärmeübergangskoeffizient bei Blasensieden	W/m^2K
α_{2Ph}	Wärmeübergangskoeffizient der Zweiphasenströmung	W/m^2K
α_f	Wärmeübergangskoeffizient für Filmströmung	W/m^2K
α_I	Wärmeübergangskoeffizient an der Phasengrenze	W/m^2K
α_l	Wärmeübergangskoeffizient, laminare Strömung	W/m^2K
α_S	Wärmeübergangskoeffizient für Schichtenströmung	W/m^2K
α_t	Wärmeübergangskoeffizient, turbulente Strömung	W/m^2K
$\bar{\alpha}$	mittlerer Wärmeübergangskoeffizient	W/m^2K
$\bar{\alpha}_{tot}$	gesamter mittlerer Wärmeübergangskoeffizient	W/m^2K
$\bar{\alpha}_\varphi$	mittlerer Wärmeübergangskoeffizient über den Umfang	W/m^2K
$\overset{\circ}{\alpha}$	idealer Wärmeübergangskoeffizient beim Sieden von Gemischen $\overset{\circ}{\alpha} = \sum_k x_k \alpha_k$	W/m^2K
β	Stoffübergangskoeffizient	m/s
β_{ij}	Stoffübergangskoeffizient des Gemisches i,j	m/s
β_0	Randwinkel zwischen Dampfblase und Wand	—
γ	Neigungswinkel gegen die Waagerechte	—

Zeichen	Bedeutung	SI-Einheit (als Beispiel)
Γ	Berieselungsdichte	kg/s m
δ	Filmdicke	m
δ_{ij}	Kronecker-Symbol	—
ε	volumetrischer Dampfgehalt, $\varepsilon = V_G/V$	—
ε	turbulente Viskosität	m²/s
ε_D	turbulenter Diffusionskoeffizient	m²/s
ε_L	Emissionszahl einer Flüssigkeitsoberfläche	—
ε_q	turbulente Temperaturleitfähigkeit, $\varepsilon_q = \lambda_t/(\varrho c_p)$	m²/s
ε_w	Emissionszahl der Wand	—
ε^+	turbulente Viskosität, $\varepsilon^+ = \varepsilon/v$	—
ε^*	volumetrischer Strömungsdampfgehalt, $\varepsilon^* = \dot{V}_G/\dot{V}$	—
ζ	Widerstandsbeiwert	—
ζ	Korrekturfaktor für Stoffaustausch	—
η	dynamische Viskosität	kg/s m = Pa s
η	dimensionsloser Wandabstand	—
η_δ^*	dimensionsloser Faktor, $\eta_\delta^* = \sqrt{v_L x/w_{G,x}}/\delta$	—
$\Delta\vartheta, \Delta\bar{\vartheta}$	Temperaturdifferenz	K
$\Delta\vartheta_{max}$	Temperaturdifferenz $\vartheta_w - \vartheta_s$ bei max. Wärmestromdichte	K
$\Delta\vartheta_u$	Temperaturdifferenz bei unterkühltem Sieden	K
ϑ_∞	Temperatur in großem Abstand von der Wand	K
$\Delta\vartheta_{id}$	„ideale" Temperaturdifferenz beim Sieden von Gemischen	K
$\bar{\vartheta}$	mittlere Temperatur	K
ϑ_B	adiabate Mischtemperatur	K
Θ	dimensionslose Temperatur, Gl.(14.15)	—
λ	Wärmeleitfähigkeit	W/K m
λ_t	turbulente Wärmeleitfähigkeit	W/K m
μ	chemisches Potential	J/mol
v	kinematische Viskosität	m²/s
ξ	Massenbruch	—
ϱ	Dichte	kg/m³
ϱ'	Dichte der siedenden Flüssigkeit	kg/m³
ϱ''	Dichte des trocken gesättigten Dampfes	kg/m³
σ	Oberflächenspannung, Grenzflächenspannung	N/m
σ_{LG}	Grenzflächenspannung, flüssig-gasförmig	N/m
σ_S	Strahlungskoeffizient des schwarzen Körpers $\sigma_S = 5{,}67051 \cdot 10^{-8}$ W/m²K⁴	W/m²K⁴
σ_{SG}	Grenzflächenspannung, fest-gasförmig	N/m
σ_{SL}	Grenzflächenspannung, fest-flüssig	N/m
τ	Schubspannung	N/m²
τ	dimensionslose Zeit, $\tau = t/t^+$	—
τ_σ	Schubspannung an Filmoberfläche	N/m²
τ_δ^*	bezogene Schubspannung, $\tau_\delta^* = \tau_\delta/[\varrho_L g\,(v_L^2/g)^{1/3}]$	—
φ	Faktor für Absaugwirkung bei Kondensation	—
φ	Flächenverhältnis bei Rippenrohren	—
φ	Umfangswinkel	—
Φ	Wärmestrom	W
Φ_E	kinetische Energie einer zweiphasigen Strömung	W
Φ_L	Multiplikator für Druckabfall bei zweiphasiger Strömung	—
ω	Faktor	—
ω^*	Temperaturfaktor	1/K

c) Indizes

Zeichen	Bedeutung
a	außen
b	in der Kernströmung (bulk)
cr	kritisch
G	Gas
i	innen
I	an der Phasengrenze
K	Kühlmittel
l	laminar
L	Flüssigkeit
s	Sättigung
S	Schicht, feste Wand
t	turbulent
w	Wand, Wasser
x	in x-Richtung
y	in y-Richtung

d) Dimensionslose Größen

Größe	Bezeichnung
$Ar = \dfrac{g}{v_L^2}\left(\dfrac{\sigma}{\varrho'g}\right)^{3/2}$	Archimedeszahl
$Bo = q/(\dot{m}\Delta h_v)$	Siedekennzahl (Boiling number)
$Fr = gz/w^2$	Froudezahl
$Fr = \dot{m}^2/(\varrho_L^2 gd)$	Froudezahl
$Fr_L = \dot{m}^2(1-x^*)/(\varrho_L^2 gd)$	Froudezahl bei Zweiphasenströmung
$Ja = (c_L\Delta\vartheta\varrho')/(\varrho''\Delta h_v)$	Jakobzahl
$Nu = \alpha l/\lambda$	Nußeltzahl
$\underline{Nu} = \alpha(v_I^2/g)^{1/3}/\lambda_L$	Nußeltzahl bei Kondensation
$\overline{Nu}$	mittlere Nußeltzahl
$Pr = v/a = \eta c_p/\lambda$	Prandtlzahl
$Pr_t = \varepsilon/\varepsilon_q$	turbulente Prandtlzahl
$Re = wl/v$	Reynoldszahl
$Re = w\delta/v_L$	Reynoldszahl
$Re = \Gamma/\eta_L$	Reynoldszahl bei Kondensation
$Re_{2\Phi} = Re\cdot F^{1,25}$	modifizierte Reynoldszahl bei Zweiphasenströmung
$Re = \dot{m}(1-x^*)d/\eta_L$	Reynoldszahl bei Zweiphasenströmung
$Re_\tau = \dfrac{w_\tau(v_L^2/g)^{1/3}}{v_L}$	mit der Schubspannungsgeschwindigkeit gebildete Reynoldszahl
$Sc = v/D$	Schmidtzahl
$We = w^2\varrho d/\sigma$	Weberzahl

A Wärmeübergang beim Kondensieren

1 Grundlagen

1.1 Der Vorgang der Kondensation

Stoffübergänge aus einem Aggregatzustand in einen anderen dienen in der Natur und in der Technik oft zur Trennung oder Umwandlung von Stoffen. Ein solcher Stoffübergang ist auch die hier zu behandelnde Kondensation von Dämpfen. Dabei wird der Dampf eines Stoffes in die flüssige Phase überführt.

In der Theorie vom thermodynamischen Gleichgewicht zwischen verschiedenen Phasen setzt man die ursprüngliche und die neue Phase als gegeben und die Phasenumwandlung als abgeschlossen voraus. Die Entstehung einer neuen Phase aus der ursprünglichen ist also unter den Bedingungen des Gleichgewichts zwischen den Phasen nicht möglich. Phasenumwandlungen setzen daher Abweichungen vom thermischen, mechanischen oder stofflichen Gleichgewicht voraus.

Ist die Temperatur einer Wandoberfläche niedriger als die Sättigungstemperatur von angrenzendem Dampf, so herrscht an der Wandoberfläche kein Gleichgewicht und der Dampf wird an der Wandoberfläche verflüssigt. Hierbei entsteht Kondensat, das infolge seines Kontakts mit der Wandoberfläche unterkühlt wird, so daß sich weiterer Dampf auf dem zuvor gebildeten Kondensat niederschlagen kann. Die Kondensation von Dämpfen ist daher stets mit einem Stofftransport verbunden, bei dem der Dampf zur Phasengrenze strömt und in die flüssige Phase übergeht.

Den Ablauf dieses Vorgangs kann man in mehrere Schritte unterteilen, bei denen mehrere hintereinander geschaltete Teilwiderstände zu überwinden sind. Die Anteile der einzelnen Teilwiderstände am gesamten Widerstand können sehr verschieden sein. Zunächst gelangt Dampf infolge Strömung (konvektiver Transport) und Molekularbewegung (diffusiver Transport) zur Phasengrenze. Im nächsten Schritt kondensiert der Dampf an der Phasengrenze und anschließend wird die an der Phasengrenze frei werdende Kondensationsenthalpie durch Leitung und Konvektion an die gekühlte Wand transportiert. Dementsprechend sind drei hintereinander geschaltete Teilwiderstände zu überwinden: Der Wärmewiderstand in der Dampfphase, der Wärmewiderstand beim Übertritt des Dampfes in die flüssige Phase und der Wärmewiderstand in der flüssigen Phase.

Von diesen Teilwiderständen ist meistens der in der flüssigen Phase entscheidend. Der Wärmewiderstand im Dampf ist wegen der guten Durchmischung oft gering, kann aber bei großer Überhitzung eines Dampfes beträchtlich sein, ebenso auch bei der Kondensation von Dampfgemischen oder von Gemischen aus

Dämpfen mit Inertgasen wegen der hemmenden Wirkung der Diffusion. Zum Übergang des Dampfes in die flüssige Phase ist unmittelbar an der Phasengrenze zwischen Dampf und Flüssigkeit ebenfalls ein Temperaturgefälle erforderlich. Dieses ist jedoch sehr klein und beträgt meistens nur wenige hundertstel Kelvin, wenn man von sehr niedrigen Drücken absieht, die bei Wasser unter 0,01 bar liegen [1.1]. Entsprechend ist der zugehörige „molekularkinetische" Widerstand an der Phasengrenze vom Dampf zur Flüssigkeit, der dem Kehrwert des Wärmeübergangskoeffizienten [1.2]

$$\alpha_1 = \frac{2f}{2-f} \left(\frac{M}{2\pi RT} \right)^{1/2} \frac{\Delta h_v^2 \, pM}{RT^2} \tag{1.1}$$

gleich ist, meistens vernachlässigbar.

In (1.1) sind f der Kondensationskoeffizient, der den Bruchteil aller auftreffenden Moleküle angibt, die von der Kondensatoberfläche festgehalten werden, M ist die Molmasse (SI-Einheit kg/mol), R die universelle Gaskonstante (SI-Einheit J/mol K), T die absolute Temperatur (SI-Einheit K), Δh_v die Verdampfungsenthalpie (SI-Einheit J/kg) und p der Druck (SI-Einheit Pa). Nach neueren Messungen ist der Kondensationskoeffizient etwas kleiner als eins. Zur Herleitung der (1.1) setzt man voraus, daß sich Dampf wie ein ideales Gas verhält.

1.2 Die verschiedenen Arten der Kondensation

Die eigentliche Kondensation kann nun in sehr unterschiedlicher Weise erfolgen. Bildet das Kondensat einen zusammenhängenden Film, Bild 1.1, so spricht man von *Filmkondensation*. Der Kondensatfilm kann ruhen, laminar oder turbulent strömen. Sein Wärmewiderstand ist, wenn man den molekularkinetischen Widerstand vernachlässigen kann, entscheidend für die Kondensationsgeschwindigkeit. Zur Berechnung genügt es dann, diesen Widerstand zu ermitteln, wie es Nußelt [1.3] erstmalig für den laminar abfließenden Film getan hat.

Statt in Form eines Films kann Kondensat, wie Bild 1.2 zeigt, auch in Form von Tropfen entstehen. Man nennt diese Art der Kondensation die *Tropfenkondensation*. Ob Film- oder Tropfenkondensation vorherrscht, hängt davon ab, ob die

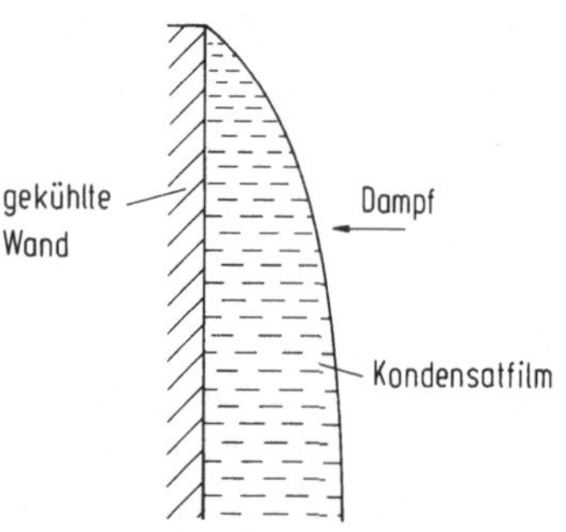

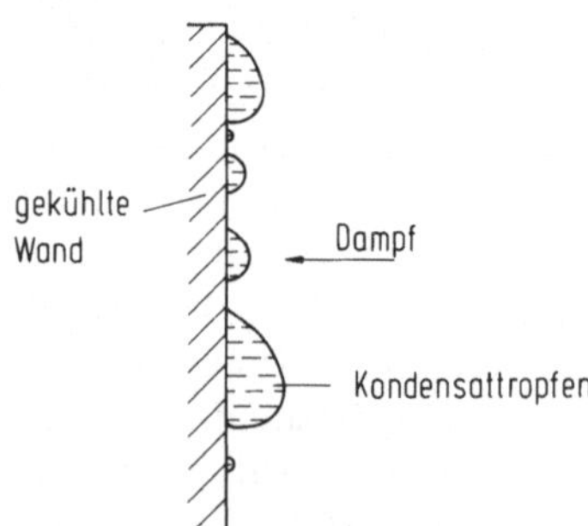

Bild 1.1. Filmkondensation   **Bild 1.2.** Tropfenkondensation

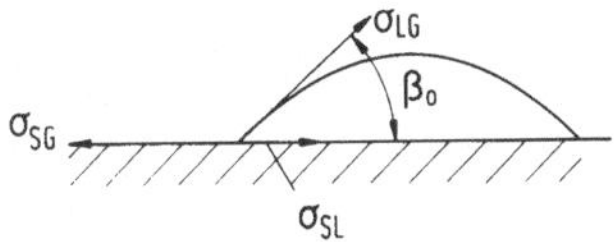

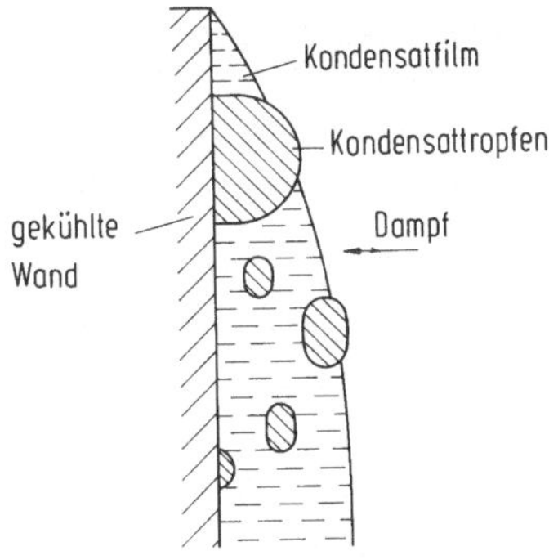

Bild 1.3. Grenzflächenspannungen am Tropfenrand bei unvollständiger Benetzung. Die Indizes S, L, G bedeuten die feste, die flüssige und die gasförmige Phase, β_0 den Randwinkel

Bild 1.4. Kondensation von Dämpfen ▶ unmischbarer Flüssigkeiten

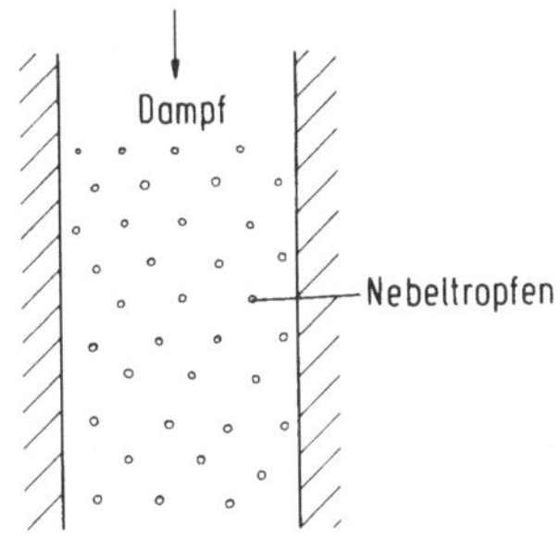

Bild 1.5. Kondensatbildung in Form von Nebeltropfen

Wand vollständig oder unvollständig benetzbar ist. Maßgebend dafür sind die an einem Flüssigkeitstropfen angreifenden Kräfte, wie sie in Bild 1.3 dargestellt sind. Bedeutet σ_{LG} die Grenzflächenspannung (SI-Einheit N/m) der Flüssigkeit (Index L) gegen ihren eigenen Dampf (Index G), σ_{SL} die der festen Wand (Index S) gegen die Flüssigkeit und σ_{SG} die der festen Wand gegen den Dampf, so muß sich im Gleichgewicht ein Randwinkel β_0 einstellen nach der Gleichung

$$\sigma_{SG} - \sigma_{SL} = \sigma_{LG} \cos \beta_0 . \tag{1.2}$$

Endliche Werte des Randwinkels bedeuten unvollständige Benetzung und Tropfenbildung. Ist hingegen $\beta_0 = 0$, so breitet sich der Tropfen über die ganze Wand aus. Falls außerdem die sogenannte Benetzungsspannung $\sigma_{SG} - \sigma_{SL} > \sigma_{LG}$ ist, so kann sich kein Gleichgewicht nach (1.2) mehr einstellen. Es tritt vollständige Benetzung und damit Filmbildung ein.

In der Technik hat man oft Dampfgemische zu kondensieren, deren flüssige Phasen unmischbar sind. Dabei bildet sich, wie Bild 1.4 zeigt, eine Mischform von Tropfen- und Filmkondensation. In einem ausgedehnten Flüssigkeitsfilm der einen Phase entstehen mehr oder weniger große Tropfen der anderen Phase, von denen einige bis zur Wand reichen, während andere in dem Flüssigkeitsfilm eingeschlossen sind oder auf ihm schwimmen.

Schließlich kann sich bei ausreichender Unterkühlung eines Dampfes und bei Anwesenheit von „Kondensationskeimen", das sind winzige Partikel, an denen sich Kondensat anlagern kann, ein Nebel bilden, wie es Bild 1.5 schematisch zeigt.

2 Filmkondensation ruhender Dämpfe

2.1 Die Nußeltsche Wasserhauttheorie

Kondensiert ein Dampf an einer senkrechten oder an einer geneigten Oberfläche, so bildet sich ein Flüssigkeitsfilm, der unter dem Einfluß der Schwerkraft abfließt. Wenn die Dampfgeschwindigkeit gering und der Flüssigkeitsfilm dünn sind, herrscht im Kondensat laminare Strömung und die Wärme wird hauptsächlich durch Leitung von der Kondensatoberfläche zur Wand übertragen. Die durch Konvektion im Flüssigkeitsfilm übertragene Wärme ist vernachlässigbar gering.

Bereits im Jahre 1916 hat Nußelt [1.3] eine einfache Theorie zur Berechnung des Wärmeübergangs bei der laminaren Filmkondensation an Rohren und senkrechten oder geneigten Wänden angegeben. Diese Theorie wird im technischen Schrifttum als *Nußeltsche Wasserhauttheorie* bezeichnet. Sie soll im folgenden am Beispiel der Kondensation an einer senkrechten Wand erörtert werden, Bild 2.1. Wie das Bild zeigt, soll gesättigter Dampf der Temperatur ϑ_s an einer senkrechten Wand kondensieren, deren Temperatur ϑ_w konstant und niedriger als die Sättigungstemperatur ist. Es bildet sich ein zusammenhängender Kondensatfilm, der unter dem Einfluß der Schwerkraft nach unten fließt und dessen Dicke $\delta(x)$ dabei stetig zunimmt. Das Geschwindigkeitsprofil $w(y)$ erhält man aus einer Kräftebilanz. Unter der Annahme einer stationären Strömung sind die von den Schubspannungen ausgeübten Kräfte im Gleichgewicht mit der Schwerkraft, und man erhält entsprechend der Skizze rechts in Bild 2.1

$$\varrho_L g \, dV + \tau(y + dy)\, dx dz = \tau(y)\, dx dz . \tag{2.1}$$

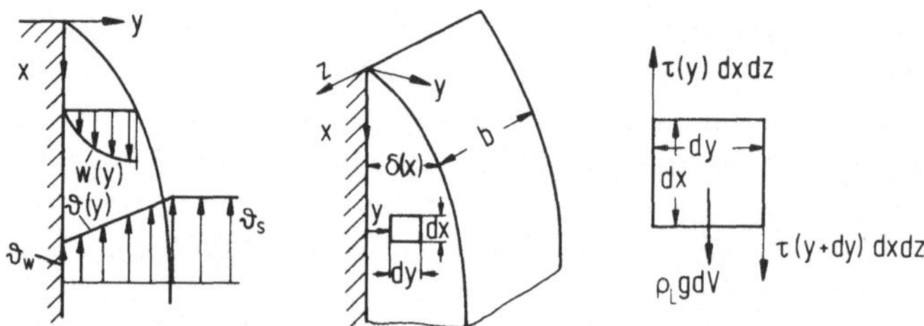

Bild 2.1. Laminarer Kondensatfilm an einer senkrechten Wand. Geschwindigkeits- und Temperaturprofil. Kräftebilanz

Mit $\tau(y+dy) - \tau(y) = (\partial\tau/\partial y)\,dy$ und $dV = dx\,dy\,dz$ erhält man hieraus

$$\frac{\partial\tau}{\partial y} = -\varrho_L g\,. \tag{2.2}$$

Ist das Kondensat eine Newtonsche Flüssigkeit, so gilt

$$\tau = \eta_L \frac{\partial w}{\partial y}\,. \tag{2.3}$$

Unter der Annahme temperaturunabhängiger dynamischer Viskosität geht (2.2) über in

$$\eta_L \frac{\partial^2 w}{\partial y^2} = -\varrho_L g\,, \tag{2.4}$$

woraus man nach Integration unter der Voraussetzung konstanter Dichte das in der Koordinate y parabolische Geschwindigkeitsprofil

$$w = -\frac{\varrho_L g}{2\eta_L} y^2 + c_1 y + c_0 \tag{2.5}$$

erhält. Die Koeffizienten c_1 und c_0 können hierin noch von der Koordinate x abhängen. Zu ihrer Bestimmung stehen zwei Randbedingungen zur Verfügung:

An der Wand, $y=0$, ist die Geschwindigkeit $w=0$, und wenn man weiter voraussetzt, daß die Dampfgeschwindigkeit nicht sehr groß und infolgedessen die vom Dampf auf den Kondensatfilm ausgeübte Schubspannung gering ist, so ist an der Kondensatoberfläche $y=\delta$

$$\partial w/\partial y = 0\,.$$

Mit diesen beiden Randbedingungen werden

$$c_0 = 0 \quad \text{und} \quad c_1 = \varrho_L g\delta/\eta_L\,,$$

so daß man als Geschwindigkeitsprofil

$$w = \frac{\varrho_L g}{\eta_L}\delta^2 \left(\frac{y}{\delta} - \frac{y^2}{2\delta^2}\right) \tag{2.6}$$

erhält. Die mittlere Geschwindigkeit $\bar{w}(x)$ über die Filmdicke $\delta(x)$ findet man hieraus durch Integration

$$\bar{w} = \frac{1}{\delta} \int_0^\delta w\,dy = \frac{\varrho_L g}{3\eta_L}\delta^2\,. \tag{2.7}$$

Der abfließende Kondensatmassenstrom folgt zu

$$\dot{M} = \bar{w}\varrho_L b\delta = \frac{\varrho_L^2 g b}{3\eta_L}\delta^3 \tag{2.8}$$

und die Änderung dieses Massenstroms mit der Filmdicke ist

$$\frac{d\dot{M}}{d\delta} = \frac{\varrho_L^2 g b}{\eta_L}\delta^2\,. \tag{2.9}$$

Zur Bildung des Kondensatmassenstroms $\mathrm{d}\dot{M}$ ist ein Wärmestrom $\mathrm{d}\Phi = \Delta h_\mathrm{v}\mathrm{d}\dot{M}$ abzuführen, wenn Δh_v die Verdampfungsenthalpie ist. Dieser Wärmestrom wird voraussetzungsgemäß durch reine Wärmeleitung durch den Kondensatfilm übertragen. Die durch Konvektion im Kondensatfilm übertragene Wärme sei vernachlässigbar. Setzt man, wie in Bild 2.1 eingezeichnet, einen linearen Temperaturverlauf voraus, so ist der längs eines Flächenstreifens $b\mathrm{d}x$ abgeführte Wärmestrom

$$\mathrm{d}\Phi = \lambda_\mathrm{L}\frac{\vartheta_\mathrm{s} - \vartheta_\mathrm{w}}{\delta}\, b\mathrm{d}x\,.$$

Andererseits war aber $\mathrm{d}\Phi = \Delta h_\mathrm{v} d\dot{M}$, wobei der Kondensatmassenstrom $\mathrm{d}\dot{M}$ durch (2.9) gegeben ist. Damit geht die letzte Gleichung über in

$$\lambda_\mathrm{L}\frac{\vartheta_\mathrm{s} - \vartheta_\mathrm{w}}{\delta}\, b\mathrm{d}x = \Delta h_\mathrm{v}\mathrm{d}\dot{M} = \Delta h_\mathrm{v}\frac{\varrho_\mathrm{L}^2 gb}{\eta_\mathrm{L}}\, \delta^2 \mathrm{d}\delta\,,$$

oder es ist

$$\delta^3\frac{\mathrm{d}\delta}{\mathrm{d}x} = \frac{\lambda_\mathrm{L}\eta_\mathrm{L}}{\varrho_\mathrm{L}^2 g\Delta h_\mathrm{v}}\, (\vartheta_\mathrm{s} - \vartheta_\mathrm{w})\,,$$

woraus man durch Integration unter Beachtung von $\delta(x=0) = 0$ die Filmdicke erhält zu

$$\delta = \left[\frac{4\lambda_\mathrm{L}\eta_\mathrm{L}(\vartheta_\mathrm{s} - \vartheta_\mathrm{w})}{\varrho_\mathrm{L}^2 g\Delta h_\mathrm{v}}\, x\right]^{1/4}\,. \tag{2.10}$$

Die Filmdicke wächst mit der vierten Wurzel aus der Lauflänge x an.

Wegen des als linear vorausgesetzten Temperaturprofils ist der örtliche Wärmeübergangskoeffizient α gegeben durch

$$\alpha = \frac{\lambda_\mathrm{L}}{\delta} = \left[\frac{\varrho_\mathrm{L}^2 g\Delta h_\mathrm{v}\lambda_\mathrm{L}^3}{4\eta_\mathrm{L}(\vartheta_\mathrm{s} - \vartheta_\mathrm{w})}\frac{1}{x}\right]^{1/4}\,, \tag{2.11}$$

und der mittlere Wärmeübergangskoeffizient für eine Wand der Höhe h ist

$$\bar{\alpha} = \frac{1}{h}\int_0^h \alpha\mathrm{d}x = \frac{4}{3}\alpha(x=h) = 0{,}943\left[\frac{\varrho_\mathrm{L}^2 g\Delta h_\mathrm{v}\lambda_\mathrm{L}^3}{\eta_\mathrm{L}(\vartheta_\mathrm{s} - \vartheta_\mathrm{w})}\frac{1}{h}\right]^{1/4}\,. \tag{2.12}$$

Sämtliche Stoffgrößen beziehen sich gemäß der Ableitung auf das Kondensat und sind am besten bei der Mitteltemperatur $\bar{\vartheta} = (\vartheta_\mathrm{w} + \vartheta_\mathrm{s})/2$ einzusetzen. Falls die Dampfdichte ϱ_G ausnahmsweise nicht gegenüber der Flüssigkeitsdichte ϱ_L vernachlässigbar ist, sind durch Druckgradienten bedingte Auftriebskräfte zu berücksichtigen und man hat die Größe ϱ_L^2 in der eckigen Klammer durch $\varrho_\mathrm{L}(\varrho_\mathrm{L} - \varrho_\mathrm{G})$ zu ersetzen.

Mit Hilfe der Energiebilanz für den längs der Höhe h gebildeten Kondensatmassenstrom

$$\dot{M}\Delta h_\mathrm{v} = \bar{\alpha}(\vartheta_\mathrm{s} - \vartheta_\mathrm{w})bh$$

kann man noch die Temperaturdifferenz $\vartheta_s - \vartheta_w$ eliminieren. Man erhält dann die der Gl. (2.12) äquivalente Beziehung

$$\frac{\bar{\alpha}}{\lambda_L} \left(\frac{\eta_L^2}{\varrho_L^2 g} \right)^{1/3} = 0{,}925 \left(\frac{\dot{M}/b}{\eta_L} \right)^{-1/3} . \tag{2.12a}$$

Wie aus den obigen Gleichungen hervorgeht, erzielt man große Wärmeübergangskoeffizienten, wenn die Temperaturdifferenz $\vartheta_s - \vartheta_w$ und die Wandhöhe gering sind. In beiden Fällen ist der Kondensatfilm dünn und somit dessen Wärmewiderstand klein. Die obigen Ergebnisse gelten auch für die Kondensation von Dämpfen an der Innen- oder an der Außenseite von senkrechten Rohren, wenn der Rohrdurchmesser groß im Vergleich zur Filmdicke ist. In (2.12a) ist dann die Breite $b = d\pi$ zu setzen.

Die bisherige Ableitung bezog sich auf die senkrechte Wand oder auf das senkrechte Rohr nicht zu kleinen Durchmessers. Ist die Wand um den Winkel γ gegen die Waagerechte geneigt, so hat man in den vorigen Gleichungen die Fallbeschleunigung g durch ihre wandparallele Komponente $g \sin \gamma$ zu ersetzen. Der Wärmeübergangskoeffizient α_γ hängt dann mit dem für die senkrechte Wand nach (2.11) durch folgende Beziehung zusammen

$$\alpha_\gamma = \alpha (\sin \gamma)^{1/4} \quad \text{und entsprechend} \quad \bar{\alpha}_\gamma = \bar{\alpha} (\sin \gamma)^{1/4} . \tag{2.13}$$

Diese Ergebnisse lassen sich aber nicht auf geneigte Rohre anwenden, weil dann der Flüssigkeitsfilm nicht gleichmäßig über den Umfang verteilt abfließt.

Nußelt hat auch den Wärmeübergang bei der laminaren Filmkondensation an *waagerechten Rohren* berechnet. Man erhält dann eine Differentialgleichung für die Filmdicke, die man numerisch integrieren kann. Bezeichnet man mit d den äußeren Rohrdurchmesser, so lassen sich die Ergebnisse für den über den Umfang gemittelten Wärmeübergangskoeffizienten $\bar{\alpha}_{waag}$ am waagerechten Rohr darstellen durch

$$\bar{\alpha}_{waag} = 0{,}728 \left(\frac{\varrho_L^2 g \Delta h_v \lambda_L^3}{\eta_L (\vartheta_s - \vartheta_w)} \frac{1}{d} \right)^{1/4} = 0{,}864 \, \bar{\alpha} (h = d\pi/2) , \tag{2.14}[1]$$

wobei $\bar{\alpha}$ der mittlere Wärmeübergangskoeffizient an der senkrechten Wand nach (2.12) ist. Mit Hilfe der Energiebilanz für das gebildete Kondensat

$$\dot{M} \Delta h_v = \bar{\alpha}_{waag} (\vartheta_s - \vartheta_w) d\pi l$$

kann man aus der vorigen Gleichung noch die Temperaturdifferenz eliminieren und sie durch den Kondensatmassenstrom ersetzen. Man erhält dann die der Gl. (2.14) äquivalente Beziehung

$$\frac{\bar{\alpha}_{waag}}{\lambda_L} \left(\frac{\eta_L^2}{\varrho_L^2 g} \right)^{1/3} = 0{,}959 \left(\frac{\dot{M}/l}{\eta_L} \right)^{-1/3} . \tag{2.14a}$$

Aus dem Vergleich der Gln. (2.14) und (2.12) ergibt sich, daß der mittlere Wärmeübergangskoeffizient an einem Rohr bei waagerechter Lage sich zu dem des

---

1 Nußelt hat durch graphische Integration statt des Werts 0,728 den etwas ungenaueren Wert 0,725 ermittelt, der von allen späteren Autoren übernommen wurde.

senkrechten Rohrs verhält wie

$$\bar{\alpha}_{\mathrm{waag}}/\bar{\alpha} = 0{,}772\,(h/d)^{1/4}\,. \tag{2.15}$$

Wählt man also beispielsweise eine Rohrlänge von 3 m und einen Durchmesser von 0,029 m, so wird $\bar{\alpha}_{\mathrm{waag}} = 2{,}46\,\bar{\alpha}$; an dem Rohr in waagerechter Lage kondensiert rund 2,5mal so viel Dampf wie an dem in senkrechter Lage.

Liegen bei einem *waagerechten Rohrregister n* Rohre untereinander, so wird der Kondensatfilm der unteren Rohre durch auftreffendes Kondensat verdickt und dadurch der Wärmeübergangskoeffizient verringert. Andererseits wird durch das von oben auftreffende Kondensat die Konvektion im Flüssigkeitsfilm verstärkt und so die Wirkung des höheren Wärmewiderstands teilweise aufgehoben. Als Mittelwert des Wärmeübergangskoeffizienten $\bar{\alpha}_{\mathrm{n}}$ für n übereinander liegende Rohre erhält man nach Nußelt $\bar{\alpha}_{\mathrm{n}}/\bar{\alpha}_1 = n^{-1/4}$, wenn $\bar{\alpha}_1$ der mittlere Wärmeübergangskoeffizient für das oberste Rohr nach (2.14) ist. Dabei ist jedoch nicht die Verbesserung des Wärmeübergangs durch die von auftreffendem Kondensat hervorgerufene stärkere Konvektion berücksichtigt. Der so berechnete Wärmeübergangskoeffizient $\bar{\alpha}_{\mathrm{n}}$ ist also etwas zu klein.

Genauere Werte erhält man nach Chen [2.1], wenn man außerdem berücksichtigt, daß der Flüssigkeitsfilm sich mit dem von oben herabrieselnden Kondensat mischt und dadurch unterkühlt wird, so daß neuer Dampf kondensieren kann. Auf diese Weise ergibt sich

$$\bar{\alpha}_{\mathrm{n}} = \left[\, 1 + 0{,}2\,\frac{c_{\mathrm{pL}}\,(\vartheta_{\mathrm{s}} - \vartheta_{\mathrm{w}})}{\Delta h_{\mathrm{v}}}\,(n-1)\,\right] n^{-1/4}\bar{\alpha}_1\,, \tag{2.16}$$

wobei $\bar{\alpha}_1$ wiederum der mittlere Wärmeübergangskoeffizient für das oberste Rohr nach (2.14) ist. Diese Beziehung gibt Meßwerte an senkrecht untereinander angeordneten Rohren im Bereich $c_{\mathrm{pL}}\,(\vartheta_{\mathrm{s}} - \vartheta_{\mathrm{w}})\,(n-1)/\Delta h_{\mathrm{v}} < 2$ gut wieder.

2.2 Abweichungen von der Nußeltschen Wasserhauttheorie

Abweichungen von der Nußeltschen Wasserhauttheorie ergeben sich dadurch, daß die Voraussetzungen der Theorie nicht immer erfüllt sind. Eine der wichtigsten Annahmen war, daß die Wärme nur durch Leitung durch den Kondensatfilm übertragen wird. Der gesamte Wärmewiderstand sollte demnach im Kondensatfilm liegen. Tatsächlich sind noch weitere Wärmewiderstände vorhanden. Dazu gehören der eingangs erwähnte Widerstand an der Phasengrenze zwischen Kondensathaut und Dampf, zusätzliche Widerstände bei Anwesenheit nicht kondensierbarer Gase und möglicherweise auch ein Kontaktwiderstand zwischen Kondensatfilm und Kühlwand. Die einzelnen Widerstände sollen im folgenden besprochen werden.

2.2.1 Berücksichtigung des Widerstands durch den Kondensatfilm

Eine verfeinerte Berechnung des Wärmewiderstands im Kondensatfilm geht auf Rohsenow [2.2] zurück. Sie berücksichtigt, daß der Druck im Kondensat und im

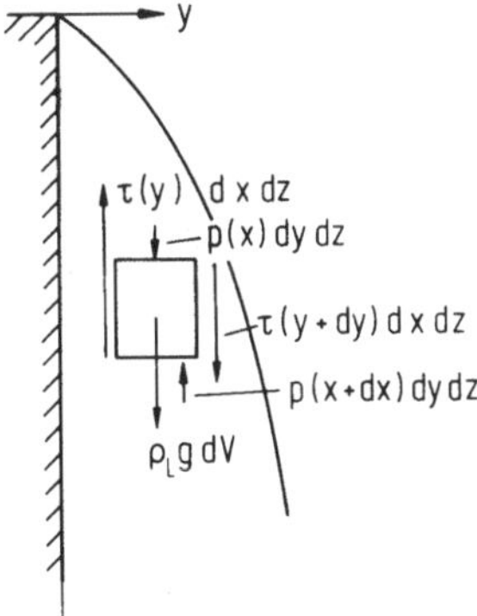

Bild 2.2. Laminarer Kondensatfilm an einer senkrechten Wand. Kräftebilanz unter Berücksichtigung der Druckunterschiede

Dampfraum infolge der Schwerkraft zunimmt. Bewegt man sich in Bild 2.1 um ein Wegstück dx in Richtung der Koordinate x, so nimmt der Druck um d$p = \varrho_G g$dx zu, wobei ϱ_G die Dichte des Dampfes ist. Die Kräftebilanz enthält nun entsprechend Bild 2.2 die Schwerkraft $\varrho_L g$dV des Flüssigkeitsvolumens dV, die von den Schubspannungen ausgeübten Kräfte und die infolge des Druckunterschieds entstehenden Kräfte. Sie lautet

$$\varrho_L g\mathrm{d}V + \tau(y+\mathrm{d}y)\mathrm{d}x\mathrm{d}z + p(x)\mathrm{d}y\mathrm{d}z = \tau(y)\mathrm{d}x\mathrm{d}z + p(x+\mathrm{d}x)\mathrm{d}y\mathrm{d}z\,.$$

Mit $\tau(y+\mathrm{d}y) - \tau(y) = (\partial\tau/\partial y)\mathrm{d}y,$

$$p(x)\mathrm{d}y\mathrm{d}z - p(x+\mathrm{d}x)\mathrm{d}y\mathrm{d}z = -(\mathrm{d}p/\mathrm{d}x)\mathrm{d}x\mathrm{d}y\mathrm{d}z$$

und d$V = dxdydz$ erhält man hieraus

$$\frac{\partial\tau}{\partial y} = -\varrho_L g + \frac{\mathrm{d}p}{\mathrm{d}x}\,.$$

Betrachtet man nur den Dampfraum, so gilt dort die Kräftebilanz

$$\frac{\mathrm{d}p}{\mathrm{d}x} = \varrho_G g\,.$$

Somit lautet die Kräftebilanz

$$\frac{\partial\tau}{\partial y} = -(\varrho_L - \varrho_G)g$$

oder wegen $\tau = \eta_L \partial w/\partial y$, falls man wie zuvor eine temperaturunabhängige dynamische Viskosität voraussetzt

$$\eta_L\frac{\partial^2 w}{\partial y^2} = -(\varrho_L - \varrho_G)g\,. \tag{2.17}$$

Diese Beziehung tritt anstelle der früheren Impulsbilanz, (2.4), in der die Dampfdichte ϱ_G als klein gegenüber der Flüssigkeitsdichte ϱ_L vorausgesetzt wurde.

Man hat also den Term $\varrho_L g$ zu ersetzen durch $(\varrho_L - \varrho_G)g$ und erhält dann für das Geschwindigkeitsprofil nach (2.6)

$$w = \frac{(\varrho_L - \varrho_G)g}{\eta_L}\delta^2\left(\frac{y}{\delta} - \frac{y^2}{2\delta^2}\right) \tag{2.18}$$

und entsprechend für die mittlere Geschwindigkeit nach (2.7)

$$\bar{w} = \frac{(\varrho_L - \varrho_G)g}{3\eta_L}\delta^2 \tag{2.19}$$

und für den Kondensatmassenstrom nach (2.8)

$$\dot{M} = \frac{\varrho_L(\varrho_L - \varrho_G)gb}{3\eta_L}\delta^3 . \tag{2.20}$$

In der Energiebilanz wird zusätzlich die Unterkühlung des Kondensats berücksichtigt; die mittlere Enthalpie des abfließenden Kondensats ist daher geringer als die Enthalpie der gesättigten Flüssigkeit. An einem Querschnitt der Stelle x ist der Enthalpiestrom des abfließenden Kondensats

$$\dot{M}(h'' - h_L) = \dot{M}\Delta h_v + \int_0^\delta \varrho_L w b c_{pL}(\vartheta_s - \vartheta)\,dy, \tag{2.21}$$

wenn h_L die spezifische mittlere Enthalpie der Flüssigkeit ist. Hätte die Flüssigkeit über einen Querschnitt Sättigungstemperatur $\vartheta = \vartheta_s$, so wäre $h'' - h_L = h'' - h'$. Setzt man wieder ein lineares Temperaturprofil

$$\vartheta_s - \vartheta = (\vartheta_s - \vartheta_w)\left(1 - \frac{y}{\delta}\right) \tag{2.22}$$

voraus, und nimmt man weiter temperaturunabhängige Stoffwerte im Kondensat an, so erhält man nach Einsetzen der Temperatur aus (2.22) und der Geschwindigkeit aus (2.18) in (2.21) als Ergebnis der Integration

$$\dot{M}(h'' - h_L) = \dot{M}\left[\Delta h_v + \frac{3}{8}c_{pL}(\vartheta_s - \vartheta_w)\right] = \dot{M}\Delta h_v^* . \tag{2.23}$$

Wie hieraus folgt, ist unter den getroffenen Voraussetzungen die spezifische Enthalpie h_L des abfließenden Kondensats unabhängig von der Filmdicke. Die Gleichung zeigt weiter, daß man die Verdampfungsenthalpie Δh_v in den Gleichungen der Nußeltschen Wasserhauttheorie durch die Enthalpiedifferenz Δh_v^* zu ersetzen hat. Berücksichtigt man außerdem, daß das Temperaturprofil im Kondensatfilm schwach gekrümmt ist, so erhält man nach Rohsenow [2.2] an Stelle von (2.23) für Δh_v^* den genaueren Wert

$$\Delta h_v^* = \Delta h_v + 0{,}68\, c_{pL}(\vartheta_s - \vartheta_w) . \tag{2.24}$$

Aus (2.12) erhält man damit für den mittleren Wärmeübergangskoeffizienten die verbesserte Beziehung

$$\bar{\alpha} = 0{,}943\left[\frac{\varrho_L(\varrho_L - \varrho_G)g\Delta h_v^*\lambda_L^3}{\eta_L(\vartheta_s - \vartheta_w)}\frac{1}{h}\right]^{1/4} . \tag{2.25}$$

Diese Beziehung gilt für Prandtlzahlen $Pr > 0,5$ und $c_{pL}(\vartheta_s - \vartheta_w)/\Delta h_v \leq 1$. Die beste Übereinstimmung mit Experimenten ergab sich, wenn man die Stoffwerte, insbesondere die dynamische Viskosität η_L, bei einer Temperatur $\vartheta_L = \vartheta_w + 1/4(\vartheta_s - \vartheta_w)$ einsetzte.

Eine weitere, meistens ebenfalls geringe Abweichung von der Nußeltschen Wasserhauttheorie ergibt sich, wenn der *Dampf überhitzt* ist. Außer der Verdampfungsenthalpie hat man dann noch die Überhitzungsenthalpie $c_{pG}(\vartheta_G - \vartheta_s)$ abzuführen, um den überhitzten Dampf von der Temperatur ϑ_G auf die Sättigungstemperatur ϑ_s an der Phasengrenze abzukühlen. Anstelle der Enthalpiedifferenz Δh_v^* nach (2.24) hat man dann in (2.25) die Enthalpiedifferenz

$$\Delta h_{v\ddot{u}}^* = c_{pG}(\vartheta_G - \vartheta_s) + \Delta h_v + 0,68 c_{pL}(\vartheta_s - \vartheta_w) \tag{2.26}$$

einzusetzen. Da die Temperaturdifferenz durch den Kondensatfilm weiterhin $\vartheta_s - \vartheta_w$ ist, ergibt sich auch die übertragene Wärmestromdichte wie zuvor aus $q = \alpha(\vartheta_s - \vartheta_w)$ und die Massenstromdichte des Kondensats aus $\dot{M}/A = q/\Delta h_{v\ddot{u}}^*$.

In technischen Fällen erreichen die Unterkühlung des Kondensats, die Auftriebskräfte und die Überhitzung des Dampfes jedoch selten solche Werte, daß man nach den verbesserten Gln. (2.24) bzw. (2.26) rechnen muß.

Die vollständige Lösung der Grenzschichtgleichungen für die laminare Filmkondensation findet man bei Koh et al. [2.3]. Den Einfluß des überhitzten Dampfes auf den Wärmeübergang haben Sparrow und Eckert [2.4] analytisch untersucht. Auch dabei bestätigte sich, daß die Abweichungen von der Nußeltschen Wasserhauttheorie gering sind.

2.2.2 Berücksichtigung des Widerstands an der Phasengrenze zwischen Flüssigkeit und Dampf

Wie eingangs erwähnt, liegt die Temperatur an der Oberfläche des Kondensatfilms geringfügig unter der Sättigungstemperatur, so daß ständig Dampf an der Phasengrenze kondensiert und durch neuen nachströmenden Dampf ersetzt wird. Es ist demnach ein zusätzlicher Widerstand an der Phasengrenze zu überwinden, der jedoch nur bei hinreichend kleinen Drücken von Bedeutung ist und dessen Größe bereits durch (1.1) gegeben war.

2.2.3 Einfluß nicht kondensierbarer Gase

Kondensiert ein Dampf in Anwesenheit eines nichtkondensierbaren Gases, so muß er durch das Gas hindurch zur Phasengrenze diffundieren. Dazu ist ein Partialdruckgefälle zur Phasengrenze hin erforderlich. Wie Bild 2.3 zeigt, fällt der Partialdruck p_1 des Dampfes von einem konstanten Wert p_{1G} in größerer Entfernung von der Phasengrenze auf einen geringeren Wert p_{1I} an der Phasengrenze. Entsprechend sinkt auch die zugehörige Sättigungstemperatur $\vartheta_s(p_1)$ bis zum Wert ϑ_I an der Phasengrenze. Der Druck p_0 des Inertgases steigt zur Phasengrenze hin so an, daß $p_1 + p_0$ stets den konstanten Gesamtdruck p ergeben.

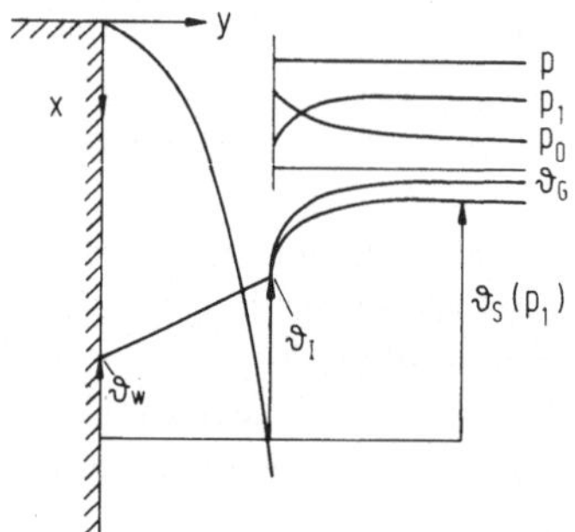

Bild 2.3. Einfluß von Inertgas auf den Partialdruck- und den Temperaturverlauf. ϑ_G Dampftemperatur, ϑ_s Sättigungstemperatur, p_1 Partialdruck des kondensierenden Dampfes, p_0 Partialdruck des Inertgases, $p = p_1 + p_0$ Gesamtdruck

Die Sättigungstemperatur ϑ_I an der Phasengrenze kann je nach Gasgehalt beträchtlich unter der zum Druck p gehörenden Sättigungstemperatur $\vartheta_s(p)$ liegen, die sich ergäbe, wenn kein Inertgas vorhanden wäre. Durch das Inertgas wird die Temperaturdifferenz zwischen Phasengrenze und Wand herabgesetzt und damit auch der Wärmeübergangskoeffizient verringert. Um dies zu vermeiden, sorgt man dafür, daß das Inertgas über Ventile abgeblasen werden kann. Große Kondensatoren sind mit einem Dampfstrahlapparat verbunden, der das Gas absaugt. In einigen Fällen, beispielsweise bei der Kondensation von Wasser aus Gemischen von Wasserdampf und Luft oder bei der Kondensation von Ammoniak aus seinen Gemischen mit Luft, ist zwangsläufig stets Inertgas anwesend; sein Einfluß auf den Wärmeübergang muß daher berücksichtigt werden.

Um eine einfache Abschätzung über den Einfluß des Inertgases zu erhalten, gehen wir von der Energiebilanz aus

$$\Phi = \alpha_L A(\vartheta_I - \vartheta_w) = \dot{M}\Delta h_v + \alpha_G A(\vartheta_G - \vartheta_I) \,. \tag{2.27}$$

Der Wärmeübergangskoeffizient α_G kennzeichnet hierin den vom Dampf-Gasgemisch an die Phasengrenze übertragenen Wärmestrom. In einem strömenden Gas wird die Größe von α_G von den Stoffwerten des Gases und der Strömungsgeschwindigkeit bestimmt.

Der Massenstrom $\dot{M}$ des an die Kondensatoberfläche transportierten Dampfes wächst mit dem Unterschied der Partialdrücke $p_{1G} = y_{1G}p$ im Dampfraum und p_{1I} an der Phasengrenze.

Nach den Gesetzen der Stoffübertragung ist

$$\dot{M} = \varrho_G \beta_{G0} A \ln \frac{p - p_{1I}}{p - p_{1G}} \,, \tag{2.28}$$

wenn ϱ_G die Dichte des Gas-Dampfgemisches beim Druck p und der Temperatur ϑ_G ist. Diese Beziehung gilt streng genommen nur, wenn die Temperatur bis zur Phasengrenze konstant ist. Abgesehen von tieferen Temperaturen, wirkt sich die Annahme einer konstanten Temperatur jedoch auf die Größe $\dot{M}$ kaum fehlerhaft aus. Weiter sind p_{1I} der Partialdruck des kondensierenden Dampfes an der Phasengrenze und p_{1G} derjenige im Kern der Gas-Dampfströmung. Eine genauere

Ableitung der Gl. (2.28) wird später in Abschn. 6.4.3 in Zusammenhang mit der Kondensation von Dampfgemischen erörtert.

Den Stoffaustauschkoeffizienten β_{G0} kann man nach der Lewisschen Beziehung näherungsweise auf den Wärmeübergangskoeffizienten zurückführen

$$\beta_{G0} = \frac{1}{\varrho_G}\frac{\alpha_{G0}}{c_{pG}} \; . \tag{2.29}$$

Der Index 0 in β_{G0} und α_{G0} soll darauf hinweisen, daß es sich hier um Stoff- und Wärmeübergangskoeffizienten einer Dampfströmung handelt, wobei die Kondensatoroberfläche wie eine ruhende feste Wand angesehen wird. Wir setzen in (2.27) $\alpha_G = \alpha_{G0}\zeta$, worin der Korrekturfaktor ζ berücksichtigt, daß der Dampf in Wirklichkeit nicht entlang einer festen Wand strömt, sondern ein Teilstrom an der Phasengrenze verschwindet.

Mit Hilfe von (2.28) und (2.29) erhält man aus der Energiebilanz (2.27)

$$\vartheta_I - \vartheta_w = \frac{\alpha_{G0}}{\alpha_L}\left[\frac{\Delta h_v}{c_{pG}}\ln\frac{p-p_{1I}}{p-p_{1G}} + \zeta(\vartheta_G - \vartheta_I)\right] \tag{2.30}$$

als Bestimmungsgleichung für die unbekannte Temperatur ϑ_I an der Phasengrenze. Diese Gleichung kann nur iterativ gelöst werden. Für kleine Inertgasgehalte $p_0 \ll p$ bzw. $p_1 \to p$, wird der Quotient $(p-p_{1I})/(p-p_{1G})$ und damit auch der erste Summand in der Klammer groß. Gleichung (2.30) vereinfacht sich dann zu

$$\vartheta_I - \vartheta_w = \frac{\alpha_{G0}\Delta h_v}{\alpha_L c_{pG}}\ln\frac{p-p_{1I}}{p-p_{1G}} \; . \tag{2.31}$$

Nimmt man an, der Kondensatfilm habe an einer bestimmten Stelle die Dicke δ, dann würde, falls kein Inertgas vorhanden wäre, an der Oberfläche des Kondensatfilms Sättigungstemperatur $\vartheta_s(p)$ herrschen und die abgeführte Wärmestromdichte wäre

$$q = \frac{\lambda_L}{\delta}(\vartheta_s - \vartheta_w) \; .$$

Bei Vorhandensein von Inertgas und gleicher Filmdicke wird eine geringere Wärmestromdichte

$$q_G = \frac{\lambda_L}{\delta}(\vartheta_I - \vartheta_w)$$

übertragen. Das Verhältnis beider Wärmestromdichten ist

$$\frac{q_G}{q} = \frac{\vartheta_I - \vartheta_w}{\vartheta_s - \vartheta_w} \leqq 1 \; . \tag{2.32}$$

Mit (2.31) ergibt sich die Näherungsbeziehung

$$\frac{q_G}{q} = \frac{\alpha_{G0}\Delta h_v}{(\vartheta_s - \vartheta_w)\alpha_L c_{pG}}\ln\frac{p-p_{1I}}{p-p_{1G}} \; . \tag{2.33}$$

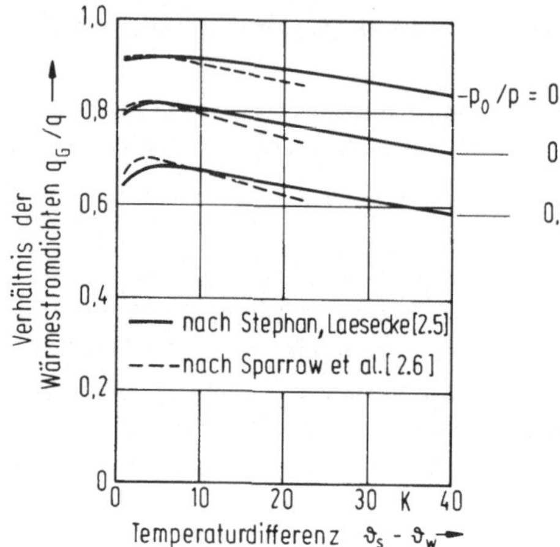

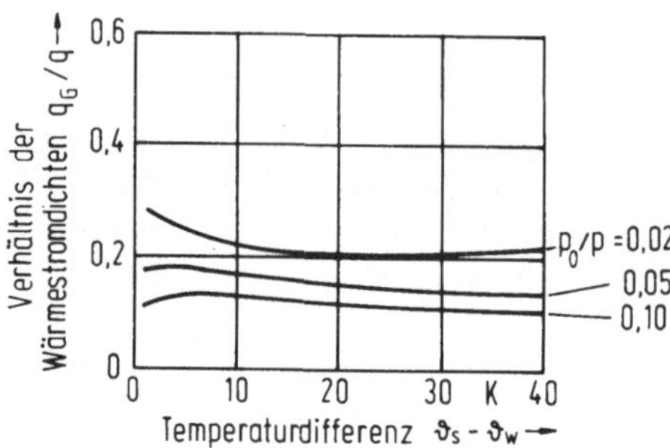

Bild 2.4. Einfluß von Inertgas auf den Wärmeübergang bei Kondensation in einer erzwungenen Strömung von Wasserdampf mit Luft; q_G Wärmestromdichte mit, q ohne Inertgas

Bild 2.5. Einfluß von Inertgas auf den Wärmeübergang bei Kondensation in einer freien Strömung von Wasserdampf mit Luft [2.5]; q_G Wärmestromdichte mit, q ohne Inertgas

Wie man daraus erkennt, sollte besonders bei großen Temperaturdifferenzen $\vartheta_s - \vartheta_w$ die Strömungsgeschwindigkeit im Dampfraum hinreichend groß gewählt werden, damit der Wärmeübergangskoeffizient des Dampfes groß und somit die Wärmestromdichte q_G nicht zu klein wird.

Als Ergebnis einer genaueren Rechnung zeigen die Bilder 2.4 und 2.5 das Verhältnis der beiden Wärmestromdichten q_G/q aufgetragen über der Temperaturdifferenz $\vartheta_s - \vartheta_w$ mit dem Inertgasanteil als Parameter. Beide Bilder gelten für die Kondensation von Wasserdampf aus einem Gemisch mit Luft. Bild 2.4 gilt für die Kondensation bei erzwungener Strömung, wenn der Einfluß der Schwerkraft gegenüber dem der Trägheitskraft vernachlässigt werden kann.

Bild 2.5 zeigt den umgekehrten Fall, bei dem die Trägheitskräfte von vernachlässigbarem Einfluß gegenüber der Schwerkraft sind. Dies entspricht der freien Strömung.

Aus beiden Bildern ist deutlich ersichtlich, daß der Wärmeübergang sich mit zunehmendem Inertgasanteil verringert, und daß er bei freier Strömung durch das Inertgas viel stärker herabgesetzt wird als bei erzwungener Strömung.

Die Berechnung der Flächen von Wärmeaustauschern wird eingehender in Abschn. 6.4 im Zusammenhang mit der Kondensation von Gemischdämpfen behandelt.

2.2.4 Wellenbildung auf der Filmoberfläche

Die Nußeltsche Wasserhauttheorie setzte eine gleichmäßige, durch die weitere Kondensation anwachsende Filmdicke voraus. Experimente [u.a. 2.7−2.9] zeigten jedoch, daß auch bei eindeutig laminarer Filmströmung die Filmoberfläche wellig sein kann. Derartige Wellen wurden nicht nur an rauhen, sondern auch an polierten Wänden beobachtet. Offenbar werden die in einer Strömung stets vorhandenen kleinen Störungen der Geschwindigkeit unter bestimmten Bedingungen nicht gedämpft, und es bilden sich Wellen. Sie führen zu einer Verbesserung des Wärmeübergangs um 10 bis 25 % gegenüber der Nußeltschen Wasserhauttheorie. Nach Grimley [2.10] erscheinen Wellen und Riffeln ab einer kritischen Reynoldszahl von

$$Re = \frac{\bar{w}\delta}{v_L} = \frac{\dot{M}/b}{\eta_L} = 0{,}392 \left[\left(\frac{\sigma}{\varrho_L g} \right)^{1/2} \left(\frac{g}{v_L^2} \right)^{1/3} \right]^{3/4}, \qquad (2.34)$$

worin σ die Oberflächenspannung und $v_L = \eta_L/\varrho_L$ die kinematische Viskosität der Flüssigkeit sind. Aufgrund einer Störungsrechnung haben van der Walt und Kröger [2.11] nachgewiesen, daß die Beziehung für Wasser und einige andere Flüssigkeiten, wie das Kältemittel R12, eine recht gute Näherung für das Einsetzen von Wellen darstellt. In flüssigem Natrium setzt jedoch Wellenbildung erst bei kritischen Reynoldszahlen ein, die rund fünfmal größer sind als die nach (2.34) berechneten. Vernachlässigt man die Wellenbildung und rechnet man nach der Nußeltschen Wasserhauttheorie, so erhält man zu kleine Wärmeübergangskoeffizienten, bemißt also den Kondensator zu groß. Leider gibt es derzeit noch keine verläßliche Theorie zur Berechnung des Einflusses der Wellenbildung auf den Wärmeübergang. Für den praktischen Gebrauch multipliziert man die Wärmeübergangskoeffizienten α nach der Nußeltschen Wasserhauttheorie mit einem Korrekturfaktor f

$$\alpha_{\text{Wellen}} = f\alpha, \qquad (2.35)$$

der den Einfluß der Wellenbildung berücksichtigt. Da die Wellen zu einer im statistischen Mittel geringeren Filmdicke führen, wird der Wärmeübergang durch die Wellenbildung verbessert. Der obige Korrekturfaktor ist daher größer als eins und nach Experimenten von van der Walt und Kröger [2.11] weitgehend unabhängig von der Kondensatmenge. Ein guter Mittelwert ist $f = 1{,}15$.

2.2.5 Temperaturabhängige Stoffwerte

In den Gln. (2.11) und (2.12) der Nußeltschen Wasserhauttheorie sind die Stoffwerte des Kondensatfilms als temperaturunabhängig vorausgesetzt. Diese Annahme ist gut erfüllt, wenn der Temperaturabfall $\vartheta_s - \vartheta_w$ im Kondensatfilm hinreichend klein ist. Andernfalls hat man zu berücksichtigen, daß die dynamische Viskosität, die Wärmeleitfähigkeit und in geringerem Maße auch die Dichte des Kondensatfilms mit der Temperatur veränderlich sind. Anstelle von (2.17) tritt dann die Impulsbilanz

$$\frac{\partial}{\partial y}\left[\eta_L(\vartheta)\frac{\partial w}{\partial y}\right] = -[\varrho_L(\vartheta)-\varrho_G]g, \qquad (2.36)$$

und das Temperaturprofil im Kondensatfilm ergibt sich aus der Energiebilanz

$$\frac{\partial}{\partial y}\left[\lambda_L(\vartheta)\frac{\partial \vartheta}{\partial y}\right] = 0. \qquad (2.37)$$

Diese Gleichungen sind unter den Randbedingungen

$$w(y=0)=0, \qquad \frac{\partial w(y=\delta)}{\partial y}=0,$$

$$\vartheta(y=0)=\vartheta_w \quad \text{und} \quad \vartheta(y=\delta)=\vartheta_s$$

zu lösen. Aus dem Geschwindigkeitsprofil erhält man den abfließenden Kondensat-massenstrom

$$\dot{M} = \int_0^{\delta} \varrho_L(\vartheta)\,wb\,\mathrm{d}y$$

und daraus auch dessen Zunahme $\mathrm{d}\dot{M}/\mathrm{d}\delta$ mit der Filmdicke. Zur Bildung dieses Kondensatmassenstroms ist ein Wärmestrom $\mathrm{d}\Phi = \Delta h_v \mathrm{d}\dot{M}$ abzuführen, der durch Wärmeleitung im Kondensatfilm abfließt. Es ist

$$\mathrm{d}\Phi = -\lambda_w\left(\frac{\partial \vartheta}{\partial y}\right)_{y=0} b\,\mathrm{d}x = \Delta h_v \mathrm{d}\dot{M}. \qquad (2.38)$$

Die Wärmeleitfähigkeit ist hierin bei der Wandtemperatur ϑ_w einzusetzen. Mit Hilfe des Temperaturprofils, das sich durch Lösen der Gl. (2.37) ergibt, liefert (2.38) die noch unbekannte Filmdicke δ. Der Wärmeübergangskoeffizient folgt dann definitionsgemäß aus

$$\alpha(\vartheta_s-\vartheta_w) = -\lambda_w\left(\frac{\partial \vartheta}{\partial y}\right)_{y=0}. \qquad (2.39)$$

Auf die Lösung der Gln. (2.36) und (2.37) unter den angegebenen Randbedingungen sei hier verzichtet. Man findet Einzelheiten hierzu in einer Arbeit von Voskresenskij [2.12].

Als Ergebnis erhält man mit den zusätzlichen Annahmen, daß die Dichte im Flüssigkeitsfilm nur wenig von der Temperatur abhängt und sehr viel größer als die des Dampfes ist $\varrho_L \gg \varrho_G$, daß das Verhältnis des Wärmeübergangskoeffizienten α zum Wärmeübergangskoeffizienten α_{Nu} nach der Nußeltschen Wasserhauttheorie sich darstellen läßt durch

$$\frac{\alpha}{\alpha_{Nu}} = f\left(\frac{\lambda_s}{\lambda_w};\frac{\eta_s}{\eta_w}\right). \qquad (2.40)$$

Der Index s zeigt an, daß die Stoffwerte des Kondensatfilms bei Sättigungstemperatur, der Index w, daß sie bei Wandtemperatur zu bilden sind. Der Wärmeüber-

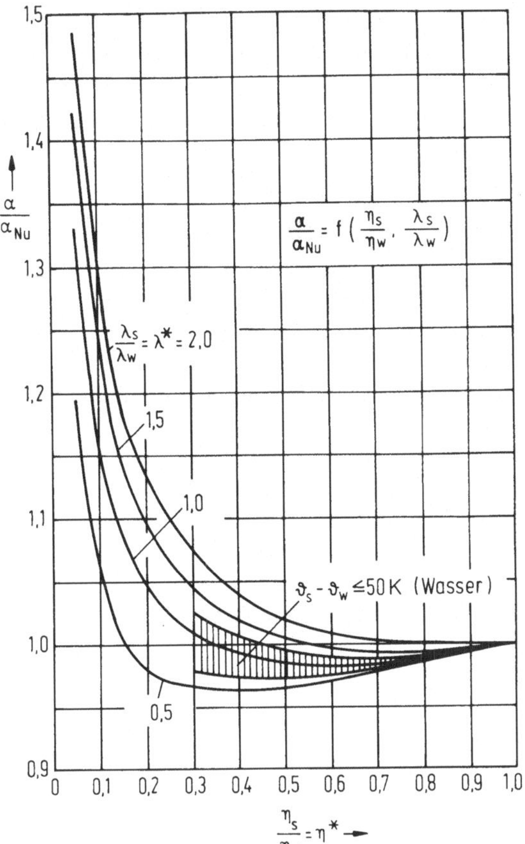

Bild 2.6. Einfluß temperaturabhängiger Stoffwerte auf den Wärmeübergang bei Filmkondensation [2.12]

gangskoeffizient α_{Nu} nach der Nußeltschen Wasserhauttheorie, (2.11), ist mit den mittleren Stoffwerten

$$\eta_L = \tfrac{1}{2}(\eta_s + \eta_w) \quad \text{und} \quad \lambda_L = \tfrac{1}{2}(\lambda_s + \lambda_w)$$

zu berechnen.

Mit den Abkürzungen

$$\eta^* = \eta_s/\eta_w \quad \text{und} \quad \lambda^* = \lambda_s/\lambda_w$$

lautet (2.40) vollständig

$$\frac{\alpha}{\alpha_{Nu}} = \frac{1+\eta^*}{10(1+\lambda^*)^3}\left[5 + \lambda^*(14 + 11\lambda^*) + \frac{\lambda^*}{\eta^*}(1 + 4\lambda^* + 5\lambda^{*2})\right]. \qquad (2.41)$$

Im Grenzfall $\lambda^* = \eta^* = 1$ erhält man $\alpha = \alpha_{Nu}$.

In Bild 2.6 ist (2.41) dargestellt. Wie man aus dem Diagramm erkennt, kann die Temperaturabhängigkeit der dynamischen Viskosität und der Wärmeleitfähigkeit von merklichem Einfluß auf den Wärmeübergang sein, sofern sich diese Stoffwerte stark mit der Temperatur ändern. Für kondensierenden Wasserdampf ändern sich bei einem Temperaturunterschied zwischen Sättigungs- und Wandtemperatur $\vartheta_s - \vartheta_w \leq 50$ K die Stoffwerte λ_s/λ_w zwischen 0,6 und 1,2 und η_s/η_w zwischen 1 und 1,3. Dieser Bereich ist in Bild 2.6 schraffiert eingezeichnet. Wie man sieht, sind innerhalb dieses Bereichs die Abweichungen von der Nußeltschen Wasserhauttheorie kleiner als 3 %.

2.3 Filmkondensation mit turbulenter Wasserhaut

Die Nußeltsche Wasserhauttheorie setzte eine laminare Filmströmung voraus. Da die abfließende Kondensatmenge stromabwärts zunimmt, wächst auch die mit der Filmdicke gebildete Reynoldszahl ständig an. Der anfänglich glatte Film wird wellig und geht schließlich in einen turbulenten Film über; der Wärmeübergang ist deutlich besser als bei laminarem Film.

Den Wärmeübergang bei turbulenter Filmkondensation hat zuerst Grigull [2.13] näherungweise berechnet, indem er die Prandtlanalogie für die Rohrströmung auf die turbulente Kondensathaut übertrug. Als neuer Parameter tritt dabei neben den Größen für die laminare Filmkondensation noch die Prandtlzahl auf. Die Ergebnisse lassen sich nicht geschlossen darstellen. Um zu einer übersichtlichen Darstellung zu kommen, definieren wir zunächst die Reynoldszahl des Kondensatfilms

$$Re = \bar{w}\delta/\nu_L = \bar{w}\delta\varrho_L b/(\nu_L\varrho_L b) = \dot{M}/(\eta_L b) \, . \tag{2.42}$$

Diese läßt sich im Bereich der Nußeltschen Wasserhauttheorie mit Hilfe des Massenstroms für das abfließende Kondensat, (2.8),

$$\dot{M} = \bar{w}\varrho_L b\delta = \frac{\varrho_L^2 gb}{3\eta_L}\delta^3$$

auch umformen in

$$Re = \frac{\dot{M}/b}{\eta_L} = \frac{\varrho_L^2 g}{3\eta_L^2}\delta^3 \quad \text{oder} \quad (3Re)^{1/3} = \left(\frac{g}{\nu_L^2}\right)^{1/3}\delta \, .$$

Eliminiert man hierin noch die Filmdicke δ mit Hilfe von $\alpha = \lambda_L/\delta$, so erhält man als andere Schreibweise für die Wärmeübergangsgleichung der Nußeltschen Wasserhauttheorie

$$Nu = \frac{\alpha(\nu_L^2/g)^{1/3}}{\lambda_L} = (3Re)^{-1/3} \, , \tag{2.43}$$

wobei die Reynoldszahl durch (2.42) gegeben ist. Bei turbulenter Kondensathaut ist nun, wie Grigull zeigte,

$$Nu = f(Re, Pr) \, .$$

Ergebnisse einer analytischen Lösung der Differentialgleichungen für den turbulenten Kondensatfilm an einem senkrechten Rohr gibt Bild 2.7 wieder [2.14]. Kurve A stellt die Ergebnisse der Nußeltschen Wasserhauttheorie nach (2.43) dar.

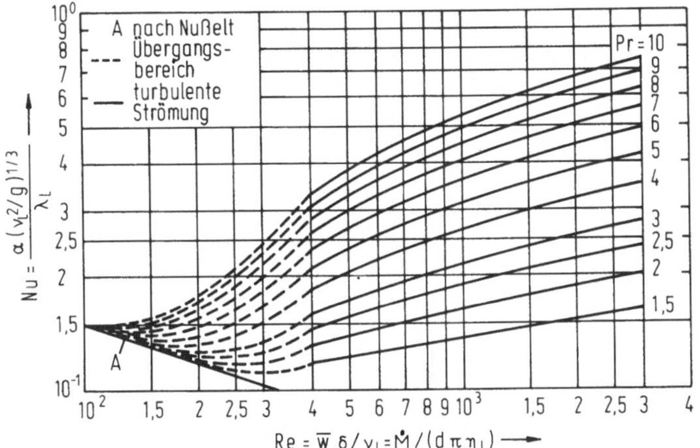

Bild 2.7. Örtliche Nußeltzahl in Abhängigkeit von der Reynoldszahl, nach [2.14], bei Kondensation an einem senkrechten Rohr oder an einer senkrechten ebenen Wand

Die Reynoldszahl $Re = \bar{w}\delta/\nu_L$ kann man für den Kondensatfilm an einem senkrechten Rohr wegen der Massenbilanz $\dot{M} = \bar{w}d\pi\delta\varrho_L$ und mit $\eta_L = \nu_L\varrho_L$ auch $Re = \dot{M}/(d\pi\eta_L)$ schreiben. Da der Rohrdurchmesser d, der den Berechnungen von Bild 2.7 zugrunde liegt, viel größer als die Filmdicke vorausgesetzt wurde, hat die Krümmung des Kondensatfilms keinen Einfluß auf den Wärmeübergang. Die Ergebnisse gelten daher auch für die Kondensation an einer senkrechten ebenen Platte mit der nach (2.42) definierten Reynoldszahl. In einem Übergangsbereich zwischen der laminaren und der turbulenten Kondensation ist der Kondensatfilm wellig. In Bild 2.7 ist dieser Übergangsbereich nach Ergebnissen von Henstock und Hanratti [2.15] gestrichelt eingezeichnet.

Über die Größe der Reynoldszahl für den Umschlag von der laminaren in die turbulente Strömung findet man in der Literatur unterschiedliche Angaben. Wie Bild 2.7 zeigt, kann man eine solche kritische Reynoldszahl nicht eindeutig festlegen, wie das gelegentlich versucht wurde. Vielmehr schließt sich an den laminaren Bereich zunächst ein Übergangsbereich mit welligem Film an, in dem die Nußeltzahl von den Werten der Wasserhauttheorie abweicht. Dieser Übergangsbereich beginnt bei sehr kleinen Reynoldszahlen $Re_{\ddot{u}}$, wenn die Prandtlzahl hinreichend groß ist, während bei kleinen Prandtlzahlen die laminare Strömung nach einem kurzen Übergangsbereich in die turbulente Strömung übergeht. Die kritische Reynoldszahl hängt daher von der Prandtlzahl ab und kann weit unterhalb einer kritischen Reynoldszahl von 400 liegen, bei welcher der Übergangsbereich etwa endet.

Läßt man eine Abweichung von 1 % von den Werten der Nußeltschen Wasserhauttheorie zu, so gilt diese bis zu einer Reynoldszahl

$$Re_{\ddot{u}} = 256 Pr^{-0,47}, \qquad (2.44)$$

gültig für $1 \leq Pr \leq 10$. Außerdem muß zur Anwendung der Wasserhauttheorie die vom Dampf ausgeübte Schubspannung hinreichend klein sein. Im turbulenten

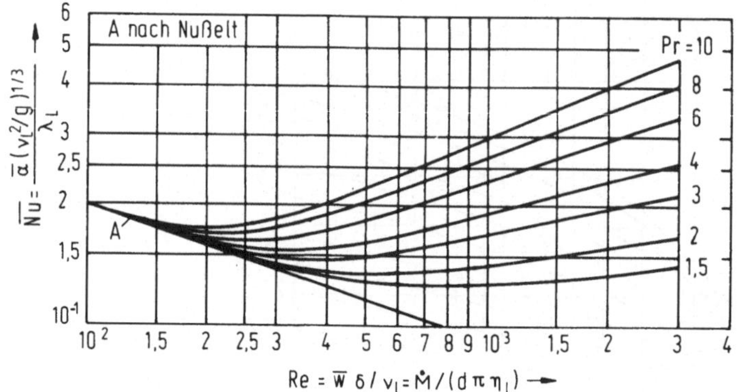

Bild 2.8. Mittlere Nußeltzahl in Abhängigkeit von der Reynoldszahl, nach [2.14], bei Kondensation an einem senkrechten Rohr oder an einer senkrechten ebenen Wand

Bereich, bei Reynoldszahlen über $Re_{cr} = 400$, erreichen die Nußeltzahlen Werte, die insbesondere bei größeren Prandtlzahlen um ein Vielfaches über denen der Wasserhauttheorie liegen.

Im Übergangsbereich nimmt die Nußeltzahl zunächst mit der Reynoldszahl ab und dann nach Durchlaufen eines Minimums wieder zu. Die mit der Reynoldszahl wachsende Filmdicke bewirkt zuerst eine Abnahme des Wärmeübergangs, dann überwiegt aber der mit der Reynoldszahl ansteigende Einfluß der Turbulenz und führt zu einer Verbesserung des Wärmeübergangs.

Man hat zu beachten, daß in Bild 2.7 örtliche Nußeltzahlen aufgetragen sind. In einem Kondensator ändert sich die mit der Filmdicke gebildete Reynoldszahl vom Wert Null bei Beginn der Kondensation bis zu einem Endwert. Dazwischen können im Übergangsbereich Zustände mit schlechtem Wärmeübergang liegen, so daß der mittlere Wärmeübergangskoeffizient kleiner sein kann als der örtliche im Austrittsquerschnitt. Bild 2.8 gibt die zu Bild 2.7 gehörenden mittleren Wärmeübergangskoeffizienten gemäß

$$\bar{\alpha}\,(\vartheta_s - \vartheta_w) = \Delta h_v \dot{M}/A$$

wieder, wobei A die Rohroberfläche und $\dot{M}$ der am unteren Rohrende ablaufende Kondensatmassenstrom ist.

Wie man daraus erkennt, sollte man bei kleinen Prandtlzahlen zur Erzielung eines guten Wärmeübergangs einen Kondensator möglichst im Bereich der Nußeltschen Wasserhauttheorie, also bei kleinen Reynoldszahlen betreiben. Dies kann durch Verwendung kurzer Rohre erreicht werden. Ist dagegen die Prandtlzahl groß, so ist ein guter Wärmeübergang vorwiegend im turbulenten Bereich, also bei Verwendung hinreichend langer Rohre, zu erreichen.

2.4 Gebrauchsformeln

2.4.1 Einzelrohre

Wie bereits dargelegt, gelten die Gleichungen der Nußeltschen Wasserhauttheorie für die laminare Filmkondensation bis zu einer Reynoldszahl

$$Re_{\ddot{u}} = 256 \cdot Pr^{-0,47} \quad \text{mit} \quad 1 \leq Pr \leq 10,$$

wenn die tatsächlichen Wärmeübergangskoeffizienten nicht mehr als 1 % von denen der Nußeltschen Wasserhauttheorie abweichen sollen. Unterhalb dieser Übergangsreynoldszahl berechnet sich der örtliche Wärmeübergangskoeffizient aus (2.11) für senkrechte Wände und Rohre; für geneigte Wände oder Rohre gilt (2.13). Entsprechende Formeln zur Berücksichtigung weiterer Abweichungen von der Nußeltschen Wasserhauttheorie findet man in Abschn. 2.2.

Bei hinreichend großen Reynoldszahlen $Re \geq 400$ ist der Film stets turbulent. Für diesen Bereich hat Isashenko [2.16] ausgehend von einer Lösung der Impuls- und Energiegleichung der turbulenten Strömung einfache Gebrauchsformeln entwickelt, die aus der Literatur bekannte Meßwerte gut wiedergeben. Danach ist die örtliche Nußeltzahl gegeben durch

$$Nu = \frac{\alpha \, (v_L^2/g)^{1/3}}{\lambda_L} = 0,0325 \; Re^{1/4} \; Pr^{1/2} \tag{2.45}$$

mit der Reynoldszahl $Re = (\dot{M}/b)/\eta_L = \Gamma/\eta_L$ und der Prandtlzahl Pr des Kondensats. Die Gleichung gilt im Bereich $1 \leq Pr \leq 25$ und $400 \leq Re \leq 7 \cdot 10^5$. Die Reynoldszahl des Kondensats erhält man aus

$$Re = \left[89 + 0,024 Pr^{1/2} \left(\frac{Pr}{Pr_w} \right)^{1/4} (Z - 2300) \right]^{4/3} \tag{2.46}$$

mit

$$Z = \frac{c_{pL} (\vartheta_s - \vartheta_w)}{\Delta h_v} \; \frac{1}{Pr} \; \frac{x}{(v_L^2/g)^{1/3}} \; . \tag{2.46a}$$

In diesen Gleichungen sind alle Stoffwerte bei Sättigungstemperatur einzusetzen außer der Prandtlzahl Pr_w, die bei Wandtemperatur zu bilden ist. Nach Untersuchungen von Labunzov [2.17] weichen gemessene Wärmeübergangskoeffizienten um höchstens ± 12 % von den berechneten ab.

Eine von (2.45) abweichende Beziehung hat Blangetti [2.18] offenbar ohne Kenntnis der Arbeit von Isashenko abgeleitet. Der örtliche Wärmeübergangskoeffizient berechnet sich hiernach aus

$$Nu = \frac{\alpha \, (v_L^2/g)^{1/3}}{\lambda_L} = 8,663 \cdot 10^{-3} Re^{0,382} Pr^{0,569} \; . \tag{2.47}$$

Bei der Herleitung dieser Gleichung wurden temperaturunabhängige Stoffwerte vorausgesetzt. In der Gleichung kommt noch die unbekannte Kondensatmenge in

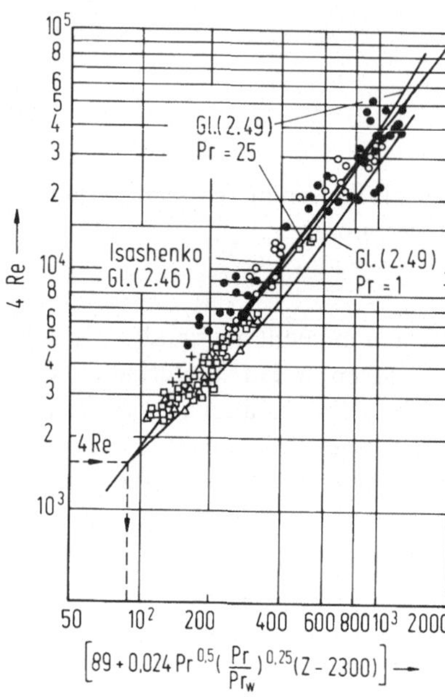

$$\left[89 + 0{,}024\,Pr^{0,5}(\tfrac{Pr}{Pr_w})^{0,25}(Z - 2300)\right] \longrightarrow$$

Bild 2.9. Wärmeübergang bei turbulenter Filmkondensation. Gleichung (2.46) von Isashenko [2.16] und (2.49). Vergleich mit Messungen. Δ und $+$ stehen für Messungen mit Wasser, $h = 3{,}66$ m, $Pr \approx 5{,}0$; $\square$ Wasser, $h = 6{,}1$ m, $Pr = 1{,}5$ bis $2{,}5$; $\circ$ Wasser, $h = 2{,}9$ m, $Pr = 1{,}5$ bis $2{,}5$; $\bullet$ Diphenyl, $h = 3{,}65$ m, $Pr \approx 5{,}0$

der Reynoldszahl $Re = (\dot{M}/b)/\eta_L = \Gamma/\eta_L$ vor. Um sie zu berechnen, hat man die Energiebilanz an einer beliebigen Stelle x des Kondensatfilms zu erfüllen

$$\alpha(\vartheta_s - \vartheta_w)\,b\,\Delta x = \frac{d\dot{M}}{dx}\,\Delta x \Delta h_v \quad \text{oder} \quad \alpha(\vartheta_s - \vartheta_w) = \frac{d\Gamma}{dx}\,\Delta h_v. \tag{2.48}$$

Nach Einsetzen des Wärmeübergangskoeffizienten α aus (2.47) in diese Beziehung erhält man eine gewöhnliche Differentialgleichung für die Kondensatmenge $\Gamma(x)$. Um diese Gleichung zu integrieren, muß man einen Anfangswert $\Gamma_1(x_1)$ kennen. Hierzu wird man zweckmäßigerweise voraussetzen, daß turbulente Filmkondensation erst oberhalb einer Reynoldszahl $Re = \Gamma/\eta_L$ von 400 herrscht, so daß also eine untere Integrationsgrenze $\Gamma_1 = 400\,\eta_L$ ist. Bei dieser Reynoldszahl ist, wie Labunzov [2.17] aufgrund einer Auswertung von Meßergebnissen fand, die durch (2.46a) definierte Größe

$$Z = Z_1 = 2300.$$

Damit liegt auch der Ort x_1 für den Anfangswert der Integration fest. Die Lösung der sich aus (2.48) ergebenden Differentialgleichung liefert dann als Bestimmungsgleichung für die Reynoldszahl $Re = \Gamma/\eta_L$

$$Re = [40{,}56 + 5{,}354 \cdot 10^{-3}\,Pr^{0,569}(Z - 2300)]^{1,618}. \tag{2.49}$$

Zusammen mit (2.47) von Blangetti hat man damit eine Beziehung, aus der sich in einfacher Weise der Wärmeübergangskoeffizient bei turbulenter Filmkondensation ergibt.

Einen Vergleich der Beziehungen (2.46) von Isashenko mit (2.49) zeigt Bild 2.9. Dort sind auch die Meßwerte eingezeichnet, mit denen Isashenko die von ihm entwickelte Korrelation verglichen hat. Wie man sieht, ist die Übereinstimmung mit den Messungen zufriedenstellend. Lediglich im Bereich kleiner Werte der Prandtlzahl liefert die hier aus (2.47) von Blangetti abgeleitete Gl. (2.49) zu geringe Reynoldszahlen und somit auch zu kleine Wärmeübergangskoeffizienten.

Damit stehen nun Gleichungen zur Berechnung des Wärmeübergangs bei laminarer Filmkondensation und bei turbulenter Filmkondensation zur Verfügung. Zur Berechnung des Wärmeübergangs im Übergangsbereich zwischen laminarer und turbulenter Filmkondensation haben sich empirische Interpolationsformeln bewährt. Eine solche ist

$$\alpha = \sqrt[4]{(f\alpha_1)^4 + \alpha_t^4}\,. \tag{2.50}$$

Der Faktor f berücksichtigt hierin die Welligkeit des laminaren Kondensatfilms, $f \approx 1,5$, α_1 ist der Wärmeübergangskoeffizient bei laminarer Filmkondensation aus der Nußeltschen Wasserhauttheorie und α_t der bei turbulenter Kondensathaut, wie er sich beispielsweise aus (2.45) zusammen mit den Gln. (2.46) ergibt.

2.4.2 Rohrbündel

Nach Nußelt ist der mittlere Wärmeübergangskoeffizient bei der Kondensation an einem einzelnen waagerechten Rohr durch (2.14)

$$\bar{\alpha}_{\text{waag}} = 0,728 \left(\frac{\varrho_L^2 g \Delta h_v \lambda_L^3}{\eta_L(\vartheta_s - \vartheta_w)} \frac{1}{d} \right)^{1/4} \tag{2.51}$$

gegeben. Der mittlere Wärmeübergangskoeffizient $\bar{\alpha}_n$ von n übereinander liegenden Rohrreihen wurde durch (2.16) von Chen beschrieben

$$\bar{\alpha}_n = \left[1 + 0,2 \frac{c_{pL}(\vartheta_s - \vartheta_w)}{\Delta h_v}(n-1) \right] n^{-1/4} \bar{\alpha}_1\,, \tag{2.52}$$

in der $\bar{\alpha}_1 = \bar{\alpha}_{\text{waag}}$ nach Nußelt ist. Als Näherung benutzt man in der Praxis häufig auch die von Kern [2.19] empfohlenen empirischen Beziehungen

$$\bar{\alpha}_n/\bar{\alpha}_1 = n^{-1/6} \tag{2.53}$$

und

$$\vec{\alpha}_n^*/\bar{\alpha}_1 = n^{5/6} - (n-1)^{-5/6} \quad \text{für} \quad n \geq 10\,. \tag{2.53a}$$

$\bar{\alpha}_n$ ist hierin der mittlere Wärmeübergangskoeffizient von n übereinander liegenden Rohren, $\vec{\alpha}_n^*$ der mittlere Wärmeübergangskoeffizient des n-ten Rohrs von oben. Gleichung (2.53) erhält man durch Mittelwertbildung, $\bar{\alpha}_n = \frac{1}{n} \sum_{k=1}^{n} \vec{\alpha}_k^*$, wobei $\vec{\alpha}_k^*$ der mittlere Wärmeübergangskoeffizient eines Rohrs in der k-ten Reihe ist, den man aus (2.53a) für $n = k$ erhält.

Bild 2.10 zeigt den Verlauf $\bar{\alpha}_n/\bar{\alpha}_1$ über der Reihenzahl n. In das Bild sind die Werte nach (2.53) von Kern und auch Werte für kleinere Reihenzahlen eingetragen, die ausgehend von Messungen von Short und Brown [2.20] berechnet wurden.

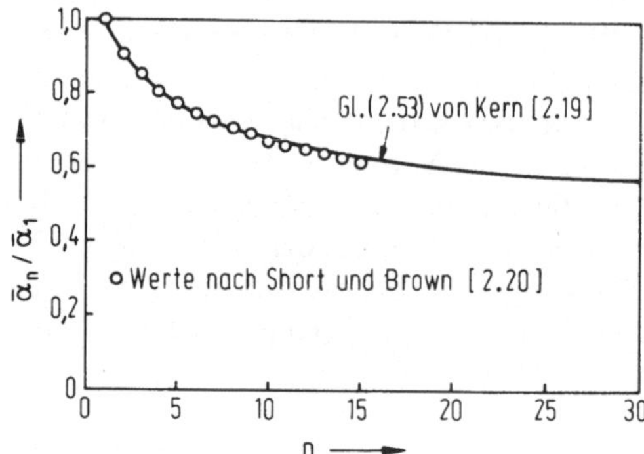

Bild 2.10. Bezogener mittlerer Wärmeübergangskoeffizient $\bar{\alpha}_n/\bar{\alpha}_1$ für n übereinander liegende Kondensatorrohre. $\bar{\alpha}_1$ ist der mittlere Wärmeübergangskoeffizient des oberen Rohrs

Diese Gleichungen gelten allerdings nur, solange die Dampfgeschwindigkeit so gering ist, daß die auf den Flüssigkeitsfilm ausgeübte Schubspannung unerheblich ist im Vergleich zum Einfluß der Schwerkraft.

In Rohrbündelkondensatoren herrschen jedoch häufig große Dampfgeschwindigkeiten um die Rohre. Theoretische Untersuchungen über den Wärmeübergang bei sehr hohen Dampfgeschwindigkeiten, bei denen der Einfluß der Schubspannung überwog und der Dampf waagerechte Rohre überströmte, ließen sich durch die einfache Beziehung [2.21]

$$Nu = \frac{\bar{\alpha}d}{\lambda_L} = 0{,}9 \left(\frac{w_G d}{v_L} \right)^{1/2} \tag{2.54}$$

wiedergeben, worin w_G die Dampfgeschwindigkeit ist. Diese wird aus $w_G = w_{G0}/\varepsilon$ ermittelt, wobei w_{G0} die Dampfgeschwindigkeit ist, die sich einstellen würde, wenn keine Rohre vorhanden wären. Die Größe ε ist der Lückengrad. Darunter versteht man das von Rohren freie Volumen bezogen auf das tatsächlich zur Verfügung stehende Dampfvolumen. In dem praktisch vorkommenden Bereich der Dampfgeschwindigkeiten wirken sowohl die Schubspannung als auch die Schwerkraft auf den Kondensatfilm. Der mittlere Wärmeübergangskoeffizient an ein einzelnes Rohr kann dabei durch eine Überlagerung des Wärmeübergangskoeffizienten $\bar{\alpha}_{waag} = \bar{\alpha}_{Nu}$ nach Nußelt, (2.51), und $\bar{\alpha} = \bar{\alpha}_\tau$ nach (2.54) ermittelt werden [2.21]:

$$\bar{\alpha} = \left[\frac{\bar{\alpha}_\tau^2}{2} + \left(\frac{\bar{\alpha}_\tau^4}{4} + \bar{\alpha}_{Nu}^4 \right)^{1/2} \right]^{1/2} . \tag{2.55}$$

Diese Beziehung gilt für den mittleren Wärmeübergangskoeffizienten am Einzelrohr und erfaßt noch nicht den Einfluß des herabtropfenden Kondensats von den darüber liegenden Rohren. Für praktische Rechnungen berücksichtigt man diesen Einfluß durch (2.53) und (2.53a) von Kern bzw. (2.52) von Chen, indem man dort für $\bar{\alpha}_1$ den Wert $\bar{\alpha}_{waag}$ nach (2.51) einsetzt.

In den Kondensatoren ist der dampfseitige Druckabfall oft erheblich. Das führt zu einer Abnahme der Sättigungstemperatur und auch zu einer Abnahme der Dampfgeschwindigkeit längs des Strömungswegs. Man muß daher den Wärmeübergang abschnittsweise berechnen.

3 Tropfenkondensation ruhender Dämpfe

Benetzt das Kondensat die Wand nur unvollständig, so bildet sich, wie in Abschn. 1.2 erläutert wurde, kein zusammenhängender Kondensatfilm, sondern es entstehen einzelne Flüssigkeitstropfen. Wärmeübergangskoeffizienten bei Tropfenkondensation sind deutlich größer als bei Filmkondensation. Man hat bei der Kondensation von Wasserdampf um den Faktor vier bis acht größere Wärmeübergangskoeffizienten gemessen. Allerdings hat sich gezeigt, daß alle untersuchten Stoffe, insbesondere Wasser, die an den üblicherweise verwendeten Heizflächen kondensieren, vollständig benetzen, sofern der Werkstoff der Heizfläche und die Flüssigkeit nicht verunreinigt waren. Das entspricht auch der Erfahrung, wonach ein Wasserfilm als Kennzeichen gut gereinigten Laborgeräts angesehen wird.

Die Kondensationsform wird hauptsächlich durch an der festen Oberfläche adsorbierte Fremdstoffe beeinflußt. Sie können lokal zu endlichen Werten des Randwinkels führen und damit eine unvollständige Benetzung bewirken. Als Fremdstoffe kommen organische Stoffe in Frage, denen man Wasser als Anti-Netzmittel zusetzt (Impfstoffe, Promotoren). Gelegentlich sind solche Impfstoffe unbeabsichtigt im Dampf, beispielsweise das Schmieröl einer Kesselspeisepumpe, wobei zur Erzeugung von Tropfenkondensation die geringen im Kondensat noch lösbaren Mengen ausreichen. Auch die Zugabe wachsartiger Stoffe ist vorgeschlagen worden [3.1]. Zur Aufrechterhaltung einer stabilen Tropfenkondensation ist jedoch eine ständige oder periodische Zugabe des Impfstoffes erforderlich, da dieser im Laufe der Zeit durch Abwaschen oder Lösen im Kondensat von der Oberfläche entfernt wird. Die Tropfenbildung wird zusätzlich beeinflußt durch Wandrauhigkeit, Wandhöhe, Wärmestromdichte und Temperaturdifferenz.

Als Promotor haben sich auch dünne, durch Elektrolyse aufgetragene Goldschichten und Edelmetallplattierungen aus Gold, Rhodium, Palladium oder Platin bewährt [3.2]. Allerdings müssen diese, wie Versuche zeigten [3.3], eine bestimmte Mindestdicke haben, die bei Goldschichten rund 0,2 µm beträgt, um eine dauernde Tropfenkondensation aufrechtzuerhalten. Obwohl diese Schichtdicke nur etwa halb so groß ist wie die Wellenlänge des sichtbaren Lichts, ist die benötigte Goldmenge doch keineswegs gering. Sie beträgt 3,8 g je m² Heizfläche. Das bedeutet selbst bei niedrigen Goldpreisen von rund 26 000, – – DM je kg allein für das Material zur Plattierung Kosten von rund 98, – – DM je m² Heizfläche. Dem steht ein fünf- bis siebenmal größerer Wärmeübergang bei der Kondensation von Wasserdampf [3.3] gegenüber. Dennoch wird man angesichts des hohen Aufwands nur in Sonderfällen von einer Goldplattierung Gebrauch machen, sonst aber die Filmkondensation wählen.

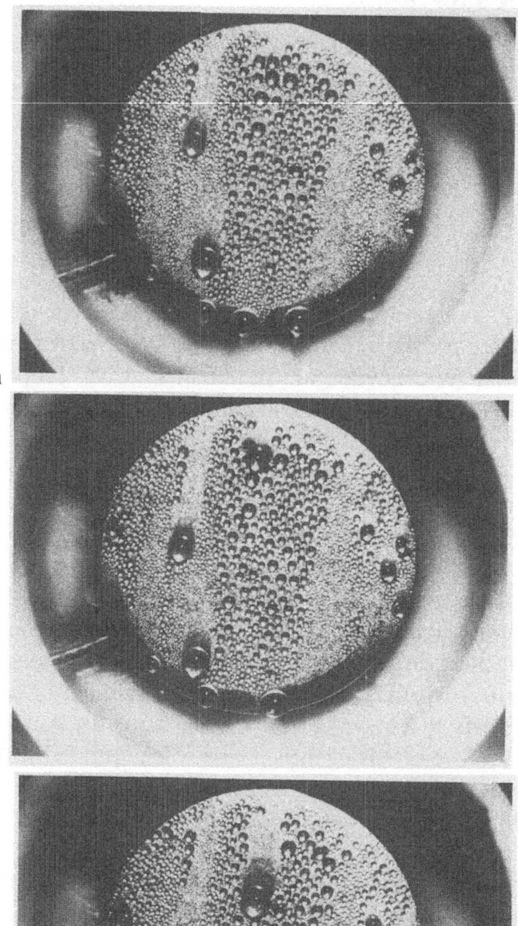

Bild 3.1. Tropfenkondensation an einer senkrechten Kondensationsfläche, nach Krischer und Grigull [3.4]. **a** Beginn der Kondensation; **b** Kondensationsform nach 16 s; **c** Kondensationsform nach 32 s. Die Spuren der abrollenden Tropfen sind deutlich zu erkennen. Oben in Bild **b** ein sich gerade ablösender Tropfen. $q = 0{,}12\,\mathrm{W/cm^2}$, $\Delta\vartheta = 0{,}05\,\mathrm{K}$. Durchmesser der Kondensationsfläche: 18 mm

Auch wenn die Art der Kondensation nicht genau bekannt ist, wird man zur Berechnung von Kondensatoren Filmkondensation annehmen, da man dann die Kondensatorfläche ausreichend dimensioniert.

Versuche zur Tropfenkondensation sind schwierig, weil man zur Bestimmung von Wärmeübergangskoeffizienten Temperaturunterschiede von 1 K und weniger messen muß, wobei die Wandtemperatur zeitlich und örtlich schwankt. Der meßtechnische Aufwand zur Erzielung genauer Ergebnisse ist daher beträchtlich.

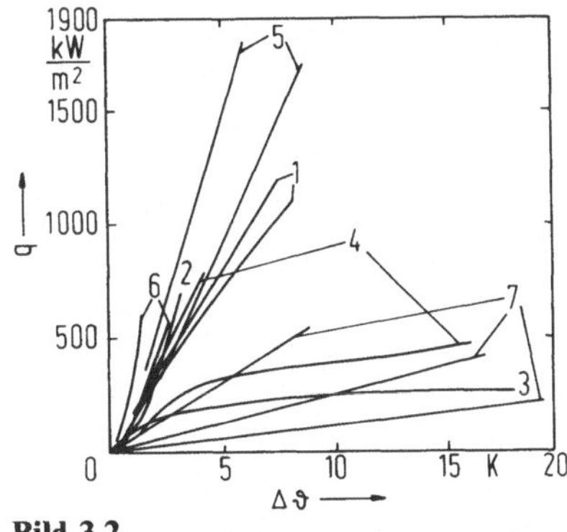
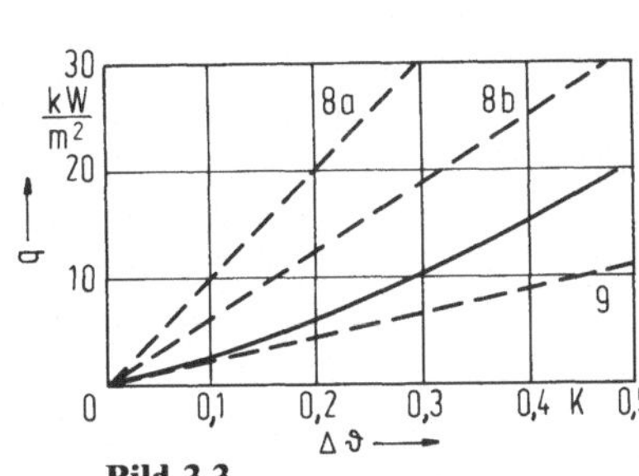

Bild 3.2. **Bild 3.3.**

Bild 3.2. Versuchsergebnisse über Tropfenkondensation von Wasser bei etwa 1 bar Kondensationsdruck, nach [3.4]. *1* Hampson und Özisik 1952, Kurven für zwei verschiedene Promotoren [3.5]; *2* Wenzel 1957 [3.6]; *3* Welch und Westwater 1961 [3.7]; *4* Kast 1965, verchromte (obere Kurve) und unverchromte Kupferfläche [3.8]; *5* Le Fèvre und Rose 1965, verschiedene Promotoren [3.9]; *6* Tanner et al. 1968, verschiedene Promotoren [3.10]; *7* Griffith und Lee 1967, vergoldete Kondensationsflächen: obere Kurve Kupfer, mittlere Kurve Zink und untere Kurve Stahl [3.11]

Bild 3.3. Versuchsergebnisse bei etwa 0,03 bar Kondensationsdruck, nach [3.4]. Gestrichelte Kurven: Interpolierte Werte *8* aus Messungen von Tanner et al. [3.10]a) Promotor „Montan wax" und b) Promotor „Dioctadecyldisulfide"; *9* Messungen von Brown und Thomas [3.12]

Als Beispiel für die Tropfenkondensation zeigt Bild 3.1 Aufnahmen an einer senkrechten Fläche. Die kleinen Tröpfchen wachsen durch Nachkondensation aus dem Dampfraum und durch Zusammenfließen. Sobald eine bestimmte Tropfengröße erreicht ist, rollt der Tropfen ab und nimmt dabei die auf seiner Bahn liegenden Tropfen mit. Hinter dem abrollenden Tropfen entstehen sofort neue. Sie bilden sich vorzugsweise aus den zurückgebliebenen Wasserrändern und an Kratzern in der Kondensationsfläche. Die Keimdichte hängt nach Versuchen von Krischer und Grigull [3.4] hauptsächlich von der Unterkühlung der Heizfläche ab. Versuche mit kondensierendem Wasserdampf an Kupfer- und Messingflächen ergaben bei Unterkühlungen von 0,1 K Keimdichten von etwa $3 \cdot 10^3$ Keimen je mm^2 Heizfläche, während bei einer Unterkühlung von 0,4 K die Keimdichte bei $15 \cdot 10^3$ Keimen je mm^2 lag.

Bild 3.2 zeigt Ergebnisse zum Wärmeübergang bei Tropfenkondensation, die aus Arbeiten der letzten 20 Jahre zusammengestellt wurden [3.4]. Die meisten der Kondensationsflächen bestanden aus Kupfer. Als Promotoren, mit denen die Kühlfläche bestrichen wurde, dienten verschiedene Flüssigkeiten. Je nach Promotor und Werkstoff der Kondensationsfläche ergaben sich meist sehr unterschiedliche Ergebnisse. Wie man erkennt, weichen einzelne Versuchsergebnisse bis zum Faktor 30 in der Wärmestromdichte voneinander ab. Eine schwach zunehmende Steigung und nur geringe Abweichungen untereinander weisen die Kurven *2*, *5* und *6* von Wenzel [3.6], Le Fèvre und Rose [3.9] und Tanner et al. [3.10] auf.

In Bild 3.3 sind Ergebnisse aus [3.10] und [3.12] zusammen mit denen von Krischer und Grigull [3.4] gesondert gezeichnet.

Zur Berechnung des Wärmeübergangs sind mehrere *Theorien über die Tropfenkondensation* aufgestellt worden. Eine der ältesten, von Eucken [3.13] entwickelte Theorie geht von der Vorstellung aus, daß aus einer adsorbierten monomolekularen Kondensatschicht, deren Bildung durch Keime begünstigt wird, die ersten Kondensattröpfchen entstehen, denen durch Oberflächendiffusion vorwiegend am Tropfenrand ständig neues Kondensat zufließt. Diese Theorie ist später von anderen Autoren [3.14, 3.15] aufgegriffen und weiter ausgearbeitet worden.

Andere Theorien setzten voraus, daß zwischen den Tropfen ein dünner, instabiler Wasserfilm existiert, der nach Erreichen einer kritischen Dicke von wenigen µm aufplatzt und in dem Tropfen verschwindet [3.16]. Diese Vorstellung wurde jedoch inzwischen durch Versuche widerlegt [3.17, 3.18].

Am besten mit Experimenten in Einklang zu bringen ist die Vorstellung, daß zunächst winzige Tröpfchen an Keimstellen, an Vertiefungen der Kondensationsfläche oder an Flüssigkeitsresten entstehen. Ihre Wachstumsgeschwindigkeit wird durch den Wärmeleitwiderstand in den Tropfen und teilweise auch durch den Wärmewiderstand an der Phasengrenze zum Dampf bestimmt. Die Wachstumsgeschwindigkeit ist damit nur von dem jeweiligen Tropfenradius und der treibenden Temperaturdifferenz abhängig, was auch experimentell bestätigt wurde [3.4].

Wenn es bisher dennoch nicht gelungen ist, eine geschlossene Theorie zu entwickeln, so liegt dies vor allem daran, daß die Keimdichte unbekannt ist und daß man auch den Radius der abrollenden Tropfen nur schwer vorhersagen kann, da er von der Reinheit und Glätte der Kondensationsfläche und den Grenzflächenspannungen abhängt.

4 Kondensation strömender Dämpfe

4.1 Die laminare Filmkondensation

Schon Nußelt hat die Wasserhauttheorie erweitert und berücksichtigt, daß der am Kondensatfilm entlang strömende Dampf die Geschwindigkeiten im Kondensat beeinflußt. Die Randbedingung zu (2.5) lautet dann nicht mehr $\partial w/\partial y = 0$ für $y = \delta$, sondern die Geschwindigkeit endet mit endlicher Neigung auf der freien Filmoberfläche entsprechend der vom strömenden Dampf ausgeübten Schubspannung. In (2.5) für das Geschwindigkeitsprofil

$$w = -\frac{\varrho_L g}{2\eta_L} y^2 + c_1 y + c_0$$

sind demnach die Koeffizienten c_1 und c_0 so zu bestimmen, daß die Randbedingungen

$$w(y=0) = 0 \quad \text{und} \quad \eta_L(\partial w/\partial y)_{y=\delta} = \pm\tau_\delta \tag{4.1}$$

erfüllt werden, wobei das positive Vorzeichen für abwärts strömenden Dampf gilt, das negative, wenn der Dampf aufwärts strömt. Zur Berechnung der an der Phasengrenze herrschenden Schubspannung nimmt man Gleichheit von Druck- und Reibungskräften im Dampfraum an. Der Druckabfall längs des Strömungswegs dx sei dp. Dann ist für die Rohrströmung

$$\tau_\delta d\pi = \frac{d^2\pi}{4}\,\frac{dp}{dx}\,. \tag{4.2}$$

Andererseits gilt für den Druckabfall

$$\frac{dp}{dx} = \zeta\frac{\varrho_G w_G^2}{d}\,. \tag{4.3}$$

Damit wird

$$\tau_\delta = \zeta\frac{\varrho_G w_G^2}{4}\,. \tag{4.4}$$

Dann erhält man für die Geschwindigkeit aus (2.5)

$$w = \frac{\varrho_L g}{\eta_L}\delta^2\left(\frac{y}{\delta} - \frac{y^2}{2\delta^2}\right) \pm \frac{\tau_\delta y}{\eta_L} \tag{4.5}$$

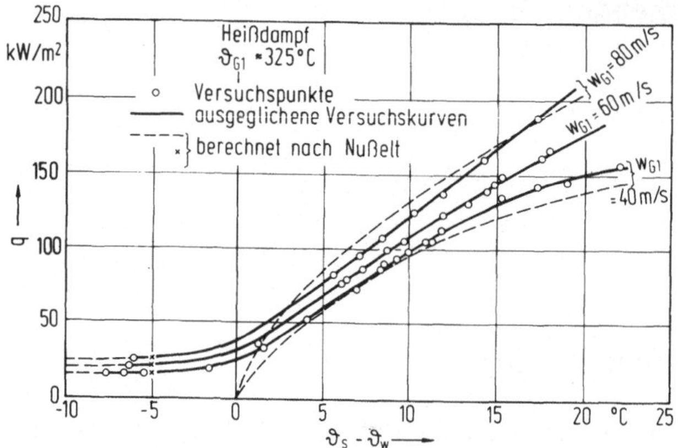

Bild 4.1. Filmkondensation von abwärts strömendem Heiß- und Sattdampf bei 1,013 bar, nach [4.1]

mit τ_δ nach (4.4). Die mittlere Geschwindigkeit erhält man zu

$$\bar{w} = \frac{1}{\delta} \int\limits_0^\delta w\,dy = \frac{\varrho_L g}{3\eta_L}\delta^2 \pm \frac{\tau_\delta \delta}{2\eta_L} \tag{4.6}$$

und daraus den Massenstrom an Kondensat, der durch eine Ebene senkrecht zur Wand abfließt

$$\dot{M} = \bar{w}\varrho_L b\delta = \frac{\varrho_L^2 g b}{3\eta_L}\delta^3 \pm \frac{\varrho_L \tau_\delta \delta^2 b}{2\eta_L}\ . \tag{4.7}$$

Die Filmdicke findet man, wie bereits in Abschn. 2.1 gezeigt, mit Hilfe der Energiebilanz

$$\lambda_L \frac{\vartheta_s - \vartheta_w}{\delta} b\,dx = \Delta h_v\,d\dot{M} \qquad \text{zu}$$

$$\delta^4 \pm \frac{4}{3}\frac{\tau_\delta \delta^3}{\varrho_L g} = \frac{4\lambda_L \eta_L (\vartheta_s - \vartheta_w)}{\varrho_L^2 g \Delta h_v} x\,, \tag{4.8}$$

woraus sich nach Berechnung der Filmdicke δ die übertragene Wärmestromdichte $q = \lambda_L (\vartheta_s - \vartheta_w)/\delta$ ergibt.

Die Schubspannung τ_δ ist durch (4.4) gegeben. Während Nußelt hier eine konstante mittlere Dampfgeschwindigkeit annahm, berücksichtigten Jacob et al. [4.1] deren Abnahme längs der gekühlten Wand eines senkrechten Rohrs.

Die Bilder 4.1 und 4.2 zeigen Meßwerte von Jakob et al. für Satt- und Heißdampf verglichen mit den Ergebnissen, die sich aus der Nußeltschen Theorie nach (4.8) für abwärts gerichtete Dampfströmung ergeben. Aufgetragen ist die Wärmestromdichte über der Differenz zwischen Sättigungs- und Wandtemperatur $\vartheta_s - \vartheta_w$. Die negativen Temperaturunterschiede in Bild 4.1 bedeuten, daß die Wandtemperatur über der Sättigungstemperatur liegt, $\vartheta_w > \vartheta_s$, also eine reine

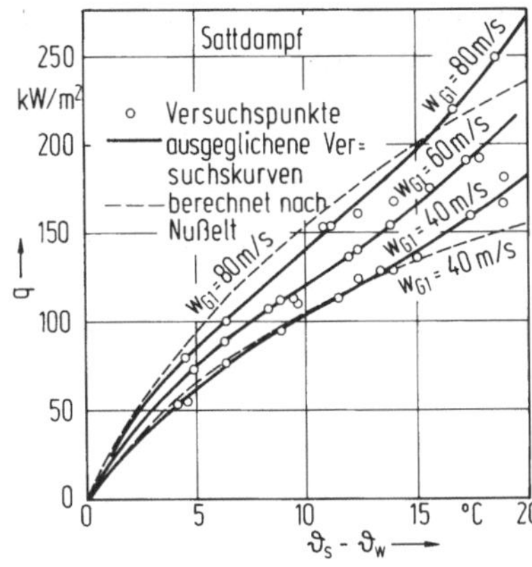

Bild 4.2. Filmkondensation von abwärts strömendem Sattdampf, nach [4.1]

Abkühlung des Heißdampfes ohne Kondensation vorliegt. Parameter ist die Eintrittsgeschwindigkeit w_{G1} des Dampfes in das senkrechte Rohr. Berücksichtigt man nach Rohsenow et al. [4.2] noch die an senkrechten Flächen auftretende Auftriebswirkung und außerdem die Unterkühlung des Kondensatfilms und die Überhitzung des Dampfes, so erhält man, wie in Abschn. 2.2 gezeigt wurde, einen etwas anderen Ausdruck für die Filmdicke

$$\delta^4 \pm \frac{4}{3}\frac{\tau_\delta \delta^3}{(\varrho_L - \varrho_G)g} = \frac{4\lambda_L \eta_L (\vartheta_s - \vartheta_w)}{\varrho_L(\varrho_L - \varrho_G)g\Delta h_{v\ddot{u}}^*} x\,. \tag{4.9}$$

mit $\Delta h_{v\ddot{u}}^*$ nach (2.26). Ist die Kondensationsfläche um den Winkel γ gegen die Horizontale geneigt, so hat man die Fallbeschleunigung g durch die Normalkomponente $g\sin\gamma$ zu ersetzen.

Gleichung (4.9) haben Rohsenow et al. [4.2] durch Einführen dimensionsloser Größen umgeformt und dann aus den berechneten Filmdicken die Wärmeüber-

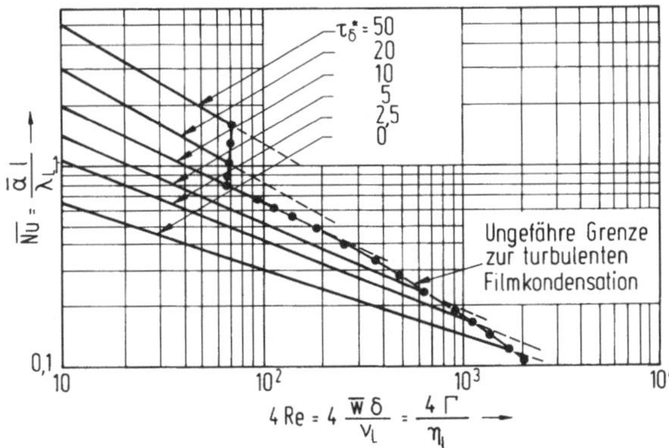

Bild 4.3. Einfluß der Schubspannung des Dampfes auf die laminare Filmkondensation, nach [4.2]

gangskoeffizienten $\alpha = \lambda_L/\delta$ und auch mittlere Wärmeübergangskoeffizienten $\bar{\alpha}$ bestimmt. Als Ergebnis zeigt Bild 4.3 die mittlere Nußeltzahl

$$\overline{Nu} = \frac{\bar{\alpha}l}{\lambda} \tag{4.10}$$

mit der charakteristischen Länge

$$l = \left[\frac{\varrho_L v_L^2}{(\varrho_L - \varrho_G)g} \right]^{1/3}$$

aufgetragen über der Reynoldszahl

$$Re = \frac{\bar{w}\delta}{v_L} = \frac{\dot{M}}{b\eta_L} \,, \tag{4.11}$$

wenn b die Breite des abfließenden Kondensatfilms ist, die bei der Kondensation am senkrechten Rohr $b = d\pi$ beträgt. Als Kurvenparameter ist die dimensionslose Schubspannung

$$\tau_\delta^* = \frac{\tau_\delta}{l(\varrho_L - \varrho_G)g} \tag{4.12}$$

eingetragen. Die Ergebnisse gelten für abwärts strömenden Dampf. Die gestrichelten Linien zeigen die ungefähre Grenze zur turbulenten Filmkondensation.

4.2 Die turbulente Filmkondensation in senkrechten Rohren

4.2.1 Allgemeine Gleichungen

Für die turbulente Filmkondensation gelten zwar ebenso wie für die laminare die Erhaltungssätze von Masse, Impuls und Energie, man benötigt jedoch zusätzliche Informationen über die Mechanismen des turbulenten Austausches von Materie, Impuls und Energie.

Im folgenden sollen daher zunächst die allgemeinen Bilanzgleichungen zur Berechnung des Wärmeübergangs bei turbulenter Filmkondensation bereit gestellt und erst anschließend deren Lösung besprochen werden.

4.2.1.1 Die Mengen- und Impulsbilanz

In einer turbulenten Strömung treten als Folge der turbulenten Schwankungsbewegungen zusätzliche turbulente Spannungen auf

$$\tau_{xy} = -\varrho\overline{w_x' w_y'} = \tau_t \,,$$

wobei w_x' die momentane Geschwindigkeit in Richtung der x-Achse, w_y' die in Richtung der y-Achse ist und der Querstrich zeitliche Mittelung bedeutet. Um die Größe dieser turbulenten Schubspannung zu berechnen, sind zahlreiche Ansätze und Rechenverfahren vorgeschlagen worden. Der älteste Ansatz stammt von Boussinesq, 1877. Er schrieb in Anlehnung an den Newtonschen Ansatz

$$\tau_t = \varrho\varepsilon\frac{\partial \bar{w}_x}{\partial y} \,, \tag{4.13}$$

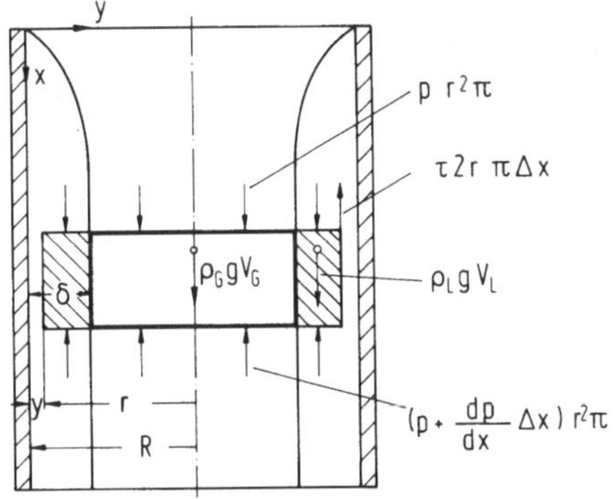

Bild 4.4. Kräftebilanz am Ringelement

worin ε die turbulente Viskosität ist. Dieser Ansatz ist auch vielfach mit Erfolg für die turbulente Filmkondensation verwendet worden. Wegen anderer Verfahren zur Berechnung der turbulenten Filmkondensation sei auf Arbeiten von Jones und Renz [4.3] verwiesen.

Die gesamte Schubspannung setzt sich aus dem laminaren und dem turbulenten Anteil zusammen

$$\tau = \varrho\,(\nu + \varepsilon)\,\frac{\partial \bar{w}_x}{\partial y}\,.$$

Wir betrachten nun eine eindimensionale Strömung $w_x(y)$ und wollen den Querstrich für die Mittelwerte künftig weglassen. Setzt man noch abkürzend

$$1 + \frac{\varepsilon}{\nu} = \varepsilon^+\,, \tag{4.14}$$

so erhält man für die Schubspannung

$$\tau = \varrho\nu\varepsilon^+\,\frac{dw_x}{dy}\,. \tag{4.15}$$

Im Grenzfall der rein laminaren Strömung ist $\varepsilon^+ = 1$, bei vollturbulenter Strömung ist wegen $\varepsilon/\nu \gg 1$ die Größe $\varepsilon^+ = \varepsilon/\nu$.

Bei Filmströmung in Rohren sind die Schubspannungen τ und die Schubspannung τ_δ an der Filmoberfläche mit dem Druckabfall dp/dx im Rohr verknüpft. Wir betrachten dazu entsprechend Bild 4.4 das Gleichgewicht zwischen Zähigkeitskraft, Druckkraft und Schwerkraft, die am Ringelement des Kondensatfilms und an dem zugehörigen Dampfvolumen zwischen den Rohrquerschnitten an der Stelle x und $x + \Delta x$ angreift. Danach ist

$$\tau 2r\pi\Delta x + \left(p + \frac{dp}{dx}\Delta x\right)r^2\pi = pr^2\pi + \varrho_G g V_G + \varrho_L g V_L$$

mit $V_G = (R - \delta)^2\pi\Delta x$ und $V_L = (R - y)^2\pi\Delta x - V_G$.
Hiermit erhält man

$$\tau = \frac{R - y}{2}\left(g\varrho_L - \frac{dp}{dx}\right) - g(\varrho_L - \varrho_G)\frac{(R - \delta)^2}{2(R - y)}\,. \tag{4.16}$$

Stellt man dieselbe Kräftebilanz allein für das in Bild 4.4 dick umrandete Dampfvolumen auf, dann folgt daraus für die Schubspannung τ_δ an der Filmoberfläche der Ausdruck

$$\tau_\delta 2(R-\delta)\pi\Delta x + \left(p + \frac{\mathrm{d}p}{\mathrm{d}x}\Delta x\right)(R-\delta)^2\pi = p(R-\delta)^2\pi + \varrho_G g V_G$$

oder

$$\tau_\delta = \frac{R-\delta}{2}\left(g\varrho_G - \frac{\mathrm{d}p}{\mathrm{d}x}\right). \tag{4.17}$$

was sich auch aus (4.16) ergibt, wenn man dort $y=\delta$ setzt. Zusammen mit (4.16) folgt aus (4.17)

$$\tau = \frac{R-y}{R-\delta}\tau_\delta + g(\varrho_L - \varrho_G)\frac{2R(\delta-y) - \delta^2 + y^2}{2(R-y)}. \tag{4.18}$$

Ist der Film sehr dünn im Vergleich zum Rohrradius, $\delta \ll R$, so vereinfachen sich (4.17) und (4.18), wenn man beachtet, daß $y < \delta \ll R$ ist, zu

$$\tau_\delta = \frac{R}{2}\left(g\varrho_G - \frac{\mathrm{d}p}{\mathrm{d}x}\right) \tag{4.17a}$$

und

$$\tau = \tau_\delta + g(\varrho_L - \varrho_G)(\delta - y). \tag{4.18a}$$

Die Wandschubspannung ergibt sich aus der für sehr dünne Filme gültigen Gl. (4.18a) zu

$$\tau_w = \tau_\delta + g(\varrho_L - \varrho_G)\delta, \tag{4.18b}$$

oder mit (4.18a)

$$\tau = \tau_w - g(\varrho_L - \varrho_G)y. \tag{4.18c}$$

Wie (4.17a) zeigt, muß man zur Berechnung der Schubspannung an der Filmoberfläche im Fall dünner Filme nur den Druckabfall kennen, während zur Ermittlung der Wandschubspannung nach (4.18b) noch zusätzlich die Filmdicke bekannt sein muß.

Im folgenden soll nun vorausgesetzt werden, daß der Film dünn im Vergleich zum Rohrradius ist. Der Ansatz für die Schubspannung, (4.15), kann dann mit (4.18c) geschrieben werden

$$\tau = \varrho_L \nu_L \varepsilon^+ \frac{\mathrm{d}w_x}{\mathrm{d}y} = \tau_w - g(\varrho_L - \varrho_G)y. \tag{4.19}$$

Daraus erhält man durch Integration das Geschwindigkeitsprofil

$$w_x = \int_0^y \frac{1}{\varepsilon^+}\left[\frac{\tau_w}{\varrho_L \nu_L} - \frac{g}{\nu_L}\left(1 - \frac{\varrho_G}{\varrho_L}\right)y\right]\mathrm{d}y. \tag{4.20}$$

Zur Berechnung des Geschwindigkeitsprofils muß man demnach die turbulente Viskosität ε bzw. den Wert ε^+ kennen und außerdem die Wandschubspannung, die ihrerseits vom Druckabfall und der jeweiligen Filmdicke abhängt. Die turbulente Viskosität ist im Gegensatz zur „laminaren" Viskosität v kein reiner Stoffwert, sondern in starkem Maße mit der Strömung veränderlich. Im Grenzfall $\varepsilon^+ = 1$ der laminaren Filmströmung erhält man aus (4.20) unter Beachtung des Zusammenhangs zwischen Wandschubspannung und Schubspannung an der Filmoberfläche, (4.18b), das bereits früher berechnete Geschwindigkeitsprofil der laminaren Strömung, (4.5), für abwärts strömenden Dampf.

Man führt nun die folgenden Abkürzungen ein, die sich in der Theorie der turbulenten Strömungen als zweckmäßig erwiesen haben:

Die „Schubspannungsgeschwindigkeit" $\qquad w_\tau = \sqrt{\tau_w/\varrho_L}$,

den bezogenen Wandabstand $\qquad y^+ = (y w_\tau)/v_L$

und die bezogene Geschwindigkeit $\qquad w^+ = w_x/w_\tau$.

Mit einem hochgestellten $+$ bezeichnete Größen sind hierbei dimensionslos.

Mit diesen Bezeichnungen erhält man das bezogene Geschwindigkeitsprofil

$$w^+ = \int\limits_0^{y^+} \frac{1}{\varepsilon^+} \left[1 - \frac{g v_L}{w_\tau^3} \left(1 - \frac{\varrho_G}{\varrho_L} \right) y^+ \right] dy^+ . \qquad (4.20a)$$

Zur Berechnung der im Film herabrieselnden Flüssigkeitsmenge betrachten wir ein Ringelement der Fläche $dA = |2r\pi dr| = 2R\pi dy$. Durch dieses fließt eine kleine Flüssigkeitsmasse $d\dot{M} = \varrho_L w_x dA = \varrho_L w_x 2R\pi dy$. Die über einen Filmquerschnitt herabfließende Flüssigkeitsmasse ergibt sich hieraus durch Integration

$$\dot{M} = 2R\pi \int\limits_0^\delta \varrho_L w_x dy = 2R\pi\Gamma ,$$

wobei Γ die je Längeneinheit des Umfangs abfließende Flüssigkeitsmasse ist. Es ist also

$$\Gamma = \int\limits_0^\delta \varrho_L \left\{ \int\limits_0^y \frac{1}{\varepsilon^+} \left[\frac{\tau_w}{\varrho_L v_L} - \frac{g}{v_L} \left(1 - \frac{\varrho_G}{\varrho_L} \right) y \right] dy \right\} dy \qquad (4.21)$$

oder mit den vorigen Abkürzungen

$$\Gamma = \int\limits_0^\delta \varrho_L w_x dy = \int\limits_0^\delta \varrho_L w_\tau w^+ dy = \int\limits_0^{\delta^+} \varrho_L v_L w^+ dy^+ . \qquad (4.22)$$

Setzt man konstante Dichte der Flüssigkeit voraus, so ist

$$\frac{\Gamma}{\varrho_L} = \int\limits_0^\delta w_x dy = \bar{w}_x \delta ,$$

wobei $\bar{w}_x$ die mittlere Geschwindigkeit über den Film ist, und es ist

$$\frac{\Gamma}{\varrho_L v_L} = \frac{\bar{w}_x \delta}{v_L} = Re \qquad (4.23)$$

die Reynoldszahl des Films. Unter der Annahme konstanter dynamischer Viskosität $\varrho_L v_L$ ergibt sich diese aus (4.22) zu

$$Re = \frac{\Gamma}{\varrho_L v_L} = \int\limits_0^{\delta^+} w^+ dy^+ . \qquad (4.24)$$

Das Geschwindigkeitsprofil $w^+(y^+)$ ist durch (4.20a) gegeben. Wir schreiben dort noch für den Term

$$\frac{g\nu_L}{w_\tau^3} = \left(\frac{\nu_L}{w_\tau(\nu_L^2/g)^{1/3}}\right)^3$$

und führen abkürzend die mit der Schubspannungsgeschwindigkeit w_τ und der „Länge" $(\nu_L^2/g)^{1/3}$ gebildete Reynoldszahl Re_τ ein

$$Re_\tau = \frac{w_\tau(\nu_L^2/g)^{1/3}}{\nu_L} . \tag{4.25}$$

Damit lautet (4.24) nach Einsetzen der Geschwindigkeit w^+ aus (4.20a)

$$Re = \frac{\Gamma}{\varrho_L\nu_L} = \int\limits_0^{\delta^+} \left\{\int\limits_0^{y^+} \frac{1}{\varepsilon^+}\left[1 - \frac{1}{Re_\tau^3}\left(1 - \frac{\varrho_G}{\varrho_L}\right)y^+\right]dy^+\right\}dy^+ . \tag{4.26}$$

Aus dieser Gleichung kann man bei bekannter Filmdicke die dazugehörige Flüssigkeitsmasse Γ bzw. die Reynoldszahl der Flüssigkeit bestimmen, oder man kann umgekehrt zu einer gegebenen Reynoldszahl die Filmdicke berechnen.

Die Rechnung läuft dabei in folgender Weise ab: Aus dem Druckabfall dp/dx des Dampfes ermittelt man nach (4.17a) die Schubspannung τ_δ an der Filmoberfläche. Diese liefert zusammen mit der Filmdicke δ die Wandschubspannung nach (4.18b). Damit liegen $w_\tau = \sqrt{\tau_w/\varrho_L}$ und die Reynoldszahl Re_τ nach (4.25) fest. Zusammen mit einem Ansatz für ε^+ kann man dann das Integral (4.26) lösen und die Reynoldszahl des Films berechnen. Will man zu einer vorgegebenen Reynoldszahl die Filmdicke bestimmen, so wird man diese zweckmäßigerweise erst schätzen, dann τ_w und Re_τ bestimmen und schließlich durch Integration von (4.26) nachprüfen, ob der Schätzwert der Filmdicke richtig war. Der Schätzwert ist iterativ zu verbessern, bis er mit dem berechneten Wert übereinstimmt.

4.2.1.2 Die Energiebilanz

Die aus der Impulsbetrachtung hervorgehende Gl. (4.26) enthält zwei Unbekannte, nämlich die Filmdicke δ und den zugehörigen Flüssigkeitsmassenstrom Γ. Man kann noch nicht angeben, an welcher Stelle zugehörige Wertepaare dieser beiden Größen auftreten. Dazu steht als weitere Gleichung noch die Energiebilanz zur Verfügung. Unter der Annahme eines im Vergleich zur Wärmeleitung vernachlässigbar geringen konvektiven Energietransports lautet sie

$$\frac{\partial q}{\partial y} = 0 \tag{4.27}$$

mit

$$q = -(\lambda + \lambda_t)\frac{d\vartheta}{dy} , \tag{4.28}[1]$$

---

[1] Der Wärmestrom ist der Wandkoordinate y entgegengesetzt gerichtet, also negativ.

wobei λ_t die „turbulente Wärmeleitfähigkeit" ist. Entsprechend bezeichnet man

$$\varepsilon_q = \frac{\lambda_t}{\varrho c_p}$$

als „turbulente Temperaturleitfähigkeit" und in Anlehnung an die Prandtlzahl $Pr = v/a$ die Größe

$$\frac{\varepsilon}{\varepsilon_q} = Pr_t$$

als „turbulente Prandtlzahl". Mit diesen Größen lautet (4.28) für den Flüssigkeitsfilm

$$q = -\lambda_L \left(1 + \frac{Pr}{Pr_t} \frac{\varepsilon}{v_L} \right) \frac{d\vartheta}{dy}$$

oder unter Beachtung von $\varepsilon^+ = 1 + \varepsilon/v$:

$$q = -\lambda_L \left(1 + \frac{Pr(\varepsilon^+ - 1)}{Pr_t} \right) \frac{d\vartheta}{dy} \ . \tag{4.29}$$

Die Wärmestromdichte hängt definitionsgemäß ihrerseits mit dem Wärmeübergangskoeffizienten α zusammen gemäß

$$q = \alpha(\vartheta_w - \vartheta_s) \ . \tag{4.30}$$

Einsetzen in (4.29) und Trennung der Variablen ergibt

$$\frac{d\vartheta}{\vartheta_s - \vartheta_w} \frac{\lambda_L}{\alpha} = \frac{dy}{1 + \dfrac{Pr(\varepsilon^+ - 1)}{Pr_t}}$$

und nach Integration zwischen der Wand $y = 0$ und der Filmoberfläche $y = \delta$

$$\frac{\lambda_L}{\alpha} = \int_0^\delta \frac{dy}{1 + \dfrac{Pr(\varepsilon^+ - 1)}{Pr_t}} \ .$$

Hierfür kann man nach Einsetzen einer mit der charakteristischen Länge $(v_L^2/g)^{1/3}$ gebildeten Nußeltzahl

$$Nu = \frac{\alpha(v_L^2/g)^{1/3}}{\lambda_L}$$

und mit dem dimensionslosen Wandabstand $y^+ = (w_\tau y)/v_L$ und der Reynoldszahl $Re_\tau = w_\tau (v_L^2/g)^{1/3}/v_L$ auch schreiben:

$$\frac{1}{Nu} = \frac{1}{Re_\tau} \int_0^{\delta^+} \frac{dy^+}{1 + \dfrac{Pr(\varepsilon^+ - 1)}{Pr_t}} \ . \tag{4.31}$$

Hat man also nach dem zuvor beschriebenen Verfahren die Wandschubspannung aus dem Druckabfall des Dampfes und der Filmdicke bestimmt, so liefert diese Gleichung den zugehörigen Wärmeübergangskoeffizienten. Zusammen mit (4.26) kann man so für eine vorgegebene Filmdicke und für einen bekannten Druckabfall den Massenstrom Γ bzw. die Reynoldszahl Re_τ und auch den Wärmeübergangskoeffizienten α ermitteln. Um noch festzulegen, an welcher Stelle x zueinandergehörende Wertetripel δ, Γ, α auftreten, steht die Energiebilanz an der Filmoberfläche zur Verfügung. Sie lautet

$$\alpha 2R\pi\Delta x(\vartheta_s - \vartheta_w) = \frac{\mathrm{d}\dot{M}}{\mathrm{d}x}\Delta x\Delta h_v = 2R\pi\frac{\mathrm{d}\Gamma}{\mathrm{d}x}\Delta x\Delta h_v$$

oder

$$\alpha(\vartheta_s - \vartheta_w) = \frac{\mathrm{d}\Gamma}{\mathrm{d}\delta}\frac{\mathrm{d}\delta}{\mathrm{d}x}\Delta h_v . \tag{4.32}$$

Hierin sind nun α und $\mathrm{d}\Gamma/\mathrm{d}\delta$ aufgrund der vorigen Rechnung als Funktionen der Filmdicke bekannt. Die Ableitung $\mathrm{d}\Gamma/\mathrm{d}\delta$ ergibt sich durch Differentiation aus (4.26), der Wärmeübergangskoeffizient α folgt aus (4.31). Man kann daher auch $\mathrm{d}\delta/\mathrm{d}x$ aufgrund der obigen Gleichung als Funktion der Filmdicke δ angeben. Die Integration liefert dann $\delta(x)$, womit auch der örtliche Wärmeübergangskoeffizient $\alpha(x)$ festliegt. Diese Rechnung kann im allgemeinen nur mit einer Rechenanlage ausgeführt werden.

4.2.2 Modelle zur Lösung der Gleichungen

Nach den vorigen Überlegungen erhält man nach Vorgabe der Filmdicke δ aus (4.26) den Massenstrom Γ und aus (4.31) den Wärmeübergangskoeffizienten α. Die Lösung der Integrale (4.26) und (4.31) ist jedoch nur möglich, wenn man den Verlauf der turbulenten Austauschgröße $\varepsilon^+(y^+)$ und der turbulenten Prandtlzahl $Pr_t(y^+)$ kennt. Ansätze hierfür liefern die Theorien turbulenter Strömungen. Die aus der Literatur bekannten verschiedenen Lösungen der genannten Gleichungen unterscheiden sich nur durch die Ansätze für die Austauschgröße und die turbulente Prandtlzahl. Statt der turbulenten Austauschgröße ε^+ kann man auch das Geschwindigkeitsprofil vorgeben, da beide Größen durch (4.19) miteinander verknüpft sind. Dies tritt noch deutlicher zutage, wenn man (4.19) umformt zu

$$\frac{\tau}{\tau_w} = \varepsilon^+\frac{\mathrm{d}w^+}{\mathrm{d}y^+} = 1 - g(\varrho_L - \varrho_G)\frac{y}{\tau_w} . \tag{4.33}$$

Rohsenow et al. [4.2] haben ihre Untersuchungen auch auf die turbulente Filmkondensation ausgedehnt, indem sie im Kondensatfilm das von der turbulenten Rohrströmung bekannte universelle Geschwindigkeitsprofil nach Prandtl und Nikuradse voraussetzten und konstante Stoffwerte und eine turbulente Prandtlzahl $Pr_t = 1$ annahmen. Den Flüssigkeitsfilm unterteilten sie entsprechend dem Vorgehen bei turbulenter Rohrströmung in drei Bereiche: die wandnahe laminare Unterschicht, eine Übergangsschicht und die äußere vollturbulente Schicht, die bis zur Filmoberfläche reichen soll.

In der wandnahen laminaren Unterschicht $0 \leq y^+ \leq 5$ herrscht rein laminare Strömung. Es ist daher $\varepsilon^+ = 1$ und, wie man aus (4.33) erkennt, da y sehr klein ist,

$$\frac{\mathrm{d}w^+}{\mathrm{d}y^+} = 1 \quad \text{oder} \quad w^+ = y^+ .$$

In der angrenzenden Übergangsschicht $5 \leq y^+ \leq 30$ soll die Schubspannung immer noch praktisch gleich der Wandschubspannung sein, $\tau = \tau_\mathrm{w}$. Damit folgt aus (4.33)

$$\varepsilon^+ \frac{\mathrm{d}w^+}{\mathrm{d}y^+} = 1 .$$

Für das Geschwindigkeitsprofil wird der Prandtl-Nikuradse-Ansatz übernommen

$$w^+ = -3{,}05 + 5{,}0 \ln y^+ .$$

Damit liegt auch die turbulente Austauschgröße

$$\varepsilon^+ = y^+/5$$

fest.

Schließlich wird im daran anschließenden voll turbulenten Bereich $30 \leq y^+ \leq \delta^+$ das Geschwindigkeitsprofil der turbulenten Rohrströmung übernommen

$$w^+ = 5{,}5 + 2{,}5 \ln y^+ .$$

Aus (4.33) folgt dann der Verlauf der Austauschgröße ε^+ unter Beachtung der vorigen Definitionen $y^+ = y w_\tau / \nu_\mathrm{L}$ und $w_\tau = \sqrt{\tau_\mathrm{w}/\varrho_\mathrm{L}}$ zu

$$\varepsilon^+ = \frac{y^+}{2{,}5} \left[1 - \frac{g\nu_\mathrm{L}}{w_\tau^3} \left(1 - \frac{\varrho_\mathrm{G}}{\varrho_\mathrm{L}} \right) y^+ \right] .$$

Mit diesen Angaben kann man das Temperaturprofil berechnen. Es ergibt sich durch Integration von (4.29) zu

$$\vartheta - \vartheta_\mathrm{w} = -\frac{q\delta}{\lambda_\mathrm{L}} \int_0^{y/\delta} \frac{\mathrm{d}(y/\delta)}{1 + \dfrac{Pr(\varepsilon^+ - 1)}{Pr_\mathrm{t}}} .$$

Weiter ist

$$\vartheta_\mathrm{s} - \vartheta_\mathrm{w} = -\frac{q\delta}{\lambda_\mathrm{L}} \int_0^1 \frac{\mathrm{d}(y/\delta)}{1 + \dfrac{Pr(\varepsilon^+ - 1)}{Pr_\mathrm{t}}} ,$$

woraus man das dimensionslose Temperaturprofil erhält zu

$$\Theta = \frac{\vartheta - \vartheta_\mathrm{w}}{\vartheta_\mathrm{s} - \vartheta_\mathrm{w}} = \frac{\displaystyle\int_0^{y/\delta} \frac{\mathrm{d}(y/\delta)}{1 + \dfrac{Pr(\varepsilon^+ - 1)}{Pr_\mathrm{t}}}}{\displaystyle\int_0^1 \frac{\mathrm{d}(y/\delta)}{1 + \dfrac{Pr(\varepsilon^+ - 1)}{Pr_\mathrm{t}}}} . \tag{4.34}$$

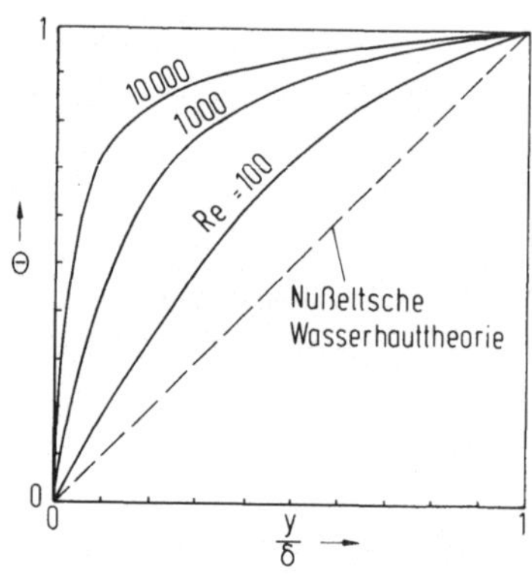

Bild 4.5. Temperaturprofil nach Rohsenow bei turbulenter Filmkondensation

Bei der Integration hat man zu beachten, daß sich die turbulente Austauschgröße ε^+ abschnittsweise ändert. Entsprechend sind die Integrale abschnittsweise zu bilden.

Als Ergebnis einer solchen Rechnung erhält man Temperaturprofile, wie sie in Bild 4.5 für Wasser vom Druck 1 bar und für ruhenden Dampf ($\tau_\delta = 0$) dargestellt sind. Der Fall des laminaren Films, $\varepsilon^+ = 1$, wie ihn die Nußeltsche Wasserhauttheorie beschreibt, ist durch die gestrichelte Gerade gekennzeichnet. Wie man erkennt, wird das Temperaturprofil mit zunehmender Reynoldszahl Re immer völliger. Es sei jedoch darauf hingewiesen, daß diese Profile nur qualitativ richtig sind und zahlenmäßig von neueren, mit einer verfeinerten Theorie [4.5] berechneten Werten etwas abweichen.

Mit den vorstehenden Ansätzen lassen sich wie beschrieben auch örtliche Wärmeübergangskoeffizienten ermitteln. Die dazu erforderliche Rechnung wird man zweckmäßigerweise mit einer Rechenanlage ausführen. Rohsenow selbst hat nur mittlere Nußeltzahlen mitgeteilt. Diese ließen sich im Bereich

$$5 \leqq \tau_\delta^* = \frac{\tau_\delta}{(v_L^2/g)^{1/3} \varrho_L g} \leqq 50$$

und $2 \leqq Pr \leqq 3$ recht gut durch die früher von Carpenter und Colburn [4.4] gefundene Gleichung

$$\overline{Nu} = \frac{\bar{\alpha}(v_L^2/g)^{1/3}}{\lambda_L} = 0{,}065\, Pr^{1/2} \tau_\delta^{*1/2} \tag{4.35}$$

wiedergeben. Hierbei ist jedoch zu beachten, daß in den Rechnungen von Rohsenow die Dampfschubspannung τ_δ als konstant vorausgesetzt wurde, außerdem wurde $\varrho_G \ll \varrho_L$ angenommen und daher der Faktor $1 - \varrho_G/\varrho_L = 1$ gesetzt. Gleichung (4.35) wird häufig verwendet, um *Anhaltswerte* für den mittleren Wärmeübergangskoeffizienten zu erhalten. Die Schubspannung τ_δ berechnet man dazu aus

$$\tau_\delta = \zeta \frac{\varrho_G w_G^2}{2} = \zeta \frac{(\dot{M}_G/A)^2}{2\varrho_G}, \tag{4.36}$$

wobei A der Rohrquerschnitt, $\dot{M}_G$ der Massenstrom des Dampfes und $\zeta(Re)$ der Widerstandsbeiwert sind. Da der Massenstrom des Dampfes zwischen Ein- und Austrittsquerschnitt abnimmt, empfehlen Carpenter und Colburn, die Schubspannung τ_δ mit einer mittleren Massenstromdichte $\dot{m}_G$ zu berechnen, die sich bei Annahme einer linearen Geschwindigkeitsabnahme des Dampfes längs des Rohrs aus

$$\dot{m}_G = \frac{1}{\sqrt{3}} \left(\dot{m}_1^2 + \dot{m}_1 \dot{m}_2 + \dot{m}_2^2 \right)^{1/2} \tag{4.37}$$

ergibt, worin $\dot{m}_1$ die Massenstromdichte des Dampfes im Eintrittsquerschnitt und $\dot{m}_2$ die im Austrittsquerschnitt ist. Bei vollständiger Kondensation des Dampfes wäre $\dot{m}_2 = 0$ und $\dot{m}_G = 0{,}58\,\dot{m}_1$, also die „mittlere" Dampfmenge etwas größer als die halbe Menge im Eintrittsquerschnitt.

Eine andere Methode zur Berechnung des Wärmeübergangs bei der turbulenten Filmkondensation hat Dukler [4.6] ausgearbeitet. Sie setzt ebenfalls eine turbulente Prandtlzahl $Pr_t = 1$ voraus und unterscheidet sich sonst von der Methode von Rohsenow nur in den Ansätzen für die turbulente Austauschgröße ε^+. Im Bereich der wandnahen Schicht

$$0 < y^+ \leqq 20$$

wird der Ansatz von Deissler [4.7, 4.8] für die turbulente Austauschgröße übernommen

$$\frac{\varepsilon}{\nu} = \varepsilon^+ - 1 = n^2 w^+ y^+ \left[1 - \exp\left(-n^2 w^+ y^+ \right) \right], \tag{4.38}$$

in dem allerdings die Konstante $n = 0{,}0124$ nach Deissler durch den Wert $n = 0{,}01$ ersetzt wird, um bessere Übereinstimmung mit den Experimenten von Carpenter und Colburn [4.4] zu erzielen. Im wandfernen Bereich

$$20 \leqq y^+ \leqq \delta^+$$

wird die Gültigkeit des Kármánschen Ansatzes für turbulente Grenzschichten vorausgesetzt

$$\frac{\varepsilon}{\nu} \approx \varepsilon^+ = \varkappa^2 \frac{(\mathrm{d}w^+/\mathrm{d}y^+)^3}{(\mathrm{d}^2 w^+/\mathrm{d}y^{+2})^2} \tag{4.39}$$

mit $\varkappa = 0{,}36$. Es wird also im Flüssigkeitsfilm nur Wärmeübertragung aufgrund der turbulenten Schwankungsbewegung, nicht aber durch molekulare Leitung vorausgesetzt. Durch Einsetzen dieser Ausdrücke in (4.20) unter Beachtung der Annahme $\varrho_G \ll \varrho_L$ und Integration erhält man das Geschwindigkeitsprofil. Daraus ergibt sich mit (4.22) die abfließende Flüssigkeit Γ bzw. die Reynoldszahl $Re = \Gamma/(\varrho_L \nu_L)$ des Kondensats. Mit Hilfe von (4.31) und (4.32) erhält man schließlich wie zuvor beschrieben die örtlichen Wärmeübergangskoeffizienten durch numerische Lösung der Gleichung.

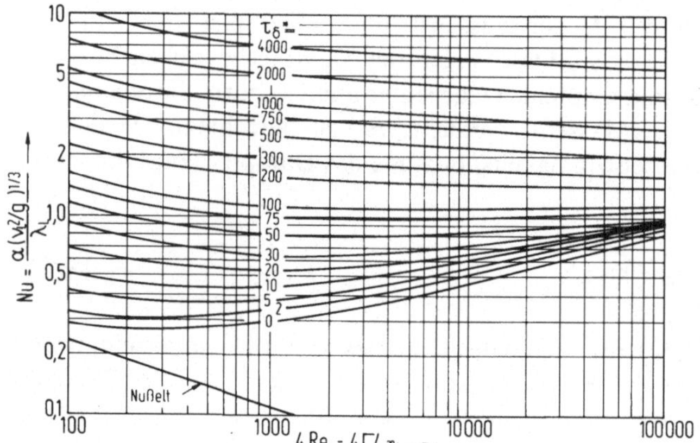

Bild 4.6. Filmkondensation von abwärts strömendem Sattdampf, nach [4.4], Prandtlzahl $Pr = 5,0$

Als Beispiel der Ergebnisse von Dukler zeigt Bild 4.6 den Verlauf der örtlichen Nußeltzahl als Funktion der Reynoldszahl für eine Prandtlzahl $Pr = 5,0$ und abwärts gerichtete Dampfströmung. Wie ein Vergleich mit der Rieselfilmströmung zeigte [4.5], stimmen die Ergebnisse von Dukler jedoch nur für $Pr \geqq 4$ mit Messungen [4.10, 4.11] und Theorie [4.5] einigermaßen gut überein. Dies ist auf einige Schwächen der Duklerschen Ansätze zurückzuführen. So zeigt sich bei näherer Betrachtung, daß die turbulente Austauschgröße ε^+ an der Stelle $y^+ = 20$ einen Sprung aufweist, was physikalisch nicht möglich ist. Da im Flüssigkeitsfilm nur Wärmeübertragung aufgrund der turbulenten Schwankungsbewegung vorausgesetzt wurde, gehen die Ergebnisse im Grenzfall kleiner Reynoldszahlen Re nicht in die Werte der Nußeltschen Wasserhauttheorie über. Die Theorie von Dukler wurde später von Hewitt [4.12] auch auf den Fall des aufwärts strömenden Dampfes übertragen, Lee [4.13] hat schließlich noch die molekulare Viskosität in den Ansätzen mit berücksichtigt.

Die von Rohsenow und Dukler verwendeten Ansätze für die turbulente Schwankungsbewegung ε^+ lieferten den größten Wert der Schwankungsbewegung an der Filmoberfläche, da sie aus der Theorie der turbulenten Rohrströmung übernommen waren. Wie Levich [4.14] jedoch erkannte, werden durch Turbulenz erzeugte Oberflächenwellen unter dem Einfluß der Oberflächenspannung gedämpft. Diese übt eine „laminarisierende" Wirkung auf die Filmoberfläche aus. Nach den Vorstellungen von Levich wird die turbulente Schwankungsbewegung um so mehr gedämpft je größer die Oberflächenspannung ist. Die turbulente Schwankungsbewegung nimmt außerdem quadratisch mit dem Abstand von der Filmoberfläche ab. Es ist daher

$$\varepsilon \approx \frac{(\delta - y)^2}{\sigma} - \;.$$

Einen Ansatz für den Einfluß der Oberflächenspannung auf die turbulente Schubspannung haben zuerst Lamourelle und Sandall [4.15] aufgrund von

Messungen über die Absorption von Gasströmungen von CO_2, O_2, H_2 und He an einem turbulent strömenden Wasserfilm von 25 °C gefunden. Unter Berücksichtigung weiterer Versuchsergebnisse haben Mills und Chung [4.16] diesen Ansatz erweitert und durch dimensionslose Größen dargestellt. Danach ist der Koeffizient ε_D für den turbulenten Stoffaustausch

$$\frac{\varepsilon_D}{v_L} = \varepsilon_D^+ - 1 = 6{,}62 \cdot 10^{-3} Re^{1,678} \frac{g \varrho_L}{\sigma} (\delta - y)^2 \,. \tag{4.40}$$

Dieser Ansatz ist zwar durch Messungen des Stoffaustausches gewonnen, setzt man jedoch, wie oft bei Stoffaustauschproblemen, eine turbulente Schmidtzahl $Sc_t = \varepsilon / \varepsilon_D = 1$ voraus, worin ε_D auch „turbulenter Diffusionskoeffizient" genannt wird, so darf man den obigen Ansatz auch für die turbulente Viskosität ε übernehmen. Es ist $\varepsilon_D = \varepsilon$ und $\varepsilon_D^+ = \varepsilon^+$. Unter Beachtung der bekannten Definition $\delta^+ = \delta w_\tau / v_L$ und $y^+ = y w_\tau / v_L$ mit $w_\tau = \sqrt{\tau_w / \varrho_L}$ läßt sich (4.40) auch schreiben

$$\varepsilon^+ - 1 = 6{,}62 \cdot 10^{-3} Re^{1,678} \frac{g \varrho_L}{\sigma} (\delta - y)(\delta^+ - y^+) \frac{v_L}{w_\tau} \,. \tag{4.41}$$

Nun ist diese Beziehung durch Versuche am Rieselfilm gewonnen, sie gilt also nur für verschwindende Schubspannung an der Phasengrenze. Dann ist aber unter Beachtung von $\varrho_G \ll \varrho_L$ die Wandschubspannung $\tau_w = \varrho_L g \delta$, wie man aus (4.18b) erkennt. Damit kann man auch

$$w_\tau = \sqrt{\tau_w / \varrho_L} = \sqrt{g \delta}$$

schreiben. Die Dicke δ des Rieselfilms wurde in (4.40) aus einer Beziehung von Brötz [4.17] ermittelt, wonach

$$\delta = \left(\frac{v_L^2}{g} \right)^{1/3} 0{,}169 Re^{2/3} \tag{4.42}$$

ist. Diese Gleichung gilt, wie neuerdings [4.5] gezeigt wurde, im Bereich $590 \leq Re \leq 1700$. In etwa dem gleichen Bereich wurden auch die Messungen ausgeführt, die (4.40) zugrunde liegen. Aus (4.42) erhält man für die Schubspannungsgeschwindigkeit

$$w_\tau = g^{1/2} \left(\frac{v_L^2}{g} \right)^{1/6} 0{,}411 Re^{1/3} \,. \tag{4.43}$$

Einsetzen dieses Ausdrucks in (4.41) ergibt

$$\varepsilon^+ - 1 = 0{,}0161 Re^{1,345} \left(\frac{v_L^2}{g} \right)^{1/3} \frac{g \varrho_L}{\sigma} (\delta - y)(\delta^+ - y^+) \,. \tag{4.44}$$

Da dieser Ausdruck aus einer Umformung der Ausgangsgleichung (4.40) hervorging, ist er dieser völlig äquivalent. Sie gilt also ebenfalls nur für den Rieselfilm, der definitionsgemäß durch verschwindende Dampfschubspannung $\tau_\delta = 0$ gekennzeichnet ist. Nun ist andererseits wie schon früher dargelegt, (4.18a), die

Schubspannung unter Beachtung von $\varrho_G \ll \varrho_L$ mit der Dampfschubspannung verknüpft durch

$$\tau = \tau_\delta + g\varrho_L(\delta - y) \ .$$

Man kann daher den Faktor $g\varrho_L(\delta - y)$ in (4.44) als die Schubspannung $\tau = g\varrho_L(\delta - y)$ des Rieselfilms ($\tau_\delta = 0$) interpretieren. Will man die Gleichung auch auf den Flüssigkeitsfilm mit endlicher Dampfschubspannung anwenden, so ist es naheliegend, den Faktor $g\varrho_L(\delta - y)$ durch die Schubspannung τ bzw. durch $\tau_\delta + g\varrho_L(\delta - y)$ zu ersetzen. Man erhält dann die von Blangetti [4.18] vorgeschlagene Modifikation des Ansatzes von Levich

$$\varepsilon^+ - 1 = 0,0161 Re^{1,345} \frac{g\varrho_L l^2}{\sigma} \left[\frac{\tau_\delta}{g\varrho_L l} + \frac{1}{l}(\delta - y) \right] (\delta^+ - y^+) \qquad (4.45)$$

mit der Abkürzung $l = (v_L^2/g)^{1/3}$ für die charakteristische Länge l, der im Sonderfall des Rieselfilms, $\tau_\delta = 0$, in die vorige Beziehung übergeht. In dieser Gleichung bezeichnet man die dimensionslose Größe

$$\left(\frac{g\varrho_L l^2}{\sigma} \right)^3 = Ka$$

auch als Kapitzazahl.

Man muß sich allerdings darüber im klaren sein, daß ein solcher Ansatz nur dann zu rechtfertigen ist, wenn es gelingt, Messungen damit gut wiederzugeben. Tatsächlich haben solche von Blangetti ausgeführten Messungen, bei denen $Re \lesssim 2000$ war, die Brauchbarkeit des Ansatzes erwiesen.

Dennoch sind vom Standpunkt der Theorie aus gegen die obigen Ansätze einige Einwände zu erheben. Die ihnen zugrunde liegende Vorstellung von Levich, wonach als Folge der dämpfenden Wirkung der Oberflächenspannung an der Filmoberfläche rein laminare Strömung herrscht, vermochten bisher lediglich Absorptionsmessungen an Rieselfilmen gut zu beschreiben. Dort greift aber definitionsgemäß keine Schubspannung an der Filmoberfläche an. Hingegen ist es sehr gut vorstellbar, daß bei der Kondensation strömender Dämpfe eine ausreichend große Dampfschubspannung eine turbulente Strömung an der Filmoberfläche erzwingt. Dann würde die turbulente Schwankungsgröße $\varepsilon^+ - 1$ nicht entsprechend dem Ansatz (4.45) an der Filmoberfläche verschwinden, sondern abhängig von der Dampfschubspannung einen endlichen Wert annehmen. Während also die früheren Vorstellungen von Rohsenow, Dukler u.a. an der Filmoberfläche maximale Turbulenz vermuteten, wird nach dem neuen Ansatz (4.45) dort eine laminare Strömung vorausgesetzt. Die Wirklichkeit dürfte zwischen diesen Grenzfällen liegen. Erst eine genauere Untersuchung des keineswegs einfachen Turbulenzmechanismus an der Filmoberfläche wird diese noch offenen Fragen klären können.

Während (4.45) den Verlauf der turbulenten Austauschgröße in der Nähe der Filmoberfläche beschreibt, führt man in Wandnähe $y^+ < 26$, nach dem Vorschlag von van Driest [4.19] eine Dämpfungsfunktion

$$1 - \exp(-y^+/26)$$

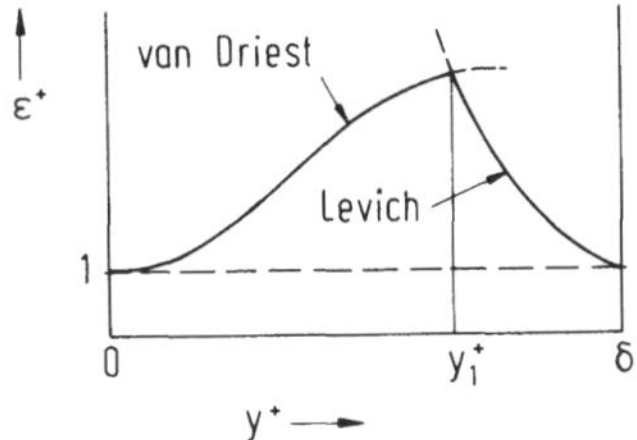

Bild 4.7. Verlauf der turbulenten Austauschgröße ε^+

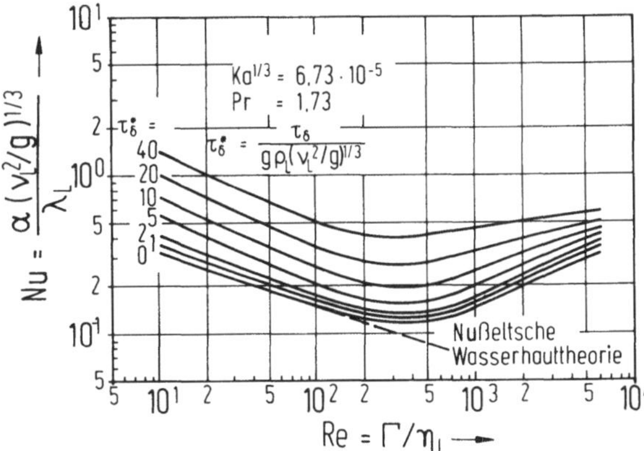

Bild 4.8. Örtliche Nußeltzahl bei Filmkondensation von Wasser, nach [4.18]

als Faktor in die Ansätze für die turbulente Austauschgröße ein. Die Dämpfungsfunktion bewirkt ein Abklingen der Austauschgröße mit Annäherung an die Wand. Eine modifizierte Form des van Driest-Ansatzes [4.20] lautet somit

$$\varepsilon^+ = \frac{1}{2}\left\{1 + \left[0{,}64\,y^{+2}\tau^+\left(1 - \exp\left(-\frac{y^+\sqrt{\tau^+}}{26}\right)\right)^2\right]^{1/2}\right\}. \tag{4.46}$$

Die beiden Ansätze nach van Driest, (4.46), und Levich gemäß dem Vorschlag von Blangetti, (4.45), schneiden sich, wie Bild 4.7 zeigt, an einer bestimmten Stelle y_1^+. Links von diesem Schnittpunkt im wandnahen Bereich soll der Ansatz von van Driest, rechts davon der nahe der Filmoberfläche gelten. Nach diesem Vorgehen haben Mills und Chung [4.16] den Wärmeübergang am Rieselfilm berechnet, während Blangetti in entsprechender Weise mit Hilfe der Gln. (4.45) und (4.46) den Fall des Wärmeübergangs bei der Kondensation strömender Dämpfe behandelte. Die Wärmeübergangskoeffizienten ergeben sich nach dem zuvor besprochenen Schema aus (4.31) und (4.32).

Die Bilder 4.8 und 4.9 geben für Wasser und das Kältemittel R12 den Verlauf der örtlichen Nußeltzahl über der Reynoldszahl wieder. Als Grenzfall ist der Verlauf eingezeichnet, wie man ihn aus der Nußeltschen Wasserhauttheorie findet. Die Bilder zeigen, daß man bei kleinen Reynoldszahlen die Ergebnisse der laminaren Filmkondensation erhält. Im Bereich der laminaren Strömung nimmt die Nußeltzahl mit steigender Reynoldszahl ab. Nach Durchlaufen eines Minimums nimmt sie

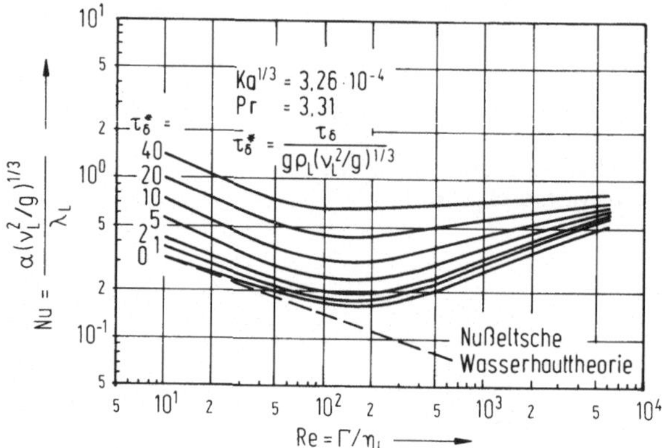

Bild 4.9. Örtliche Nußeltzahl bei Filmkondensation von R12, nach [4.18]

dann im Bereich der turbulenten Strömung wieder zu, ähnlich wie dies schon die Betrachtungen über die Filmkondensation ruhender Dämpfe gezeigt haben. Mit wachsender Prandtlzahl verschiebt sich das Minimum zu kleineren Reynoldszahlen.

4.2.3 Gebrauchsformeln

Aufgrund der vorstehenden Überlegungen hat Blangetti [4.18] den örtlichen Wärmeübergang numerisch berechnet und die Zahlenergebnisse durch Potenzansätze beschrieben. Dabei zeigte sich, daß man die Kapitzazahl zur Wiedergabe der Ergebnisse nicht benötigt, obwohl die Vorstellung von der dämpfenden Wirkung der Oberflächenspannung an der Filmoberfläche notwendigerweise zur Kapitzazahl führte. Als Erklärung dafür führt Blangetti an, daß die Kapitzazahl ebenso wie die Prandtlzahl ein Stoffwert ist, und daß zwischen beiden Stoffwerten eine innere Abhängigkeit bestünde, so daß man den Einfluß der Kapitzazahl auf den Wärmeübergang auch durch die Prandtlzahl erfassen könne. Die empirische Korrelation zur Berechnung des örtlichen Wärmeübergangs bei turbulenter Filmkondensation lautet

$$Nu = A Re^{n_1} Pr^{n_2} (1 + B \tau_\delta^{*n_3}) \tag{4.47}$$

mit

$$Nu = \frac{\alpha (v_L^2/g)^{1/3}}{\lambda_L}, \quad Re = \frac{\Gamma}{\eta_L} \quad \text{und} \quad \tau_\delta^* = \frac{\tau_\delta}{\varrho_L g (v_L^2/g)^{1/3}}.$$

Die Faktoren A, B und die Exponenten n_1, n_2, n_3 sind für die verschiedenen Bereiche der Dampfschubspannung τ_δ^* in Tabelle 4.1 aufgeführt.

Diese Gleichung gilt nur im Bereich der turbulenten Filmkondensation. Die örtlichen Nußeltzahlen im laminaren und im turbulenten Bereich kann man näherungsweise durch eine Überlagerung [4.18] gemäß

$$Nu = [(f Nu_l)^4 + Nu_t^4]^{1/4} \tag{4.48}$$

Tabelle 4.1. Konstanten der Gl. (4.47)

τ_δ^*	A	B	n_1	n_2	n_3
0 (Rieselfilm)	$8{,}663{\cdot}10^{-3}$	0	0,382	0,569	0
$0<\tau_\delta^*\leqq 5$	$8{,}663{\cdot}10^{-3}$	0,145	0,382	0,569	0,541
$5<\tau_\delta^*\leqq 10$	$2{,}700{\cdot}10^{-2}$	0,407	0,207	0,500	0,420
$10<\tau_\delta^*\leqq 40$	$4{,}294{\cdot}10^{-2}$	0,647	0,096	0,458	0,473

beschreiben, wobei Nu_t die örtliche Nußeltzahl bei turbulenter Filmkondensation, (4.47), Nu_l die bei laminarer Filmkondensation ist, die man mit Hilfe der Gl. (4.9) erhält.

Im Bereich der rein laminaren Strömung ist $Nu_t \ll Nu_l$, im Bereich der rein turbulenten Strömung umgekehrt $Nu_l \ll Nu_t$. Eine solche Interpolationsgleichung gibt also die Grenzfälle der rein laminaren und der rein turbulenten Filmkondensation wieder, außerdem liefert sie Näherungswerte im Übergangsbereich. der Faktor $f=1{,}15$ berücksichtigt die Verbesserung des Wärmeübergangs durch Oberflächenwellen. Die der Gleichung zugrunde liegenden Messungen erstrecken sich zwar nur bis zu Reynoldszahlen Re von rund 2000, jedoch dürfte nach Ansicht des Autors [4.18] eine Extrapolation auf höhere Reynoldszahlen bis etwa 5000 unbedenklich sein. Die Gleichung gilt weiterhin nur für die Kondensation nichtmetallischer Fluide, $Pr \geqq 0{,}1$, und sie gilt auch nur für den Fall, daß Dampf und Kondensat im senkrechten Rohr abwärts strömen.

Da man den Dampf bis zum Austrittsquerschnitt meistens vollständig kondensieren will, kommt der umgekehrte Fall eines aufwärts strömenden Dampfes und eines abwärts strömenden Kondensats nur selten vor. Lediglich bei Teilkondensation von Gemischdämpfen zieht man den Dampf gelegentlich oben ab, um die rektifizierende Wirkung des Gegenstroms nutzen zu können. Der Wärmeübergang bei Gegenstrom zwischen Dampf und Kondensat ist geringer als bei Gleichstrom, da der Kondensatfilm aufgestaut wird.

Die Schubspannung τ_δ an der Filmoberfläche in (4.47) kann man in folgender Weise bestimmen [4.21]. Man spaltet den Widerstandsbeiwert

$$\frac{\zeta}{4} = \frac{\tau_\delta}{\varrho_G \bar{w}^2/2},$$

worin $\bar{w}$ die über einen Querschnitt gemittelte Dampfgeschwindigkeit ist, in zwei Anteile auf

$$\zeta = E\zeta_R + \zeta_F. \tag{4.49}$$

Die Größe ζ_R kennzeichnet den Reibungsanteil, und ζ_F ist ein hauptsächlich von der Rieselmenge abhängiger „Formanteil". Der Korrekturfaktor E berücksichtigt die Absaugewirkung des Kondensats auf das Geschwindigkeitsprofil des Dampfes.

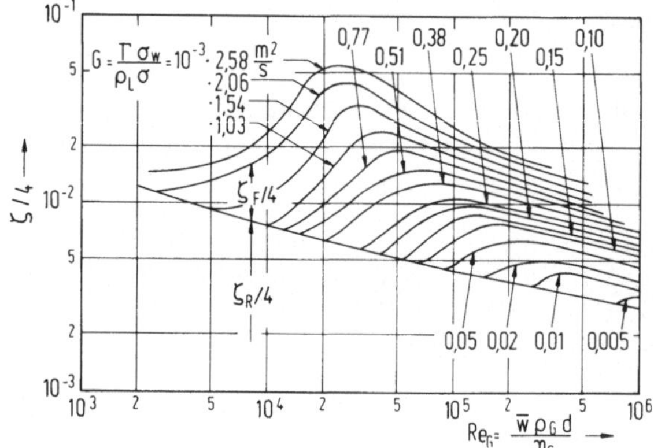

Bild 4.10. Widerstandsbeiwerte für in Rohren strömende Dämpfe

Nach der Filmtheorie des Stoffaustauschs ist

$$E = \frac{\varphi}{e^{\varphi} - 1}$$

mit

$$\varphi \approx -\frac{q/\Delta h_v}{\zeta_R \varrho_G \bar{w}/8} \, .$$

Wie man hieraus erkennt, geht bei kleinen Wärmestromdichten $q \to 0$ wegen $\varphi \to 0$ die Absaugekorrektur $E \to 1$, weil der Einfluß der Dampfabsaugung auf das Geschwindigkeitsprofil verschwindet. Falls der Faktor φ klein wird, $-0{,}1 < \varphi < 0$, ist der Einfluß der Absaugekorrektur ebenfalls vernachlässigbar. Die Faktoren $\zeta_R/4$ und $\zeta_F/4$ entnimmt man einer Darstellung von Bergelin et al. [4.21], Bild 4.10. Der Formanteil ζ_F hängt hierin von der Größe

$$G = \frac{\Gamma \sigma_w}{\varrho_L \sigma} \, ,$$

ab, wobei σ_w die Oberflächenspannung des Wassers und σ die des Kondensats bei der Sättigungstemperatur des Kondensats sind.

Um aus diesen Gleichungen örtliche Wärmeübergangskoeffizienten zu berechnen, empfiehlt es sich, in folgender Weise vorzugehen:

— Man schätzt den umfangsbezogenen Kondensatmassenstrom Γ_{i+1} am Ende des i-ten Abschnitts, dessen Länge Δx sei. Dieser Massenstrom ist identisch mit dem zu Anfang des $(i+1)$ — ten Abschnitts.
— Aufgrund des Schätzwerts ist die Wärmestromdichte

$$q = \frac{d\Gamma}{dx} \Delta h_v = \frac{\Gamma_{i+1} - \Gamma_i}{\Delta x} \Delta h_v$$

bekannt, ebenso die mittlere Reynoldszahl im i-ten Abschnitt $Re = (\Gamma_{i+1} + \Gamma_i)/2\eta_L$. Damit kann man die Größen q, E und τ_δ berechnen, und man erhält aus (4.47) den mittleren Wärmeübergangskoeffizienten α des i-ten Abschnitts.

— Die ursprüngliche Schätzung muß nun so lange verbessert werden, bis die Energiebilanz

$$\alpha(\vartheta_s - \vartheta_w) = \frac{\Gamma_{i+1} - \Gamma_i}{\Delta x} \Delta h_v$$

erfüllt ist.

Dieses Rechenverfahren ist zwar physikalisch gut begründet, andererseits aber doch nur ein Näherungsverfahren, das recht aufwendig ist und besonders im Bereich hoher Dampfgeschwindigkeiten zu ungenauen Ergebnissen führt, weil zusätzliche Druckverluste, die durch das Mitreißen von Flüssigkeitströpfchen entstehen, nicht erfaßt werden.

Eine andere, für die praktische Handhabung einfachere Gleichung, welche die Meßwerte vieler Autoren gut wiedergibt, hat Shah [4.22] mitgeteilt. Die Gleichung geht von der bekannten Dittus-Boelter-Kraussold-Gleichung für den Wärmeübergang der einphasigen turbulenten Rohrströmung aus und erweitert diese um einen Term, der die Phasenumwandlung und den Einfluß der Dampfströmung auf den Kondensatfilm berücksichtigt. Für den örtlichen Wärmeübergang gilt

$$Nu = 0{,}023 Re^{0{,}8} Pr^{0{,}4} \left\{ (1-x^*)^{0{,}8} + \frac{3{,}8(1-x^*)^{0{,}04} x^{*0{,}76}}{p^{*0{,}38}} \right\} \tag{4.50}$$

mit

$$Nu = \frac{\alpha d}{\lambda_L}, \quad Re = \frac{\bar{w}d}{v_L}, \quad \bar{w} = \dot{M}/\left(\varrho_L \frac{\pi d^2}{4}\right), \quad Pr = \frac{v_L}{a_L} \quad \text{und} \quad p^* = \frac{p}{p_{cr}}.$$

Die Größe $x^* = \dot{m}_G/\dot{m}$ ist der Strömungsdampfgehalt in einem Querschnitt des Rohrs. Nimmt man einen linearen Verlauf des Strömungsdampfgehalts über einen Längenabschnitt $L_2 - L_1$ des Rohres an, so erhält man hieraus durch Integration die mittlere Nußeltzahl

$$\overline{Nu} = \frac{1}{L_2 - L_1} \int_{L_1}^{L_2} Nu \, dL .$$

Der Strömungsdampfgehalt an der Stelle L_2 sei x_2^*, der an der Stelle L_1 sei x_1^*. Damit ergibt sich die mittlere Nußeltzahl zu

$$\overline{Nu} = \frac{0{,}023 Re^{0{,}8} Pr^{0{,}4}}{x_2^* - x_1^*} \left\{ -\frac{(1-x^*)^{1{,}8}}{1{,}8} + \frac{3{,}8}{p^{*0{,}38}} \left(\frac{x^{*1{,}76}}{1{,}76} - \frac{0{,}04 x^{*2{,}76}}{2{,}76} \right) \right\}_{x_1^*}^{x_2^*} . \tag{4.50a}$$

Diese Gleichungen geben Messungen mit Wasser, mit den Kältemitteln R11, R12, R113 und mit Methanol, Ethanol, Benzol, Toluol und Trichlorethylen bei der Kondensation in senkrechten, waagerechten und geneigten Rohren von 7 bis 40 mm Innendurchmesser wieder bei normierten Drücken

$$0{,}002 \leq p^* \leq 0{,}44 ,$$

Sättigungstemperaturen

$$21\,°C \leqq \vartheta_s \leqq 310\,°C \,,$$

Dampfgeschwindigkeiten

$$3\,\text{m/s} \leqq w_G \leqq 300\,\text{m/s} \,,$$

Massenstromdichten

$$10{,}8\,\text{kg/m}^2\text{s} \leqq \dot{m} \leqq 210{,}6\,\text{kg/m}^2\text{s} \,,$$

Wärmestromdichten

$$158\,\text{W/m}^2 \leqq q \leqq 1{,}893{\cdot}10^6\,\text{W/m}^2 \,,$$

Reynoldszahlen

$$100 \leqq Re \leqq 63000$$

und Prandtlzahlen

$$1 \leqq Pr \leqq 13 \,.$$

Die mittlere Abweichung von den Versuchswerten wird zu $\pm 15{,}4\,\%$ angegeben.

Zur praktischen Berechnung von Wärmeübergangskoeffizienten empfiehlt es sich, iterativ vorzugehen.

— Man schätzt den Strömungsdampfgehalt x_2^* am Ende eines Rohrabschnitts und berechnet damit aus (4.50a) den mittleren Wärmeübergangskoeffizienten dieses Abschnitts.

— Aufgrund der Schätzung ist

$$x_2^* - x_1^* = \frac{\dot{M}_{G2} - \dot{M}_{G1}}{\dot{M}} = \frac{\dot{M}_{L1} - \dot{M}_{L2}}{\dot{M}}$$

bekannt und wegen

$$\dot{M}_{L1} - \dot{M}_{L2} = 2R\pi\,(\Gamma_1 - \Gamma_2)$$

kennt man auch

$$\Gamma_2 - \Gamma_1 = \frac{\dot{M}}{2R\pi}\,(x_1^* - x_2^*)\,.$$

— Die Rechnung ist nun so lange zu wiederholen, bis die Energiebilanz

$$\alpha\,(\vartheta_s - \vartheta_w) = \frac{\Gamma_2 - \Gamma_1}{L_2 - L_1}\,\Delta h_v \quad \text{oder} \quad \alpha\,(\vartheta_s - \vartheta_w) = \frac{\dot{M}}{2R\pi}\,\frac{x_1^* - x_2^*}{L_2 - L_1}\,\Delta h_v$$

erfüllt ist. Ändert man den Strömungsdampfgehalt um weniger als 40 % über einem Rohrabschnitt, so macht man, wie Shah zeigte, keinen großen Fehler bei der Berechnung des mittleren Wärmeübergangskoeffizienten, wenn man einen linearen Abfall des Dampfgehalts über den betreffenden Rohrabschnitt annimmt.

4.3 Filmkondensation in waagerechten Rohren

Während in senkrechten Rohren das Kondensat hauptsächlich als Film abläuft, können in waagerechten Rohren neben der Film- oder Ringströmung auch noch andere Strömungsformen auftreten, die in Bild 4.11 dargestellt sind. Ist die Dampfschubspannung auf den Kondensatfilm hinreichend groß im Vergleich zur Wirkung der Schwerkraft, die Kondensatmenge in einem Querschnitt aber noch gering, so bildet sich, wie in der linken oberen Ecke des Bilds eingezeichnet, eine Ringströmung aus. Schichtenströmung entsteht dann, wenn die Strömungsgeschwindigkeit des Dampfes mäßig ist und das Kondensat infolgedessen unter dem Einfluß der Schwerkraft an der Wand ablaufen kann. Eine intermittierende Strömung, die sowohl abwechselnd aus Flüssigkeit mit eingeschlossenen Dampftropfen oder aus einem Flüssigkeitsschwall mit bis zur Wand reichenden Dampfbereichen bestehen kann, bildet sich bei geringer Dampfgeschwindigkeit, aber großem Flüssigkeitsanteil, aus. Bei hoher Dampfgeschwindigkeit und großem Flüssigkeitsanteil hat man, wie die rechte obere Ecke von Bild 4.11 zeigt, ein zusammenhängendes Flüssigkeitsgebiet mit darin verteilten Dampfblasen.

Da sich der Flüssigkeitsanteil längs eines Kondensatorrohrs ändert, können verschiedene Strömungsformen auch nacheinander auftreten. Der Wärmeübergang hängt natürlich entscheidend von der jeweiligen Strömungsform ab, und man muß daher zur Berechnung des Wärmeübergangs zunächst abschätzen, welche Strömungsform vorliegt. Einen Anhalt hierfür gibt die Strömungskarte, Bild 4.12, die aufgrund einer Auswertung der bisher bekannten Meßwerte entstand. Als Ordinate ist dort eine von Wallis [4.23] eingeführte dimensionslose Dampfgeschwindigkeit gewählt

$$j_{\mathrm{G}}^* = \frac{x^* \dot{M}}{A\,[g d \varrho_{\mathrm{G}}(\varrho_{\mathrm{L}} - \varrho_{\mathrm{G}})]^{1/2}}\,.$$

Es bedeuten x^* den Strömungsdampfgehalt, $\dot{M}$ den Massenstrom in einem Rohrquerschnitt A und d den Rohrdurchmesser. Der volumetrische Dampfgehalt ist $\varepsilon = V_{\mathrm{G}}/V = A_{\mathrm{G}}/A$, wenn V_{G} das Dampfvolumen und A_{G} der vom Dampf eingenommene Querschnitt sind. Die als Abszisse aufgetragene Größe

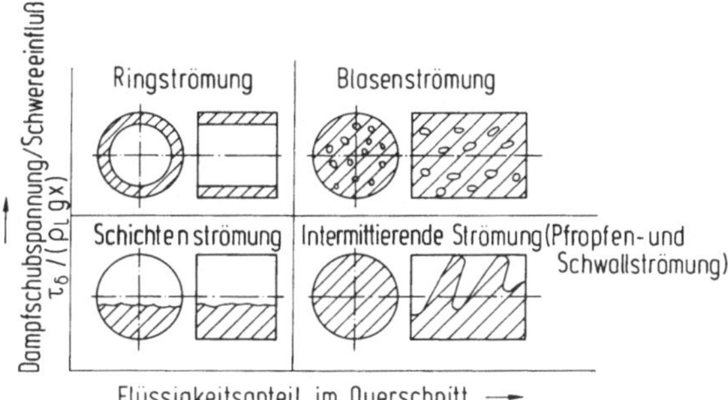

Bild 4.11. Strömungsformen bei der Kondensation in waagerechten Rohren

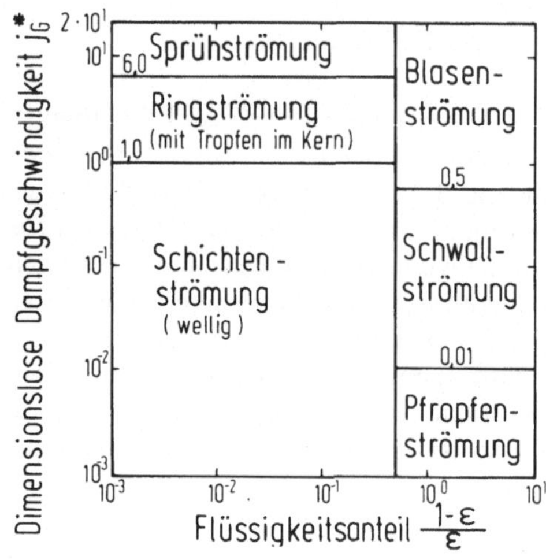

Bild 4.12. Strömungskarte für die Kondensation in waagerechten Rohren, nach [4.24]

$(1-\varepsilon)/\varepsilon = A_L/A_G$ ist daher ein Maß für den Flüssigkeitsanteil. Als ungefähre Grenzen für die verschiedenen Strömungsformen gelten folgende Anhaltswerte:

Schichtenströmung: $j_G^* \leq 1$ und $(1-\varepsilon)/\varepsilon \leq 0,5$;
Ringströmung: $1 \leq j_G^* \leq 6$ und $(1-\varepsilon)/\varepsilon \leq 0,5$;
Sprühströmung: $j_G^* \geq 6$ und $(1-\varepsilon)/\varepsilon \leq 0,5$;
Pfropfenströmung: $j_G^* \leq 0,01$ und $(1-\varepsilon)/\varepsilon \geq 0,5$;
Schwallströmung: $0,01 \leq j_G^* \leq 0,5$ und $(1-\varepsilon)/\varepsilon \geq 0,5$;
Blasenströmung: $j_G^* \geq 0,5$ und $(1-\varepsilon)/\varepsilon \geq 0,5$.

Die am häufigsten vorkommenden Strömungsarten sind die Ring- und die Schichtenströmung. Hierfür lagen auch die meisten Messungen vor, die zur Aufstellung der Strömungskarte, Bild 4.12, führten. Von diesen beiden Strömungsarten kann die Ringströmung auch in senkrechten Rohren vorkommen, wenn die Dampfgeschwindigkeit so groß wird, daß man die Schleppwirkung der Schwerkraft gegenüber dem Einfluß der Dampfschubspannung auf den Kondensatfilm vernachlässigen kann, wenn also $(\varrho_L g l)/\tau_\delta \ll 1$ ist. Die späteren Betrachtungen über Ringströmung gelten daher auch für den Fall der Ringströmung in senkrechten Rohren.

4.3.1 Wärmeübergang bei Schichtenströmung

Wie aus Bild 4.13 hervorgeht, wird in einer Schichtenströmung ein Teil der Wärme durch den am Umfang des Rohrs abfließenden Kondensatfilm übertragen, ein Teil durch die Kondensatschicht am Boden des Rohrs. Entsprechend setzt sich der gesamte, über den Umfang gemittelte Wärmeübergangskoeffizient $\bar{\alpha}_{tot}$ zusammen aus dem Wärmeübergangskoeffizienten $\bar{\alpha}_\varphi$ des abfließenden Kondensatfilms, der sich bis zum Umfangswinkel φ erstreckt, und dem Wärmeübergangskoeffizienten $\bar{\alpha}_B$ der Kondensatschicht am Boden

$$\bar{\alpha}_{tot} = \frac{\varphi}{\pi} \bar{\alpha}_\varphi + \left(1 - \frac{\varphi}{\pi}\right)\bar{\alpha}_B .$$

$$(4.51)$$

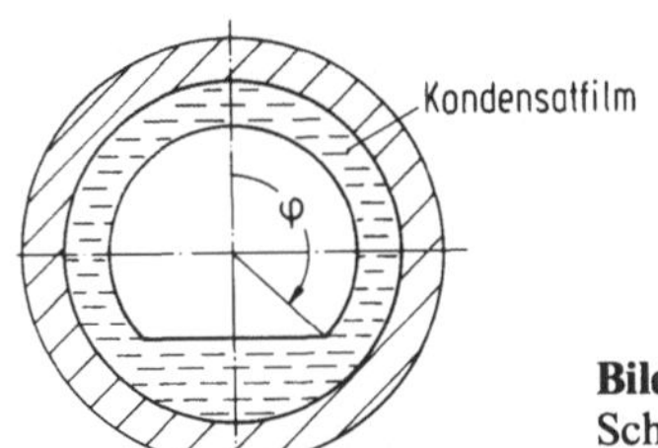

Bild 4.13. Zur Kondensation in waagerechten Rohren. Schichtenströmung

Da der Wärmeübergangskoeffizient $\bar{\alpha}_B$ der Kondensatschicht am Boden im allgemeinen klein ist gegenüber dem des Films und da außerdem der Vorfaktor $(1-\varphi/\pi)$ kleiner als φ/π ist, weil fast immer $\varphi>\pi/2$ gilt, vereinfacht sich die obige Gleichung zu

$$\bar{\alpha}_{tot} = \frac{\varphi}{\pi}\,\bar{\alpha}_\varphi\,. \tag{4.52}$$

Der daraus berechnete Wärmeübergangskoeffizient $\bar{\alpha}_{tot}$ ist etwas kleiner als der tatsächliche, und die Austauschfläche wird so etwas zu groß dimensioniert, man verfügt also über eine gewisse Sicherheitsreserve bei der Bemessung der Austauscherfläche. In (4.52) hängt der über den Umfang gemittelte Wärmeübergangskoeffizient $\bar{\alpha}_\varphi$ noch von dem Umfangswinkel φ ab. Hierfür kann man aber die Ergebnisse der Nußeltschen Wasserhauttheorie für die laminare Filmkondensation an waagerechten Rohren heranziehen. Danach ist der über den Umfangswinkel φ gemittelte Wärmeübergangskoeffizient

$$\bar{\alpha}_\varphi = F(\varphi)\left[\frac{\varrho_L^2 g \Delta h_v \lambda_L^3}{\eta_L(\vartheta_s - \vartheta_w)}\frac{1}{d}\right]^{1/4}. \tag{4.53}$$

Für die Funktion $F(\varphi)$ erhält man aus der numerischen Lösung von Nußelt die in Tabelle 4.2 zusammengestellten Zahlenwerte. Diese Werte kann man nach einem Vorschlag von Jaster und Kosky [4.25] näherungsweise beschreiben durch

$$F(\varphi) = 0{,}728\,\frac{\pi}{\varphi}\left[\frac{\varphi}{\pi} + \frac{\sin 2(\pi-\varphi)}{2\pi}\right]^{3/4}. \tag{4.54}^1$$

Tabelle 4.2. Zahlenwerte $F(\varphi)$, φ in Winkelgraden

φ	0	10	20	30	40	50	60	70
$F(\varphi)$	–	0,903	0,902	0,899	0,896	0,892	0,887	0,881

φ	80	90	100	110	120	130	140	150
F(φ)	0,874	0,866	0,857	0,846	0,835	0,822	0,808	0,793

φ	160	170	180
F(φ)	0,775	0,754	0,728

---

1 Wegen der Konstanten 0,728 wird auf die Fußnote auf S. 9 verwiesen.

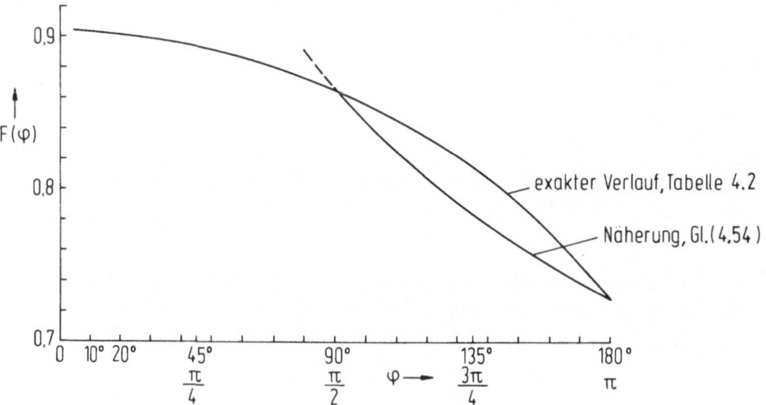

Bild 4.14. Filmkondensation im waagerechten Rohr. Verlauf der Funktion $F(\varphi)$

Allerdings gibt diese Beziehung, wie Bild 4.14 zeigt, die genaueren Werte nach Tabelle 4.2 nur dann zufriedenstellend wieder, solange die unten abfließende Kondensatschicht nicht mehr als den halben Rohrquerschnitt ausfüllt. Diese Bedingung darf man jedoch in der Praxis fast immer als erfüllt ansehen. Der maximale Fehler nach der Näherungsgleichung (4.54) ist im Bereich

$$\pi/2 \leqq \varphi \leqq \pi$$

kleiner als $-4{,}3\,\%$, der mittlere Fehler beträgt rund $-2{,}4\,\%$.

Der Ausdruck in der eckigen Klammer von (4.54) ist so gewählt, daß man ihn leicht mit dem volumetrischen Dampfgehalt verknüpfen kann. Dieser ist definiert durch

$$\varepsilon = V_\mathrm{G}/V = A_\mathrm{G}/A\,, \qquad (4.55)$$

wenn V_G das Dampfvolumen, V das gesamte Volumen und A_G der vom Dampf durchströmte Querschnitt im Rohrquerschnitt A sind. Sieht man den an der Innenwand herabrieselnden Flüssigkeitsfilm als sehr dünn im Vergleich zum Rohrdurchmesser an, so wird

$$A_\mathrm{G} = r^2\pi - A_\mathrm{L}\,,$$

wobei sich A_L anhand von Bild 4.15 als Differenz der Fläche $r^2\beta$ und der Fäche $r^2 \sin\beta\cos\beta$ des Dreiecks MAB ergibt

$$A_\mathrm{L} = r^2(\beta - \sin\beta\cos\beta)\,.$$

Damit wird die vom Dampf durchströmte Querschnittsfläche

$$A_\mathrm{G} = r^2(\pi - \beta + \sin\beta\cos\beta) = r^2\left(\pi - \beta + \frac{\sin 2\beta}{2}\right)$$

und somit

$$\varepsilon = \frac{A_\mathrm{G}}{A} = 1 - \frac{\beta}{\pi} + \frac{\sin 2\beta}{2\pi}\,.$$

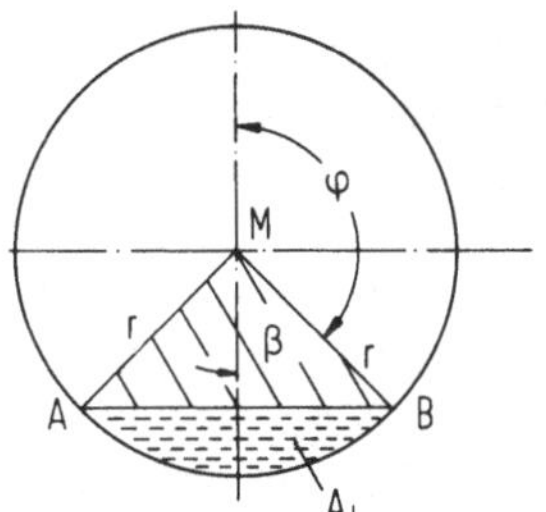

Bild 4.15. Zur Berechnung des volumetrischen Dampfgehalts $\varepsilon = A_{\mathrm{G}}/A$

Mit $\beta = \pi - \varphi$ erhält man

$$\varepsilon = \frac{\varphi}{\pi} + \frac{\sin 2(\pi - \varphi)}{2\pi} . \tag{4.56}$$

Mithin kann man für den Faktor $F(\varphi)$ nach (4.54) auch schreiben

$$F(\varphi) = 0{,}728\,\frac{\pi}{\varphi}\,\varepsilon . \tag{4.57}$$

Der über den Umfang gemittelte Wärmeübergangskoeffizient des ablaufenden Kondensats kann somit nach (4.53) auch näherungsweise geschrieben werden

$$\bar{\alpha}_{\varphi} = 0{,}728\,\frac{\pi}{\varphi}\,\varepsilon \left[\frac{\varrho_{\mathrm{L}}^2 g \Delta h_{\mathrm{v}} \lambda_{\mathrm{L}}^3}{\eta_{\mathrm{L}}(\vartheta_{\mathrm{s}} - \vartheta_{\mathrm{w}})}\,\frac{1}{d} \right]^{1/4}, \tag{4.58}$$

gültig für $\dfrac{\pi}{2} \leq \varphi \leq \pi$, und man erhält für den gesamten Wärmeübergangskoeffizienten $\bar{\alpha}_{\mathrm{tot}}$ nach (4.52) die Beziehung

$$\bar{\alpha}_{\mathrm{tot}} = 0{,}728\varepsilon \left[\frac{\varrho_{\mathrm{L}}^2 g \Delta h_{\mathrm{v}} \lambda_{\mathrm{L}}^3}{\eta_{\mathrm{L}}(\vartheta_{\mathrm{s}} - \vartheta_{\mathrm{w}})}\,\frac{1}{d} \right]^{1/4} . \tag{4.59}$$

Um mit dieser Gleichung arbeiten zu können, muß man den volumetrischen Dampfgehalt ε kennen. Hiermit befassen sich die Ausführungen des folgenden Abschnitts.

4.3.1.1 Zusammenhang zwischen volumetrischem und Strömungsdampfgehalt bei Schichtenströmung

Der volumetrische Dampfgehalt ε (englisch „void fraction") in (4.59), der durch (4.55) definiert ist, hängt von der Dampfdichte, der Flüssigkeitsdichte und vom Strömungsdampfgehalt $x^* = \dot{M}_{\mathrm{G}}/\dot{M}$ ab. Häufig kennt man allerdings den volumetrischen Dampfgehalt nicht, wohingegen der Strömungsdampfgehalt bekannt ist oder aus einer Energiebilanz berechnet werden kann. Dann ist es vorteilhaft, wenn man den volumetrischen Dampfgehalt aus dem bekannten Strömungsdampfgehalt rechnerisch ermitteln kann.

Einen Zusammenhang zwischen diesen Größen findet man bei Zivi [4.26] für eine idealisierte Strömung. Dabei werden die Wandreibung vernachlässigt, ebenso zeitliche Schwankungen von Dampf- und Flüssigkeitsgeschwindigkeit, des Drucks und des Dampfgehalts. Die Strömung wird als adiabat vorausgesetzt und der Einfluß der Schwerkraft auf den Druckabfall vernachlässigt. Mit diesen Annahmen folgt aus dem Impulssatz, daß die der Strömung zugeführte Arbeit zur Änderung der kinetischen Energie dient. Nun stellt sich, wie man in der Thermodynamik der irreversiblen Prozesse nachweist, das Geschwindigkeitsprofil in einer stationären Strömung stets so ein, daß die Entropieproduktion minimal ist. Gleichbedeutend damit ist bei der hier besprochenen Strömung die Forderung, daß die der Strömung zugeführte Arbeit oder ihre kinetische Energie ein Minimum annimmt. Bezeichnet man die Geschwindigkeit des Dampfes mit w_G, die der Flüssigkeit mit w_L, so ist der Massenstrom des Dampfes

$$\dot{M}_G = w_G A_G \varrho_G = w_G \varepsilon A \varrho_G \tag{4.60}$$

und derjenige der Flüssigkeit

$$\dot{M}_L = w_L A_L \varrho_L = w_L (1-\varepsilon) A \varrho_L . \tag{4.61}$$

Mit Hilfe des Strömungsdampfgehalts $x^* = \dot{M}_G/\dot{M}$ erhält man aus (4.60)

$$w_G = \frac{x^* \dot{M}}{\varepsilon A \varrho_G} . \tag{4.62}$$

Entsprechend folgt wegen $1 - x^* = \dot{M}_L/\dot{M}$ aus (4.61)

$$w_L = \frac{(1-x^*) \dot{M}}{(1-\varepsilon) A \varrho_L} . \tag{4.63}$$

Die kinetische Energie der zweiphasigen Strömung ist gegeben durch

$$\Phi_E = \frac{w_G^2}{2} x^* \dot{M} + \frac{w_L^2}{2} (1-x^*) \dot{M} . \tag{4.64}$$

Damit sie als Funktion des volumetrischen Dampfgehalts ein Minimum erreicht, muß gelten

$$\frac{\partial \Phi_E}{\partial \varepsilon} = 0 = \dot{M} \left[w_G \frac{\partial w_G}{\partial \varepsilon} x^* + w_L \frac{\partial w_L}{\partial \varepsilon} (1-x^*) \right] , \tag{4.65}$$

wobei wegen (4.62) und (4.63)

$$\frac{\partial w_G}{\partial \varepsilon} = -\frac{x^* \dot{M}}{\varepsilon^2 A \varrho_G} \quad \text{und} \quad \frac{\partial w_L}{\partial \varepsilon} = \frac{(1-x^*) \dot{M}}{(1-\varepsilon)^2 A \varrho_L} \tag{4.66}$$

ist. Setzt man diese Ausdrücke und die Geschwindigkeiten w_G und w_L nach (4.62) und (4.63) in (4.65) ein und löst nach dem volumetrischen Dampfgehalt auf, so findet man für diesen

$$\varepsilon = \left[1 + \frac{1-x^*}{x^*} \left(\frac{\varrho_G}{\varrho_L} \right)^{2/3} \right]^{-1} . \tag{4.67}$$

Dem entspricht ein Verhältnis von Dampf- und Flüssigkeitsgeschwindigkeit, das man aus (4.62) und (4.63) errechnet zu

$$\frac{w_G}{w_L} = s = \frac{x^*}{1-x^*}\frac{1-\varepsilon}{\varepsilon}\frac{\varrho_L}{\varrho_G}. \qquad (4.68)$$

Der Faktor s gibt an, um wieviel der Dampf schneller strömt als die Flüssigkeit. Man bezeichnet ihn als *Schlupf* oder *Schlupffaktor*. Mit Hilfe von (4.67) erhält man ihn zu

$$s = \left(\frac{\varrho_L}{\varrho_G}\right)^{1/3}. \qquad (4.69)$$

Der Schlupf hängt sicher nicht nur vom Dichteverhältnis der beiden Phasen ab, sondern auch noch von dem Verhältnis der Trägheits- zu den Reibungskräften, also der Reynoldszahl, und ebenso vom Verhältnis der Trägheits- zur Schwerkraft, also der Froudezahl. Beziehungen, die diese Einflüsse berücksichtigen, findet man in der Literatur über Zweiphasenströmungen [4.23, 4.27–4.29]. Als Beispiel sei eine Beziehung mitgeteilt, die den Einfluß der Reynoldszahl berücksichtigt und die sich für Überschlagsrechnungen als recht brauchbar erwiesen hat [4.29]

$$s = \left(\frac{\varrho_L}{\varrho_G}\right)^{0,205}\left(\frac{\dot{M}d}{A\eta_L}\right)^{-0,016}. \qquad (4.70)$$

In dieser Gleichung sind $\dot{M}$ der Massenstrom von Flüssigkeit und Dampf im Rohrquerschnitt A, d der Rohrdurchmesser und η_L die dynamische Viskosität der Flüssigkeit. Setzt man den Ausdruck (4.70) in (4.68) ein und löst nach dem volumetrischen Dampfgehalt auf, so erhält man für diesen die von (4.67) etwas abweichende Beziehung

$$\varepsilon = \left[1 + \frac{1-x^*}{x^*}\left(\frac{\varrho_G}{\varrho_L}\right)^{0,795}\left(\frac{\dot{M}d}{A\eta_L}\right)^{-0,016}\right]^{-1}. \qquad (4.71)$$

Wegen weiterer Ansätze für den Zusammenhang zwischen dem volumetrischen Dampfgehalt und dem Strömungsdampfgehalt sei auf die Literatur über Zweiphasenströmungen verwiesen [4.23, 4.27, 4.28].

4.3.2 Wärmeübergang bei Film- oder Ringströmung

4.3.2.1 Die Mengen- und Impulsbilanzen

In einer Film- oder Ringströmung im waagerechten Rohr ist der Einfluß der Schwerkraft vernachlässigbar, und es herrscht Gleichgewicht zwischen Zähigkeits- und Druckkräften. Wir betrachten dazu wieder, wie schon in Abschn. 4.2, siehe dort Bild 4.4, ein Ringelement des Kondensatfilms und des zugehörigen Dampfvolumens zwischen den Rohrquerschnitten x und $x+\Delta x$. Das Kräftegleichgewicht erfordert

$$\tau 2r\pi\Delta x + \left(p + \frac{dp}{dx}\Delta x\right)r^2\pi = pr^2\pi$$

oder

$$\tau = -\frac{r}{2}\frac{\mathrm{d}p}{\mathrm{d}x} = -\frac{R-y}{2}\frac{\mathrm{d}p}{\mathrm{d}x}\,. \qquad (4.72)$$

Dieselbe Kräftebilanz für das Dampfvolumen alleine liefert

$$\tau_\delta = -\frac{R-\delta}{2}\frac{\mathrm{d}p}{\mathrm{d}x}\,. \qquad (4.73)$$

Somit ist

$$\tau = \tau_\delta\frac{R-y}{R-\delta}$$

und

$$\tau_\mathrm{w} = \tau_\delta\frac{R}{R-\delta}\,.$$

Ist der Film sehr dünn im Vergleich zum Rohrradius $\delta \ll R$, so folgen unter Beachtung von $y < \delta$ die Näherungen

$$\tau = -\frac{R}{2}\frac{\mathrm{d}p}{\mathrm{d}x} = \tau_\delta = \tau_\mathrm{w}\,. \qquad (4.72a)$$

Mit Hilfe des Ansatzes für die Schubspannung turbulenter Strömungen

$$\tau = \varrho_\mathrm{L}\nu_\mathrm{L}\varepsilon^+\frac{\partial w_\mathrm{x}}{\partial y}$$

ergibt sich dann wegen $\tau = \tau_\mathrm{w}$ das Geschwindigkeitsprofil im Kondensatfilm zu

$$w_\mathrm{x} = \int\limits_0^y \frac{1}{\varepsilon^+}\frac{\tau_\mathrm{w}}{\varrho_\mathrm{L}\nu_\mathrm{L}}\mathrm{d}y\,.$$

Daraus wiederum findet man den Massenstrom des Kondensats

$$\dot{M} = 2R\pi\int\limits_0^\delta \varrho_\mathrm{L}w_\mathrm{x}\mathrm{d}y = 2R\pi\Gamma$$

oder den umfangsbezogenen Massenstrom

$$\Gamma = \int\limits_0^\delta \varrho_\mathrm{L}\left[\int\limits_0^y \frac{1}{\varepsilon^+}\frac{\tau_\mathrm{w}}{\varrho_\mathrm{L}\nu_\mathrm{L}}\mathrm{d}y\right]\mathrm{d}y\,. \qquad (4.74)$$

4.3.2.2 Die Energiebilanz

Vernachlässigt man genau wie beim senkrechten Rohr den im Vergleich zur Wärmeleitung durch den dünnen Kondensatfilm geringen konvektiven Energietransport in Strömungsrichtung, so ist wie schon bei der Kondensation in senkrechten Rohren, Abschn. 4.2,

$$\frac{\partial q}{\partial y} = 0 \quad \text{mit} \quad q = -(\lambda + \lambda_\mathrm{t})\frac{\mathrm{d}\vartheta}{\mathrm{d}y}$$

und

$$\lambda_t = \varrho_L c_p \varepsilon_q .$$

Durch Integration findet man die bereits in Abschn. 4.2 hergeleitete Gl. (4.31) zur Berechnung des Wärmeübergangskoeffizienten, die man auch in der Form

$$\alpha = w_\tau \frac{\lambda_L}{v_L} Pr \frac{1}{T^+} = \left(\frac{\tau_w}{\varrho_L} \right)^{1/2} \varrho_L c_{pL} \frac{1}{T^+} \qquad (4.75)$$

schreiben kann mit

$$T^+ = T(\delta^+) = \int_0^{\delta^+} \frac{dy^+}{\dfrac{1}{Pr} + \dfrac{\varepsilon^+ - 1}{Pr_t}} . \qquad (4.75a)$$

Zur Berechnung der Funktion T^+ muß man, wie schon in Abschn. 4.2 dargelegt, den Verlauf der turbulenten Austauschgröße $\varepsilon^+(y^+)$ und den der turbulenten Prandtlzahl kennen. Ansätze waren schon in Abschn. 4.2.2 erörtert worden. Sie führen, wie dort gezeigt wurde, zu numerischen Werten des Wärmeübergangskoeffizienten oder der Nußeltzahl, die sich letztlich durch Gebrauchsformeln nach Art der von Blangetti mitgeteilten Gl. (4.47) wiedergeben lassen, die somit auch für das waagerechte Rohr gültig ist. Ebenso gilt auch (4.50) von Shah innerhalb der angegebenen Gültigkeitsgrenzen. Eine etwas andere Beziehung hat Butterworth [4.30] gefunden, die Ergebnisse mehrerer Autoren im Bereich $Re > 1250$ gut wiedergibt. Hiernach ist die Größe T^+ in (4.75) gegeben durch

$$T^+ = 8{,}5 Re^{0,1} Pr^{0,57} \qquad (4.76)$$

mit $Re = \Gamma/\eta_L$.

4.3.3 Die praktische Berechnung von Wärmeübergangskoeffizienten

Wie zuvor dargelegt, gelten weiterhin die früheren Gebrauchsformeln für die turbulente Filmkondensation in senkrechten Rohren, Abschn. 4.2.3. Auch das dort angegebene Rechenverfahren kann weiterhin benutzt werden, sofern die Reynoldszahl Re der Flüssigkeit nur hinreichend groß ist, etwa $Re \gtrsim 1250$, weil dann der Einfluß der Schwerkraft auf die Filmdicke vernachlässigbar wird. Damit unterscheidet sich bei gleicher Reynoldszahl bzw. gleichem umfangsbezogenem Kondensatmassenstrom $\Gamma = Re\eta_L$ die Filmdicke im waagerechten Rohr, die man nach Vorgabe von Γ aus (4.74) erhält, nicht von der des senkrechten Rohrs, (4.21). Da somit Mengen- und Energiebilanz bei hinreichend großer Reynoldszahl $Re \gtrsim 1250$ für das senkrechte und waagerechte und ebenso auch für das geneigte Rohr übereinstimmen, darf man die zuvor erörterten Rechenverfahren weiter benutzen. Insbesondere sei hier auf die für den praktischen Gebrauch einfach zu handhabende Gl. (4.50) von Shah [4.22] hingewiesen.

Zu experimentell gut abgesicherten Ergebnissen führt auch (4.75) in Verbindung mit (4.76). Um aus ihr die örtlichen Wärmeübergangskoeffizienten zu bestimmen, hat man in folgender Weise vorzugehen:

— Man schätzt wiederum zunächst den umfangsbezogenen Kondensatmassenstrom Γ_{i+1} am Ende des i-ten Abschnitts, dessen Länge Δx sei.

— Aufgrund dieses Schätzwerts kennt man die mittlere Reynoldszahl im i-ten Abschnitt: $Re = (\Gamma_{i+1} + \Gamma_i)/2\eta_L$ und ebenso die übertragene Wärmestromdichte

$$q = \frac{d\Gamma}{dx}\Delta h_v = \frac{\Gamma_{i+1} - \Gamma_i}{\Delta x}\Delta h_v .$$

— Im nächsten Schritt berechnet man die mittlere Wandschubspannung τ_w im i-ten Abschnitt. Diese ist nach (4.72a) mit dem Druckabfall verknüpft durch

$$\tau_w = -\frac{d}{4}\frac{dp}{dx} ,$$

wobei d der Rohrdurchmesser ist. Der Druckabfall dp/dx wird wegen der im allgemeinen großen Reynoldszahl von Flüssigkeit und Dampf hauptsächlich durch Reibung hervorgerufen und kann in einfacher Weise aus Gleichungen über den Reibungsdruckabfall zweiphasiger Strömungen berechnet werden. Dabei vernachlässigt man die zusätzliche Schubspannung an der Phasengrenze, die durch Kondensation des Dampfes erzeugt wird, tut also so, als hätte man eine Zweiphasenströmung ohne Kondensation. Der dadurch bewirkte Fehler führt erst bei sehr starker Kondensation zu einer geringfügigen Erhöhung der Schubspannung und damit des Druckabfalls, ist aber bei normaler, nicht zu heftiger Kondensation vernachlässigbar. Gleichungen über den Reibungsdruckabfall dp/dx findet man in der Literatur über Zweiphasenströmungen [4.25, 4.27, 4.28]. Als Beispiel sei hier nur die für praktische Rechnungen oft verwendete Beziehung von Lockhart und Martinelli [4.31] mitgeteilt. Der Reibungsdruckabfall wird dabei auf den der einphasigen Strömung zurückgeführt

$$\frac{dp}{dx} = \left(\frac{dp}{dx}\right)_L \Phi_L^2 , \tag{4.77}$$

wo $(dp/dx)_L$ der Druckabfall der einphasigen Flüssigkeit, in unserem Fall der des Kondensats im i-ten Querschnitt ist, wenn dieses das ganze Rohr ausfüllen würde. Dieser Druckabfall berechnet sich dem Betrag nach aus der bekannten Beziehung

$$\left(\frac{dp}{dx}\right)_L = \zeta\frac{1}{d}\varrho_L\frac{\bar{w}^2}{2} ,$$

worin sich die Geschwindigkeit der Flüssigkeit aus

$$\dot{M} = d\pi\Gamma = \varrho_L\bar{w}\frac{d^2\pi}{4}$$

ergibt. Zweckmäßigerweise setzt man hierbei für Γ im i-ten Abschnitt $\Gamma = (\Gamma_{i+1} + \Gamma_i)/2$. Der durch (4.77) definierte Zweiphasenmultiplikator Φ_L kann durch einfache empirische Beziehungen ausgedrückt werden

$$\Phi_L^2 = 1 + \frac{C}{X_{tt}} + \frac{1}{X_{tt}^2} . \tag{4.78}$$

Die Konstante C ist vom Charakter der Strömung abhängig und beträgt für vollturbulente Strömung $C = 20$. Wegen des Werts C für andere Strömungsformen sei auf die Literatur über Zweiphasenströmung verwiesen [4.23, 4.27, 4.28].

Die Größe X_{tt} ist der Martinelli-Parameter und gegeben durch

$$X_{tt} = \left(\frac{\varrho_G}{\varrho_L}\right)^{0,5} \left(\frac{\eta_L}{\eta_G}\right)^{0,1} \left(\frac{1-x^*}{x^*}\right)^{0,9}. \tag{4.78a}$$

Der in dieser Gleichung vorkommende Strömungsdampfgehalt x^* kann leicht durch den umfangsbezogenen Kondensatmassenstrom Γ ausgedrückt werden, weil definitionsgemäß gilt

$$x^* = \frac{\dot{M}_G}{\dot{M}} = 1 - \frac{\dot{M}_L}{\dot{M}} = 1 - \frac{2R\pi\Gamma}{\dot{M}}. \tag{4.78b}$$

Mit Hilfe der Wandschubspannung ergibt sich dann aus (4.75) der örtliche Wärmeübergangskoeffizient α.

Die ursprüngliche Schätzung des umfangsbezogenen Kondensatmassenstroms Γ_{i+1} muß nun solange verbessert werden, bis die Energiebilanz

$$\alpha(\vartheta_s - \vartheta_w) = \frac{\Gamma_{i+1} - \Gamma_i}{\Delta x} \Delta h_v$$

erfüllt ist. Um zu entscheiden, ob Schichten- oder Ringströmung vorliegt, kann man sich der Strömungskarte, Bild 4.12, bedienen. Man vergleiche hierzu auch die Ausführungen in Abschn. 4.2.

Zwischen der Schichten- und der Ringströmung gibt es allerdings noch einen Übergangsbereich, in dem beide Strömungsformen in einem Rohr abwechselnd auftreten können. In diesem Übergangsbereich überwiegt weder eindeutig der Einfluß der Schwerkraft, wie bei der Schichtenströmung, noch derjenige der Schubspannungen, wie bei der Ringströmung. Es sind vielmehr Schwerkraft und von der Schubspannung ausgeübte Kräfte von gleicher Größenordnung. Nach Untersuchungen von Palen et al. [4.32] liegt das Übergangsgebiet zwischen

$$0,5 < w_G^* = \left(\frac{\varrho_G w_G^2}{(\varrho_L - \varrho_G) gd}\right)^{1/2} < 1,5. \tag{4.79}$$

Unterhalb $w_G^* = 0,5$ hat man reine Schichtenströmung, oberhalb $w_G^* = 1,5$ reine Filmströmung.

Die durch die vorige Gleichung definierte, dimensionslose Dampfgeschwindigkeit w_G^* ist eng verknüpft mit der in Bild 4.12 dargestellten dimensionslosen Dampfgeschwindigkeit

$$\dot{j}_G^* = x^* \dot{M}/A [gd\varrho_G(\varrho_L - \varrho_G)]^{1/2}.$$

Wegen $x^* \dot{M} = \dot{M}_G = \varrho_G w_G \varepsilon A$ folgt nämlich der Zusammenhang $\varepsilon w_G^* = \dot{j}_G^*$.

Nach Bild 4.12 kommen nun Schichten- und Ringströmungen nur vor, wenn $(1-\varepsilon)/\varepsilon < 0,5$ oder wenn der volumetrische Dampfgehalt hinreichend groß ist $\varepsilon > 1,5$, d.h. wenn $1,5 \leq \varepsilon \leq 1$ ist. Gleichung (4.79) kann man daher auch schreiben

$$0,5 < \dot{j}_G^*/\varepsilon < 1,5,$$

woraus sich unter Beachtung des größten und des kleinsten Werts von ε ergibt

$$1/3 < \overset{*}{j}_G < 1{,}5 \, . \tag{4.80}$$

Innerhalb dieses Bereichs können demnach abwechselnd Schichten- und Ringströmung auftreten. Unterhalb $\overset{*}{j}_G = 1/3$ ist der Bereich der reinen Schichten-, oberhalb von $\overset{*}{j}_G = 1{,}5$ derjenige der reinen Ringströmung. Im Übergangsgebiet erhält man den Wärmeübergangskoeffizienten durch eine Überlagerung des Wärmeübergangskoeffizienten α_S (Index S = Schicht) für die Schichtenströmung mit dem Wert α_F (Index F = Film) für die Ringströmung gemäß

$$\alpha = \alpha_F + (\overset{*}{w}_G - 1{,}5) \, (\alpha_G - \alpha_S) \, , \tag{4.81}$$

wobei α_F und α_S in der zuvor besprochenen Weise zu ermitteln sind.

Gebrauchsformeln zur Berechnung des Wärmeübergang bei der Kondensation im Außenraum eines *Rohrbündels* waren bereits in Abschn. 2.4 mitgeteilt worden.

5 Kondensation von Metalldämpfen

Während man Wärmeübergangskoeffizienten bei der Filmkondensation nichtmetallischer Dämpfe mit den bisher behandelten Theorien recht genau bestimmen kann, ergeben sich bei deren Anwendung auf Metalldämpfe Abweichungen von gemessenen Werten. Wie bisherige Experimente zeigten, erhält man bei der Kondensation von Metalldämpfen erheblich geringere Wärmeübergangskoeffizienten als nach der Nußeltschen Wasserhauttheorie. So beträgt das Verhältnis aus gemessenen Wärmeübergangskoeffizienten α und den aus der Nußeltschen Wasserhauttheorie berechneten Werten α_{Nu} etwa 0,03 bis 0,2 für kondensierende Kaliumdämpfe und 0,02 bis 0,06 für kondensierende Natriumdämpfe. Einen Überblick über Meßwerte im Vergleich zu den Ergebnissen der Nußeltschen Wasserhauttheorie gibt Bild 5.1. Die mittlere Nußeltzahl ist dort aus der bekannten Beziehung für die Filmkondensation an geneigten senkrechten Wänden ermittelt, (2.12) und (2.13),

$$\overline{Nu} = \frac{\bar{\alpha}h}{\lambda_L} = 0{,}943 \left[\frac{\varrho_L(\varrho_L - \varrho_G)g\sin\gamma\,\Delta h_v}{\lambda_L\eta_L(\vartheta_s - \vartheta_w)} h^3 \right]^{1/4}, \tag{5.1}$$

die man auch umformen kann in

$$\overline{Nu}/0{,}943 \left[\frac{\varrho_L(\varrho_L - \varrho_G)g\sin\gamma\,Pr\,h^3}{\eta_L^2} \right]^{1/4} = \left[\frac{c_{pL}(\vartheta_s - \vartheta_w)}{\Delta h_v} \right]^{-1/4}, \tag{5.2}$$

worin $Pr = c_{pL}\eta_L/\lambda_L$ die Prandtlzahl des Kondensatfilms ist. In Bild 5.1 ist die linke Seite von (5.2) als Ordinate, der Ausdruck $c_{pL}(\vartheta_s - \vartheta_w)/\Delta h_v$ als Abszisse aufgetragen. Wählt man eine doppeltlogarithmische Auftragung, so stellt sich (5.2) als Gerade dar. Durch die Art der Auftragung kann man die Wärmeübergangskoeffizienten für kleine Prandtlzahlen aus der Lösung der Grenzschichtgleichungen [5.2, 5.3] ebenfalls gut wiedergeben. Eine Ursache für den geringen Wärmeübergangskoeffizienten mag darin liegen, daß die Wärmeleitfähigkeit des Kondensatfilms aus flüssigem Metall sehr groß, infolgedessen der Wärmewiderstand des Kondensatfilms klein und daher von gleicher Größenordnung wie der sonst vernachlässigbar geringe molekularkinetische Wärmewiderstand an der Phasengrenze sein kann. Dieser Wärmewiderstand nimmt mit dem Sättigungsdruck oder der Dampfdichte zu, wie ein Blick auf (1.1) lehrt. Daher hängt der Wärmeübergang bei der Kondensation von Metalldämpfen vom Druck ab. Allerdings wird dieser Widerstand zusätzlich durch den Kondensationskoeffizienten, also die Zahl der kondensierenden Moleküle bezogen auf alle an der

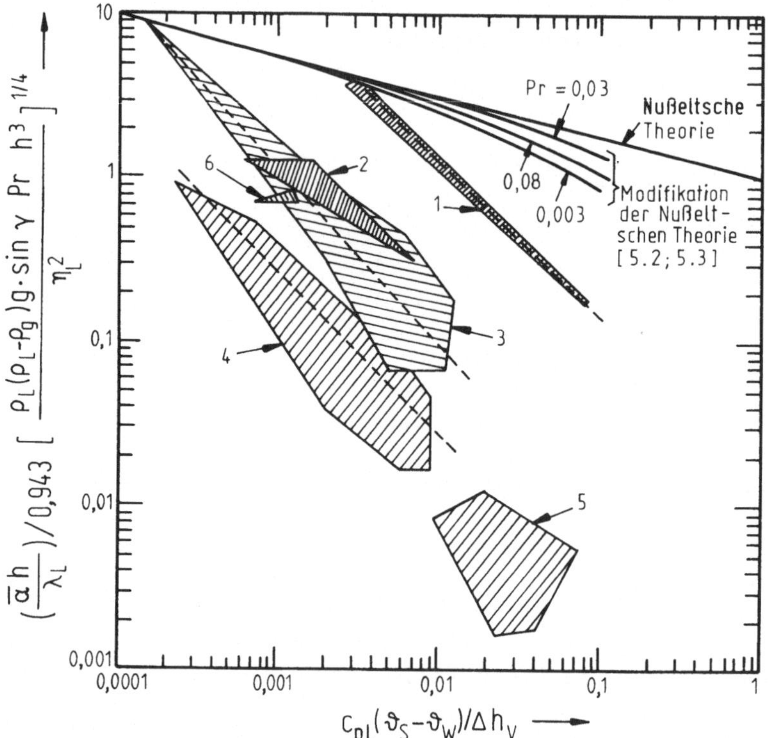

Bild 5.1. Mittlere Nußeltzahlen bei der Kondensation von Metalldämpfen nach [5.1]. *1* bis *3* Quecksilber; *4* Cadmium; *5* Rubidium; *6* Natrium

Kondensatfläche auftreffenden Moleküle, bestimmt, worüber es bei flüssigen Metallen wegen der experimentellen Schwierigkeiten keine zuverlässigen Messungen gibt. Zwar deuten viele Messungen [5.4—5.8] darauf hin, das der Kondensationskoeffizient bei hinreichend niedrigen Drücken $p < 0{,}00384$ bar praktisch eins beträgt und bei Drücken im Bereich $0{,}00384$ bar $< p < 1$ bar näherungsweise durch

$$f = 0{,}062\, p^{-0,5}$$

beschrieben werden kann, jedoch bestehen erhebliche Zweifel, ob die derzeit erreichbare Meßgenauigkeit so genaue Aussagen über die Größe des Kondensationskoeffizienten zuläßt. Es ist daher auch die Vermutung geäußert worden [5.9], der Kondensationskoeffizient, wie er durch obige Gleichung angegeben wurde, beruhe auf einer Fehlinterpretation der nicht ausreichend genauen Meßergebnisse und tatsächliche Werte lägen nahe bei eins. Zur Klärung dieser Frage bedarf es weiterer präziser Messungen an kondensierenden Metalldämpfen.

Wegen der kleinen Prandtlzahl flüssiger Metalle, $Pr = 10^{-2}$ bis 10^{-4}, ist außerdem die Annahme der Nußeltschen Wasserhauttheorie nicht mehr haltbar, wonach der anfänglich ruhende Dampf durch die Kondensatbildung kaum bewegt wird und daher auch keine nennenswerte Schubspannung auf den Kondensatfilm ausübt. Da die Viskosität flüssiger Metalle klein ist im Vergleich zu ihrer Temperaturleitfähigkeit, wird ein nennenswerter Impuls zwischen Flüssigkeit und Dampf übertragen. Das gebildete und abfließende Kondensat induziert eine merkliche Dampfströmung und führt zu nicht mehr vernachlässigbaren Schubspannungen an der Phasengrenze. Da die Flüssigkeit einen Teil ihres Impulses an den Dampf abgibt, verringert sich der Massenstrom des abfließenden Kondensats und ebenso der diesem annähernd proportionale Wärmeübergang. Diesen Sachverhalt erkennt man deutlich aus Bild 5.1, da dort die Kurven für kleine Prandtlzahlen unter denen der Nußeltschen Wasserhauttheorie liegen.

Entsprechend sind auch örtliche Wärmeübergangskoeffizienten, wie sie von Koh et al. [5.3] numerisch aus einer Lösung der Grenzschichtgleichungen für die Kondensation an senkrechten Wänden berechnet wurden, kleiner als die örtlichen Wärmeübergangskoeffizienten der Nußeltschen Wasserhauttheorie, (2.11). Schreibt man (2.11) in der Form

$$Nu_x \left[\frac{\varrho_L(\varrho_L - \varrho_G)gc_{pL}x^3}{4\eta_L\lambda_L} \frac{\Delta h_v}{c_{pL}\Delta\vartheta} \right]^{-1/4} = Y \tag{5.3}$$

mit $Nu_x = \alpha x/\lambda_L$ und $\varrho_L(\varrho_L - \varrho_G)$ statt ϱ_L^2, weil wir zulassen, daß nicht immer $\varrho_G \ll \varrho_L$ ist, so müßte $Y = 1$ sein, wenn die Bedingungen der Nußeltschen Wasserhauttheorie erfüllt sind. Wie Koh et al. zeigten, ist jedoch bei der Kondensation von Dämpfen sehr kleiner Prandtlzahlen

$$Y = Y\left(Pr, \frac{c_{pL}\Delta\vartheta}{\Delta h_v} \right) < 1 . \tag{5.3a}$$

Darüber hinaus ist Y noch eine schwache Funktion von

$$\frac{(\varrho\eta)_L}{(\varrho\eta)_G} ,$$

jedoch erwies sich der Einfluß dieser Größe im Bereich der Werte, die bei flüssigen Metallen vorkommen als vernachlässigbar. Einige Zahlenwerte für Y gibt Tabelle 5.1.

Örtliche Wärmeübergangskoeffizienten von laminar an senkrechten Wänden kondensierenden Metalldämpfen lassen sich mit Hilfe dieser Werte nach folgendem Schema berechnen. Der Wärmestrom hat zwei hintereinandergeschaltete Widerstände zu überwinden, nämlich den molekularkinetischen Widerstand und den Widerstand des Flüssigkeitsfilms. Wir nehmen an, der Dampf sei gesättigt und bezeichnen die Temperatur an der Phasengrenze mit ϑ_I. Dann gilt für die übertragene Wärmestromdichte

$$q = \alpha_I(\vartheta_s - \vartheta_I) \tag{5.4}$$

und

$$q = \alpha(\vartheta_I - \vartheta_w) . \tag{5.5}$$

Daraus folgt

$$\frac{\alpha}{\alpha_I} = \frac{\vartheta_s - \vartheta_I}{\vartheta_I - \vartheta_w} , \tag{5.6}$$

Tabelle 5.1. Größe Y in (5.3) berechnet von Koh et al. [5.3] für $[(\varrho\eta)_L/(\varrho\eta)_G]^{1/2}=600$

Pr	$\dfrac{c_{pL}\Delta\vartheta}{\Delta h_v}$	Y
1	0,07704	0,9951
	0,3447	0,9893
	0,5231	0,9909
	0,7478	0,9967
0,03	$4,79\cdot10^{-5}$	0,9995
	$2,41\cdot10^{-4}$	0,9979
	$1,774\cdot10^{-3}$	0,9864
	$9,499\cdot10^{-3}$	0,9386
	0,03215	0,8510
	0,06831	0,7741
	0,1487	0,7100
0,008	$4,728\cdot10^{-4}$	0,9862
	$5,059\cdot10^{-3}$	0,8923
	0,01526	0,7849
	0,06579	0,6110
	0,1012	0,5639
0,003	$7,497\cdot10^{-5}$	0,9940
	$1,907\cdot10^{-3}$	0,8931
	$8,927\cdot10^{-3}$	0,7305
	0,02828	0,5867
	0,08746	0,4722

worin der Wärmeübergangskoeffizient α_I durch (1.1) und α durch (5.3) zusammen mit den Werten Y der Tabelle 5.1 gegeben sind. Gleichung (5.6) dient zur Bestimmung der Temperatur ϑ_I an der Phasengrenze. Da der Wärmeübergangskoeffizient α nach (5.3) seinerseits von dem Temperaturunterschied $\Delta\vartheta=\vartheta_I-\vartheta_w$ abhängt, wird man (5.6) zweckmäßigerweise iterativ lösen. Mit der Temperatur ϑ_I liegen der Wärmeübergangskoeffizient α und auch der gesamte Wärmewiderstand fest. Es ist üblich, einen Wärmedurchgangskoeffizienten k einzuführen durch

$$\frac{1}{k}=\frac{1}{\alpha}+\frac{1}{\alpha_I}\,. \tag{5.7}$$

Die übertragene Wärmestromdichte kann damit auch berechnet werden aus

$$q=k(\vartheta_s-\vartheta_w)\,. \tag{5.8}$$

Die Unsicherheit dieses Rechenverfahrens wird vor allem durch den nicht genau genug bekannten Kondensationskoeffizienten hervorgerufen, für den man allerdings nach Auffassung von Wilcox und Rohsenow [5.9] einen Wert nahe bei eins setzen kann.

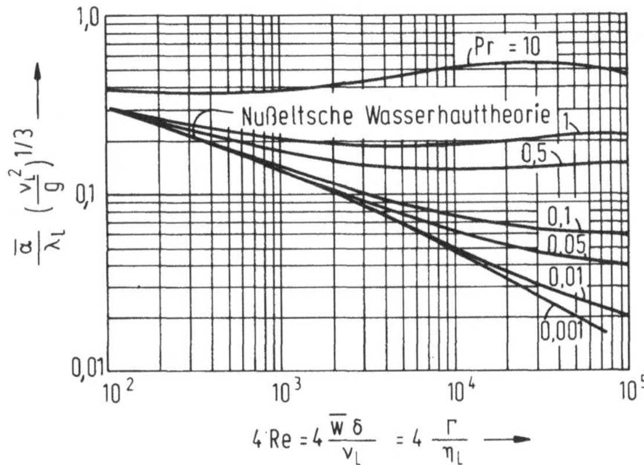

Bild 5.2. Mittlere Nußeltzahlen bei turbulenter Filmkondensation von Metalldämpfen an einer senkrechten Platte, nach [5.10]

Die vorstehenden Gleichungen für den Wärmeübergangskoeffizienten α gelten für laminare Filmkondensation. Den Fall der turbulenten Filmkondensation für niedrige Prandtlzahlen, wie sie bei flüssigen Metallen vorkommen, hat Lee [5.10] analytisch behandelt, indem er in Anlehnung an Nußelt Gleichgewicht zwischen Schwerkraft und Reibungskraft und reine Wärmeleitung im Flüssigkeitsfilm voraussetzte. Die Impulsgleichung enthält dann im Unterschied zur Nußeltschen Wasserhauttheorie noch die turbulente Viskosität und die Energiegleichung die turbulente Wärmeleitfähigkeit oder die turbulente Prandtlzahl. Für die turbulente Viskosität verwendete Lee empirische Gleichungen von Deissler [5.11] und von von Kármán [5.12], die turbulente Prandtlzahl wurde als konstant angenommen. Da die Gleichungen im übrigen denen der Nußeltschen Wasserhauttheorie entsprechen, sollen sie hier nicht im einzelnen aufgeführt werden. Wegen der komplizierten Ansätze für die turbulente Viskosität ist jedoch keine geschlossene, sondern nur eine numerische Lösung möglich. Als Ergebnis erhält man die in Bild 5.2 wiedergegebenen mittleren Nußeltzahlen. Das Bild wurde unter der Annahme einer turbulenten Prandtlzahl $Pr_t = 1$ berechnet. Wie die Untersuchungen von Lee zeigten, werden besonders die Kurven für kleine Prandtlzahlen, also im Bereich flüssiger Metalle, nur wenig von der turbulenten Prandtlzahl beeinflußt.

6 Kondensation von Dämpfen mischbarer Flüssigkeiten

6.1 Grundlagen. Einfluß des Stoffaustauschs

In technischen Apparaten werden häufig Dampfgemische verflüssigt, oder die Dämpfe enthalten Beimengungen von Inertgasen, die definitionsgemäß unter den herrschenden Bedingungen nicht kondensieren. Deren Einfluß auf den Wärmeübergang bei der Kondensation wurde schon im Zusammenhang mit den Abweichungen von der Nußeltschen Wasserhauttheorie in Abschn. 2.2.3 behandelt. Hier soll daher noch untersucht werden, wie sich der Wärmeübergang ändert, wenn das Kondensat aus einer homogenen Phase besteht und alle Komponenten in mehr oder weniger starkem Maße verflüssigt werden. Je nach Anwendungszweck kann der Dampf vollständig oder nur teilweise kondensiert werden, so daß ein Restdampf von im allgemeinen anderer Zusammensetzung als der anfängliche Dampf den Kondensator verläßt. Man bezeichnet solche Apparate als Teil- oder Partialkondensatoren und in Rektifizierkolonnen auch als Dephlegmatoren. Da bei der Kondensation von Dampfgemischen in der Regel die Komponenten mit dem höheren Siedepunkt zuerst kondensieren und der Restdampf so an diesen Komponenten verarmt, baut sich ein mit dem Strömungsweg veränderliches Konzentrationsprofil auf, das den Wärmeaustausch maßgeblich beeinflußt.

Während man den Wärmeübergang bei der Kondensation von Zweistoffgemischen bereits vielfach untersucht hat, ist über den Wärmeübergang bei der Kondensation von Gemischen mit mehr als zwei Komponenten nur wenig bekannt. Da die grundlegenden Vorgänge dabei jedoch ähnlich ablaufen wie bei der Kondensation binärer Gemische, sollen deren Eigenarten bei der Verflüssigung im folgenden zuerst erörtert werden.

Kondensiert ein Zweistoffgemisch, dessen Siede- und Taulinie in Bild 6.1a dargestellt sind, an einer gekühlten Wand der Temperatur ϑ_w, so bildet sich ein Kondensat, Bild 6.1b, an das der Dampf angrenzt. An der Phasengrenze stellt sich eine Temperatur ϑ_I ein, die zwischen der Temperatur ϑ_G des Dampfes weitab von der Wand und der Wandtemperatur ϑ_w liegt. Ist der Dampf gesättigt, so beträgt seine Temperatur $\vartheta_G = \vartheta_s$ entsprechend Bild 6.1a. Den Temperaturverlauf im Dampf und Kondensat zeigt Bild 6.1c.

Die Komponente mit dem höheren Siedepunkt geht an der Phasengrenze in der Regel bevorzugt vom Dampf in das Kondensat über. Infolgedessen enthält das Dampfgemisch an der Phasengrenze im allgemeinen mehr von der leichter flüchtigen Komponente als in größerer Entfernung davon. Es baut sich, wie in Bild

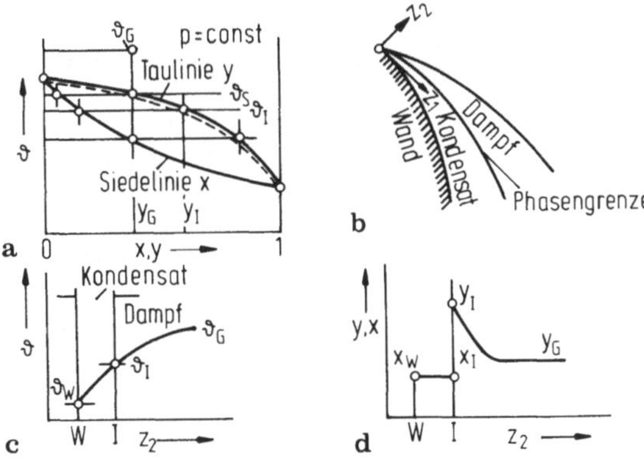

Bild 6.1. Temperatur-Konzentrationsdiagramm für ein binäres Gemisch sowie Temperatur- und Konzentrationsverlauf in Dampf und Kondensat. Indizes: W Kühlwand, I Phasengrenze, G Kernströmung im Dampf (G Gas). **a** Verlauf von Siede- und Taulinie, Temperaturen; **b** Kondensat und Dampfgrenzschicht; **c** Temperaturverlauf; **d** Konzentrationsverlauf

6.1d dargestellt, ein Konzentrationsprofil auf. Die Konzentration der leichter flüchtigen Komponente nimmt zur Phasengrenze hin zu. Im stationären Zustand werden so die an der Kondensatoberfläche nicht kondensierten Moleküle der leichter flüchtigen Komponente durch Diffusion wieder in den Dampf zurücktransportiert. Im Kondensat kann man meistens wegen der im Vergleich zum Dampf kleinen Strömungsgeschwindigkeit den Impuls-, Wärme- und Stoffaustausch durch Konvektion im Vergleich zu dem durch Leitung und Diffusion vernachlässigen, falls nicht die Prandtl- oder Schmidtzahl sehr klein ist. Daher gelten im Kondensatfilm weiterhin die Nußeltschen Annahmen, wonach die Strömung nur durch Zähigkeits- und Feldkräfte (Schwerkraft), das Temperaturprofil hingegen hauptsächlich durch Wärmeleitung bestimmt werden. Die Konzentration ist über einen Querschnitt des Kondensatfilms konstant, da die Wand für Materie undurchlässig und konvektiver Stofftransport im Flüssigkeitsfilm vernachlässigbar ist. Dies sieht man leicht ein, denn unter den genannten Voraussetzungen lautet die Gleichung für die Diffusion, das sogenannte zweite Ficksche Gesetz,

$$\frac{\partial}{\partial z_2}\left(D\frac{\partial c}{\partial z_2}\right)=0,$$

wenn z_2 die Koordinate senkrecht zur Wand, D der Diffusionskoeffizient und $c=n/V$ die Konzentration einer der beiden Komponenten des Zweistoffgemischs ist. Integriert man diese Gleichung unter Beachtung der Randbedingungen

$$\left(\frac{\partial c}{\partial z_2}\right)_{z_2=0}=0 \quad \text{und} \quad c(z_2=\delta)=c_I,$$

so folgt unmittelbar $c=c_w=c_I=$ const. Es ist daher auch, wie in Bild 6.1d eingezeichnet, $x=x_w=x_I=$ const.

Der Konzentrationsverlauf wird maßgeblich durch die Strömung und die Art der Strömungsführung beeinflußt. Bei der in Bild 6.2a gezeichneten, üblichen Gleichstromführung von Dampf und Kondensat geht die schwerer siedende Komponente bevorzugt aus dem Dampf in das Kondensat über. Der Anteil der leichter siedenden Komponente nimmt daher stromab im Dampf zu von der anfänglichen Zusammensetzung y_α zur Endzusammensetzung y_ω. Die im Eintritts-

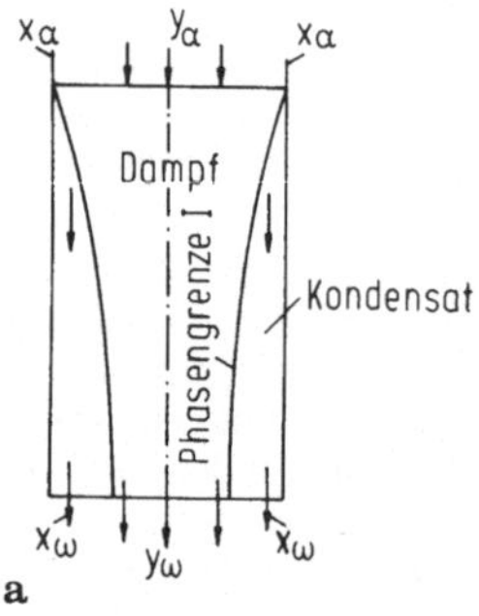

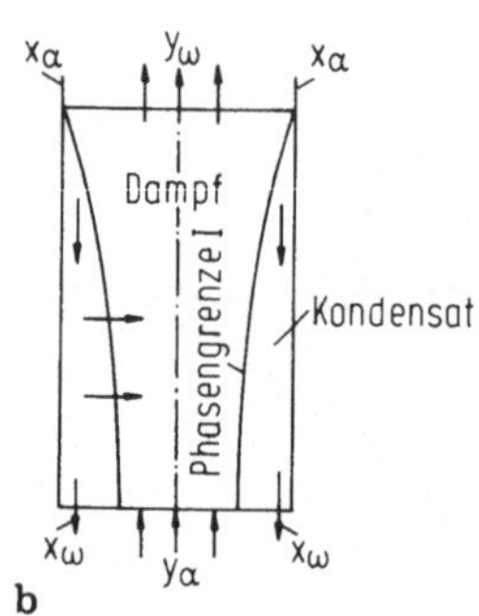

Bild 6.2. Kondensation bei **a** Gleich- und **b** Gegenstrom. Im Fall **a** enthält die nach unten rieselnde Flüssigkeit mehr an leichten flüchtigen Bestandteilen (LS) als in **b**. Im Fall **b** treten LS-Moleküle in den Dampf über, weil aufsteigende schwerer flüchtige Bestandteile kondensieren und dabei LS-Moleküle austreiben

querschnitt anfallende Kondensatmenge ist groß und infolgedessen wird dem Dampf auch viel von der schwerer siedenden Komponente entzogen.

Anders sind die Verhältnisse bei Gegenstrom, Bild 6.2b, wie sie in Rieselfilmkolonnen oder in den Rücklaufkondensatoren von Rektifizieranlagen vorkommen. Dort trifft der Dampf von der anfänglichen Zusammensetzung y_α auf eine dickere Kondensathaut. Die kondensierende Menge ist geringer, und es wird dem Dampf weniger von der schwerer siedenden Komponente entzogen als im Fall des Gleichstroms. Der aufsteigende Dampf kommt nun in Kontakt mit einem dünner werdenden Kondensatfilm der herabrieselnden Flüssigkeit. Die anfallende Kondensatmenge nimmt zu, und es kondensieren vorzugsweise die schwerer siedenden Komponenten des Dampfes. Die frei werdende Kondensationsenthalpie bewirkt gleichzeitig eine Verdampfung der leichter siedenden Komponenten, was durch die waagerechten Pfeile in Bild 6.2b angedeutet ist: Zwischen Flüssigkeit und Dampf findet ein Stoffaustausch durch „Rektifikation" statt, wodurch der austretende Dampf mehr, das unten austretende Kondensat entsprechend weniger an leichter flüchtigen Bestandteilen enthält als im Fall des Gleichstroms nach Bild 6.2a. Will man daher ein an schwer flüchtigen Stoffen stärker angereichertes Kondensat erhalten, so ist die Gegenstromführung vorzuziehen, ein Effekt, auf den Claude [6.1] schon vor mehr als 50 Jahren hinwies. Der abströmende Dampf enthält bei Gegenstrom mehr leichter flüchtige Stoffe als bei Gleichstrom. Allerdings wird infolge der vom Dampf ausgeübten Schubspannung das Kondensat bei Gegenstrom aufgestaut und der Wärmeübergang verschlechtert.

Offenbar ist die Strömungsführung für den Stoffaustausch und damit auch für den Wärmeübergang maßgebend. Ganz allgemein gilt, daß sich infolge des Konzentrationsfelds an der Phasengrenze ein Stoffaustauschwiderstand aufbaut, der den Stoffstrom zur Phasengrenze hin behindert. Als Folge ist der Wärmeübergang kondensierender Gemischdämpfe bei gleichem treibenden Temperaturgefälle geringer als der kondensierender reiner Dämpfe. Diese Verringerung kann beträchtliche Werte annehmen. Als Beispiel dafür zeigt Bild 6.3a die bezogene Wärmestromdichte q/q_0 über der Temperatur ϑ_∞ aufgetragen, die in diesem Fall gleich der Sättigungstemperatur entlang der Taulinie sein soll. Wie man erkennt, ist die übertragene Wärmestromdichte q deutlich kleiner als die Wärmestromdichte q_0, die übertragen würde, wenn kein Widerstand für den Stoffaustausch im Dampf zu überwinden wäre und daher an der Kondensatoberfläche die Sättigungstemperatur

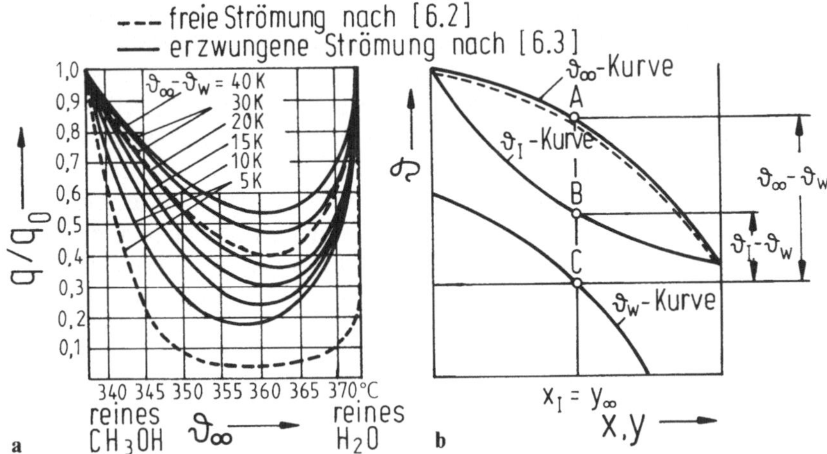

Bild 6.3. Verminderung des Wärmestroms bei Kondensation von Methanol/Wasser. **a** bezogene Wärmestromdichte q/q_0 in Abhängigkeit von der Temperatur ϑ_∞; **b** Siedediagramm

ϑ_∞ herrschte. Die ausgezogenen Kurven gelten für die Kondensation eines Dampfgemischs aus Methanol (CH_3OH) und Wasser (H_2O) bei vernachlässigbarem Einfluß der Schwerkraft, also an einer waagerechten Platte oder dann, wenn die Dampfgeschwindigkeit hinreichend groß und somit die *Froudezahl* $Fr = w_\infty^2/gz$ sehr groß wird. Die gestrichelten Kurven gelten für die Kondensation bei kleinen Froudezahlen, also beispielsweise an einer senkrechten Wand mit freier Konvektion des Dampfes.

Ähnlich wie nach der Nußeltschen Wasserhauttheorie nimmt auch bei der Kondensation von Gemischdämpfen die übertragene Wärmestromdichte mit der treibenden Temperaturdifferenz $\vartheta_\infty - \vartheta_w$ zu. Nach der Nußeltschen Wasserhauttheorie nahm bekanntlich der Wärmeübergangskoeffizient mit der treibenden Temperaturdifferenz entsprechend $\alpha \sim (\vartheta_\infty - \vartheta_w)^{-1/4}$ ab, (2.11). Die Wärmestromdichte nahm gemäß $q \sim (\vartheta_\infty - \vartheta_w)^{3/4}$ zu. Darüber hinaus erkennt man in Bild 6.3a ein Minimum der übertragenen Wärmestromdichte bei einer bestimmten Temperatur ϑ_∞. Diese kommt dadurch zustande, daß die für den Wärmeübergang maßgebende Temperaturdifferenz $\vartheta_I - \vartheta_w$ zwischen Kondensatoberfläche und Wand bei einer bestimmten Sättigungstemperatur ϑ_∞ ebenfalls ein Minimum annimmt, was sich anhand des Siedediagramms, Bild 6.3b, erklären läßt. Wir setzen dazu eine hinreichend große Temperaturdifferenz $\vartheta_\infty - \vartheta_w$ voraus, so daß der Dampf vom Anfangszustand A vollständig kondensiert und ein Kondensat anfällt, das durch Punkt B in Bild 6.3b gekennzeichnet ist. Die Temperatur ϑ_I an der Phasengrenze ist dann gleich der Siedetemperatur des Flüssigkeitsgemischs und die Zusammensetzung des anfallenden Kondensats identisch mit der des Dampfes. Man bezeichnet dies als *örtliche Totalkondensation*. Die als konstant angenommene Wandtemperatur sei durch Punkt C charakterisiert. Die Strecke BC entspricht dann der Temperaturdifferenz $\vartheta_I - \vartheta_w$, die für die übertragene Wärmestromdichte q entscheidend ist. Würde die Nußeltsche Wasserhauttheorie auch für die Kondensation von Gemischdämpfen gelten, so wäre $q \sim (\vartheta_1 - \vartheta_\mathrm{w})^{3/4}$. Hält man $\vartheta_\infty - \vartheta_\mathrm{w}$ konstant und erhöht man die Temperatur ϑ_∞, verfolgt man also in Bild 6.3a den Verlauf einer Kurve $\vartheta_\infty - \vartheta_\mathrm{w} = \mathrm{const}$ in Richtung wachsender Temperatur ϑ_∞, so kann man in Bild 6.3b wieder die Strecke BC abgreifen, wenn man durch Punkt C eine Parallele zur Taulinie legt. Die Strecke $AC = \vartheta_\infty - \vartheta_\mathrm{w}$ bleibt damit voraussetzungsgemäß unverändert, während BC zunächst kleiner, dann wieder größer wird. Im gleichen Verhältnis ändert sich auch die bezogene Wärmestromdichte q/q_0. Hält man andererseits die Dampftemperatur ϑ_∞ konstant und verringert man die Temperaturdifferenz $\vartheta_\infty - \vartheta_\mathrm{w}$, indem man die Wandtemperatur erhöht, so muß man in Bild 6.3b die durch Punkt C gehende ϑ_w-Kurve nach oben verschieben. Damit erhält man auch kleinere Werte der Wärmestromdichte q und der bezogenen Wärmestromdichte q/q_0.

6.2 Die verschiedenen Arten der Kondensation von Dampfgemischen

Betrachtet man einen Kondensatfilm, so ist dessen Oberfläche nicht glatt, sondern als Folge stets vorhandener mechanischer, thermischer oder chemischer Störungen kleinen Schwankungen in der Dicke, der Temperatur und der Zusammensetzung unterworfen. Auch der vom kondensierenden Dampf auf den Kondensatfilm ausgeübte Impuls erzeugt geringe Schwankungen der Filmdicke. Solche Schwankungen führen zwangsläufig zu lokalen Änderungen der Oberflächenspannung. In der Thermodynamik deutet man die Oberflächenspannung als freie Energie bezogen auf die Flächeneinheit der Oberflächenphase. Aufgrund des zweiten Hauptsatzes strebt jede Grenzfläche einem Zustand mit kleinerer Oberflächenspannung zu. Dies geschieht durch Vergrößern von Flächen geringerer Oberflächenspannung. Lokale Änderungen der Oberflächenspannung werden also durch eine Konvektion ausgeglichen, indem sich Bereiche mit geringerer auf Kosten solcher mit größerer Oberflächenspannung ausdehnen. Dadurch kann es zu einer merklichen, oft durch das Auge wahrnehmbaren Strömung an Flüssigkeitsoberflächen kommen. Dieses Phänomen, das sowohl in vollkommen mischbaren Flüssigkeiten und Lösungen, wie auch in nur schwach mischbaren Flüssigkeiten auftritt, bezeichnet man als *Marangoni-Effekt*. Lokale Schwankungen der Oberflächenspannung bewirken demnach auch Schwankungen der Dicke von Kondensatfilmen, die entweder weiter anwachsen oder auch wieder verschwinden können. Entstünde durch eine solche Störung an einer bestimmten Stelle ein dünner Kondensatfilm und besäße dieser gleichzeitig eine größere Oberflächenspannung als die benachbarten dickeren Schichten, so würde sich der dickere Film wegen seiner kleineren Oberflächenspannung in das Gebiet des dünneren Films ausbreiten, bis die Filme wieder gleichmäßig dick wären. Besäße umgekehrt der dickere Kondensatfilm eine größere Oberflächenspannung als der dünnere, so könnte sich der dünnere noch weiter ausbreiten. Zufällige Störungen würden so verstärkt. Es könnte sich ein ungleichmäßig dicker Film ausbilden. Beispielsweise könnten sich Rinnsale neben dünnen Flüssigkeitsschichten, ja sogar neben trockenen Stellen bilden. Diese Überlegungen führen zu dem Schluß, daß die Stabilität hinsichtlich von Schwankungen der Oberflächenspannung vom Vorzeichen der Änderung der Oberflächenspannung σ mit der Filmdicke δ abhängt. Für

$$\frac{d\sigma}{d\delta} \leqq 0 \tag{6.1}$$

ist der Kondensatfilm stabil, für

$$\frac{d\sigma}{d\delta} > 0 \tag{6.2}$$

ist er instabil. Wie Ford und Missen [6.4] zeigten, ist die Bedingung (6.1) notwendig und hinreichend als Stabilitätskriterium, die Bedingung (6.2) ist hingegen nur ein notwendiges Kriterium, das heißt, wenn ein Film instabil wird, ist notwendigerweise (6.2) erfüllt. Es muß aber keine Instabilität vorliegen, wenn (6.2) erfüllt ist. So haben Experimente [6.5] gezeigt, daß Instabilitäten weniger ausgeprägt sind oder sogar verschwinden, wenn die Kondensationsrate und damit die Filmdicke groß sind oder wenn sich die Zusammensetzung der reiner Stoffe oder der eines azeotropen Punkts nähert, bei dem Gemische im allgemeinen als zusammenhängender Film kondensieren.

Die Oberflächenspannung einer Flüssigkeit, die mit dem Dampf im Gleichgewicht steht, ist eine Funktion der Temperatur und der Zusammensetzung des Gemisches

$$\sigma = \sigma(\vartheta, x_1, x_2, \ldots, x_{K-1}), \tag{6.3}$$

worin x_i die Molenbrüche in der flüssigen Phase und K die Zahl der Komponenten des Mehrstoffgemischs sind. Daraus folgt

$$d\sigma = \left(\frac{\partial\sigma}{\partial\vartheta}\right)_{x_j} d\vartheta + \sum_{k=1}^{K-1} \left(\frac{\partial\sigma}{\partial x_k}\right)_{\vartheta, x_{j \neq k}} dx_k \tag{6.4}$$

und weiter

$$\frac{d\sigma}{d\delta} = \left(\frac{\partial\sigma}{\partial\vartheta}\right)_{x_j} \frac{d\vartheta}{d\delta} + \sum_{k=1}^{K-1} \left(\frac{\partial\sigma}{\partial x_k}\right)_{\vartheta, x_{j \neq k}} \frac{dx_k}{d\delta}. \tag{6.5}$$

Die partiellen Ableitungen sind hier bei der Temperatur der Phasengrenze ϑ_I zu berechnen. Diese Ableitungen sind durch die thermodynamischen Eigenschaften der Fluide gegeben, während die totalen Ableitungen $d\vartheta/d\delta$ und $dx_k/d\delta$ durch den Wärme- und Stoffaustausch bei der Kondensation festgelegt werden. Für Zweistoffgemische geht (6.5) über in

$$\frac{d\sigma}{d\delta} = \left(\frac{\partial\sigma}{\partial\vartheta}\right)_{x_1} \frac{d\vartheta}{d\delta} + \left(\frac{\partial\sigma}{\partial x_1}\right)_{\vartheta} \frac{dx_1}{d\delta}, \tag{6.6}$$

wobei mit x_1 der Molenbruch der leichter flüchtigen Komponente in der Flüssigkeit bezeichnet sei. Nun hat bei kondensierenden Dämpfen eine Zunahme der Temperatur ϑ an der Phasengrenze auch ein Anwachsen der Filmdicke δ zur Folge.

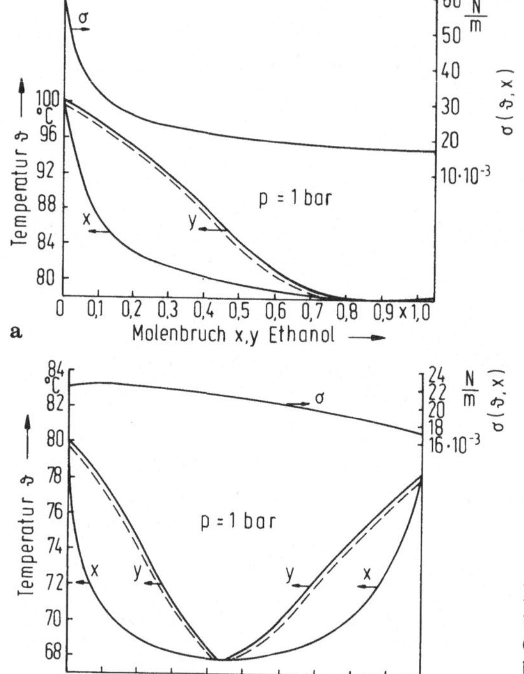

Bild 6.4. Siedelinie x, Taulinie y und Oberflächenspannung σ der Gemische **a** Ethanol/Wasser und **b** Ethanol/Benzol

Es ist

$$d\vartheta/d\delta > 0 . \tag{6.7}$$

Dies folgt bereits näherungsweise aus der Nußeltschen Wasserhauttheorie, (2.11), wonach $\vartheta_s - \vartheta_w \sim \delta^4$ ist. Gleichzeitig bewirkt eine Zunahme der Filmdicke, wenn man einmal von azeotropen Gemischen absieht, eine Anreicherung der schwerer flüchtigen Kompenente im Kondensat. In diesem nimmt somit bei wachsender Filmdicke der Anteil an der leichter flüchtigen Komponente ab, und es ist daher

$$dx_1/d\delta < 0 . \tag{6.8}$$

Weiter hat die leichter flüchtige Komponente häufig auch die kleinere Oberflächenspannung. Eine Zunahme im Molenbruch x_1 dieser Komponente führt daher meistens auch zu einer Abnahme der Oberflächenspannung. Als Beispiel zeigt Bild 6.4 die Oberflächenspannung von Ethanol-Wasser und Ethanol-Benzol über dem Molenbruch x_1 des Stoffes Ethanol. In den meisten Fällen ist daher

$$\left(\frac{\partial \sigma}{\partial x_1}\right)_\vartheta < 0 . \tag{6.9}$$

Der zweite Summand in (6.6) ist somit positiv und das Vorzeichen des ersten Summanden hängt wegen (6.7) noch von dem Vorzeichen von $(\partial\sigma/\partial\vartheta)_{x_1}$ ab.

Tabelle 6.1. Kondensationsformen einiger binärer Gemische

Gemisch (die leichter flüchtige Komponente ist zuerst genannt)	Vorzeichen von $\Delta\sigma/\Delta\vartheta$	Kondensationsform: f = Film; nf = nicht-Film	Azeotrop bei 1 bar
n-Hexan/Benzol	+	nf	nein
n-Pentan/n-Hexan	+	nf	nein
n-Pentan/Benzol	+	nf	nein
2,3-Dimethylbutan/Benzol	+	nf	nein
2,3-Dimethylbutan/Toluol	−	f	nein
n-Pentan/Methanol	+, −[a]	nf, f	ja
Methylenchlorid/Methanol	−, +	f, ?	ja
n-Pentan/Methylenchlorid	+, −	nf, f	ja
Methanol/n-Hexan	−, +	f, nf	ja
Methanol/Wasser	+	nf	nein
Aceton/Methanol	−	f	nein
Ethanol/Wasser	+, −	nf, ?	ja

[a] Das erste Vorzeichen gibt die Steigung von $\Delta\sigma/\Delta\vartheta$ bis zum azeotropen Punkt, das zweite vom azeotropen Punkt bis zur reinen leichter flüchtigen Komponente $x_1 = 1$ an.

Dieses wird, wenn man die wenigen Gemische mit einem relativen Extremwert von $\sigma(\vartheta)$ ausschließt, durch das Vorzeichen von $\Delta\sigma/\Delta\vartheta$ bestimmt, wobei $\Delta\sigma$ der Unterschied der Oberflächenspannung der reinen Komponenten und $\Delta\vartheta$ der Unterschied ihrer Siedetemperaturen sind. Ist

$$\Delta\sigma/\Delta\vartheta < 0, \tag{6.10}$$

so wird auch der erste Summand in (6.6) negativ. Da dieser dem Betrag nach meistens größer als der zweite ist, kann dann

$$d\sigma/d\delta \leq 0$$

werden. Nach (6.1) ist also ein stabiler Kondensatfilm zu erwarten, wenn die Bedingung (6.10) erfüllt ist. Ist umgekehrt

$$\Delta\sigma/\Delta\vartheta > 0, \tag{6.11}$$

so wird der erste Summand in (6.6) positiv. Da auch der zweite Summand in den meisten Fällen positiv ist, wird

$$d\sigma/d\delta > 0.$$

Es können Instabilitäten auftreten, falls die Kondensationsrate nicht sehr groß und somit der Film nicht dick genug ist. Im Einklang damit sind Meßergebnisse, die in Tabelle 6.1 aufgrund der Angaben von Ford und Missen [6.4] und von Tamir [6.6] zusammengestellt sind.

Die verschiedenen Kondensationsformen von Gemischen mit drei Komponenten hat Tamir [6.6] untersucht. Dabei ergab sich ebenfalls, daß entsprechend den vorigen Überlegungen das Kondensat als Film anfallen kann oder daß es bei

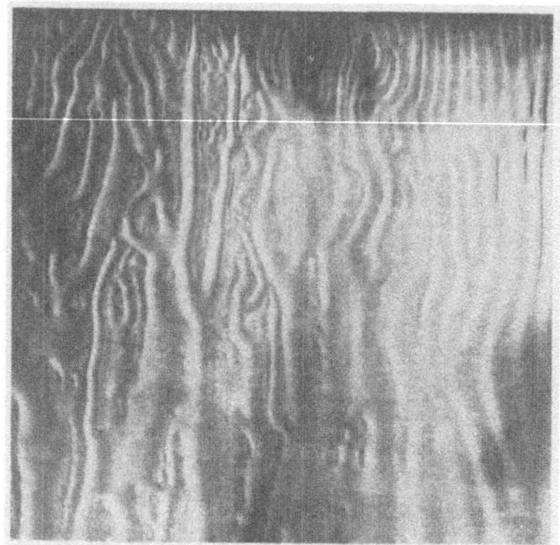
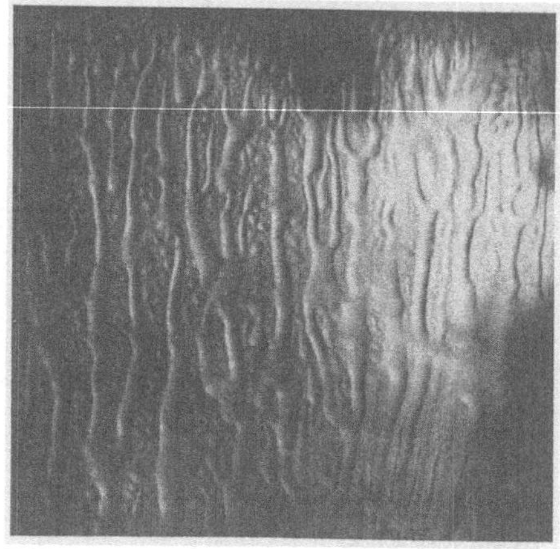

Bild 6.5.   **Bild 6.6.**

Bild 6.5. Rinnsalbildung [6.6] bei der Kondensation eines Gemischs aus Aceton, $\xi_1 = 0{,}0837$, Methanol $\xi_2 = 0{,}781$ und Wasser $\xi_3 = 0{,}136$ bei 0,986 bar. $\vartheta_\infty - \vartheta_w = 15\,°C$, $\sigma = 26 \cdot 10^{-3}$ N/m bei 25 °C

Bild 6.6. Rinnsal- und Tropfenbildung [6.6] bei der Kondensation des Gemischs wie in Bild 6.5. Jedoch: $\vartheta_\infty - \vartheta_w = 10{,}9\,°C$; $\sigma = 26 \cdot 10^{-3}$ N/m bei 25 °C

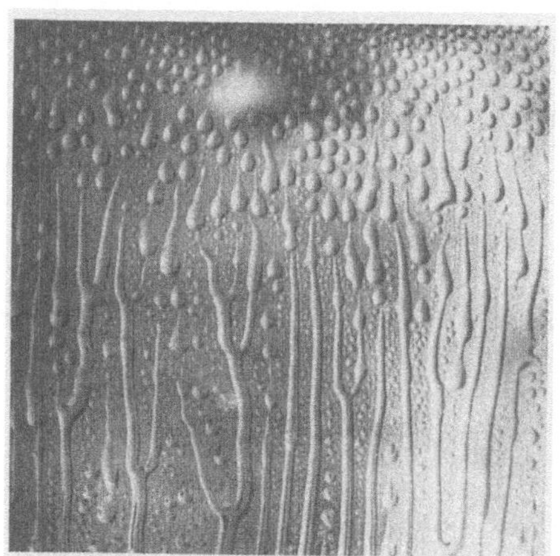
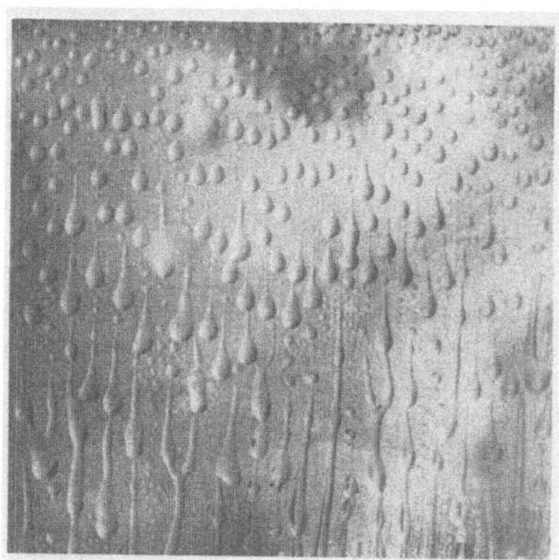

Bild 6.7.   **Bild 6.8.**

Bild 6.7. Rinnsal- und Tropfenbildung [6.6] bei der Kondensation des Gemischs wie in Bild 6.5. Jedoch: $\vartheta_\infty - \vartheta_w = 16{,}6\,°C$; $\sigma = 29{,}33 \cdot 10^{-3}$ N/m bei 25 °C

Bild 6.8. Tropfenbildung [6.6] bei der Kondensation des gleichen Gemischs wie in Bild 6.5. Jedoch: $\vartheta_\infty - \vartheta_w = 12\,°C$; $\sigma = 29{,}33 \cdot 10^{-3}$ N/m bei 25 °C

Auftreten von Instabilitäten in Form eines Rinnsals, als Tropfen, in Mischformen als Film-Rinnsal oder als Rinnsal-Tropfen Gemisch abfließt. Die Bilder 6.5 bis 6.8 zeigen einige dieser verschiedenen Formen der Kondensatbildung. Gemischzusammensetzung und Druck stimmen für alle Bilder praktisch überein. Lediglich die treibende Temperaturdifferenz wurde geändert. Bei großen Temperaturdifferenzen oder einer Zusammensetzung mit überwiegendem Anteil einer Komponente tritt vorwiegend Filmkondensation auf, während bei kleineren Temperaturdifferenzen Rinnsal- und Tropfenbildung die vorherrschenden Kondensationsformen sind. Die dabei gemessenen Wärmeübergangskoeffizienten sind bis zum Faktor vier größer als die der reinen Filmkondensation. Eine solche Verbesserung des Wärmeübergangs ist deswegen zu erwarten, weil der mittlere Wärmewiderstand eines nicht geschlossenen Films im allgemeinen kleiner ist als der des kontinuierlichen Films. Allerdings ist bei Gemischen die Zunahme des Wärmeübergangs keinswegs so groß wie beim Übergang von der Film- zur Tropfenkondensation reiner Stoffe, wo der Wärmeübergangskoeffizient bis um den Faktor zehn oder mehr anstieg. Offenbar tritt bei der Kondensation von Gemischen ein beträchtlicher, zusätzlicher Wärmewiderstand bedingt durch den Stofftransport in der Dampfphase auf, der bei der Kondensation reiner Stoffe nicht vorhanden ist. Eine Berechnung der Wärmeübergangskoeffizienten in den Fällen, in denen kein geschlossener Kondensatfilm entsteht, ist beim derzeitigen Stand des Wissens und angesichts der wenigen Experimente noch nicht möglich. Andererseits tritt diese Form der Kondensation nur bei kleineren Temperaturunterschieden $\vartheta_\infty - \vartheta_w$ auf; diese werden überschritten, wenn in Kondensatoren Totalkondensation herrscht. Bei Teilkondensation muß man hingegen damit rechnen, daß sich kein geschlossener Kondensatfilm bildet, vor allem weil die Kühlmitteltemperatur dort oft nur wenig geringer ist als die Siedetemperatur der am leichtesten flüchtigen Kompoente.

6.3 Die Temperatur an der Phasengrenze

Zur Berechnung des Wärmeübergangs bei Filmkondensation von Gemischen muß man die Temperatur ϑ_I an der Phasengrenze kennen. Wir wollen davon ausgehen, daß an der Phasengrenze eines Kondensatfilms thermodynamisches Gleichgewicht zwischen Flüssigkeit und Dampf herrscht. Die Temperatur ϑ_I ist leicht zu berechnen, wenn die anfallende Kondensatmenge an jener Stelle die gleiche Zusammensetzung wie der Dampf hat. Sie stimmt dann mit der jeweiligen Temperatur auf der Siedelinie überein und ist beispielsweise durch Punkt B in Bild 6.3b bestimmt. Um diese Temperatur zu erreichen, muß die Wandtemperatur hinreichend weit unter der Siedetemperatur der leichter flüchtigen Komponente liegen. Die Kondensationsrate muß demnach hinreichend groß sein, weswegen man von örtlicher Totalkondensation spricht. In technischen Kondensatoren ist diese Bedingung zwar oft erfüllt, allerdings gibt es auch Fälle wie bei der Partialkondensation, wo man die Wandtemperatur bewußt höher wählt als die Siedetemperaturen der leichter flüchtigen Komponenten, damit diese im Kondensat nur in geringer Menge oder gar nicht vorkommen. Die Temperatur an der Phasengrenze ist dann ebenfalls höher als die Temperatur an der Siedelinie.

Um zu zeigen, wie man dann die Temperatur an der Phasengrenze ermittelt, betrachten wir ein Zweistoffgemisch und stellen für dieses eine Massenbilanz an der Kondensatoberfläche auf. Der senkrecht zur Phasengrenze fließende Massenstrom $\dot{M}_G$ des Dampfes wird dort kondensiert und als Kondensat $\dot{M}_L$ abgeführt. Es ist

$$\dot{M}_G = \dot{M}_L = \dot{M}.$$

Die leichter flüchtige Komponente habe an der Phasengrenze den Massenbruch ξ_I'' im Dampfgemisch. Der Anteil $\dot{M}\xi_I''$ des Massenstroms wird der Kondensatoberfläche durch Konvektion, der Anteil $j_G A$ durch Diffusion zugeführt und im Kondensat als Massenstrom $\dot{M}\xi_I'$ abgeführt. Die Massenbilanz der leichter flüchtigen Komponente an der Oberfläche A des Kondensatfilms lautet daher

$$\dot{M}\xi_I' = \dot{M}\xi_I'' + j_G A, \qquad (6.12)$$

wobei die Diffusionsstromdichte gegeben ist durch

$$j_G = -\varrho_G D \left(\frac{\partial \xi}{\partial z_2} \right)_I.$$

Die Koordinate z_2 sei senkrecht von der Kondensatoberfläche in den Dampf gerichtet. Nach Einführen eines Stoffaustauschkoeffizienten β_G kann man für die Diffusionsstromdichte auch

$$j_G = \varrho_G \beta_G (\xi_I'' - \xi_G) \qquad (6.13)$$

schreiben. Mit ξ_G ist der Massenbruch der leichter flüchtigen Komponente im Gas in großer Entfernung von der Kondensatoberfläche bezeichnet. Mit dieser Beziehung geht (6.12) über in

$$\frac{\dot{M}}{A} = \dot{m} = -\varrho_G \beta_G \frac{\xi_I'' - \xi_G}{\xi_I'' - \xi_I'}. \qquad (6.14)$$

Das negative Vorzeichen rührt daher, daß die Koordinate z_2 definitionsgemäß senkrecht von der Kondensatoberfläche weg gerichtet ist und der kondensierende Dampf entgegen dieser Koordinate strömt. In (6.14) sind nun zwei Grenzfälle enthalten:

a) Bei örtlicher Totalkondensation ist die Zusammensetzung der Flüssigkeit ξ_I' identisch mit der des Dampfes $\xi_G = \xi_I'$. Es ist dann $\dot{M}/A = -\varrho_G \beta_G$ die Massenstromdichte des zur Kondensatoberfläche strömenden Dampfes. Um örtliche Totalkondensation zu erreichen, muß die Wandtemperatur hinreichend weit unterhalb der Siedetemperatur aller Komponenten liegen, damit diese alle kondensieren und das Kondensat dieselbe Zusammensetzung wie der Dampf aufweist. Entsprechend ist die Massenstromdichte $\dot{M}/A$ groß.

b) Für verschwindend kleine Massenstromdichten des entstehenden Kondensats $\dot{M}/A \to 0$ ist nach (6.14) die Dampfzusammensetzung $\xi_G = \xi_I''$. Es wird praktich kein Kondensat gebildet und infolgedessen bildet sich im Dampfraum auch kein Konzentrationsprofil aus.

Beide Grenzfälle sind in Bild 6.9 eingezeichnet. Tatsächliche Kondensationsraten liegen zwischen den beiden Extremfällen. Die Temperatur ϑ_I an der Phasengrenze liegt, wie in Bild 6.9 zu sehen, zwischen der Temperatur der Taulinie (Fall b) und der Temperatur der Siedelinie (Fall a). Die zugehörigen Dampf- und Flüssigkeitszusammensetzungen liest man auf der Abszisse, Punkte A und B in Bild 6.9, ab.

Zur Berechnung der Temperatur ϑ_I an der Phasengrenze benötigt man noch als weitere Bilanzgleichung die Energiegleichung an der Kondensatoberfläche

$$q_L = q_G + \dot{m}\Delta h_v, \qquad (6.15)$$

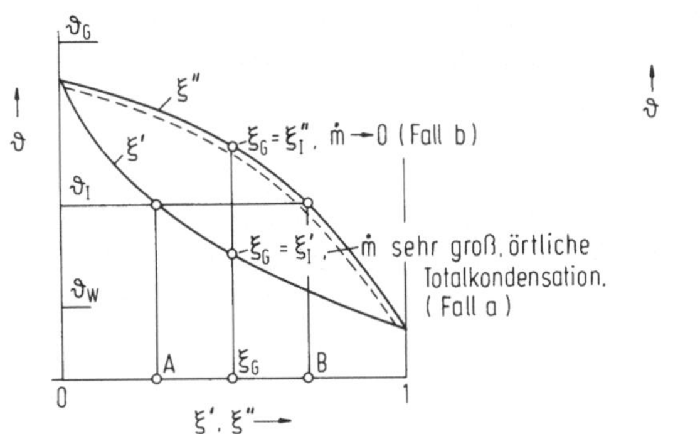

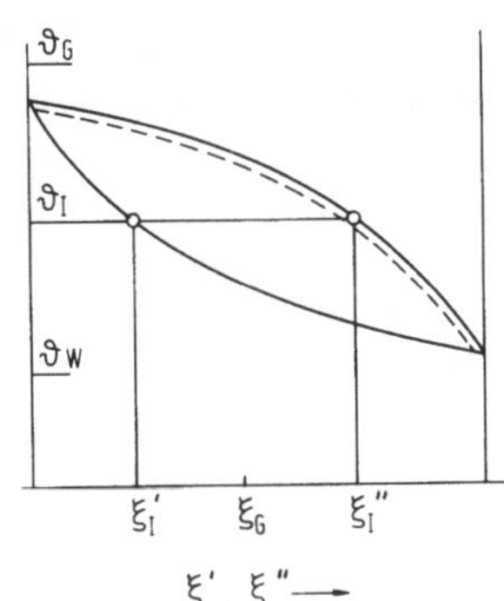

Bild 6.9.　　　　　　　　　　　　　　　　**Bild 6.10.**

Bild 6.9. Grenzfälle der Kondensation

Bild 6.10. Massenbrüche und Temperatur an der Kondensatoberfläche

worin q_L die durch Leitung in dem Kondensat abgeführte, q_G die durch Leitung vom Dampf der Kondensatoberfläche zugeführte Wärmestromdichte und Δh_v die Verdampfungsenthalpie des Gemisches sind. Es ist

$$q_L = \alpha_L (\vartheta_I - \vartheta_w) \, . \tag{6.16}$$

Andererseits wird diese Wärmestromdichte auch durch die Wand an das Kühlmittel übertragen, dessen Temperatur ϑ_K sei. Der Wärmedurchgangskoeffizient zwischen Wand und Kühlmittel sei k'. Dann ist

$$q_L = k' (\vartheta_w - \vartheta_k) \, . \tag{6.17}$$

Mit Hilfe von (6.16) kann man hieraus ϑ_w eliminieren und man erhält

$$q_L = \frac{\alpha_L}{(\alpha_L/k') + 1} (\vartheta_I - \vartheta_K) \, . \tag{6.18}$$

Im Fall eines sehr großen Wärmedurchgangskoeffizienten $k' \to \infty$ ist die Wandtemperatur ϑ_w konstant und gleich der Kühlmitteltemperatur ϑ_K.

Die vom Dampf an die Kondensatoberfläche übergehende Wärmestromdichte ist

$$q_G = \alpha_G (\vartheta_G - \vartheta_I) \, . \tag{6.19}$$

Setzt man diese zusammen mit der Wärmestromdichte q_L nach (6.18) in die Energiebilanz (6.15) ein und beachtet, daß die Massenstromdichte des Kondensats durch (6.14) gegeben ist, so erhält man für die Energiebilanz

$$\frac{\alpha_L}{(\alpha_L/k') + 1} (\vartheta_I - \vartheta_K) = \alpha_G (\vartheta_G - \vartheta_I) - \varrho_G \beta_G \frac{\xi_I'' - \xi_G}{\xi_I'' - \xi_I'} \Delta h_v \, . \tag{6.20}$$

Aus dieser Gleichung kann man die unbekannte Temperatur ϑ_I berechnen. Dabei ist jedoch zu beachten, daß die Massenbrüche ξ_I', ξ_I'' von der Temperatur ϑ_I abhängen, wie Bild 6.10 für ein Zweistoffgemisch zeigt. Außerdem ist der Wärmeübergangskoeffizient α_L von der Temperatur ϑ_I abhängig. Da sich im Dampf zumindest freie

Konvektion einstellt, ist der Term $\alpha_G(\vartheta_G - \vartheta_I)$ oft nicht vernachlässigbar, sondern kann von gleicher Größenordnung wie die übrigen Ausdrücke der Gl. (6.20) sein, insbesondere wenn die Temperatur der Phasengrenzfläche ϑ_I nahe bei der Wandtemperatur liegt, so daß das treibende Temperaturgefälle $\vartheta_I - \vartheta_w$ im Kondensat klein, dasjenige im Dampf $\vartheta_G - \vartheta_I$ dagegen groß wird.

Die *praktische Berechnung der Temperatur* ϑ_I an der Kondensatoberfläche ist recht aufwendig und selbst im Fall des hier besprochenen Zweistoffgemischs kaum ohne eine Rechenanlage zu bewältigen. Um das grundsätzliche Vorgehen zu erläutern, schreiben wir (6.20) vereinfacht

$$\alpha_L(\vartheta_I - \vartheta_w) = \alpha_G(\vartheta_G - \vartheta_I) + \frac{\dot{M}}{A}\Delta h_v. \tag{6.21}$$

Hierin ist $\dot{M}$ der auf einer Kondensatoberfläche $A = b\Delta z$ kondensierende Dampfmassenstrom. Dieser strömt senkrecht zur Kondensatoberfläche. Er bewirkt eine Zunahme des abfließenden Kondensatmassenstroms Γb, wenn wir mit Γ wie zuvor den längenbezogenen Kondensatmassenstrom bezeichnen; es ist, wenn man mit z die Lauflänge bezeichnet,

$$\frac{d(\Gamma b)}{dz}\Delta z = \dot{M} \quad \text{und daher} \quad \frac{d\Gamma}{dz} = \frac{\dot{M}}{b\Delta z} = \frac{\dot{M}}{A} = \dot{m}.$$

Dafür kann man in Anlehnung an die früheren Betrachtungen über den Wärmeübergang bei laminarer oder bei turbulenter Filmkondensation auch

$$\dot{m} = \frac{d\Gamma}{d\delta}\frac{d\delta}{dz}$$

schreiben, so daß (6.21) übergeht in

$$\alpha_L(\vartheta_I - \vartheta_w) = \alpha_G(\vartheta_G - \vartheta_I) + \frac{d\Gamma}{d\delta}\frac{d\delta}{dz}\Delta h_v. \tag{6.22}$$

In dieser Beziehung ist der Wärmeübergangskoeffizient α_L im Kondensatfilm allein von der Filmdicke abhängig. Bei laminarer Filmkondensation ist nach der Nußeltschen Wasserhauttheorie $\alpha_L = \lambda_L/\delta$, während man bei turbulenter Filmkondensation den Wärmeübergangskoeffizienten α_L aus den früheren Gleichungen des Abschnitts 4.2.3 erhält. Der Wärmeübergangskoeffizient α_G wird durch die Art der Dampfströmung bestimmt. Der Differentialquotient $d\Gamma/d\delta$ ist ebenfalls als Funktion der Filmdicke δ angebbar, und zwar ist bei laminarer Filmkondensation, wie schon früher gezeigt wurde, (2.9),

$$\frac{d\Gamma}{d\delta} = \frac{\varrho_L^2 g}{\eta_L}\delta^2, \tag{6.23}$$

während man bei turbulenter Filmkondensation den Ausdruck $d\Gamma/d\delta$ durch Differentiation aus (4.26) als Funktion der Filmdicke erhält. Gleichung (6.22) ist daher eine Differentialgleichung der Form

$$f\left(\delta, \frac{d\delta}{dz}\right) = 0,$$

aus der man durch Integration die Filmdicke

$$\delta = \delta(z,\vartheta_{\mathrm{I}}) \qquad (6.24)$$

erhält. Damit kann man nun aber auch den Differentialquotienten $\mathrm{d}\Gamma/\mathrm{d}\delta$ beispielsweise nach (6.23) als Funktion der Lauflänge z und der Temperatur ϑ_{I} an der Kondensatoberfläche ausdrücken

$$\frac{\mathrm{d}\Gamma}{\mathrm{d}\delta} = f_1(z,\vartheta_{\mathrm{I}}) \ .$$

Ebenso ist auch

$$\frac{\mathrm{d}\delta}{\mathrm{d}z} = f_2(z,\vartheta_{\mathrm{I}})$$

und damit unter Beachtung von (6.22) auch

$$\frac{\mathrm{d}\Gamma}{\mathrm{d}\delta}\frac{\mathrm{d}\delta}{\mathrm{d}z} = \frac{\mathrm{d}\Gamma}{\mathrm{d}z} = f_3(z,\vartheta_{\mathrm{I}}) = \dot{m}$$

bekannt. Andererseits ist wegen (6.14) damit auch

$$-\varrho_{\mathrm{G}}\beta_{\mathrm{G}}\frac{\xi_{\mathrm{I}}'' - \xi_{\mathrm{G}}}{\xi_{\mathrm{I}}'' - \xi_{\mathrm{I}}'} = \dot{m} = f_3(z,\vartheta_{\mathrm{I}}) \ ,$$

woraus sich die unbekannte Temperatur ϑ_{I} der Kondensatoberfläche an einer Stelle z ergibt, da Siede- und Taulinie $\xi_{\mathrm{I}}'(\vartheta_{\mathrm{I}})$ und $\xi_{\mathrm{I}}''(\vartheta_{\mathrm{I}})$ als gegeben vorausgesetzt werden. Den Stoffaustauschkoeffizienten β_{G} kann man näherungsweise unter Ausnützung der Analogie zwischen Wärme- und Stoffaustausch ermitteln, wonach

$$\varrho_{\mathrm{G}}\beta_{\mathrm{G}} = \frac{\alpha_{\mathrm{G}}}{c_{\mathrm{pG}}} Le^{2/3} \qquad (6.25)$$

gilt mit der Lewiszahl $Le = D/a$, in der D der Diffusionskoeffizient des Dampfes und a seine Temperaturleitfähigkeit sind. Für viele Gasgemische weicht die Lewiszahl nicht stark vom Wert eins ab. Der so berechnete Stoffaustauschkoeffizient bedarf allerdings noch einer Korrektur, die den konvektiv zur Phasengrenze hin gerichteten Stofftransport berücksichtigt [6.7]. Die tatsächlichen Wärme- und Stoffaustauschkoeffizienten sind außerdem, wie Abschn. 2.2.4 zu entnehmen ist, um einen Faktor $f \approx 1{,}15$ zu vergrößern, der die Welligkeit der Filmoberfläche erfaßt.

6.4 Die praktische Berechnung von Wärmeübergangskoeffizienten

6.4.1 Das Näherungsverfahren von Silver

Da die Temperatur an der Phasengrenze und damit auch der übertragene Wärmestrom besonders bei der Kondensation von Gemischen mit mehr als zwei Komponenten schwierig zu berechnen sind, bedient man sich häufig einfacher, allerdings auch weniger genauer Methoden. Für nicht allzu hohe Genauigkeitsansprüche hat sich hier ein von Silver [6.8] und später von Bell und Ghaly [6.9] beschriebenes Verfahren bewährt. Es geht von folgenden Überlegungen aus: Der gesamte Wärmestrom, der an das Kühlmittel abzuführen ist, setzt sich aus drei Anteilen zusammen. Der Kondensationsenthalpie Φ_K, dem Wärmestrom Φ_L zur Abkühlung des Kondensats und dem Wärmestrom Φ_G zur Abkühlung des Gases. Temperaturänderungen in der Wand des Kondensators seien vernachlässigbar. Längs einer kleinen Fläche des Kondensators wird also an das Kühlmittel der Wärmestrom

$$d\Phi = d\Phi_K + d\Phi_L + d\Phi_G$$

abgeführt. Wir setzen hierfür

$$d\Phi = k' dA_0 (\vartheta_I - \vartheta_K) , \tag{6.26}$$

wenn k' den Wärmeübergangskoeffizienten von der Kondensatoberfläche an das Kühlmittel, dA_0 ein Flächenelement der Kondensatoberfläche, ϑ_I deren Temperatur und ϑ_K die lokale Temperatur des Kühlmittels bezeichnen. Die Fläche A_0 ist praktisch gleich der Oberfläche des Kondensators.

Der Wärmewiderstand $1/k'dA_0$ setzt sich aus den Einzelwiderständen von der Kondensatoberfläche bis zum Kühlmittel zusammen. Es ist

$$\frac{1}{k'dA_0} = \frac{1}{\alpha dA_0} + \frac{r_{si}}{dA_0} + \frac{\delta_w}{\lambda_w dA_w} + \frac{r_{sa}}{dA_a} + \frac{1}{\alpha_k dA_a}$$

oder

$$\frac{1}{k'} = \frac{1}{\alpha} + r_{si} + \frac{\delta_w dA_0}{\lambda_w dA_w} + r_{sa}\frac{dA_0}{dA_a} + \frac{dA_0}{\alpha_K dA_a} . \tag{6.27}$$

Es bedeuten α den Wärmeübergangskoeffizienten des Kondensatfilms, dA_0 dessen Oberflächenelement, r_{si} einen Widerstand für Schmutzablagerungen auf der Innenseite der Kühlfläche, δ_w die Dicke der Wand, λ_w ihre Wärmeleitfähigkeit, dA_w die Größe der Wandfläche — im Fall eines Rohrs ist hier bekanntlich das logarithmische Mittel zwischen äußerer und innerer Oberfläche zu setzen —, r_{sa} einen Widerstand für Schmutzablagerungen auf der Außenseite der Kühlfläche dA_a und α_K den Wärmeübergangskoeffizienten zum Kühlmittel. Um die in (6.26) noch unbekannte Temperatur ϑ_I an der Kondensatoberfläche eliminieren zu können, führt man den Wärmestrom Φ_G zur Abkühlung des Dampfes ein

$$d\Phi_G = \alpha_G dA_0 (\vartheta_G - \vartheta_I) \tag{6.28}$$

und erhält

$$d\Phi = k' dA_0 \left(\vartheta_G - \vartheta_K - \frac{d\Phi_G}{\alpha_G dA_0} \right) . \tag{6.29}$$

Der dem Gas entzogene Wärmestrom bewirkt eine Absenkung der Gastemperatur um $d\vartheta$; $d\vartheta$ ist negativ, $d\Phi_G$ nach (6.28) positiv.

Es ist

$$\mathrm{d}\Phi_G = -\dot{M}_G c_{pG} \mathrm{d}\vartheta_G . \qquad (6.30)$$

Der gesamte Massenstrom $\dot{M}$ von Dampf und Kondensat erfährt eine Enthalpieänderung $-\dot{M}\mathrm{d}h = \mathrm{d}\Phi$; $\mathrm{d}h$ ist negativ, $\mathrm{d}\Phi$ nach (6.26) positiv. Damit erhält man

$$\mathrm{d}\Phi_G = \frac{\dot{M}_G c_{pG} \mathrm{d}\vartheta_G}{\dot{M}\mathrm{d}h} \mathrm{d}\Phi = x^* c_{pG} \frac{\mathrm{d}\vartheta_G}{\mathrm{d}h} \mathrm{d}\Phi \qquad (6.31)$$

mit dem Strömungsdampfgehalt $x^* = \dot{M}_G/\dot{M}$. Einsetzen in (6.29) liefert dann

$$\mathrm{d}\Phi = k' \mathrm{d}A_0 (\vartheta_G - \vartheta_K) - \frac{k'}{\alpha_G} x^* c_{pG} \frac{\mathrm{d}\vartheta_G}{\mathrm{d}h} \mathrm{d}\Phi . \qquad (6.32)$$

Auflösen nach $\mathrm{d}A_0$ und Integration ergibt die erforderliche Fläche

$$A_0 = \int_0^{\Phi_0} \frac{1 + \dfrac{k'}{\alpha_G} x^* c_{pG} \dfrac{\mathrm{d}\vartheta_G}{\mathrm{d}h}}{k'(\vartheta_G - \vartheta_K)} \mathrm{d}\Phi , \qquad (6.33)$$

wenn Φ_0 der insgesamt abzuführende Wärmestrom ist. In dieser Gleichung ist der Ausdruck $(k' x^* \mathrm{d}\vartheta_G)/(\alpha_G \mathrm{d}h)$ ein Maß für die Fläche, die man zusätzlich benötigt, um den längs des Strömungswegs in seiner Zusammensetzung veränderlichen Dampf weiter abzukühlen. Hätte man einen reinen Dampf von Sättigungstemperatur, so wäre $\mathrm{d}\vartheta_G/\mathrm{d}h = 0$; würde ein Gas gekühlt, ohne zu kondensieren, so wären $x^* = \dot{M}_G/\dot{M} = 1$ und $\mathrm{d}h/\mathrm{d}\vartheta_G = c_{pG}$, also $x^* c_{pG} \mathrm{d}\vartheta_G/\mathrm{d}h = 1$. Die Gl. (6.33) ginge dann über in die bekannte Beziehung

$$A_0 = \int_0^{\Phi_0} \frac{\dfrac{1}{k'} + \dfrac{1}{\alpha_G}}{\vartheta_G - \vartheta_K} \mathrm{d}\Phi ,$$

oder in differentieller Form

$$\mathrm{d}\Phi = \frac{1}{\dfrac{1}{k'} + \dfrac{1}{\alpha_G}} (\vartheta_G - \vartheta_K) \mathrm{d}A_0 . \qquad (6.33a)$$

Zur Berechnung der Kondensatoberfläche A_0 nach (6.33) sind noch eine Reihe von Annahmen erforderlich. Die weitestgehende besteht darin, daß man zur Bestimmung von $x^* \mathrm{d}\vartheta_G/\mathrm{d}h$ thermodynamisches Gleichgewicht zwischen Dampf und Flüssigkeit voraussetzt. Man ermittelt also $x^* \mathrm{d}\vartheta_G/\mathrm{d}h$ so, als ob Flüssigkeit und Dampf an jeder Stelle eine einheitliche Temperatur $\vartheta = \vartheta_G$ besäßen und miteinander im Gleichgewicht hinsichtlich des Stoffaustauschs stünden. Dann ergibt die Stoffbilanz für eine Komponente

$$\dot{M}_G \xi_I'' + \dot{M}_L \xi_I' = \dot{M} \xi_G$$

oder nach Division durch den gesamten Massenstrom $\dot{M}$

$$x^* \xi_I'' + (1 - x^*) \xi_I' = \xi_G .$$

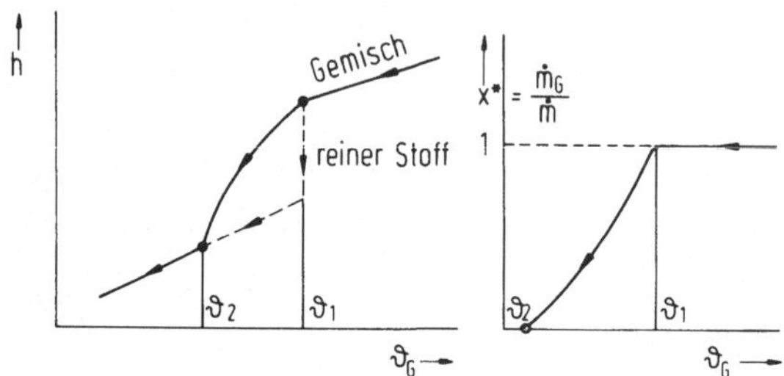

Bild 6.11. Enthalpie und Strömungsdampfgehalt eines kondensierenden Gemischs. ϑ_1 Taupunkttemperatur, Beginn der Kondensation; ϑ_2 Siedepunkttemperatur, Ende der Kondensation

Es ist somit

$$x^* = \frac{\xi_G - \xi'_I}{\xi''_I - \xi'_I} \qquad (6.34)$$

als Funktion der Temperatur ϑ_G darstellbar, die voraussetzungsgemäß gleich der Gleichgewichtstemperatur gesetzt wird.

Ebenso kann man die Enthalpie als Funktion der Gleichgewichtstemperatur bilden wegen

$$\dot{M}_G h_G + \dot{M}_L h_L = \dot{M} h$$

oder

$$x^* h_G + (1 - x^*) h_L = h. \qquad (6.35)$$

Die Flächenberechnung läuft daher in folgenden Schritten ab:

— Man berechnet zunächst den Strömungsdampfgehalt x^* und die Enthalpie h von Dampf und Kondensat als Funktion der Temperatur ϑ_G. Als Beispiel zeigt Bild 6.11 einen solchen typischen Verlauf $h(\vartheta_G)$ und $x^*(\vartheta_G)$.

— Wegen der Energiebilanz

$$d\Phi = -\dot{M} dh = \pm \dot{M}_K c_{pK} d\vartheta_K,$$

wobei auf der rechten Seite das positive Vorzeichen für Gleichstrom, das negative für Gegenstrom von Kondensat und Kühlmittel gilt, kann man jeder Enthalpieänderung dh eine Änderung der Kühlmitteltemperatur zuordnen und damit deren Verlauf in Abhängigkeit von der Temperatur ϑ_G berechnen. Dies folgt aus

$$d\vartheta_K = \frac{-\dot{M} dh}{\pm \dot{M}_K c_{pK}}$$

oder

$$\vartheta_K - \vartheta_{K0} = \int_{\vartheta_{G0}}^{\vartheta_G} \frac{-\dot{M} dh/d\vartheta_G}{\pm \dot{M}_k c_{pK}} d\vartheta_G, \qquad (6.36)$$

worin ϑ_{K0} und ϑ_{G0} die Temperaturen im Eintrittsquerschnitt sind.

— Ebenso kann man nun auch den übertragenen Wärmestrom

$$\mathrm{d}\Phi = -\dot{M}\mathrm{d}h$$

oder nach Integration

$$\Phi = \int\limits_{\vartheta_{G0}}^{\vartheta_G} -\dot{M}\frac{\mathrm{d}h}{\mathrm{d}\vartheta_G}\,\mathrm{d}\vartheta_G \qquad (6.37)$$

als Funktion der Temperatur ϑ_G berechnen.

— Als nächste Größen berechnet man den Wärmedurchgangskoeffizienten nach (6.27). Dieser müßte streng genommen für jeden Abschnitt des Kondensators neu ermittelt werden, indem man den Wärmeübergangskoeffizienten α des Kondensatfilms für den jeweiligen Abschnitt neu berechnet und zwar für die laminare Filmkondensation nach (2.11) der Nußeltschen Wasserhauttheorie unter Beachtung der in Abschn. 2.2 beschriebenen Korrekturen oder für die turbulente Filmkondensation beispielsweise nach der Beziehung (4.50) von Shah. In den meisten Fällen wirkt sich jedoch eine Änderung des Wärmeübergangskoeffizienten α nur wenig auf den Wärmedurchgangskoeffizienten k' aus; dieser bleibt daher in guter Näherung konstant.

— Da man den Massenstrom des Gases $\dot{M}_G = x^*\dot{M}$ wegen $x^*(\vartheta_G)$ als Funktion der Gastemperatur ϑ_G kennt, kann man auch den dampfseitigen Wärmeübergangskoeffizienten als Funktion der Gastemperatur ϑ_G berechnen. Dazu verwendet man Beziehungen für den konvektiven Wärmeübergang an festen Wänden, vernachlässigt also den Absaugeeffekt durch Kondensation und auch die Relativbewegung zwischen Gas und Kondensat.

— Nachdem man auf diese Weise die einzelnen Terme des Integranden in (6.33) in Abhängigkeit von der Temperatur ϑ_G kennt und auch der übertragene Wärmestrom eine Funktion dieser Temperatur ist, läßt sich der Integrand selbst als Funktion des Wärmestroms darstellen und damit die erforderliche Kondensatoroberfläche berechnen.

Das hier beschriebene Verfahren ist von verschiedenen Autoren modifiziert worden [6.10–6.13], was allerdings kaum zu höherer Genauigkeit oder zu Rechenvereinfachungen führte. Je nach den Eigenschaften des Gemischs kann die Annahme eines thermodynamischen Gleichgewichts zwischen Flüssigkeit und Dampf zur Berechnung von $x^*\mathrm{d}\vartheta_G/\mathrm{d}h$ sowohl zu kleine als auch zu große Kondensatoroberflächen ergeben. Aus diesem Grunde hat man die im folgenden besprochenen, genaueren Methoden entwickelt.

6.4.2 Zweistoffgemische. Allgemeines Verfahren

Am Beispiel der Zweistoffgemische sei zunächst erörtert, wie man grundsätzlich vorgeht. Als weitere Gleichung steht für ein Flächenelement ΔA die Energiebilanz an der Phasengrenze, vgl. (6.15), zur Verfügung

$$\alpha_L(\vartheta_I - \vartheta_w) = \alpha_G(\vartheta_G - \vartheta_I) + \frac{\Delta\dot{M}}{\Delta A}\Delta h_v , \qquad (6.38)$$

mit dem an der Phasengrenze insgesamt anfallenden Kondensatmassenstrom (6.14),

$$\frac{\Delta \dot{M}}{\Delta A} = -\varrho_G \beta_G \frac{\xi_I'' - \xi_G}{\xi_I'' - \xi_I'} .\tag{6.39}$$

Diese Gleichung gilt, falls beide Komponenten im Kondensat vorhanden sind. Ist eine der Komponenten als Inertgas nicht kondensierbar, so wird $\xi_I' = 1$, da die flüssige Phase dann nur aus der kondensierenden Komponente besteht.

Bevor wir auf die Lösung der Gln. (6.38) und (6.39) eingehen, sei noch erörtert, wie man den Wärme- und den Stoffübergangskoeffizienten α_G bzw. β_G bestimmt. Bei der Ermittlung dieser Größen hat man den Einfluß des senkrecht zur Filmoberfläche gerichteten Dampfstroms auf den Wärme- und Stoffaustausch zu berücksichtigen. Um diesen Einfluß zu erfassen, kann man, wie Stephan und Laesecke [6.14] zeigten, den Wärme- und Stoffaustauschkoeffizienten durch reine Leitung oder Diffusion jeweils um einen Absaugeterm korrigieren

$$\alpha_G = \alpha_{G0} + k\dot{m}c_{pG}\tag{6.40}$$

$$\varrho_G \beta_G = \varrho_G \beta_{G0} + k\dot{m} ,\tag{6.41}$$

worin der Faktor k berücksichtigt, daß die Absaugung durch die Dampfgrenzschicht selbst beeinflußt wird. Es ist $k < 1$, falls $\alpha_{G0}, \beta_{G0} \neq 0$ sind und es ist $k = 1$, wenn keine Dampfgrenzschicht existiert, also $\alpha_{G0} = \beta_{G0} = 0$ sind. Für den Fall der laminaren Filmkondensation an der längs angeströmten ebenen Platte lassen sich aufgrund der Rechenergebnisse von Sparrow et al. [6.15] über den Wärme- und Stoffaustausch die obigen Ansätze nach Stephan und Laesecke [6.14] auf folgende Form bringen

$$\frac{Nu}{Re_x^{0,5}} = 0{,}332 Pr + k \cdot R \cdot E \cdot Pr \frac{1}{\eta_\delta^*}\tag{6.42}$$

$$\frac{Sh}{Re_x^{0,5}} = 0{,}332 Sc + k \cdot R \cdot E \cdot Sc \frac{1}{\eta_\delta^*}\tag{6.43}$$

mit der Nußeltzahl $Nu = \alpha_G x/\lambda_G$, der Reynoldszahl $Re_x = w_{G,x} x/\nu_G$, der Prandtlzahl $Pr = \nu_G/a_G$, der Sherwoodzahl $Sh = \beta x/D$, der Schmidtzahl $Sc = \nu_G/D$ und den folgenden Abkürzungen

$$R \cdot E = \left(\frac{\varrho_L \eta_L}{\varrho_G \eta_G} \right)^{0,5} \frac{\lambda_L (\vartheta_I - \vartheta_w)}{\eta_L \Delta h_v} ,\tag{6.44}$$

$$\frac{1}{\eta_\delta^*} = \frac{1}{\delta} \left(\frac{\nu_L x}{w_{G,x}} \right)^{1/2} .\tag{6.45}$$

Die Größe η_δ^* hängt ihrerseits von $R \cdot E$ ab und ist aufgrund der Rechenergebnisse von Sparrow et al. [6.15] in [6.14] vertafelt. In der Arbeit von Sparrow ist auch gezeigt, wie man die Wärme- und Stoffaustauschkoeffizienten bei freier Strömung oder bei überlagerter freier und erzwungener Strömung bildet.

Wesentlich einfacher lassen sich Wärme- und Stoffübergangskoeffizienten berechnen, wenn die anfallende Kondensatmenge gering ist. Ist beispielsweise $\dot{m}/\varrho_G\beta_{G0} \leq 0{,}1$, so ist der Stoffaustauschkoeffizient

$$\varrho_G\beta_G = \varrho_G\beta_{G0} + k\dot{m} \leq \varrho_G\beta_{G0}(1+0{,}1k) \quad \text{oder} \quad \varrho_G\beta_G = \varrho_G\beta_{G0}\zeta$$

worin $k \approx 1$ ist. Es genügt also, für den Stoffaustauschkoeffizienten β_{G0} den der Dampfströmung ohne Kondensation zu wählen und diesen mit einer kleinen Korrektur $\zeta > 1$ zu versehen. Entsprechende Überlegungen gelten für den Wärmeübergangskoeffizienten. Ist beispielsweise $\dot{m}c_{pG}/\alpha_{G0} \leq 0{,}1$, so hat man

$$\alpha_G = \alpha_{G0} + k\dot{m}c_{pG} \leq \alpha_{G0}(1+0{,}1k) \quad \text{oder} \quad \alpha_G = \alpha_{G0}\zeta_0 .$$

Der Korrekturfaktor ζ_0 in

$$\alpha_G = \alpha_{G0}\zeta_0 \tag{6.46}$$

ist gegeben durch die „Ackermann-Korrektur" [6.16]

$$\zeta_0 = \frac{\varphi}{e^{\varphi}-1} \quad \text{mit} \quad \varphi = \frac{\dot{m}c_{pG}}{\alpha_{G0}} , \tag{6.47}$$

während man den Stoffaustauschkoeffizienten erhält aus

$$\beta_G = \beta_{G0}\zeta \tag{6.48}$$

mit der „Ackermann-Korrektur"

$$\zeta = \frac{\Phi}{e^{\Phi}-1} \quad \text{und} \quad \Phi = \frac{\dot{m}}{\varrho_G\beta_{G0}} . \tag{6.49}$$

Außer der Energie- und der Massenbilanz an der Phasengrenze (6.38) und (6.39) hat man nun noch folgende Beziehung zu beachten. Längs des Strömungswegs kühlt sich der Dampf ab gemäß

$$\dot{M}_G c_{pG}\mathrm{d}\vartheta_G = \alpha_G \mathrm{d}A(\vartheta_G - \vartheta_I) .$$

Löst man diese Gleichung nach der Fläche auf und ersetzt man die Differentiale durch Differenzen, so erhält man für einen Flächenabschnitt

$$\Delta A = \frac{\dot{M}_G c_{pG}}{\alpha_G} \frac{\Delta\vartheta_G}{\vartheta_G - \vartheta_I} . \tag{6.50}$$

Als weitere Gleichung hat man noch die Massenbilanz des strömenden Dampfes aufzustellen. Dazu betrachten wir nach Bild 6.12 einen zwischen den Querschnitten

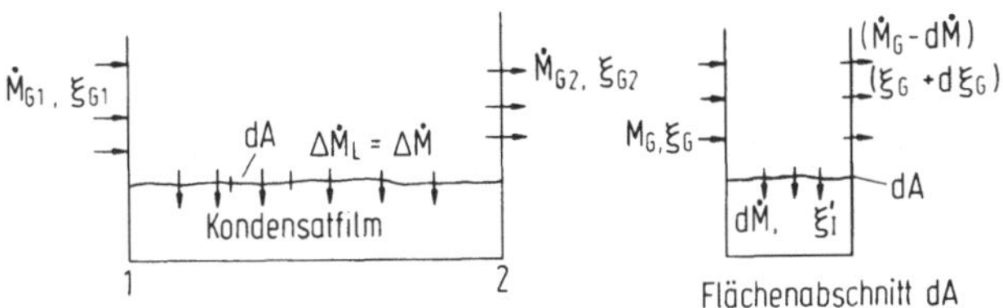

Bild 6.12. Zur Mengenbilanz in einem Abschnitt des Kondensators

1 und 2 liegenden, kleinen Flächenabschnitt dA. Die Massenbilanz für die leichter flüchtige Komponente lautet unter Beachtung der Bilanz für die Gesamtmasse

$$\dot{M}_G \xi_G = (\dot{M}_G - d\dot{M})(\xi_G + d\xi_G) + d\dot{M}\xi_I'.$$

Der Massenanteil ξ_G der leichter siedenden Komponente ist hierbei, genau wie in (6.39), ein integraler Mittelwert über einen Querschnitt des Dampfraums. Man erhält aus der letzten Beziehung mit $d\dot{M} = d\dot{M}_G$ die sogenannte *Rayleigh-Gleichung*

$$\frac{d\dot{M}_G}{\dot{M}_G} = \frac{d\xi_G}{\xi_G - \xi_I'} . \tag{6.51}$$

Diese liefert nach Integration zwischen zwei Querschnitten 1 und 2 den Ausdruck

$$\ln\frac{\dot{M}_{G2}}{\dot{M}_{G1}} = \int_{\xi_{G1}}^{\xi_{G2}} \frac{d\xi_G}{\xi_G - \xi_I'} ,$$

woraus sich der anfallende Kondensatmassenstrom berechnet

$$\Delta\dot{M} = \dot{M}_{G2} - \dot{M}_{G1} = \dot{M}_{G1}\left(1 - \exp\int_{\xi_{G1}}^{\xi_{G2}} \frac{d\xi_G}{\xi_G - \xi_I'}\right) \tag{6.52}$$

mit $\Delta\dot{M} = \dot{m}\Delta A$.

Die *praktische Berechnung für Zweistoffgemische* ist nun in verschiedener Weise möglich. Empfehlenswert ist das folgende Verfahren. Da Ein- und Austrittstemperatur des Dampfes im allgemeinen vorgegeben sind, unterteilt man die Differenz dieser beiden Temperaturen in äquidistante Abschnitte $\Delta\vartheta_G$. Möchte man bestimmte Konzentrationsunterschiede zwischen Ein- und Austrittsquerschnitt einhalten, was allerdings seltener vorkommt, so kann man statt dessen auch in äquidistante Abschnitte $\Delta\xi_G$ unterteilen. Man kommt dann zu einem Rechenverfahren, das analog zu dem mit gleichen Temperaturabschnitten $\Delta\vartheta_G$ abläuft. Dieses soll daher hier allgemein erörtert werden. Unbekannt ist noch die Fläche ΔA, die einem Temperaturabschnitt zuzuordnen ist. Um sie zu bestimmen, geht man so vor:

— Man schätzt die Temperatur ϑ_I an der Kondensatoberfläche eines Flächenabschnitts. Statt dessen kann man natürlich auch den Wärmestrom $q_L = \alpha_L(\vartheta_I - \vartheta_w)$ durch den Kondensatfilm abschätzen. Mit der Vorgabe von ϑ_I liegen aufgrund des Phasengleichgewichts die Massenbrüche ξ_I' und ξ_I'' an der Kondensatoberfläche des betreffenden Abschnitts fest.

— Man schätzt weiter die Änderung $\Delta\xi_G$ der Dampfzusammensetzung in dem betreffenden Abschnitt und setzt näherungsweise

$$\xi_G = (\xi_{G1} + \xi_{G2})/2 \quad \text{mit} \quad \xi_{G2} = \xi_{G1} + \Delta\xi_G,$$

worin ξ_{G1} die Dampfzusammensetzung im Eintrittsquerschnitt 1 und ξ_{G2} die im Austrittsquerschnitt 2 des betrachteten Abschnitts sind.

— Mit diesen Schätzwerten kann man den dampfseitigen Wärmeübergangskoeffizienten α_G, wie bereits zu Beginn dieses Abschnitts erörtert, berechnen. Ebenso kennt man den Wärmeübergangskoeffizienten α_L des Kondensatfilms, der sich bei laminarer Filmkondensation aus der Nußeltschen Wasserhauttheorie ergibt und bei turbulenter Filmkondensation beispielsweise mit Hilfe der Gl. (4.50) von Shah berechnet werden kann. Den Stoffaustauschkoeffizienten β_G in (6.39) erhält man wie es zu Beginn dieses Abschnitts dargelegt wurde. Aus (6.38) findet man so zusammen mit (6.39) die Temperatur ϑ_I an der Kondensatoberfläche des betreffenden Abschnitts. Stimmt diese mit dem Schätzwert nicht überein, so muß man die Rechnung solange wiederholen, bis (6.38) und (6.39) erfüllt sind.

— Hat man auf diese Weise die Temperatur ϑ_I bestimmt, so liegt wegen (6.50) auch die erforderliche Fläche ΔA des betrachteten Abschnitts fest.

— Im nächsten Schritt berechnet man nun mit Hilfe von (6.52) den anfallenden Massenstrom $\Delta \dot{M}$ des Kondensats. Stimmt dieser mit dem aus (6.39) ermittelten überein, so war die anfängliche Schätzung hinsichtlich der Änderung $\Delta \xi_G$ der Dampfzusammensetzung richtig. Andernfalls muß man die Rechnung solange wiederholen, bis Schätz- und Rechenwert genügend genau übereinstimmen.

— Erst dann kann die erforderliche Austauschfläche des folgenden Abschnitts ermittelt werden.

Tabelle 6.2 faßt den Gang der Rechnung zusammen.

Dieses Rechenschema gilt auch dann, wenn eine der Komponenten nicht kondensierbar ist. Man hat dann lediglich den Massenanteil der kondensierenden Komponente in der Flüssigkeit gleich eins zu setzen, da diese nur aus der einen Komponente besteht.

Spielt ausnahmsweise der bisher vernachlässigte Widerstand für den Stoffaustausch in der Flüssigkeit eine entscheidende Rolle, so muß man das Rechenverfahren modifizieren. Die Massenbilanz an der Phasengrenze für die leichter flüchtige Komponente mit dem Massenbruch ξ lautet dann

$$j_{G,I} + \xi_I'' \frac{\Delta \dot{M}}{\Delta A} = j_{L,I} + \xi_I' \frac{\Delta \dot{M}}{\Delta A} \, , \qquad (6.53)$$

woraus man den kondensierenden Massenstrom erhält zu

$$\frac{\Delta \dot{M}}{\Delta A} = \frac{j_{G,I} - j_{L,I}}{\xi_I' - \xi_I''} \, . \qquad (6.54)$$

Mit den Ansätzen für den Stoffübergang im Gas

$$j_{G,I} = \varrho_G \beta_G (\xi_I'' - \xi_G) \qquad (6.55)$$

und in der Flüssigkeit

$$j_{L,I} = \varrho_L \beta_L (\xi_L - \xi_I') \qquad (6.56)$$

tritt dann die folgende Beziehung an die Stelle von (6.39):

$$\frac{\Delta \dot{M}}{\Delta A} = \frac{\varrho_G \beta_G (\xi_I'' - \xi_G) - \varrho_L \beta_L (\xi_L - \xi_I')}{\xi_I' - \xi_I''} \, . \qquad (6.57)$$

Tabelle 6.2. Berechnung der erforderlichen Austauschfläche bei der Kondensation von Zweistoffgemischen

Schritt	Größe	Ermittelt aufgrund von
1	$\vartheta_G(i)$, $\Delta\vartheta_G$	Unterteilung der Temperaturen zwischen Ein- und Austrittsquerschnitt in äquidistante Abschnitte. $\vartheta_G(i)$ Temperatur im Abschnitt i
2	$\Delta\xi_G(i)$	Schätzung
3	$q_L(i)$ bzw. $\vartheta_I(i)$	Schätzung
4	α_G, α_L, β_G	Gleichung für den konvektiven Wärme- und Stoffaustausch unter Beachtung der Ackermann-Korrektur, S. 89
5	ξ_I', ξ_I''	Aus den Bedingungen für das Phasengleichgewicht $\xi_I'(\vartheta_I(i))$, $\xi_I''(\vartheta_I(i))$ für vorgegebenen Druck zu berechnen
6	$\Delta\dot{M}/\Delta A$	Gl. (6.39)
7	ϑ_I	Gl. (6.38)
8	falls $\vartheta_I \neq \vartheta_I(i)$ erneute Iteration ab Schritt Nr. 3; falls $\vartheta_I = \vartheta_I(i)$ Rechnung fortsetzen	
9	ΔA	Gl. (6.50)
10	$\Delta\dot{M}$	Gl. (6.52)
11	falls $\Delta\dot{M} \neq \Delta\dot{M}(i)$ erneute Iteration ab Schritt Nr. 2; falls $\Delta\dot{M} = \Delta\dot{M}(i)$ Rechnung fortsetzen	
12	$i \Rightarrow i+1$	

Bei vernachlässigbar kleinem Stoffaustauschwiderstand in der flüssigen Phase wird wegen $\xi_I' \rightarrow \xi_L$ auch der Diffusionsstrom in der flüssigen Phase verschwindend klein und man erhält wieder die schon bekannte Gl. (6.39).

6.4.3 Zweistoffgemische. Näherung nach Colburn und Hougen

Ein Sonderfall des zuvor besprochenen Verfahrens ist das von Colburn und Hougen [6.17]. Die Gl. (6.39) wird hierbei durch eine andere, auf den vereinfachenden Annahmen der Filmtheorie beruhende ersetzt. Diese setzt in der Gasphase einen eindimensionalen, senkrecht zur Kondensatoberfläche gerichteten, stationären Stoffstrom voraus. Mit dieser Annahme lautet die Kontinuitätsgleichung für die betrachtete Komponente 1

$$\frac{\partial\dot{M}_1}{\partial z} = 0,$$

wobei z die wandnormale Koordinate bezeichnet. Für diese Gleichung kann man wegen $\dot{M}_1 = M_1 \dot{N}_1$ mit der Molmasse M_1 und dem Molstrom $\dot{N}_1$ (SI-Einheit mol/s) auch schreiben

$$\frac{\partial \dot{N}_1}{\partial z} = 0 . \tag{6.58}$$

Der Stoffstrom im Gas setzt sich aus dem Diffusionsstrom $j_1 A$ (SI-Einheit von j_1: mol/m²s) und dem Konvektionsstrom $y_1 \dot{N}$ zusammen, wenn $\dot{N}$ der gesamte Molstrom (SI-Einheit mol/s) ist

$$\dot{N}_1 = j_1 A + y_1 \dot{N} . \tag{6.59}$$

Hierin ist nach dem Fickschen Gesetz

$$j_1 = -Dc \frac{\partial y_1}{\partial z} \tag{6.60}$$

mit $c = n/V$. Die Koordinate z läuft senkrecht zur Kondensatoberfläche und zeigt von der Kondensatoberfläche in den Dampfraum. Mit (6.60) kann man (6.59) nach Division durch $\dot{N}$ auch schreiben

$$\frac{\dot{N}}{A} = \frac{j_1}{\dfrac{\dot{N}_1}{\dot{N}} - y_1} = -Dc \frac{\partial y_1/\partial z}{\dfrac{\dot{N}_1}{\dot{N}} - y_1} . \tag{6.61}$$

Da die Molstromdichten jeder der beiden Komponenten unabhängig von der Ortskoordinate z sein sollen, sind die gesamte Molstromdichte $\dot{N}/A$ und ebenso auch der Quotient $\dot{N}_1/\dot{N}$ unabhängig von z. Man kann daher (6.61) leicht integrieren. Die Integration soll sich von der Kondensatoberfläche (Index I) bis in den Dampfraum (Index G) erstrecken. Die Dicke der Dampfgrenzschicht sei δ. Wir setzen dabei konstante Werte von Druck und Temperatur voraus. Unter der Annahme, daß sich die Gasphase ideal verhält, sind dann der Diffusionskoeffizient und die molare Volumenkonzentration $c = n/V = p/(RT)$ ebenfalls unabhängig von der Ortskoordinate z. Die Integration ergibt

$$\frac{\dot{N}}{A} \delta = Dc \ln \frac{\dfrac{\dot{N}_1}{\dot{N}} - y_{1,\mathrm{G}}}{\dfrac{\dot{N}_1}{\dot{N}} - y_{1,\mathrm{I}}}$$

und nach Einführen eines Stoffaustauschkoeffizienten $\beta_{\mathrm{G}0} = D/\delta$

$$\frac{\dot{N}}{A} = \beta_{\mathrm{G}0} c \ln \frac{\dfrac{\dot{N}_1}{\dot{N}} - y_{1,\mathrm{G}}}{\dfrac{\dot{N}_1}{\dot{N}} - y_{1,\mathrm{I}}} . \tag{6.62}$$

Diese Beziehung tritt in dem Rechenverfahren von Colburn und Hougen an die Stelle der allgemeinen Gl. (6.39). Die Gl. (6.62) gilt voraussetzungsgemäß für eine isobar-isotherme Dampfströmung und setzt die Annahmen der Filmtheorie voraus, wonach der Stoffstrom stationär und senkrecht zur Kondensatoberfläche gerichtet ist, was bei hinreichend kleinen Kondensationsraten näherungsweise zutrifft.

Falls eine der beiden Komponenten des Dampfes ein Inertgas ist und folglich nicht kondensiert, ist der kondensierende Mengenstrom des Stoffes 1 gleich dem gesamten entstehenden Kondensatstrom $\dot{N}_1 = \dot{N}$. Gleichung (6.62) vereinfacht sich dann, und man erhält

$$\frac{\dot{N}}{A} = \beta_{G0}c \ln \frac{1-y_{1,G}}{1-y_{1,I}} \, . \tag{6.63}$$

Hierin ist y_1 vereinbarungsgemäß der Molenbruch der kondensierenden Komponente. Da diese an der Phasengrenze kondensiert, ist $y_{1,I} < y_{1,G}$ und somit der Mengenstrom $\dot{N}/A$ nach (6.63) negativ: Der Stoffstrom des kondensierenden Dampfes ist der von uns gewählten Oberflächenkoordinate z entgegen gerichtet. Da nur der Betrag des Stoffstroms interessiert, gilt

$$\frac{|\dot{N}|}{A} = \beta_{G0}c \ln \frac{1-y_{1,I}}{1-y_{1,G}} \, , \tag{6.64}$$

woraus man mit $c = \varrho_G/M$ und $y_1 = p_1/p$ die schon früher verwendete Gl. (2.28) für den kondensierenden Massenstrom $\dot{M} = |\dot{N}|M$ erhält

$$\dot{M} = \varrho_G \beta_{G0}A \ln \frac{p-p_{1,I}}{p-p_{1,G}} \, . \tag{6.65}$$

Für hinreichend kleine Stoffströme kann man (6.64) noch in folgender Weise umformen. Es ist

$$\frac{1-y_{1,I}}{1-y_{1,G}} = \exp \frac{|\dot{N}|}{A\beta_{G0}c} \approx 1 + \frac{|\dot{N}|}{A\beta_{G0}c}$$

oder

$$\frac{|\dot{N}|}{A} = \beta_{G0}c \frac{y_{1,G}-y_{1,I}}{1-y_{1,G}} \, . \tag{6.66}$$

Um diese Form der Gleichung auch auf große Stoffströme anwenden zu können, setzt man einen korrigierten Stoffaustauschkoeffizienten

$$\beta_G = \beta_{G0}\zeta$$

ein

$$\frac{|\dot{N}|}{A} = \beta_{G0}\zeta c \frac{y_{1,G}-y_{1,I}}{1-y_{1,G}} \, . \tag{6.67}$$

Den Korrekturfaktor ζ erhält man durch Vergleich mit (6.64), wonach

$$\frac{1-y_{1,I}}{1-y_{1,G}} = \exp \frac{|\dot{N}|}{A\beta_{G0}c} \qquad \text{oder} \qquad \frac{y_{1,G}-y_{1,I}}{1-y_{1,G}} = \exp \frac{|\dot{N}|}{A\beta_{G0}c} - 1$$

ist. Setzt man diesen Ausdruck in (6.67) ein, so ergibt sich der Korrekturfaktor

$$\zeta = \frac{\Phi}{\exp\Phi - 1} \quad \text{mit} \quad \Phi = \frac{|\dot{N}|}{A\beta_{\mathrm{G}0}c} \; . \tag{6.68}$$

Für sehr kleine Mengenströme geht der Korrekturfaktor voraussetzungsgemäß gegen eins

$$\lim_{\dot{N} \to 0} \zeta = 1$$

und der korrigierte Stoffaustauschkoeffizient β_{G} wird mit dem Stoffaustauschkoeffizienten $\beta_{\mathrm{G}0}$ identisch. Diesen wiederum kann man aus dem Wärmeübergangskoeffizienten nach (6.25) berechnen.

6.4.4 Vielstoffgemische

Die für Zweistoffgemische aufgestellte Energiebilanz (6.38) bleibt auch für Vielstoffgemische unverändert gültig, so daß man die Temperatur ϑ_I an der Phasengrenze daraus wenigstens grundsätzlich berechnen kann. Schwierigkeiten bei der praktischen Berechnung der Temperatur an der Phasengrenze entstehen dadurch, daß die anfallende Kondensatmenge und der Stoffaustauschkoeffizient in einem Vielstoffgemisch in verwickelter Weise vom Konzentrationsgefälle abhängen und daher nicht in so einfacher Weise wie bei Zweistoffgemischen bestimmt werden können. Insbesondere hängt der Diffusionsstrom einer Komponente nicht nur von ihrem eigenen Konzentrationsgradienten, sondern auch von denen aller übrigen Komponenten ab. Das sind also $K - 1$ voneinander unabhängige Gradienten in einem Gemisch aus K Komponenten. Aufgrund der Wechselwirkungen zwischen den einzelnen Komponenten wird der Diffusionsstrom einer Komponente durch den aller übrigen beeinflußt, und als treibende Kraft wirkt nicht nur der eigene Konzentrationsgradient, sondern auch derjenige der anderen Komponenten. Dies kann dazu führen, daß eine Komponente entgegen dem eigenen Konzentrationsgradienten wandert. Man bezeichnet dies als *umgekehrte Diffusion*.

Es kann aber auch eine Komponente durch Diffusion wandern, obwohl ihr Konzentrationsgradient null ist. Diese Erscheinung nennt man *osmotische Diffusion*.

Schließlich ist es möglich, daß trotz des endlichen Konzentrationsgradienten der Komponenten keine Diffusion einsetzt. Man spricht von *Diffusionssperre*.

Die genannten Erscheinungen kann man natürlich nur unter den Bedingungen der Konvektionsfreiheit studieren, so daß nicht zusätzliche Einflüsse des konvektiven Stoffaustausches auftreten. Bild 6.13 veranschaulicht die verschiedenen Diffusionseffekte in einem Diagramm.

Eine allgemeine Behandlung des Wärmeübergangs bei der Kondensation von Vielstoffgemischen ist bisher nicht gelungen. Man hat vielmehr vereinfachend die Voraussetzungen der Filmtheorie, wie sie von Colburn-Hougen für Zweistoffgemische entwickelt wurden, auf Vielstoffgemische übertragen. Man setzt dabei also voraus, sämtliche Stoffströme seien stationär und senkrecht zur Kondensatoberflä-

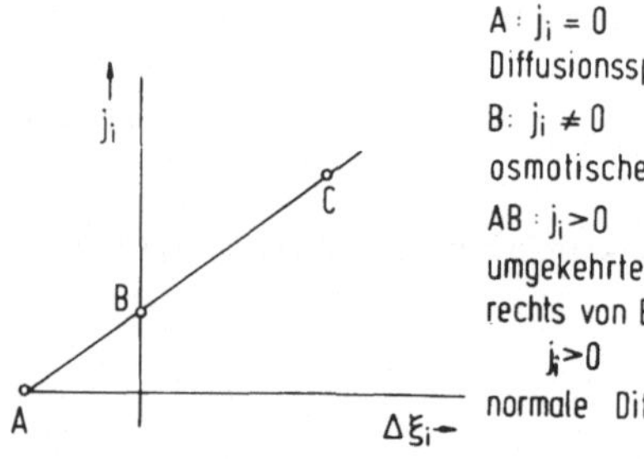

$A: j_i = 0 \quad \Delta\xi_i \neq 0$
Diffusionssperre

$B: j_i \neq 0 \quad \Delta\xi_i = 0$
osmotische Diffusion

$AB: j_i > 0 \quad \Delta\xi_i < 0$
umgekehrte Diffusion
rechts von B, z. B. Punkt C:
$\quad j_i > 0 \quad \Delta\xi_i > 0$
normale Diffusion

Bild 6.13. Diffusionseffekte in einem Vielstoffgemisch. j_i Diffusionsstrom, $\Delta\xi_i$ Konzentrationsgefälle des Stoffes i

che gerichtet. Mit dieser Annahme läßt sich der Wärme- und Stoffaustausch bei der Kondensation von Dampfgemischen rechnerisch behandeln. Ein solches Rechenverfahren haben Krishna und Standart [6.18] vor einiger Zeit entwickelt. Es setzt voraus, daß die Grenzschichten aller beteiligten Stoffe im Gasraum gleich groß sind. Ferner sollen die Drücke so mäßig sein, daß man die Dampfphase als ideales Gas ansehen kann.

Im folgenden sollen die Grundlagen dieser Methode erörtert werden. Zur Beschreibung der Diffusionsstromdichte j_i[1] (SI-Einheit mol/m²s) der Komponente i in einem Gemisch aus K Komponenten stehen das Ficksche Gesetz

$$j_i = c \sum_{k=1, k \neq i}^{K} D_{ik} d_k \tag{6.69}$$

und die Stefan-Maxwell-Gleichungen [6.19]

$$d_i = \sum_{k=1}^{K} \frac{y_i y_k}{c\mathfrak{D}_{ik}} \left(\frac{j_k}{y_k} - \frac{j_i}{y_i} \right), \quad i = 1,2,\ldots,K \tag{6.70}$$

zur Verfügung[2]. Hierin bezeichnen D_{ik} die polynären und $\mathfrak{D}_{ik}$ die binären Diffusionskoeffizienten, $c = n/V$ die molare Dichte, y_i den Molenbruch der Komponente i und d_i den Gradienten

$$d_i = \operatorname{grad} y_i,$$

wenn man Druck- und Thermodiffusion außer acht läßt. Die Diffusionsstromdichte ist definiert durch

$$j_i = c_i (w_i - w) \tag{6.71}$$

mit der molaren Dichte $c_i = n_i/V$ der Komponente i und der mittleren molaren Geschwindigkeit

$$cw = \sum_{k=1}^{K} c_k w_k \quad \text{oder} \quad w = \sum_{k=1}^{K} y_k w_k. \tag{6.72}$$

---

1 Vektoren und Matrizen sind fett/kursiv gedruckt.

2 In [6.19] sind die Stefan-Maxwell-Gleichungen zwar mit den Diffusionsströmen im Schwerpunktsystem angeschrieben. Sie gelten jedoch für jedes beliebige andere Bezugssystem, also auch für das hier verwendete, da sich die Bezugsgeschwindigkeit in den Diffusionsströmen heraushebt: Die Gradienten d_i sind invariant gegenüber der Wahl des Bezugssystems.

Für die Diffusionsstromdichten folgt damit aus (6.71) die Schließbedingung

$$\sum_{k=1}^{K} j_k = 0.$$ (6.73)

Weiter gilt für die Gradienten wegen $\sum_{k=1}^{K} y_k = 1$ die Schließbedingung

$$\sum_{k=1}^{K} d_k = 0.$$ (6.74)

Das System (6.69) enthält zwar die Diffusionsstromdichten explizit. Von Nachteil ist jedoch, daß die polynären Diffusionskoeffizienten D_{ik} auftreten. Diese hängen von allen binären Diffusionskoeffizienten $\mathfrak{D}_{ik}$ zwischen den Komponenten des Gemischs und von den Molenbrüchen sämtlicher Komponenten ab. Im Gegensatz dazu sind die binären Diffusionskoeffizienten $\mathfrak{D}_{ik}$ von Gasen bei mäßigen Drücken näherungsweise praktisch unabhängig von der Gaszusammensetzung und für vorgegebene Werte von Druck und Temperatur konstant.

Die in den Diffusionsströmen linearen Gleichungen von Stefan-Maxwell lassen sich nach diesen auflösen. Dazu formen wir (6.70) noch etwas um. Die Schließbedingung (6.73) läßt sich auch schreiben

$$j_K = -\sum_{k=1}^{K-1} j_k = -j_i - \sum_{k=1,k\neq i}^{K-1} j_k.$$

Diesen Ausdruck setzen wir in die Stefan-Maxwell-Gleichungen ein, die wir zuvor auf beiden Seiten mit der Filmdicke δ multiplizieren und unter Verwendung der Abkürzungen $d_i^* = d_i c\delta = c\delta \, \mathrm{grad}\, y_i$ und $\mathfrak{D}_{ij}/\delta = \beta_{ij}$ umformulieren in

$$d_i^* = \sum_{k=1,k\neq i}^{K-1} \frac{y_i j_k}{\beta_{ik}} + \frac{y_i j_K}{\beta_{iK}} - j_i \sum_{k=1,k\neq i}^{K} \frac{y_k}{\beta_{ik}}.$$

Die Größen β_{ij} sind hierbei Stoffaustauschkoeffizienten des binären Gemischs ij. Man erhält dann

$$d_i^* = -\left[j_i \sum_{k=1,k\neq i}^{K} \left(\frac{y_i}{\beta_{iK}} + \frac{y_k}{\beta_{ik}} \right) - y_i \sum_{k=1,k\neq i}^{K} j_k \left(\frac{1}{\beta_{ik}} - \frac{1}{\beta_{iK}} \right) \right]$$ (6.75)

oder in Matrix-Schreibweise

$$
\begin{matrix}
d_1^* \\ d_2^* \\ \vdots \\ d_K^*
\end{matrix}
= -
\begin{matrix}
a_{11}j_1 & a_{12}j_2 & \dots & a_{1K}j_K \\
a_{21}j_1 & a_{22}j_2 & \dots & a_{2K}j_K \\
\vdots & \vdots & \vdots & \vdots \\
a_{K1}j_1 & a_{2K2}j_2 & \dots & a_{KK}j_K
\end{matrix}
\; .
$$ (6.76)

Die Elemente a_{ii} der Hauptdiagonalen sind dabei gegeben durch

$$a_{ii} = \frac{y_i}{\beta_{iK}} + \sum_{k=1,k\neq i}^{K} \frac{y_k}{\beta_{ik}}$$ (6.77)

und die der Nebendiagonalen a_{ij} mit $i \neq j$ durch

$$a_{ij} = -y_i \left(\frac{1}{\beta_{ij}} - \frac{1}{\beta_{iK}} \right).$$ (6.78)

Die Matrix-Schreibweise (6.76) kürzt man ab

$$\boldsymbol{d}^* = -A\boldsymbol{j}, \tag{6.79}$$

wobei $\boldsymbol{d}^*$ der Vektor $\boldsymbol{d}_i^*$, A die Matrix der Koeffizienten a_{ij} und $\boldsymbol{j}$ der Vektor der Diffusionsströme $\boldsymbol{j}_i$ ist mit den Indizes $i, j = 1, 2, \ldots, K$. Am Rand der Dampfgrenzschicht δ kennzeichnen wir die Größen durch den Index b (= bulk); es ist daher der Gradient

$$\boldsymbol{d}_b^* = -A_b\boldsymbol{j}_b. \tag{6.80}$$

oder

$$\boldsymbol{j}_b = -A_b^{-1}\boldsymbol{d}_b^*, \tag{6.81}$$

worin nach den Regeln der Matrizenrechnung $A_b^{-1} = A_{ad}/|A|$ ist, wenn A_{ad} die zu A adjungierte Matrix und $|A|$ die Determinante der Matrix A sind. Mit anderen Worten: Durch Auflösen des in den Diffusionsströmen $\boldsymbol{j}_i$ linearen Gleichungssystems (6.76) erhält man die Diffusionsströme $\boldsymbol{j}_i$ als Funktion des Gradienten $\boldsymbol{d}_i$. Um nun in (6.81) die Gradienten $\boldsymbol{d}_b^*$ zu ermitteln, setzen wir die Gültigkeit der Filmtheorie voraus, wonach alle Molströme $c_i w_i = \dot{n}_i$, $i = 1,2,3,\ldots,K$, senkrecht zur Kondensatoberfläche und stationär sein sollen. Die Ortskoordinate z soll wieder von der Kondensatoberfläche ($z = 0$) senkrecht in den Dampfraum gerichtet sein. Da die Diffusionsströme in den Stefan-Maxwell-Gleichungen (6.70) mit der Koordinate z veränderlich sind, ersetzen wir die Diffusionsströme $\boldsymbol{j}_i$ durch die Molströme nach (6.71)

$$c_i w_i = \dot{n}_i = \boldsymbol{j}_i + y_i \dot{n} \tag{6.82}$$

mit

$$\dot{n} = cw = \sum_{k=1}^{K} c_k w_k.$$

Gleichzeitig schreiben wir wieder abkürzend $\boldsymbol{d}_i^* = c\,dy_i/d(z/\delta)$ und $\mathfrak{D}_{ij}/\delta = \beta_{ij}$. Man erhält dann

$$\boldsymbol{d}_i^* = y_i \sum_{k=1,k\neq i}^{K} \frac{\dot{n}_k}{\beta_{ik}} - \dot{n}_i \sum_{k=1,k\neq i}^{K} \frac{y_k}{\beta_{ik}}. \tag{6.83}$$

Aufspalten des letzten Terms

$$\dot{n}_i \sum_{k=1,k\neq i}^{K} \frac{y_k}{\beta_{ik}} = \dot{n}_i \left(\sum_{k=1,k\neq i}^{K-1} \frac{y_k}{\beta_{ik}} + \frac{y_K}{\beta_{iK}} \right)$$

unter Beachtung von

$$y_K = 1 - y_i - \sum_{k=1,k\neq i}^{K-1} y_k$$

ergibt schließlich die folgende Form der Stefan-Maxwell-Gleichungen

$$\boldsymbol{d}_i^* = y_i \sum_{k=1,k\neq i}^{K} \left(\frac{\dot{n}_i}{\beta_{iK}} + \frac{\dot{n}_k}{\beta_{ik}} \right) - \dot{n}_i \sum_{k=1,k\neq i}^{K} y_k \left(\frac{1}{\beta_{ik}} - \frac{1}{\beta_{iK}} \right) - \frac{\dot{n}_i}{\beta_{iK}}. \tag{6.84}$$

In Matrix-Schreibweise lautet diese Gleichung

$$
\begin{pmatrix} d_1^* \\ d_2^* \\ \vdots \\ d_K^* \end{pmatrix} = \begin{pmatrix} b_{11}y_1 & b_{12}y_2 & \dots & b_{1K}y_K \\ b_{21}y_1 & b_{22}y_2 & \dots & b_{2K}y_K \\ \vdots & \vdots & & \vdots \\ b_{K1}y_1 & b_{K2}y_2 & \dots & b_{KK}y_K \end{pmatrix} + \begin{pmatrix} g_1 \\ g_2 \\ \vdots \\ g_K \end{pmatrix}. \tag{6.85}
$$

Die Elemente b_{ii} der Hauptdiagonalen sind gegeben durch

$$
b_{\mathrm{ii}} = \frac{\dot{n}_{\mathrm{i}}}{\beta_{\mathrm{iK}}} + \sum_{k=1,k\neq i}^{K} \frac{\dot{n}_{\mathrm{k}}}{\beta_{\mathrm{ik}}} \tag{6.86}
$$

und die der Nebendiagonalen b_{ij} mit $i \neq j$ durch

$$
b_{\mathrm{ij}} = -\dot{n}_{\mathrm{i}} \left(\frac{1}{\beta_{\mathrm{ij}}} - \frac{1}{\beta_{\mathrm{iK}}} \right), \tag{6.87}
$$

während der Vektor g die Elemente

$$
g_{\mathrm{i}} = -\frac{\dot{n}_{\mathrm{i}}}{\beta_{\mathrm{iK}}} \tag{6.88}
$$

enthält. Die Gl. (6.85) läßt sich abkürzend auch schreiben

$$
d^* = By + g, \tag{6.89}
$$

worin $d^* = c\, \mathrm{d}y/\mathrm{d}\eta$ mit $\eta = z/\delta$ ist.

Die Gl. (6.89) ist somit ein System von gewöhnlichen linearen Differentialgleichungen für die Unbekannte y. Lösung dieser Gleichung unter Beachtung der Anfangsbedingung $y_{\eta=1} = y_{\mathrm{b}}$ ergibt das Konzentrationsprofil

$$
y - y_{\mathrm{b}} = (\exp(B(\eta-1)) - I)(y_{\mathrm{b}} + B^{-1}g). \tag{6.90}
$$

Mit I ist hierin die Einheitsmatrix bezeichnet, deren Elemente $\delta_{\mathrm{ij}} = 0$ für $i \neq j$ und $\delta_{\mathrm{ii}} = 1$ für $i = j$ sind. Man prüft leicht nach, daß diese Gleichung die Differentialgleichung (6.89) und die Randbedingung $y_{\eta=1} = y_{\mathrm{b}}$ erfüllt.

An der Kondensatoberfläche (Index I) ist $\eta = 0$ und $y = y_{\mathrm{I}}$. Man erhält dann aus (6.90)

$$
y_{\mathrm{I}} - y_{\mathrm{b}} = (\exp(-B) - I)(y_{\mathrm{b}} + B^{-1}g). \tag{6.91}
$$

Division beider Gleichungen ergibt

$$
\frac{y - y_{\mathrm{b}}}{y_{\mathrm{I}} - y_{\mathrm{b}}} = \frac{\exp(B(\eta-1)) - I}{\exp(-B) - I}. \tag{6.92}
$$

Den bisher noch unbekannten Gradienten d_{b}^* erhält man nun hieraus durch Differentiation nach der Ortskoordinate η. Es ist

$$
d_{\mathrm{b}}^* = c\left(\frac{\mathrm{d}y}{\mathrm{d}\eta}\right)_{\eta=1} = c\,\frac{B}{\exp(-B) - I}(y_{\mathrm{I}} - y_{\mathrm{b}}). \tag{6.93}
$$

Setzt man diesen Ausdruck in (6.81) für den Diffusionsstrom ein, so erhält man für diesen

$$j_b = A_b^{-1} c \frac{B}{\exp(-B) - I} (y_b - y_I) \, .$$ (6.94)

Wir betrachten nun den Grenzfall verschwindender Stoffströme $\dot{n}_1$, $\dot{n}_2, \dots, \dot{n}_K \rightarrow 0$. Durch Reihenentwicklung der Exponentialfunktion findet man dann

$$\lim_{\dot{n}_1, \dot{n}_2, \dots, \dot{n}_K \rightarrow 0} \frac{B}{\exp(-B) - I} = 1 \, .$$ (6.95)

Die obige Gleichung geht daher über in

$$j_b = A_b^{-1} c (y_b - y_I) \, .$$ (6.96)

für $\dot{n}_1, \dot{n}_2, \dots, \dot{n}_K \rightarrow 0$.

Für verschwindenden Stoffstrom zur Phasengrenze definiert man nun wie üblich einen Stoffaustauschkoeffizienten, der in diesem Fall eine Matrix darstellt

$$j_b = k_b c (y_b - y_I)$$ (6.97)

für $\dot{n}_1, \dot{n}_2, \dots, \dot{n}_K \rightarrow 0$.

Wie der Vergleich mit der vorigen Beziehung zeigt, ist die Stoffaustauschmatrix

$$k_b = A_b^{-1} \, .$$ (6.98)

Sie ist durch Inversion der Matrix mit den Elementen a_{ii} und a_{ij}, (6.77) und (6.78), gegeben und damit auf die binären Stoffaustauschkoeffizienten β_{ij} und die Molenbrüche y_{ib} im Dampfkern zurückführbar. Die Inversion einer Matrix läßt sich mit Hilfe eines Rechners leicht ausführen, da man hierfür Standardprogramme benutzen kann. Um die Form der Gl. (6.97) auch im Fall des endlichen Stofftransports zur Phasengrenze beibehalten zu können, führt man in Anlehung an das Vorgehen bei binären Gemischen eine Stoffaustauschkorrektur ein und schreibt

$$j_b = k_b \zeta c (y_b - y_I) \, .$$ (6.99)

Beachtet man, daß $k_b = A_b^{-1}$ ist, so ergibt der Vergleich mit (6.94) die Stoffaustauschkorrektur zu

$$\zeta = \frac{B}{\exp(-B) - I} \, .$$ (6.100)

Die Elemente b_{ii} und b_{ij} der Matrix B sind, wie ein Blick auf (6.86) und (6.87) lehrt, von den Stoffströmen $\dot{n}_i$ und den binären Stoffübergangskoeffizienten abhängig. Mit Hilfe von (6.99) und (6.100) kann man die Diffusionsströme der einzelnen Komponenten berechnen. Dazu hat man zunächst über (6.77) und (6.78) die Matrix A zu berechnen, dann deren Inversion zu bestimmen, wodurch nach (6.98) die Stoffaustauschmatrix k_b festliegt. Als nächstes berechnet man die Matrix B, deren Elemente durch (6.86) und (6.87) gegeben sind. Damit liegt die Stoffaustauschkorrektur ζ nach (6.100) fest. Um die Diffusionsströme zu berechnen, braucht man also nur Programme zur Berechnung und Inversion einer Matrix und zur Bildung des Produkts zweier Matrizen.

Für die *praktische Berechnung* haben Krishna und Standart [6.18] folgende Reihenfolge des Vorgehens empfohlen:

— Man berechnet zunächst die Matrix A, deren Elemente durch (6.77) und (6.78) festliegen und daraus durch Matrizenumkehr, (6.98), die Matrix der Stoffaustauschkoeffizienten k_b für verschwindende Stoffströme.

— Man nehme an, die Stoffströme seien null und somit die Stoffaustauschkorrektur ζ gleich eins.

— Mit dieser Annahme erhält man dann aus (6.97) die Diffusionsströme für verschwindende Stoffströme $\dot{n}_1, \dot{n}_2, \ldots, \dot{n}_K \to 0$.

— Aus diesen Diffusionsströmen erhält man die zugehörigen Stoffströme, denn wegen (6.71) ist

$$c_i w_i = \dot{n}_i = j_i + y_i \dot{n}\,.$$

Andererseits hatten wir den Diffusionswiderstand in der flüssigen Phase vernachlässigt; dort ist also $j_{1,L} = 0$ oder $w_{i,L} = w_L$ und somit $(c_i w_i)_L = (c_i w)_L = x_i (cw)_L$ oder $\dot{n}_{i,L} = x_i \dot{n}_L$, woraus wegen der Bilanz an der Phasengrenze $\dot{n}_{i,L} = \dot{n}_{i,G}$ und $\dot{n}_L = \dot{n}_G = \dot{n}$ ganz allgemein, da $\dot{n}_i = const$ ist,

$$x_i = \dot{n}_i / \dot{n}$$

folgt. Damit kann man die obige Gleichung auch für die Stelle $\eta = 1$ schreiben

$$\dot{n}_{ib} = \frac{j_{ib}}{1 - y_{ib}/x_{ib}}$$

und somit aus den Diffusionsströmen die zugehörigen Stoffströme berechnen.

— Nachdem die Stoffströme bekannt sind, liegt auch die Matrix B fest, deren Elemente durch (6.86) und (6.87) gegeben sind. Damit kann man die Stoffaustauschkorrektur, (6.100), berechnen.

— Mit der Stoffaustauschkorrektur ζ erhält man neue Diffusionsströme, daraus wieder neue Stoffströme und eine neue Stoffaustauschkorrektur. Die Iteration wird dann so lange wiederholt, bis Konvergenz erreicht ist.

— Wenn alle Stoffströme festliegen, kennt man auch den gesamten Stoffstrom und kann mit Hilfe der Energiebilanz an der Phasengrenze, (6.38), in weiteren Rechenschritten, wie sie in der Tabelle 6.2 erörtert wurden, die erforderliche Austauschfläche berechnen.

7 Kondensation von Dämpfen unmischbarer Flüssigkeiten

Vielfach hat man Gemische zu kondensieren, die in der flüssigen Phase unmischbar sind. Beispiele sind Gemische aus einer organischen Verbindung als der einen Komponente mit den Kältmitteln R112, R113, Perchlorethylen oder p-Xylol als der anderen Komponente. Gemische aus Wasser mit Benzol, Phenol, Butylalkohol u.a. sind ebenfalls als Flüssigkeiten unmischbar. Die bisherigen Ergebnisse über die Kondensation von Dämpfen, deren Komponenten in der flüssigen Phase mischbar sind, lassen sich auf diesen Fall nicht übertragen.

Versuche von Bernhardt et al. [7.1] über die Kondensation von Dämpfen aus Wasser und verschiedenen organischen Verbindungen, die als Flüssigkeiten mit Wasser unmischbar sind, haben einige interessante Aufschlüsse über die entstehende flüssige Phase geliefert. Danach beobachtet man, wie Bild 7.1 zeigt, in einem ausgedehnten Flüssigkeitsfilm I der organischen Flüssigkeit kleine bewegliche Wassertropfen II von 0,03 bis 0,04 mm Durchmesser, außerdem große, bis zur Wand reichende, ruhende Wassertropfen III von 0,05 bis 4 mm Durchmesser und auf diesen winzige beweglichen Tropfen IV von etwa 0,02 mm Durchmesser der organischen Flüssigkeit. Obwohl diese einen höheren Siedepunkt als Wasser hat, also zuerst aus dem Dampf ausfällt, benetzte sie überraschenderweise nicht die gesamte Oberfläche. Die kleinen Wassertropfen bewegten sich mit Geschwindigkeiten zwischen 2,5 und 127 mm/s, während die winzigen Tropfen der organischen Flüssigkeit mit Geschwindigkeiten von 25 bis 50 mm/s hin und her tanzten. Solche Kondensationsformen beobachtet man allerdings nur dann, wenn die Wandtemperatur hinreichend tief liegt, bei höherer Wandtemperatur kann sich auch ein homogener Kondensatfilm bilden.

In einem Kondensator mit längs des Strömungswegs abnehmender Wandtemperatur können auch beide Arten der Kondensatbildung nacheinander auftreten: zuerst Bildung eines homogenen Kondensatfilms, dann Bildung der beiden unmischbaren Flüssigkeiten. Das Auftreten dieser verschiedenen Erscheinungen macht man sich leicht an einem Phasendiagramm klar. Bild 7.2 zeigt das Gleichgewicht von Lösungen mit Mischungslücke für konstanten Druck. Die Punkte A und B geben die Zusammensetzung der beiden flüssigen Phasen an, Punkt C die Zusammensetzung des mit ihnen im Gleichgewicht stehenden Dampfes. Den Punkt C bezeichnet man als eutektischen Punkt und die dort herrschende Temperatur als eutektische Temperatur.

Solange beide flüssige Phasen und Dampf vorhanden sind und sich der Druck nicht ändert, bleibt bei Wärmeabfuhr die Temperatur konstant, bis aller Dampf

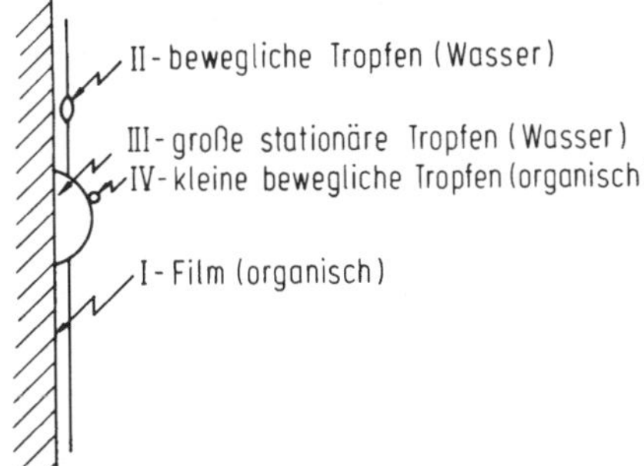

Bild 7.1. Kondensation unmischbarer Flüssigkeiten

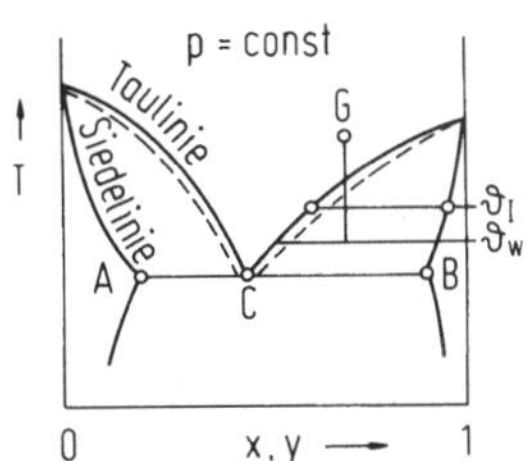

Bild 7.2. Siede- und Taulinie eines Gemischs mit Mischungslücke

kondensiert ist. Die Dampfphase behält die Zusammensetzung bei und die flüssigen Phasen die der Punkte A und B. Dies folgt aus der Gibbsschen Phasenregel, nach der in einem Zweistoffgemisch vorgegebenen Drucks die beiden unmischbaren Flüssigkeiten und der Dampf nur bei einer bestimmten Temperatur und bei bestimmter Zusammensetzung koexistieren können. Diese Temperatur ist niedriger als die Siedetemperatur der reinen Komponenten.

Bild 7.3 zeigt das Gleichgewicht in dem Fall der vollkommen unmischbaren reinen Flüssigkeiten, das praktisch aber nur angenähert in der gezeichneten Art vorkommt, da jede Flüssigkeit beide Komponenten enthält.

Hat man nun einen Dampf vom Zustand G und liegt die Wandtemperatur ϑ_w, wie in Bild 7.2 gezeigt, oberhalb der Temperatur ϑ_C oder ist sie gleich ϑ_C, so liegt die Phasengrenztemperatur ϑ_I über der Wandtemperatur und damit auch über der eutektischen Temperatur ϑ_C. Es bildet sich ein homogener Kondensatfilm. Die Flüssigkeits- und Dampfzusammensetzung an der Phasengrenze kann man bei Kenntnis der Temperatur ϑ_I aus dem Gleichgewichtsdiagramm ablesen. Die Berechnung des Wärmeübergangs erfolgt nach den im vorigen Kapitel erörterten Gleichungen.

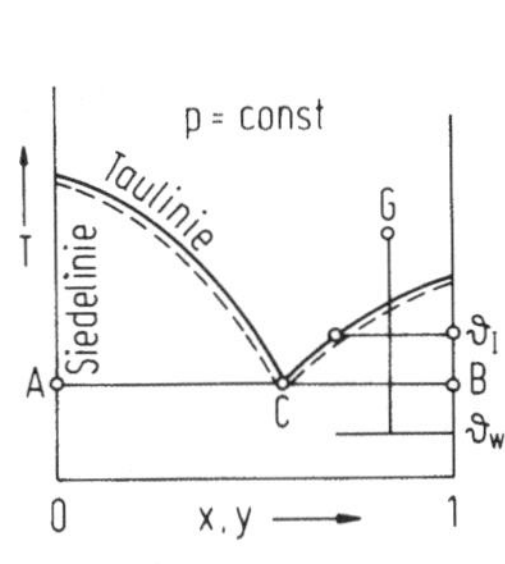

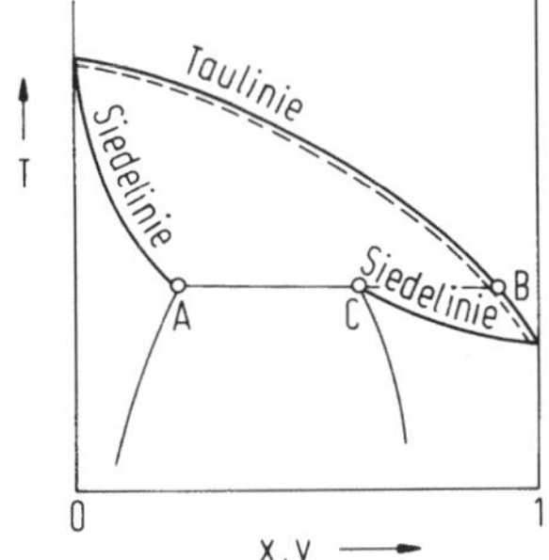

Bild 7.3. **Bild 7.4.**

Bild 7.3. Siede- und Taulinie bei vollkommen unmischbaren reinen Flüssigkeiten

Bild 7.4. Siede- und Taulinie eines Gemischs mit Mischungslücke

Liegt die Wandtemperatur unterhalb der eutektischen Temperatur, Bild 7.3, so sind zwei Fälle möglich: Bei Vorhandensein einer hinreichend dicken Kondensathaut kann die Phasengrenztemperatur höher als die eutektische Temperatur sein. Dann entsteht ein homogenes Kondensat. Bei dünnem Kondensatfilm erreicht die Phasengrenze die eutektische Temperatur $\vartheta_C = \vartheta_I$. Es bilden sich zwei unmischbare flüssige Phasen, die an der Phasengrenze im Gleichgewicht mit dem Dampf C stehen. Solange noch nicht aller Dampf kondensiert ist, bleiben Temperatur und Zusammensetzung an der Phasengrenze unverändert. Der Dampf hat an der Phasengrenze die eutektische Zusammensetzung. Die Berechnung des Wärmeübergangs bei der Kondensation vereinfacht sich insofern, als weiter stromab bei abnehmender Wandtemperatur die Temperatur $\vartheta_I = \vartheta_C$ an der Phasengrenze und die Flüssigkeitszusammensetzung unverändert bleiben, solange Dampf vorhanden ist.

Durch die Gleichgewichtsdiagramme nach Bild 7.2 und 7.3 sind keinesfalls alle Möglichkeiten erschöpft. Man hat auch Gleichgewichte der in Bild 7.4 dargestellten Art gefunden: Links vom eutektischen Punkt C verhält sich das Gemisch so wie ein Gemisch nach Bild 7.2 oder 7.3. Je nach Lage der Wand- bzw. Phasengrenztemperatur kann sich ein homogener oder ein heterogener Kondensatfilm bilden. Gleiches gilt auch für Dampfgemische, deren Zusammensetzung zwischen C und B liegt. Gemische mit einer Zusammensetzung rechts vom Punkt B bilden stets einen homogenen Kondensatfilm. Gemische vom Typ des Bilds 7.4 sind beispielsweise n-Pentan-Nitrobenzol, n-Hexan-Anilin, Kohlendioxid-Wasser, Ammoniak-Toluol, Propylenoxid-Wasser, Benzol-Schwefel und Wasser-Nikotin.

Wie diese Betrachtungen zeigen, hat man stets zunächst aufgrund des Gleichgewichts zu prüfen, ob homogene Kondensation vorliegt — dann kann das zuvor besprochene Rechenschema verwendet werden — oder ob heterogene Kondensation zu erwarten ist. Um dies festzustellen, genügt in praktischen Fällen meist eine grobe Berechnung der Phasengrenztemperatur ϑ_I mit Hilfe der Energiebilanz (6.38) an der Phasengrenze.

Es hat nicht an Versuchen gefehlt, den Wärmeübergang bei der Kondensation unmischbarer Flüssigkeiten zu berechnen. Ihnen liegen vereinfachte Modellvorstellungen über den Mechanismus des Wärmeübergangs zugrunde. Diese lassen sich im wesentlichen auf zwei Grenzfälle zurückführen, die wir als homogen disperses und heterogen disperses Modell bezeichnen wollen.

Beim homogen dispersen Modell denkt man sich eine Phase vollkommen gleichmäßig in der anderen verteilt, Bild 7.5. Das heterogen disperse Modell beruht auf der Vorstellung, jede der beiden Phasen bilde in sich zusammenhängende Schichten, die von denen der anderen Phase getrennt sind, Bild 7.6.

Gleichungen zur Berechnung des Wärmeübergangs setzen meistens ein homogen disperses Modell voraus. Nach einem Vorschlag von Akers und Turner [7.2] berechnet man die Wärmeübergangskoeffizienten hierfür aus den Gleichungen der Nußeltschen Wasserhauttheorie, (2.12a) für das senkrechte oder (2.14a) für das waagerechte Rohr, in die man dann die Stoffwerte des homogen dispersen Gemischs einzusetzen hat. Berücksichtigt man die unterschiedlichen Dichten von Flüssigkeit und Dampf, so läßt sich die frühere Gl. (2.12a) für das *senkrechte Rohr*

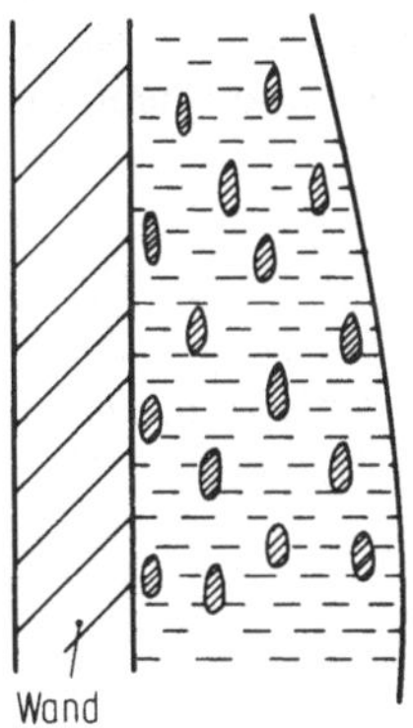
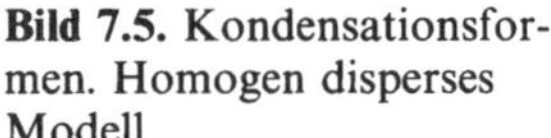

Bild 7.5. Kondensationsformen. Homogen disperses Modell

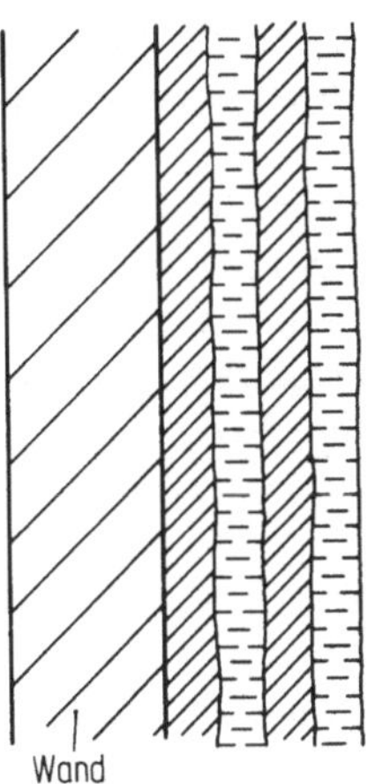

Bild 7.6. Kondensationsformen. Heterogen disperses Modell

in folgender Form schreiben

$$\frac{\bar{\alpha}}{\lambda_L}\left(\frac{\eta_L^2}{\varrho_L(\varrho_L-\varrho_G)g}\right)^{1/3}=0{,}925\left(\frac{\Gamma}{\eta_L}\right)^{-1/3}. \tag{7.1}$$

Entsprechend erhält man aus (2.14a) für das *waagerechte Rohr*

$$\frac{\bar{\alpha}}{\lambda_L}\left(\frac{\eta_L^2}{\varrho_L(\varrho_L-\varrho_G)g}\right)^{1/3}=0{,}959\left(\frac{\Gamma}{\eta_L}\right)^{-1/3}. \tag{7.2}[1]$$

Als Wärmeleitfähigkeit hat man hierin einen Mittelwert entsprechend den Volumenanteilen der beiden flüssigen Phasen einzusetzen. Bezeichnet man diese Volumenanteile mit $\varepsilon_A=\bar{V}_A/\bar{V}$ ($\bar{V}$ ist das Molvolumen) und $\varepsilon_B=\bar{V}_B/\bar{V}=1-\varepsilon_A$, wobei durch A und B die beiden Phasen der Phasendiagramme in Bild 7.2 bis 7.4 gekennzeichnet sein sollen, so ist

$$\lambda_L=\varepsilon_A\lambda_A+\varepsilon_B\lambda_B. \tag{7.3}$$

Die Volumina $\bar{V}_A$ und $\bar{V}_B$ erhält man nach den Gesetzen der Mischphasenthermodynamik [7.3] aus

$$\bar{V}_A=x_A V_{01}+(1-x_A)V_{02}+\Delta\bar{V}_A$$

$$\bar{V}_B=x_B V_{01}+(1-x_B)V_{02}+\Delta\bar{V}_B.$$

Als Flüssigkeitsdichte ist in (7.1) und (7.2) der Wert

$$\varrho_L=\xi_A\varrho_A+\xi_B\varrho_B \tag{7.4}$$

---

1 Der Zahlenwert 0,959 unterscheidet sich geringfügig von dem in der Originalarbeit [7.2], weil Akers und Turner ihren Rechnungen den etwas ungenaueren Nußeltschen Wert zugrunde legten, vgl. die Fußnote auf Seite 9

einzusetzen, während als dynamische Viskosität die der kontinuierlichen Phase eingesetzt werden soll, also der schwerer siedenden Phase, die den zusammenhängenden Flüssigkeitsfilm bildet.

Ein etwas anderes Rechenverfahren, das bisher bekannte Meßwerte über den Wärmeübergang unmischbarer Flüssigkeiten recht gut wiedergibt, haben Bernhardt et al. [7.1] mitgeteilt. Danach setzt man den Wärmeübergangskoeffizienten des homogen dispersen Kondensatfilms aus den Wärmeübergangskoeffizienten der beiden Phasen A und B entsprechend ihrer Volumenanteile zusammen

$$\alpha = \varepsilon_A \alpha_A + \varepsilon_B \alpha_B \,. \tag{7.5}$$

Die Wärmeübergangskoeffizienten der beiden flüssigen Phasen berechnet man aus einer der bekannten Wärmeübergangsgleichungen, beispielsweise im Fall der laminaren Filmkondensation nach der Nußeltschen Wasserhauttheorie beim Druck und der Temperatur des Gemischs. Als Temperaturdifferenz hat man in dieser Gleichung den Unterschied zwischen den Temperaturen ϑ_I an der Phasengrenze und ϑ_w an der Wand einzusetzen; die Phasengrenztemperatur ist nach dem zuvor Gesagten gleich der eutektischen Temperatur ϑ_C des Gemischs.

Nach (7.5) kann man sowohl örtliche als auch mittlere Wärmeübergangskoeffizienten berechnen. Die Gleichung ist allerdings bisher nur an Meßwerten bei laminarer Filmkondensation überprüft worden und gibt dort mittlere Wärmeübergangskoeffizienten mit einem Fehler bis zu $\pm 30\,\%$ wieder.

Einige Experimente zur heterogen dispersen Filmkondensation haben Tamir et al. [7.4, 7.5] ausgeführt, indem sie Dampf an einem kalten Flüssigkeitsfilm kondensierten, wobei das gebildete Kondensat mit dem Flüssigkeitsfilm unmischbar war. Die Untersuchungen zeigten, daß bei diesem Vorgang der Wärmewiderstand zwischen der Kondensatoberfläche und dem Dampf nicht mehr vernachlässigbar ist. Er kann, wie Versuche über die Kondensation von n-Pentan, Methylchlorid, R113 oder 1−1-Dichlorethan an einem Wasserfilm ergaben, von gleicher Größenordnung sein wie der Wärmewiderstand des Wasserfilms. Erklärbar ist der zusätzliche Widerstand an der Phasengrenze dadurch, daß die Kondensation nur an winzigen Keimen möglich ist. Die Keimbildungsrate ist nach der Theorie der Keimbildung gegeben durch $v \exp(-\Delta G/kT_\infty)$, wo v ein Frequenzfaktor, ΔG die freie Enthalpie und k die Boltzmann-Konstante sind. In Anlehnung an diesen Befund haben Tamir und Rachmilev [7.5] angenommen, der mittlere Wärmeübergangskoeffizient $\bar{\alpha}_I$ an der Phasengrenze sei proportional der Keimbildungsrate, und ihre Ergebnisse durch eine empirische Beziehung

$$\bar{\alpha}_I = 0{,}942\cdot 10^{-6} \exp(6375/T_\infty) \tag{7.6}$$

dargestellt, worin T_∞ die Sättigungstemperatur des Dampfes in K und $\bar{\alpha}_I$ der Wärmeübergangskoeffizient in $W/m^2 K$ sind. Der gesamte Wärmewiderstand

$$\frac{1}{\bar{\alpha}} = \frac{1}{\bar{\alpha}_I} + \frac{1}{\bar{\alpha}_L}$$

setzt sich aus dem Wärmewiderstand an der Phasengrenze und dem Wärmewiderstand des Kondensatfilms zusammen.

8 Verbesserung des Wärmeübergangs bei Kondensation

8.1 Grundlagen

Bei der Filmkondensation von Wasserdampf erreicht man in der Praxis mittlere Wärmeübergangskoeffizienten zwischen etwa 4000 W/m²K und 10 000 W/m²K. Kondensiert man Dämpfe organischer Stoffe, so liegen mittlere Wärmeübergangskoeffizienten selten über 2500 W/m²K. Hingegen sind Wärmeübergangskoeffizienten bei Tropfenkondensation organischer Dämpfe zehn- bis zwanzigmal größer als die der Filmkondensation. Wird die Kondensationsenthalpie an Wasser abgeführt, das beispielsweise ein Rohr durchströmt, so liegen die Wärmeübergangskoeffizienten auf der Wasserseite zwischen 4000 W/m²K (z.B. Kühlwasser von 35 °C, Geschwindigkeit 1,1 m/s, Rohrinnendurchmesser 0,04 m, Rohrlänge 1,33 m) und 6000 W/m²K (bei Erhöhung der Wassergeschwindigkeit auf 1,8 m/s). Da man den Wärmewiderstand der metallischen Wand meistens vernachlässigen kann, ist also besonders bei der Filmkondensation organischer Dämpfe der Wärmeübergangskoeffizient auf der Kondensatseite entscheidend für den übertragenen Wärmestrom. Es ist daher durchaus lohnenswert, nach Wegen zu suchen, wie man den Wärmeübergangskoeffizienten auf der Kondensatseite verbessern kann. Im Schrifttum findet man eine große Zahl von Vorschlägen, von denen allerdings nur wenige Eingang in die Praxis gefunden haben.

Maßnahmen zur Verbesserung des Wärmeübergangs unterscheiden sich deutlich, je nachdem ob der entscheidende Wärmewiderstand der des Kondensatfilms oder der des Dampfes ist.

Bei der Kondensation reiner Dämpfe ist der Wärmewiderstand im Film maßgebend, derhenige des Dampfes ist vernachlässigbar, sofern die Schubspannung an der Kondensatoberfläche keine Rolle spielt. Hier wird man nach Maßnahmen suchen, die geeignet sind, den Wärmewiderstand des Kondensatfilms zu vermindern.

Anders liegen die Verhältnisse, wenn der Dampf Inertgase enthält oder wenn Gemischdämpfe kondensiert werden. Die kondensierenden Komponenten gelangen dann durch Diffusion zur Kondensatoberfläche, ehe sie verflüssigt werden. Dann ist im allgemeinen der Wärmewiderstand im Dampfbereich entscheidend und man muß zur Verbesserung des Wärmeübergangs den Wärmewiderstand auf der Dampfseite verringern.

Im Fall der Totalkondensation von Gemischen verschwindet, wie wir sahen, der Diffusionswiderstand auf der Dampfseite. Der entscheidende Wärmewiderstand ist dann der des Kondensatfilms, so daß man ihn verringern muß, um den Wärmeübergang zu verbessern.

8.2 Erhöhung der Dampfgeschwindigkeit

Bei der Kondensation von Dämpfen, die Inertgas enthalten, oder bei der Partialkondensation von Gemischen wird man versuchen, den Wärmeübergang auf der Dampfseite zu verbessern. Dies geschieht am einfachsten dadurch, daß man die Dampfgeschwindigkeit erhöht. Wie man aus den Bildern 4.1 und 4.2 für die Kondensation von Satt- und Heißdämpfen in Rohren entnehmen kann, lassen sich durch Erhöhung der Dampfgeschwindigkeit im Eintrittsquerschnitt von 40 auf 60 m/s Verbesserungen im Wärmeübergang von 20 bis 30 % erzielen.

Einen Eindruck von dem Einfluß der Dampfgeschwindigkeit auf den Wärmeübergang gibt auch Bild 8.1, in dem örtliche Nußeltzahlen mit Hilfe verschiedener Turbulenzmodelle, dem Mischungswegmodell und dem sogenannten k,ε-Modell berechnet wurden [8.1]. Die örtliche Nußeltzahl ist in diesem Bild über der Reynoldszahl des Kondensatfilms aufgetragen, Kurvenparameter ist die Geschwindigkeit des Dampfes im Eintrittsquerschnitt. Die Ergebnisse gelten für ein senkrechtes Kondensatorrohr und setzen voraus, daß sich die Dampfgeschwindigkeit und damit die Schubspannung entlang des Rohrs praktisch nicht ändern. In wirklichen Kondensatorrohren wird jedoch infolge der Kondensation des Dampfes die anfänglich hohe Dampfgeschwindigkeit rasch abgebaut, so daß eine Verbesserung des Wärmeübergangs durch Erhöhung der Dampfgeschwindigkeit im Eintrittsquerschnitt ebenfalls rasch abnimmt.

Der Einfluß der Dampfgeschwindigkeit auf den Wärmeübergang an waagerechten Kondensatorrohren bei abwärts strömendem Dampf läßt sich anhand einer empirischen Gleichung von Berman [8.2] beurteilen, die Experimente recht gut wiedergibt. Danach ist der auf den Wert α_0 des ruhenden Dampfes bezogene Wärmeübergangskoeffizient α

$$\frac{\alpha}{\alpha_0} = a + b \ln\pi \tag{8.1}$$

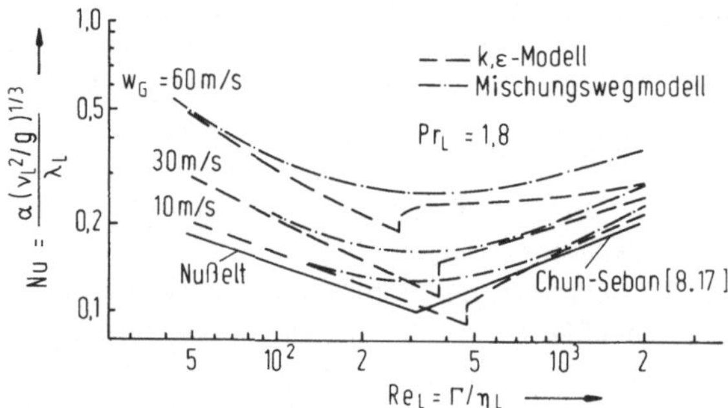

Bild 8.1. Örtliche Nußeltzahlen bei nahezu konstanter Dampfgeschwindigkeit

mit

$$\pi = \frac{\lambda_L(\vartheta_1 - \vartheta_w)}{\eta_L \Delta h_v}\, \frac{w_G^2}{dg}\,, \tag{8.1a}$$

$$0{,}24 \le \pi \le 12{,}1$$

und $a = 1{,}45,\quad b = 0{,}07\quad$ für $\quad \pi < 1$
$\qquad\qquad\qquad b = 0{,}12\quad$ für $\quad \pi > 1$.

Die Gleichung gilt innerhalb des angegebenen Bereichs der Kenngröße π und außerdem, wenn

$$0{,}23 \le S = Pr\,\frac{\Delta h_v}{c_{pL}(\vartheta_1 - \vartheta_w)}\left(\frac{v_G}{v_L}\right)^{1/2} \le 0{,}41$$

ist.

Die Wärmeübergangskoeffizienten $\alpha_2\,(\pi_2 = 12{,}1)$ und $\alpha_1\,(\pi_1 = 0{,}24)$ an den Grenzen des Gültigkeitsbereichs von (8.1) stehen im Verhältnis

$$\frac{\alpha_2}{\alpha_1} = 1{,}3$$

zueinander. Bei konstanten Stoffwerten und Temperaturen entspricht dem nach (8.1a) eine Steigerung der Dampfgeschwindigkeit um den Faktor

$$\frac{w_{G2}}{w_{G1}} = \left(\frac{\pi_2}{\pi_1}\right)^{1/2} = 7{,}1\,.$$

Von anderen Autoren berechnete, größere Zunahmen des Wärmeübergangs stimmen mit den vorstehenden Werten nicht überein, weil in der Theorie konstante Wandtemperaturen über den Rohrumfang vorausgesetzt und außerdem die Ablösung der Dampfströmung auf der Rückseite des Rohrs nicht berücksichtigt wurde.

8.3 Aufgerauhte Rohre, Rippenrohre

Untersuchungen von Spencer und Ibele [8.3] an künstlich aufgerauhten, senkrechten Oberflächen mit einer Rauhtiefe von 12 µm zeigten, daß die Wärmeübergangskoeffizienten bei Filmkondensation im Bereich sehr kleiner Reynoldszahlen des Kondensatfilms von $Re = \Gamma/\eta_L < 35$ sogar unter denen des Glattrohrs lagen. An der rauhen Oberfläche bleiben dann nennenswerte Kondensatmengen hängen, wodurch sich bei kleinen Kondensationsraten der Film verdickt. In diesem Bereich der Reynoldszahlen erwies sich die Filmdicke als praktisch unabhängig von der Kondensatmenge. Der Wärmeübergangskoeffizient war infolgedessen näherungsweise konstant. Die Messungen ließen sich für die erwähnten Rauhigkeiten gut wiedergeben durch

$$\frac{\bar{\alpha}(v_L^2/g)^{1/3}}{\lambda_L} = 0{,}23 \quad \text{für} \quad Re = \Gamma/\eta_L < 35\,, \tag{8.2}$$

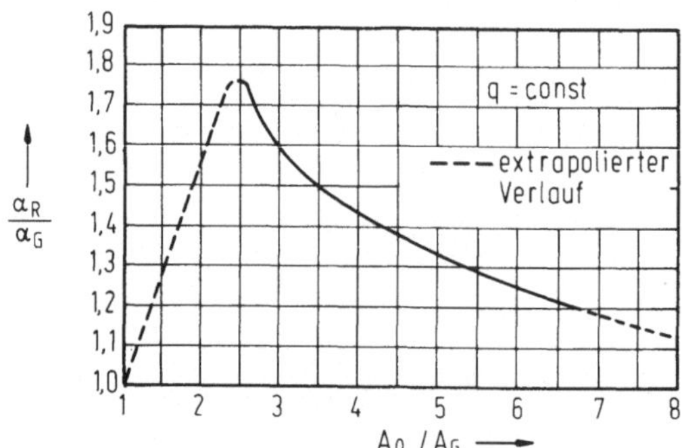

Bild 8.2. Erhöhung des Wärmeübergangskoeffizienten an Rippenrohren im Vergleich zum Glattrohr, nach [8.4]. Versuche mit R12 bei 30 °C Kondensationstemperatur. A_0 Oberfläche des Rippen-, A_G Oberfläche des Grundrohrs

während man nach der Nußeltschen Wasserhauttheorie aus (vgl. (2.12a))

$$\frac{\bar{\alpha}\,(\,v_L^2/g\,)^{1/3}}{\lambda_L} = 0{,}925\,Re^{-1/3} \tag{8.3}$$

im genannten Bereich der Reynoldszahlen $Re < 35$ sehr viel größere Wärmeübergangskoeffizienten errechnet. Oberhalb von Reynoldszahlen von 35 waren die Wärmeübergangskoeffizienten an der rauhen Heizfläche immer noch geringer als die an einer glatten Fläche entsprechend der Nußeltschen Wasserhauttheorie. Mit zunehmender Reynoldszahl wurden jedoch die Unterschiede zur Nußeltschen Wasserhauttheorie geringer, und erst oberhalb von Reynoldszahlen von 175 war der Wärmeübergang an der rauhen Kondensatorfläche größer als der an der glatten. Im Bereich größerer Reynoldszahlen wirkt sich dann offenbar die Erhöhung von Welligkeiten und Turbulenzen infolge der Rauhigkeit stärker aus.

Die Verwendung von *Rippenrohren* in Kondensatoren gewann hauptsächlich in Kälteanlagen an Bedeutung, da die dort als Kältemittel eingesetzten fluorierten Kohlenwasserstoffe durch ihre Stoffeigenschaften bei der Kondensation sehr niedrige Wärmeübergangskoeffizienten aufweisen. Wie Versuche von Henrici [8.4] an waagerechten Rippenrohren zeigten, ist der auf die gesamte Oberfläche des Rippenrohrs bezogene mittlere Wärmeübergangskoeffizient merklich größer als der an Glattrohren vom Grundrohrdurchmesser des Rippenrohrs. Dies geht deutlich aus Bild 8.2 hervor, in dem der mittlere Wärmeübergangskoeffizient α_R an einem Rippenrohr aus Kupfer bezogen auf den des Glattrohrs α_G, das den Grundrohrdurchmesser des Rippenrohrs hat, über dem Flächenverhältnis A_0/A_G von Rippenrohr zu Glattrohr aufgetragen ist. Die Messungen beziehen sich auf die Filmkondensation des Kältemittels R12 bei 30 °C Kondensationstemperatur. Die Zahl der Rippen betrug zwischen 400 und 500 je m Rohr, die Rippendicke 0,5 mm, und die Vergrößerung der Rippenfläche wurde hauptsächlich durch größere Rippenhöhen zwischen 1,3 und 4,5 mm erzielt.

Der übertragene Wärmestrom wächst also bei der Kondensation an Rippenrohren stärker als der Flächenzunahme gegenüber dem Glattrohr entspricht. Im Gegensatz dazu nimmt bekanntlich bei konvektiver Wärmeübertragung der Wärmeübergang weniger als proportional der Flächenvergrößerung zu. Um diese Erscheinung zu verstehen, betrachten wir den Kondensationsvorgang an der Rippe und am Grundrohr getrennt. Die Rippe kann man dabei als senkrechte Wand ansehen. Vergleicht man nun den Wärmeübergangskoeffizienten an einer senkrechten Wand mit dem an einem waagerechten Rohr, (2.12) und (2.14), so findet man

$$\frac{\bar{\alpha}}{\bar{\alpha}_{\text{waag}}} = 1{,}3 \left(\frac{d}{h}\right)^{1/4} . \tag{8.4}$$

Bei den kleinen Rippenhöhen $h \ll d$, wie sie in der Technik meistens vorkommen, ist demnach der Wärmeübergangskoeffizient an der Rippe wegen der geringen Dicke des Kondensatfilms deutlich größer als der des waagerechten Rohrs bei derselben Oberflächentemperatur. Mit der Rippenhöhe nimmt der mittlere Wärmeübergangskoeffizient wegen der größeren Lauflänge und damit größeren mittleren Filmdicke des Kondensats ab. Bei kleineren Rippenabständen steigt der Wärmeübergangskoeffizient durch Vergrößerung der Zahl der senkrechten kurzen Flächen an. Wird das Rohr jedoch zu eng berippt mit mehr als 750 Rippen je Meter, so bleibt das Kondensat durch Oberflächenkräfte zwischen den Rippen haften und der Wärmeübergang nimmt wieder ab. Im Bereich sehr kleiner Rippenhöhen beeinflussen sich das vom Grundrohr und von den kurzen Rippen abströmende Kondensat, was zu einem dickeren Kondensatfilm um die Rippe führt, so daß bei kleiner Rippenhöhe der Wärmeübergang nur wenig gegenüber dem des Glattrohrs zunimmt. Falls die Rippen höher als 4 bis 5 mm sind, wird die Oberflächentemperatur der Rippe im Gegensatz zu den Versuchen mit niedrig berippten Rohren nach Bild 8.2 merklich ansteigen, was zu Abweichungen von der angegebenen Kurve führt. In der Praxis wird man aber weder aus fertigungstechnischen noch aus wirtschaftlichen Gründen für Kondensatorrohre größere Rippenhöhen in Erwägung ziehen.

Der Vorteil in der Anwendung berippter Kondensatorrohre ist vor allem darin zu sehen, daß man je Längeneinheit einen größeren Wärmestrom als mit Glattrohren übertragen kann. Man kann daher Kondensatoren vorgegebener Leistung kleiner und mit weniger Rohren bauen, wenn man Rippenrohre anstelle von Glattrohren wählt. Wegen der geringeren Rohrzahl kann man schließlich bei gleichem Druckabfall höhere Wassergeschwindigkeiten wählen, was ebenfalls zu einer Erhöhung der Kondensatorleistung beiträgt und außerdem die Gefahr der Verschmutzung auf der Wasserseite verringert.

Zur *Berechnung der Wärmeübergangskoeffizienten von Rippenrohren* denkt man sich die Oberfläche A_0 des Rippenrohrs aufgeteilt in die Fläche A_G des waagerechten Grundrohrs und der senkrechten Rippen A_R. Der insgesamt übertragene Wärmestrom ist dann

$$\Phi = \bar{\alpha}_G A_G (\vartheta_0 - \vartheta_a) + \bar{\alpha}_R A_R (\vartheta_0 - \vartheta_a) , \tag{8.5}$$

wenn man die Temperatur ϑ_0 der Rippenoberfläche gleich der des Rippenfußes setzt, eine Ausnahme, die bei den hier vorausgesetzten niederen Rippen der Kondensatorrohre sehr gut erfüllt ist. Setzt man weiter

$$\Phi = \bar{\alpha} A_0 (\vartheta_0 - \vartheta_a) , \tag{8.6}$$

worin A_0 die gesamte äußere Oberfläche des Rippenrohrs ist, so erhält man für den Wärmeübergangskoeffizienten des Rippenrohrs

$$\bar{\alpha} = \bar{\alpha}_G \frac{A_G}{A_0} + \bar{\alpha}_R \frac{A_R}{A_0} \,. \tag{8.7}$$

Da wir die Rippen als senkrechte Wand ansehen können, besteht zwischen dem mittleren Wärmeübergangskoeffizienten α_R der Rippe und dem α_G des Glattrohrs ein Zusammenhang, der sich nach (8.4) so schreiben läßt

$$\frac{\bar{\alpha}_R}{\bar{\alpha}_G} = 1{,}3 \left(\frac{d}{H} \right)^{1/4} . \tag{8.4a}$$

Als mittlere Höhe H für die senkrechte Rippe haben Katz et al. [8.5] den Wert

$$H = \frac{\pi}{4} D \left(1 - \frac{d^2}{D^2} \right) \tag{8.8}$$

vorgeschlagen, wobei d der innere und D der äußere Durchmesser der Rippe sind. Die kreisförmige Rippenfläche wird hierbei durch ein flächengleiches Rechteck der Breite D und der Höhe H ersetzt. Setzt man diesen Wert für die Rippenhöhe in (8.4a) ein, so erhält man allerdings etwas zu große Werte für den Wärmeübergangskoeffizienten, weil das an der Rohrunterseite anfallende Kondensat teilweise über den unteren Rippenabschnitt abfließt. Dadurch ist der Kondensatfilm dort dicker und der Wärmeübergangskoeffizient etwas kleiner als nach (8.4a). Diesen Effekt hat Henrici dadurch näherungsweise berücksichtigt, daß er die Konstante 1,3 in (8.4a) durch den etwas kleineren Zahlenwert 1,1 ersetzte. Damit erhält man aus (8.7) für den mittleren Wärmeübergangskoeffizienten des Rippenrohrs

$$\bar{\alpha} = \bar{\alpha}_G \left[1{,}1 \left(\frac{d}{H} \right)^{1/4} \frac{A_R}{A_0} + \frac{A_G}{A_0} \right] \tag{8.9}$$

mit H nach (8.8) und dem mittleren Wärmeübergangskoeffizienten $\bar{\alpha}_G$ für die Kondensation an waagerechten Rohren, der durch die Nußeltsche Wasserhauttheorie, (2.14), gegeben ist. Nach (8.9) ließen sich Wärmeübergangskoeffizienten an niedrig berippten Kupferrohren, wie sie in Kälteanlagen Verwendung finden, sehr gut wiedergeben.

8.4 Gregorig-Rohre

Gregorig [8.6] hat als erster nachgewiesen, daß man durch feingewellte Oberflächen eine erhebliche Verbesserung des Wärmeübergangs bei Filmkondensation erreichen kann. In Bild 8.3 ist eine solche, von ihm vorgeschlagene, profilierte Oberfläche dargestellt. Wie das Bild zeigt, entsteht am Wellenberg ein dünner, im Wellental ein dicker Kondensatfilm, der bei geneigter Fläche nach unten abfließt. Im Bereich des Wellenbergs nimmt der Wärmeübergangskoeffizient wegen der außerordentlich dünnen Kondensathaut stark zu. Selbst wenn man daher annimmt, in den Abflußzonen im Wellental werde keine Wärme übertragen, ergibt

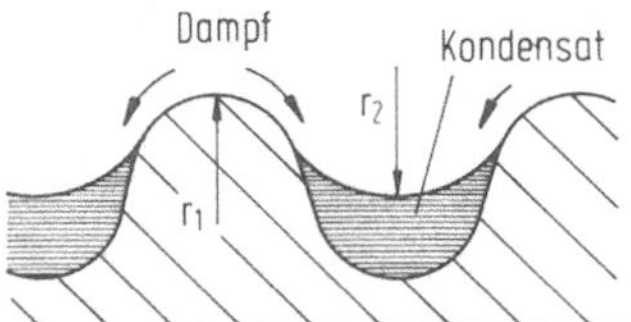

Bild 8.3. Gregorig-Profil

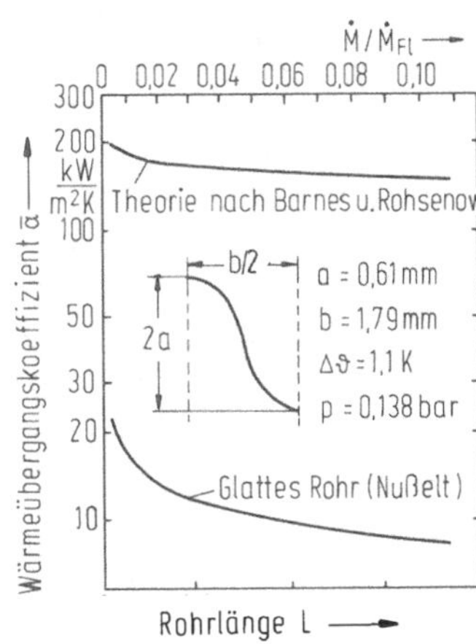

Bild 8.4. Mittlerer Wärmeübergangskoeffizient bei d‹
Kondensation von Wasserdampf am senkrechten
profilierten Rohr im Vergleich zum Glattrohr, nach
Barnes und Rohsenow [8.11]

sich im Mittel eine erhebliche Verbesserung des Wärmeübergangskoeffizienten
gegenüber einem Glattrohr von gleicher Kondensationsleistung.

Die ungleichmäßige Filmdicke läßt sich dadurch erklären, daß der Druck in der
Kondensathaut nach der Formel von Laplace um den Anteil

$$\Delta p_1 = \sigma/r_1$$

größer, der Druck im Wellental dagegen um den Anteil

$$\Delta p_2 = \sigma/r_2$$

kleiner als der Dampfdruck ist. r_1 und r_2 sind hierbei die Krümmungsradien der
Kondensatoroberfläche im Wellenberg und im Wellental. In der Filmhaut fällt also
der Druck vom Wellenberg zum Wellental stark ab. Sind die Krümmungsradien
hinreichend klein, so fließt das Kondensat selbst bei senkrechten Rohren vom
Wellenberg zum Wellental und erst dort infolge der Schwerkraft nach unten ab. Auf
dem Wellenberg bildet sich ein sehr dünner Kondensatfilm mit hohem Wärmeübergang, während im Wellental ein dicker Film abläuft mit kleinem Wärmeübergang.
Der Wellenberg sorgt also für den guten Wärmeübergang, das Wellental dient
vorwiegend zum Abfluß des Kondensats.

Die Überlegungen von Gregorig sind von vielen anderen Autoren teils
rechnerisch, teils durch Experimente überprüft und weiter entwickelt worden [u.a.
8.7–8.10]. Dabei bestätigte sich die ursprüngliche Aussage von Gregorig, wonach
man den Wärmeübergang auf der Kondensatseite durch günstige Formgebung des
Profils rund um den Faktor 10 gegenüber einem Glattrohr verbessern kann. Als
Beispiel zeigt Bild 8.4 Wärmeübergangskoeffizienten nach Barnes und Rohsenow
[8.11] als Funktion der Rohrlänge. Während das Glattrohr die bekannte
Längenabhängigkeit des Wärmeübergangskoeffizienten mit dem Exponenten
−1/4 aufweist, ist der Wärmeübergangskoeffizient der Profilrohre wegen des
Kondensatabflusses in den Wellentälern viel schwächer von der Länge abhängig.
Erst wenn die Profilrohre sehr lang sind, füllt das Kondensat die Fläche so weit aus,
daß auch die Kondensation an den Profilflanken behindert wird und der

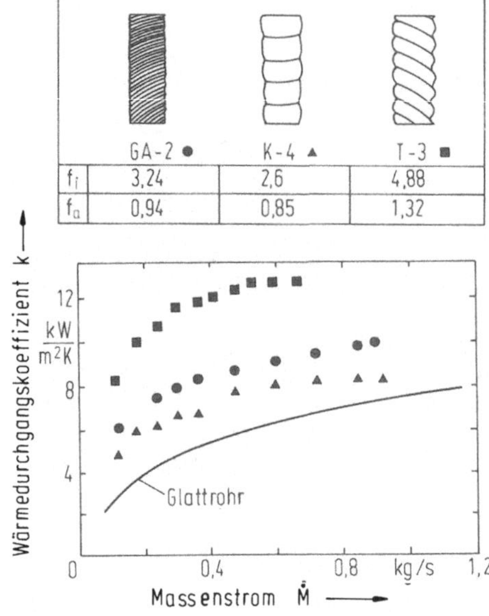

Bild 8.5. Wärmedurchgangskoeffizient und mittlere Verstärkungsfaktoren f_i für den Wärmeübergang auf der Kühlmittel- und f_a für den auf der Kondensatseite, nach Marto et al. [8.13]. $\dot{M}$ Massenstrom Kühlwasser

Wärmeübergang wieder abnimmt. Durch Kondensatabstreifer kann man ein Überfluten verhindern. Diese sollten etwa dort angebracht sein, wo der Kondensatmassenstrom $\dot{M}$ rund 10 % des Kondensatmassenstroms $\dot{M}_{Fl}$ beträgt, wenn der gesamte Querschnitt durch Kondensat geflutet wäre [8.11]. Das Massenstromverhältnis $\dot{M}/\dot{M}_{Fl}$ ist an der oberen Abszisse von Bild 8.4 abzulesen.

Bezeichnet man mit r_1 den Krümmungsradius der Kondensathaut am Wellenberg, mit $K = 1/r$ deren Krümmung und mit s die Bogenlänge, so ist das Druckgefälle dp/ds maßgebend für den Kondensatabfluß vom Wellenberg zum Wellental. Aus der Gleichung von Laplace $\Delta p = \sigma/r_1$ folgt

$$dp/ds = \sigma dK/ds \quad \text{mit} \quad K = 1/r_1. \tag{8.10}$$

Eine beachtliche Verbesserung des Wärmeübergangs ist nur dann zu erzielen, wenn dieses Druckgefälle groß ist, wenn sich also die Krümmung von der Bergspitze bis zum Tal stark ändert. Man muß daher sehr fein profilierte Oberflächen wählen. Wie Adamek [8.12] aufgrund einer Optimierungsrechnung zeigte, betragen günstige Profilhöhen etwa 0,5 mm. Günstige Abstände zwischen zwei Wellenkuppen sind etwa genau so groß, was rund 2000 Profile je Meter ergibt. Da eine so feine Profilierung schwer herzustellen ist und im praktischen Betrieb leicht verschmutzen kann, hat man vielfach auch versucht, gröber profilierte Rohre in Kondensatoren zu verwenden. Die Verbesserung auf der Kondensatseite ist dabei jedoch deutlich geringer als bei den fein profilierten Gregorig-Rohren.

Als Beispiel zeigt Bild 8.5 Wendelrippenrohre und Rohre mit eingedrückten, spiralförmigen Nuten, die von Marto et al. [8.13] in Versuchen mit kondensierendem Wasserdampf eingesetzt wurden. Der Wärmeübergangskoeffizient ist bis um den Faktor 5 größer als der am Glattrohr. Allerdings ist diese Verbesserung vor allem auf den besseren konvektiven Wärmeübergang auf der Kühlmittelseite zurückzuführen. Der Wärmeübergangskoeffizient an das als Kühlmittel verwendete Wasser war um den im Bild angegebenen Faktor f_i größer als der Wärmeübergangskoeffizient an einem durchströmten Glattrohr. Hingegen war der Wärmeübergangskoeffizient auf der Kondensatseite nur um den Faktor f_a von dem der Nußeltschen Wasserhauttheorie verschieden. Die Kondensation wurde also von den groben Profilen kaum beeinflußt.

8.5 Kondensation in Rohren

Den Wärmeübergang bei der Kondensation in Rohren kann man durch Innenrippen oder durch statische Mischeinbauten verbessern. Eine ungefähre Vorstellung der zu erwartenden Verbesserung gibt Bild 8.6, in dem mittlere Wärmeübergangskoeffizienten bei der Kondensation von vier innen berippten Rohren und zwei Rohren mit statischen Mischeinbauten über der Massenstromdichte aufgetragen und mit den entsprechenden Werten des Glattrohrs verglichen sind [8.14]. Danach ist der Wärmeübergangskoeffizient an die innen berippten Rohre um den Faktor 1,3 bis 1,5 und der an die Rohre mit Einbauten rund um den Faktor 1,2 größer als an Glattrohre.

Durch die Innenberippung wird hauptsächlich die Oberfläche und damit der abgeführte Wärmestrom vergrößert. Die Rippen fördern außerdem den turbulenten Ausgleich zwischen den Phasen und tragen dadurch zu einer Erhöhung des Wärmeübergangs bei [8.15, 8.16]. Allerdings wird dieser Effekt teilweise wieder zunichte gemacht durch die größere Filmdicke und den Temperaturanstieg zur Rippenspitze hin.

Als statische Mischeinbauten eignen sich verdrallte Blechstreifen. Sie sind sehr einfach herzustellen und infolgedessen preiswerter als Innenrippen. Die tangentiale Komponente der Geschwindigkeit erhöht die Verweildauer des Dampfes, und die verdrallten Bänder vergrößern den benetzten Umfang erheblich, ohne daß sich der Strömungsquerschnitt merklich ändert. Alle Effekte zusammen führen zu der Verbesserung des Wärmeübergangs wie in Bild 8.6 gezeigt.

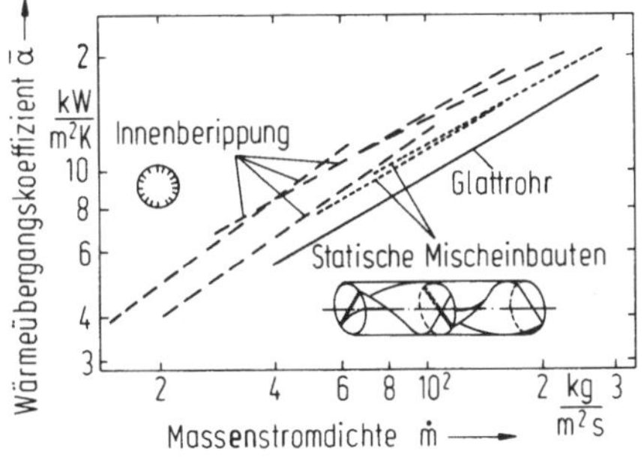

Bild 8.6. Wärmeübergangskoeffizient bei der Kondensation im Glattrohr, im Rohr mit Innenberippung und im Rohr mit statischen Mischeinbauten, nach Azer und Said [8.14]

B Wärmeübergang beim Sieden

9 Die verschiedenen Arten des Wärmeübergangs beim Sieden

Während sich der Wärmeübergang bei der Konvektion durch physikalische Größen wie Viskosität, Dichte, Wärmeleitfähigkeit, thermische Ausdehnungskoeffizienten und durch geometrische Größen beschreiben läßt, sind bei Siedevorgängen darüber hinaus diejenigen Variablen von Bedeutung, die mit der Phasenumwandlung verknüpft sind. Dazu gehören: Verdampfungsenthalpie, Siedetemperatur, Dichte des Dampfes und Grenzflächenspannung. Außerdem spielen Mikrostruktur und Werkstoff der Heizfläche eine Rolle. Wegen dieser Vielzahl von Variablen ist es schwieriger als bei anderen Problemen der Wärmeübertragung, Gleichungen zur Berechnung von Wärmeübergangskoeffizienten anzugeben. Auch von der Erarbeitung einer geschlossenen Theorie ist man weit entfernt, weil die physikalischen Phänomene zu verwickelt und keinesfalls ausreichend erforscht sind.

Ursache dafür sind nicht nur die vielen Einflußgrößen, die bei Siedevorgängen eine Rolle spielen, sondern auch die vielen verschiedenen Arten des Wärmeübergangs, die sich je nach Strömungsführung und Größe der Überhitzung ergeben.

9.1 Stilles Sieden

Ist die Flüssigkeit an einer beheizten Wand nur wenig über die Sättigungstemperatur überhitzt, so bilden sich nur wenige oder gar keine Dampfblasen. In einem von unten beheizten, mit Flüssigkeit gefüllten Gefäß stellt sich ein Temperaturverlauf ein, wie er schematisch in Bild 9.1 dargestellt ist. Über dem beheizten Boden mit der Temperatur ϑ_w bildet sich eine Grenzschicht von der Größenordnung 1 mm mit einem starken Temperaturabfall, während im Kern die Flüssigkeitstemperatur fast konstant über die Höhe z ist (Mittelwert ϑ_L). An der freien Oberfläche fällt die

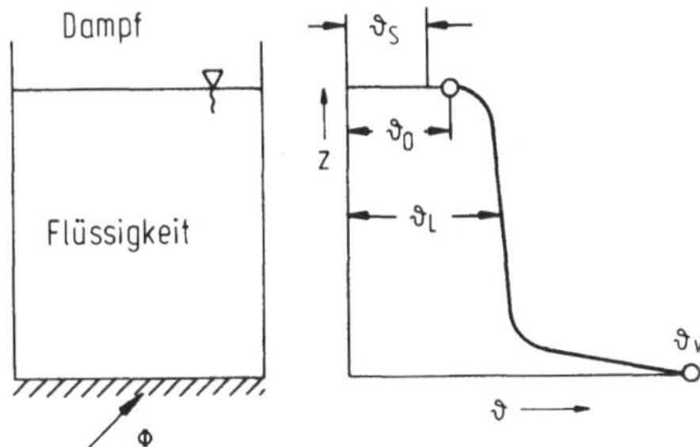

Bild 9.1. Temperaturverlauf in der Flüssigkeit bei Oberflächenverdampfung

Temperatur in einer dünnen Schicht auf den Wert ϑ_0, der wenig über der Sättigungstemperatur ϑ_s liegt. Die Differenz $\vartheta_0 - \vartheta_s$ wurde erstmalig von Prüger [9.1] für Wasser bei 1,01 bar zu etwa 0,03 K gemessen, während bei nicht polaren Flüssigkeiten wie Tetrachlorkohlenstoff dieser Wert etwa 0,001 K beträgt.

So wichtig diese Flüssigkeitsüberhitzung an der Oberfläche für die kinetische Betrachtung der Verdampfung ist, kann sie bei technischen Berechnungen doch außer acht bleiben. Im folgenden ist daher einer dampfbildenden Oberfläche stets die Sättigungstemperatur $\vartheta_0 = \vartheta_s$ zugeschrieben.

In der dünnen, wandnahen Schicht fällt die Temperatur, wie Bild 9.1 zeigt, steil ab. Die Wärme wird in dieser Schicht vom Boden her durch Leitung nachgeliefert. In der Flüssigkeit besorgen auf- und absteigende Konvektionsströme den Wärmetransport. Sie erzeugen das ausgeglichene Temperaturfeld im Kern der Flüssigkeit. Die beiden Grenzschichten oben und unten unterscheiden sich dadurch voneinander, daß die freie Oberfläche wegen der Dampfbildung verschiebbar ist und daß dort im Gegensatz zur Flüssigkeit an der Wand auch endliche Parallelgeschwindigkeiten auftreten können.

Die Verdampfung selbst wirkt als Wärmesenke an der Oberfläche, die man sich durch einen anderen Vorgang, etwa durch Abstrahlung, ersetzt denken könnte. Da die Verdampfung oder auch Verdunstung an der freien Oberfläche erfolgt, spricht man von *„stillem Sieden"*. Dieser Vorgang gehört seinem Wesen nach zu den Erscheinungen der freien Konvektion in geschlossenen Räumen. Wärmeübergangskoeffizienten von der Heizfläche an die Flüssigkeit lassen sich mit der treibenden Temperaturdifferenz $\vartheta_w - \vartheta_L$ bilden, wobei ϑ_w die Wandtemperatur der Heizfläche und ϑ_L die Flüssigkeitstemperatur ist. Da die Flüssigkeitstemperatur ϑ_L im voraus nicht bekannt ist und, wie oben dargelegt, nur sehr wenig von der Sättigungstemperatur abweicht, ist es zweckmäßig, die Wärmeübergangskoeffizienten mit der Temperaturdifferenz $\Delta\vartheta = \vartheta_w - \vartheta_s$ zu bilden. Bei stillem Sieden gelten die Gesetze des Wärmeübergangs bei freier Strömung. So ist $\alpha = c_1 \Delta\vartheta^{1/4}$ bei freier laminarer und $\alpha = c_2 \Delta\vartheta^{1/3}$ bei freier turbulenter Strömung über einer waagerechten Platte. Da die Wärmestromdichte durch $q = \alpha\Delta\vartheta$ gegeben ist, gilt also bei laminarer Strömung

$$\alpha = c_1 \Delta\vartheta^{1/4} \quad \text{oder} \quad \alpha = c_1' q^{1/5} \tag{9.1}$$

bzw. bei turbulenter Strömung

$$\alpha = c_2 \Delta\vartheta^{1/3} \quad \text{oder} \quad \alpha = c_2' q^{1/4} . \tag{9.2}$$

9.2 Blasensieden

Erhöht man die Wandtemperatur, indem man den zugeführten Wärmestrom steigert, so bilden sich von einer bestimmten Wandtemperatur an Dampfblasen. Wie die Beobachtung zeigt, entstehen diese nur an bestimmten Stellen der Heizfläche. Die Zahl der gebildeten Dampfblasen wächst mit dem zugeführten Wärmestrom. Man bezeichnet diese Art der Wärmeübertragung als *Blasensieden*.

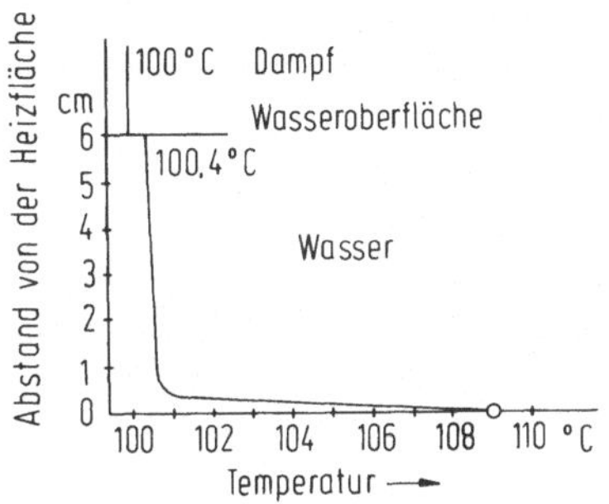

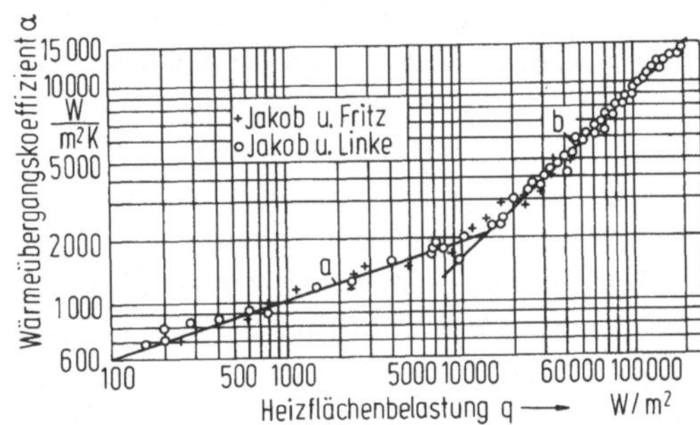

Bild 9.2.   **Bild 9.3.**

Bild 9.2. Temperaturverlauf über einer waagerechten Heizfläche bei Blasenverdampfung, nach Jakob und Linke [9.5]. Heizflächenbelastung $q = 22440$ W/m², Temperatur der Heizfläche $\vartheta_w = 109{,}1\,°C$

Bild 9.3. Wärmeübergang an siedendes Wasser von 100 °C bei waagerechter Heizfläche, nach Jakob u. Mitarbeitern [9.2, 9.4]. Kurve a Bereich des stillen Siedens; Kurve b Bereich des Blasensiedens

Einen typischen Temperaturverlauf über einer waagerechten Platte zeigt Bild 9.2 nach Messungen von Jakob und Mitarbeitern [9.2–9.8], denen wir die ersten grundlegenden Untersuchungen über den Vorgang verdanken. Gegenüber Bild 9.1 fällt auf, daß der Temperaturunterschied $\vartheta_w - \vartheta_L$ nun wesentlich größer und daß $\vartheta_L - \vartheta_s$ viel kleiner ist. Die Blasenbewegung an der Oberfläche erlaubt keine genaue Abmessung der Grenzschicht. Man bildet den Wärmeübergangskoeffizienten wie bei stillem Sieden wieder mit der Temperaturdifferenz $\Delta\vartheta = \vartheta_w - \vartheta_s$. Der Wärmeübergang ist sehr viel besser als bei stillem Sieden und näherungsweise proportional der dritten Potenz der Temperaturdifferenz $\Delta\vartheta$. Beachtet man, daß die übertragene Wärmestromdichte durch $q = \alpha\Delta\vartheta$ gegeben ist, so gilt also im Bereich des Blasensiedens näherungsweise

$$\alpha = c_3\Delta\vartheta^3 \quad \text{oder} \quad \alpha = c_3'q^{3/4}. \tag{9.3}$$

Stellt man $\alpha(q)$ aus (9.1) bzw. (9.2) und (9.3) graphisch dar, so ergeben sich zwei Geraden, wenn man für Ordinate und Abszisse logarithmische Maßstäbe wählt. Man erhält zwei deutlich getrennte Bereiche, einen für stilles Sieden und einen für Blasensieden, wie Bild 9.3 zeigt, das Meßergebnisse von Jakob und Mitarbeitern [9.2, 9.4] wiedergibt.

9.3 Strömungssieden

In technischen Apparaten wird meistens unter Zwangskonvektion verdampft. Die Strömungsverhältnisse werden dabei weitgehend durch die Druckdifferenz längs der Heizfläche bestimmt. Der Dampfgehalt nimmt auf dem Strömungsweg bis zur vollständigen Verdampfung stetig zu. Entsprechend dem abnehmenden Flüssigkeitsangebot ergeben sich unterschiedliche Siedephänomene, von deren Wärmeübertragungseigenschaften wiederum die örtliche Siedetemperatur abhängt. Im allgemeinen tritt eine Flüssigkeit unterkühlt in einen Heizkanal ein. An der Wand gebildete Dampfblasen kondensieren wieder im kälteren Kern der Flüssigkeit. Ist die Flüssigkeit im Kern auf Sättigungstemperatur aufgeheizt, so herrscht Blasensieden vor. Dabei wird der Wärmeübergangskoeffizient hauptsächlich durch die Wärmestromdichte bestimmt. Er hängt in einer erzwungenen Strömung noch schwach von der Massenstromdichte, bei freier Strömung jedoch praktisch gar nicht von der Massenstromdichte ab. Die einzelnen Dampfblasen wachsen zu größeren Blasenkolben zusammen, gehen also, wie in Bild 9.4 gezeigt, in eine *Pfropfenströmung* über. Mit zunehmendem Dampfgehalt wachsen auch die Blasenkolben zusammen, so daß sich zunächst eine *Schaum-Ringströmung* und anschließend an der Rohrwand ein Flüssigkeitsfilm und im Kern Dampf mit Flüssigkeitstropfen befindet. Man spricht von *Ringströmung*. Bei weiterer Wärmezufuhr verschwindet stromabwärts der Flüssigkeitsfilm, und es strömt ein Dampf mit Flüssigkeitstropfen, eine sogenannte *Sprühströmung*, durch das Rohr. Bild 9.4 zeigt diese in einem senkrechten Rohr aufeinanderfolgenden Strömungsformen. Noch kompliziertere Strömungsformen ergeben sich in waagerechten oder geneigten Rohren, worauf noch einzugehen sein wird. Blasen-, Pfropfen-, Schaum-Ring- und Ringströmung stellen verschiedene Formen des *Strömungssiedens* oder *Konvektionssiedens* dar.

In der Technik kommen häufig Ringströmung oder, bei sehr kleinen Strömungsgeschwindigkeiten, Pfropfenströmung vor. Blasenströmung tritt nur bei sehr kleinem Dampfanteil und hohen Strömungsgeschwindigkeiten auf. Steigender Druck und damit ein abnehmender Dichteunterschied zwischen dem Dampf und der Flüssigkeit erweitert das Gebiet der Blasenströmung. Während im Bereich des Blasensiedens der Wärmeübergangskoeffizient hauptsächlich von der Heizflächenbelastung und praktisch nicht von der Strömungsgeschwindigkeit abhängt, Kurve b in Bild 9.3, wird im Bereich des Strömungssiedens der Wärmeübergang entscheidend von der Strömungsgeschwindigkeit oder dem Massendurchsatz $\dot{m}$, dagegen kaum von der Heizflächenbelastung beeinflußt. Dies zeigt Bild 9.5, in dem die Bereiche des Blasensiedens und des Strömungssiedens deutlich voneinander getrennt sind.

Eine weitere unabhängige Variable ist der Strömungsdampfgehalt x^*. Darunter versteht man das Verhältnis von Dampfmassenstrom $\dot{M}_\mathrm{G}$ zum gesamten Massenstrom $\dot{M}$

$$x^* = \dot{M}_\mathrm{G} / \dot{M} \,.$$

Mit zunehmendem Strömungsdampfgehalt verschieben sich die Kurven für das Strömungssieden in Bild 9.5 zu größeren Wärmeübergangskoeffizienten α.

Der grundsätzliche Verlauf des Wärmeübergangskoeffizienten in Abhängigkeit vom Strömungsdampfgehalt ist in Bild 9.6 dargestellt. Im Bereich kleiner Strömungsdampfgehalte x^* herrscht Blasensieden, und der Wärmeübergangskoeffizient hängt hauptsächlich von der Wärmestromdichte ab. Stromabwärts nimmt der Strömungsdampfgehalt zu. Damit nimmt auch die Strömungsgeschwindigkeit zu. Die zugeführte Wärme wird im wesentlichen durch Konvektion von der Rohrwand an die Dampf-Flüssigkeitsströmung übertragen. Das Blasensieden geht in Strömungssieden über, wie es in Bild 9.6 durch die Pfeile an den Kurven q_1 und $\dot{m}_1$

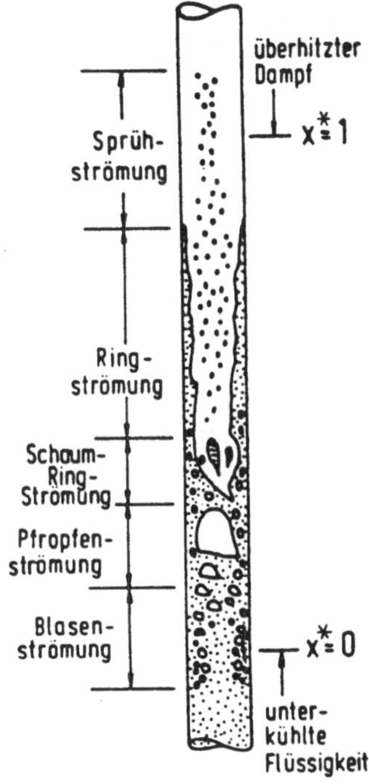

Bild 9.4. Strömungsformen im senkrechten beheizten Rohr

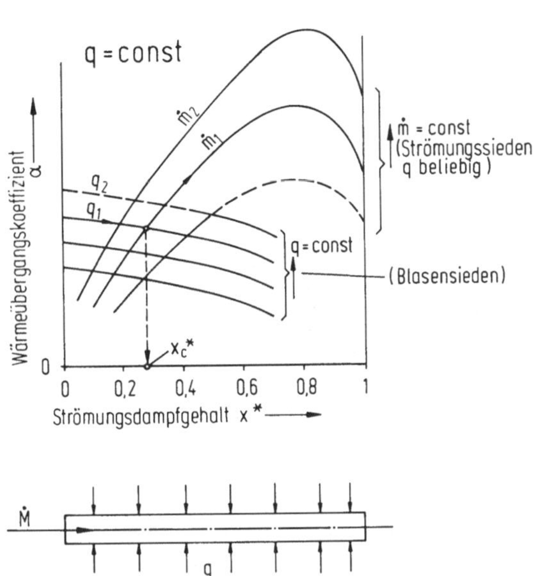

Bild 9.6. Verlauf des Wärmeübergangskoeffizienten α längs eines waagerecht durchströmten Verdampferrohrs

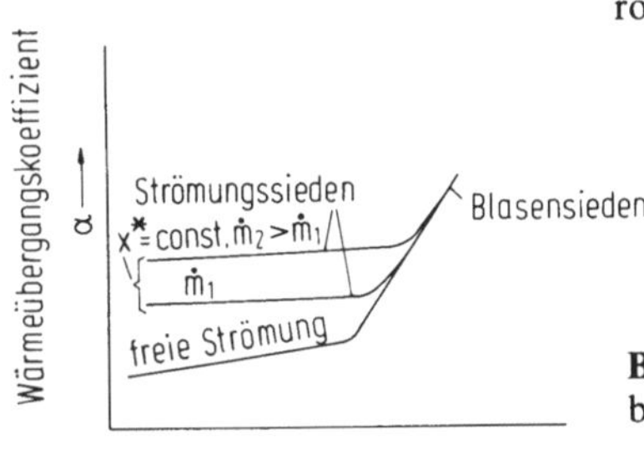

Bild 9.5. Wärmeübergangskoeffizient bei Blasen- und bei Strömungssieden (qualitativ)

angedeutet ist. Im Bereich des Strömungssiedens ist der örtliche Wärmeübergangskoeffizient praktisch unabhängig von der Heizflächenbelastung q und hängt stark vom Massenstrom und dem Strömungsdampfgehalt ab. Bei großen Strömungsdampfgehalten nimmt der Wärmeübergangskoeffizient wieder ab wegen der im Vergleich zur Flüssigkeit geringeren Wärmeleitfähigkeit des Dampfes.

Zur Berechnung des Wärmeübergangskoeffizienten dienen Gleichungen der Form

$$\alpha = c q^n \dot m^s f(x^*) \, ,$$

wobei c von den Stoffeigenschaften abhängt. Im Bereich des Strömungssiedens ist $n \approx 0$, während s zwischen 0,6 und 0,8 liegt. Im Bereich des Blasensiedens ist n ungefähr 3/4 und s etwa 0,1 bis 0,3.

10 Physikalische Grundlagen der Dampfblasenbildung

Der Wärmeübergang bei Verdampfung wird leichter verständlich, wenn man weiß, wie Dampfblasen an Heizflächen entstehen. Wir wollen daher im folgenden zunächst die Bildung und das Anwachsen von Dampfblasen erörtern, ehe wir die verschiedenen Arten des Wärmeübergangs im einzelnen behandeln.

10.1 Blasenbildung und Flüssigkeitsüberhitzung

Für das Gleichgewicht einer als kugelförmig angenommenen Dampfblase, Bild 10.1, mit der sie umgebenden Flüssigkeit gelten folgende Betrachtungen. Zwischen der gasförmigen Blase (Gas = Index G) und der umgebenden Flüssigkeit (Flüssigkeit = Index L) herrscht *thermisches Gleichgewicht*

$$\vartheta_G = \vartheta_L = \vartheta. \tag{10.1}$$

Schneidet man aus der Oberfläche der Dampfblase, wie im rechten Teil von Bild 10.1 gezeichnet, ein Flächenelement der Kugelschale aus, dessen Kantenlängen $rd\varphi$ sind, so greifen an den Kanten die von den Oberflächenspannungen σ (σ ist eine Kraft je Längeneinheit) ausgeübten Kräfte $\sigma rd\varphi$ an. Man überzeugt sich leicht davon, daß die Resultierende F_R dieser Kräfte gegeben ist durch

$$\mathrm{d}^2 F_R = 2\sigma r \mathrm{d}\varphi^2.$$

Außerdem wirken noch die vom Gas- und Flüssigkeitsdruck ausgeübten Kräfte

$$p_L(r\mathrm{d}\varphi)^2 + \mathrm{d}^2 F_R = p_G(r\mathrm{d}\varphi)^2.$$

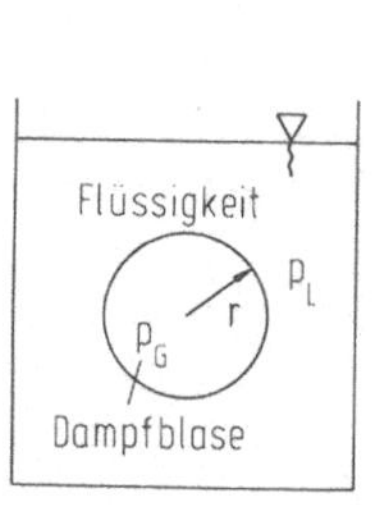

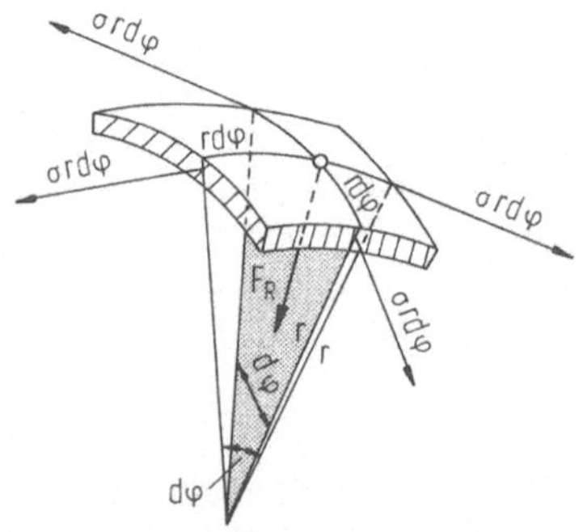

Bild 10.1. Zum Gleichgewicht zwischen kugelförmiger Dampfblase und umgebender Flüssigkeit

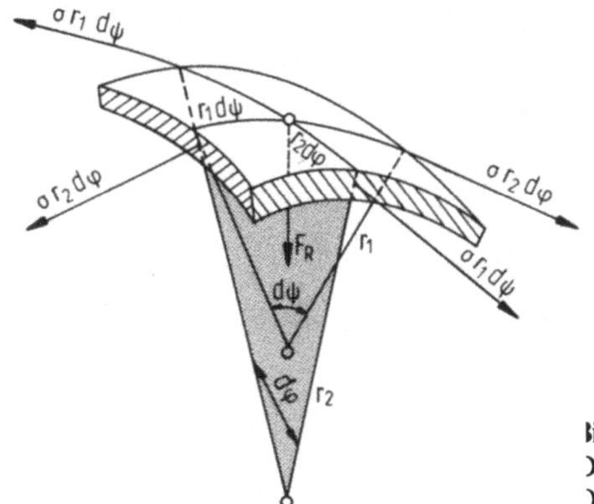

Bild 10.2. Zum Gleichgewicht zwischen Dampfblase mit beliebig gekrümmter Oberfläche und umgebender Flüssigkeit

Daraus folgt die Bedingung für das *mechanische Gleichgewicht*

$$p_G = p_L + 2\sigma/r\,. \qquad (10.2)$$

Hat man eine Dampfblase mit beliebig gekrümmter Oberfläche mit den Hauptkrümmungsradien r_1 und r_2 eines Oberflächenelements, so folgt aus Bild 10.2 als Resultierende der Oberflächenkräfte

$$d^2F_R = \sigma r_2 d\varphi d\psi + \sigma r_1 d\psi d\varphi\,.$$

Diese stehen im Gleichgewicht mit den vom Gas- und Flüssigkeitsdruck ausgeübten Kräften

$$p_L r_1 d\psi r_2 d\varphi + d^2F_R = p_G r_1 d\psi r_2 d\varphi\,.$$

Man erhält als Bedingung für das mechanische Gleichgewicht

$$p_G = p_L + \sigma\left(\frac{1}{r_1} + \frac{1}{r_2}\right), \qquad (10.2a)$$

die als Sonderfall der kugelförmigen Blase ($r_1 = r_2 = r$) in die zuvor abgeleitete Gl. (10.2) übergeht.

Schließlich gilt noch die Bedingung für das *stoffliche Gleichgewicht*

$$\mu_G(p_G, \vartheta) = \mu_L(p_L, \vartheta)\,, \qquad (10.3)$$

wonach die chemischen Potentiale[1] (SI-Einheit J/kg oder J/mol, hier J/kg) der beiden Phasen übereinstimmen. Durch die obigen Bedingungen ist das Gleichgewicht vollständig beschrieben. Gleichung (10.3) kann man für kleine Druckunterschiede $p_G - p_L$, also nicht zu kleine Radien r der im folgenden als kugelförmig angenommenen Dampfblase noch vereinfachen.

---

1 Für reine Stoffe, um die es sich hier handelt, ist das chemische Potential gleich der spezifischen freien Enthalpie $g = h - Ts$ und im stofflichen Gleichgewicht zwischen gasförmiger und flüssiger Phase ist $g_G = g_L$. Der mit dem Begriff des chemischen Potentials nicht vertraute Leser kann die folgenden Ableitungen bis zu den Thomsonschen Gln. (10.7) und (10.8) übergehen.

Es ist

$$\mu_G(p_G,\vartheta) = \mu_G(p_L,\vartheta) + \left(\frac{\partial\mu_G}{\partial p}\right)_\vartheta (p_G - p_L) + \ldots$$

oder

$$\mu_G(p_G,\vartheta) = \mu_G(p_L,\vartheta) + v_G(p_G - p_L) + \ldots \ . \tag{10.4}$$

Hierin ist $v_G(p_L,\vartheta)$ das spezifische Volumen. Unter Beachtung von (10.2) folgt hieraus

$$\mu_G(p_G,\vartheta) = \mu_G(p_L,\vartheta) + v_G\frac{2\sigma}{r}\ , \tag{10.5}$$

wofür man mit (10.3) auch schreiben kann

$$\mu_G(p_G,\vartheta) = \mu_L(p_L,\vartheta) = \mu_G(p_L,\vartheta) + v_G\frac{2\sigma}{r}\ . \tag{10.6}$$

Voraussetzungsgemäß gilt diese Gleichung nicht für extrem kleine Blasenradien. Sie schließt aber den Grenzfall der ebenen Phasengrenze $r \to \infty$ ein. Dann ist $\mu_G(p_G,\vartheta) = \mu_G(p_L,\vartheta)$ und daher

$$p_G = p_L = p_0,$$

so daß man (10.6) umformen kann in

$$\mu_L(p_L,\vartheta) - \mu_L(p_0,\vartheta) = \mu_G(p_L,\vartheta) - \mu_G(p_0,\vartheta) + v_G\frac{2\sigma}{r}\ .$$

Falls die Blasenradien nicht extrem klein sind, ist $p_L - p_0$ klein. Man kann daher wie zuvor die chemischen Potentiale in Taylorreihen entwickeln und diese unter Beachtung von $(\partial\mu/\partial p)_\vartheta = v$ nach dem ersten Reihenglied abbrechen. Dies ergibt, wenn man wie üblich Volumina im Sättigungszustand mit $v_L(p_0,\vartheta) = v'$ und $v_G(p_0,\vartheta) = v''$ abkürzt,

$$v'(p_L - p_0) = v''(p_L - p_0) + v_G\frac{2\sigma}{r}\ .$$

Hierin setzen wir noch näherungsweise, weil $p_L - p_0$ klein ist, $v_G(p_L,\vartheta) \approx v_G(p_0,\vartheta) = v''$. Daraus ergibt sich mit $\varrho = 1/v$:

$$p_L = p_0 - \frac{\varrho'}{\varrho' - \varrho''}\frac{2\sigma}{r} \tag{10.7}$$

oder mit (10.2):

$$p_G = p_0 - \frac{\varrho''}{\varrho' - \varrho''}\frac{2\sigma}{r}\ . \tag{10.8}$$

Die Gl. (10.7) bzw. (10.8) bezeichnet man als *Thomsonsche Gleichung*. Sie stellt einen Zusammenhang zwischen dem Dampfdruck $p_0(\vartheta)$ an einer ebenen Phasen-

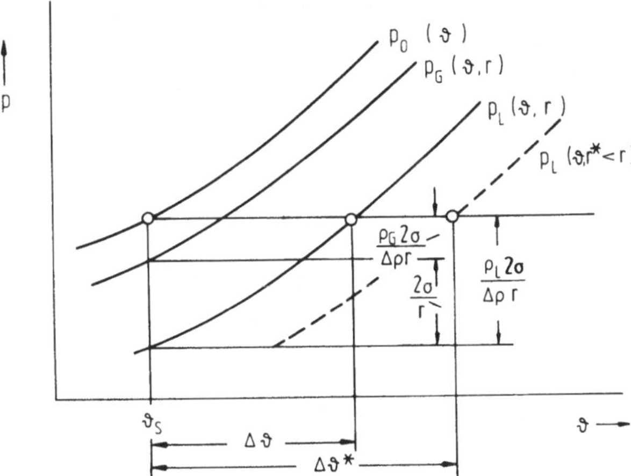

Bild 10.3. Dampf- und Flüssigkeitsdruck bei Gleichgewicht zwischen Flüssigkeit und einer kugelförmigen Dampfblase

grenzfläche, dem Flüssigkeitsdruck $p_L(\vartheta,r)$ und dem Dampfdruck $p_G(\vartheta,r)$ an der Oberfläche einer Dampfblase vom Radius r her. In Bild 10.3 sind die Zusammenhänge anschaulich dargestellt. Bei vorgegebener Temperatur ϑ ist der Dampfdruck p_G entsprechend (10.8) um

$$p_0 - p_G = \Delta p_G = \frac{\varrho''}{\varrho' - \varrho''} \frac{2\sigma}{r}$$

kleiner als der Dampfdruck p_0 an der ebenen Phasengrenze. Da die Oberflächenspannung σ temperaturabhängig ist, verlaufen die Kurven für den Dampfdruck p_G und den Flüssigkeitsdruck p_L nicht parallel zur Dampfdruckkurve p_0 bei ebener Phasengrenze.

Gibt man nicht die Siedetemperatur ϑ des Systems Flüssigkeit-Dampfblase sondern dessen Druck p_0 vor, so muß die Flüssigkeit um $\Delta\vartheta$ gegenüber dem System mit ebener Phasengrenze überhitzt sein, wie Bild 10.3 zeigt, damit eine Dampfblase vom Radius r mit der Flüssigkeit im Gleichgewicht ist. Man erkennt außerdem, daß die erforderliche Überhitzung $\Delta\vartheta$ umso größer wird, je kleiner der Radius r der Dampfblase ist, denn für kleinere Radien $r^* < r$ sind die Kurven des Dampfdrucks $p_G(\vartheta,r^*)$ und des Flüssigkeitsdrucks $p_L(\vartheta,r^*)$ in Bild 10.3 weiter nach rechts verschoben. Umgekehrt gehört zu einer Flüssigkeitsüberhitzung $\Delta\vartheta$ ein ganz bestimmter Radius r derjenigen Dampfblase, die mit der überhitzten Flüssigkeit im Gleichgewicht steht.

Zur Berechnung der erforderlichen Überhitzung differenzieren wir (10.7) nach der Temperatur

$$\frac{dp_L}{d\vartheta} = \frac{dp_0}{d\vartheta} - \frac{d}{d\vartheta}\left(\frac{\varrho'}{\varrho' - \varrho''}\frac{2\sigma}{r}\right). \tag{10.9}$$

Die Ableitung $\mathrm{d}p_0/\mathrm{d}\vartheta$ ist die Steigung der Dampfdruckkurve $p_0(\vartheta)$. Sie läßt sich aus der Gleichung von Clausius-Clapeyron berechnen

$$\frac{\mathrm{d}p_0}{\mathrm{d}\vartheta} = \frac{\Delta h_\mathrm{v}\varrho''\varrho'}{T_\mathrm{s}(\varrho'-\varrho'')} . \tag{10.10}$$

Einsetzen in (10.9) und Integration zwischen den Grenzen ϑ_s und $\vartheta_\mathrm{s}+\Delta\vartheta$ ergibt mit $\Delta\varrho=\varrho'-\varrho''$:

$$p_\mathrm{L}(\vartheta_\mathrm{s}+\Delta\vartheta) - p_\mathrm{L}(\vartheta_\mathrm{s}) = \int\limits_{\vartheta_s}^{\vartheta_s+\Delta\vartheta} \frac{\Delta h_\mathrm{v}\varrho''\varrho'}{T_\mathrm{s}\Delta\varrho}\,\mathrm{d}\vartheta - \left(\frac{\varrho'2\sigma}{\Delta\varrho r}\right)_{\vartheta_\mathrm{s}+\Delta\vartheta} + \left(\frac{\varrho'2\sigma}{\Delta\varrho r}\right)_{\vartheta_\mathrm{s}},$$

wofür man wegen (10.7) auch schreiben kann

$$p_\mathrm{L}(\vartheta_\mathrm{s}+\Delta\vartheta) = p_0(\vartheta_\mathrm{s}) + \int\limits_{\vartheta_s}^{\vartheta_s+\Delta\vartheta} \frac{\Delta h_\mathrm{v}\varrho''\varrho'}{T_\mathrm{s}\Delta\varrho}\,\mathrm{d}\vartheta - \left(\frac{\varrho'2\sigma}{\Delta\varrho r}\right)_{\vartheta_\mathrm{s}+\Delta\vartheta}.$$

Nun ist aber, wie aus Bild 10.3 hervorgeht,

$$p_\mathrm{L}(\vartheta_\mathrm{s}+\Delta\vartheta) = p_0(\vartheta_\mathrm{s}),$$

und wir erhalten daher für den Zusammenhang zwischen Blasenradius r und Flüssigkeitsüberhitzung $\Delta\vartheta$

$$\left(\frac{\varrho'2\sigma}{\Delta\varrho r}\right)_{\vartheta_\mathrm{s}+\Delta\vartheta} = \int\limits_{\vartheta_s}^{\vartheta_s+\Delta\vartheta} \frac{\Delta h_\mathrm{v}\varrho''\varrho'}{T_\mathrm{s}\Delta\varrho}\,\mathrm{d}\vartheta . \tag{10.11}$$

Wie man hieraus erkennt, wird der Blasenradius unendlich groß, $r\to\infty$, für verschwindende Flüssigkeitsüberhitzung, $\Delta\vartheta\to0$, während umgekehrt eine kleine Dampfblase nur im Gleichgewicht existieren kann, wenn die Flüssigkeit hinreichend überhitzt ist.

Da die Flüssigkeitsüberhitzung $\Delta\vartheta$ im allgemeinen sehr klein ist, kann man diese Gleichung noch vereinfachen, indem man die Ausdrücke auf beiden Seiten in eine Taylorreihe entwickelt und diese nach den in $\Delta\vartheta$ linearen Gliedern abbricht. Löst man anschließend nach dem Blasenradius r auf, so findet man

$$r = \frac{2\sigma T_\mathrm{s}}{\varrho''\Delta h_\mathrm{v}\Delta\vartheta}\left(1+\frac{\Delta\vartheta}{T_\mathrm{s}}\omega\right) \tag{10.12}$$

mit

$$\omega = \frac{\Delta\varrho T_\mathrm{s}}{\varrho'\sigma}\frac{\mathrm{d}}{\mathrm{d}\vartheta}\left(\frac{\varrho'\sigma}{\Delta\varrho}\right) .$$

Zahlenwerte des Faktors ω liegen nach einer Untersuchung von Mitrović und Stephan [10.1] für Wasser und auch für tiefsiedende Flüssigkeiten dem Betrag nach zwischen 0 und 1. Daher ist bei keinen Temperaturdifferenzen $\Delta\vartheta$ und nicht extrem tiefen Siedetemperaturen T_s der Zusatzterm $(\Delta\vartheta/T_\mathrm{s})|\omega| \ll 1$ und kann in (10.12) vernachlässigt werden.

Nach den vorigen Überlegungen ist die Flüssigkeit im Gleichgewichtszustand um $\Delta\vartheta$ überhitzt, und es gehört zu einer bestimmten Flüssigkeitsüberhitzung $\Delta\vartheta$ ein ganz bestimmter Blasenradius r, bei dem die Blase mit der Flüssigkeit im Gleichgewicht steht. Solche Blasen, deren Radius $r^* < r$ ist, sind mit der Flüssigkeit nur im Gleichgewicht, wenn die Überhitzung $\Delta\vartheta^* > \Delta\vartheta$ wäre, wie Bild 10.3 zeigt. Eine nur um $\Delta\vartheta$ überhitzte Flüssigkeit ist zu kalt. Zu kleine Blasen kondensieren daher wieder. Blasen mit dem Radius $r^* > r$ befinden sich hingegen in einer für ihre Lebensbedingungen überhitzten Flüssigkeit und können weiter anwachsen. Tatsächlich ist jedoch die Verweilzeit der Blasen insbesondere in Wandnähe so kurz, daß sich kein Gleichgewicht einstellen kann, und die wirkliche Flüssigkeitsüberhitzung um ein Vielfaches größer als $\Delta\vartheta$. Auch zu dieser wirklichen Überhitzung gehört ein bestimmter kritischer Blasenradius. Bei siedendem Wasser von 1 bar ist nach (10.12) der Blasendurchmesser $2r \approx 0{,}155$ mm, wenn man eine Überhitzung im Kern der Flüssigkeit von 0,4 K zugrunde legt. Erst eine Blase von dieser Größe ist „lebensfähig" und kann weiter anwachsen.

Eine solche Blase enthält rund $3 \cdot 10^{20}$ Wassermoleküle. Soviele Moleküle mit der überdurchschnittlich hohen Energie von Dampfmolekülen können sich aber schwerlich zufällig an einem bestimmten Ort im Innern der Flüssigkeit ansammeln, dort eine Dampfblase bilden und dann weiter anwachsen. Es erhebt sich somit die Frage, wie Dampfblasen überhaupt entstehen.

Wie die Beobachtung lehrt, können im Inneren von ganz reinen, sorgfältig entgasten Flüssigkeiten keine Blasen entstehen, es sei denn, man würde die Flüssigkeit extrem überhitzen oder zum Beispiel ionisierende Strahlen hindurchschicken. Die Beobachtung zeigt weiter, daß die Blasen über längere Zeit hin mit einer zeitlich veränderlichen Frequenz, die näherungsweise nach einer Fehlerfunktion verteilt ist, immer wieder an denselben Stellen der Oberfläche des Heizkörpers entstehen. Offensichtlich hat man es dort mit hochaktiven Zentren zu tun, die den Übergang der instabilen, überhitzten Flüssigkeit in den stabilen Dampf katalysieren. Solche Zentren sind Gas- oder Dampfreste in den Vertiefungen der Oberfläche, die von der Flüssigkeit nicht restlos verdrängt werden, da diese auch bei guter Benetzungsfähigkeit die feinen Vertiefungen des Oberflächengebirges nicht vollständig ausfüllen kann. Bei Wärmezufuhr dehnen sich die Gas- oder Dampfreste aus, bis eine bestimmte kritische Größe erreicht ist, die der Größe einer lebensfähigen Blase entspricht. Dann kann eine Dampfblase aufgrund der herrschenden Flüssigkeitsüberhitzung weiter wachsen, bis schließlich die Haftkräfte kleiner geworden sind als die Auftriebs- und dynamischen Kräfte, so daß sich die Blase von der Heizfläche löst. Nach dem Abreißen der Blase bleibt weiterhin ein Gas- oder Dampfrest in der Vertiefung eingeschlossen, der nun durch die kalte, aus dem Flüssigkeitsinneren zur Wand strömenden Flüssigkeit gekühlt und anschließend durch Wärmezufuhr von der Wand wieder erwärmt wird und zu einem neuen „Keim" für eine Dampfblase anwächst. Mit diesen Betrachtungen wird auch verständlich, warum die Gestalt des Oberflächengebirges eine wichtige Einflußgröße für den Wärmeübergang ist.

Dampfblasen bilden sich fast immer an besonders begünstigten Stellen fester Oberflächen oder an suspendierten Teilchen. Man hat es somit fast immer mit *heterogener Keimbildung* zu tun. Die *homogene Keimbildung*, durch die Blasen „von selbst" aufgrund der natürlichen Schwankungsbewegungen der Moleküle entstehen, spielt eine untergeordnete Rolle. Nur in besonderen Fällen können, wie in Abschn. 10.2 noch gezeigt wird, hinter abreißenden Dampfblasen neue durch homogene Keimbildung entstehen.

10.2 Blasenkontur und Grenzvolumen

Die an der Wand gebildete Dampfblase wächst durch Verdampfung an, bis sie nach Erreichen eines Grenzvolumens abreißt und aufsteigt. Um das Grenzvolumen zu ermitteln, muß man die Kontur einer Dampfblase kennen. Diese wird bei langsamem Wachstum durch das Gleichgewicht von Auftriebs- und Oberflächenkräften und durch die Haftbedingungen an der Wand bestimmt.

Die Differentialgleichung für die Blasenkontur erhält man aus einer Kräftebilanz. Für ein Volumenelement in der Dampfblase gilt unter der Annahme der Gleichheit von Auftriebs- und Schwerkraft

$$\frac{dp_G}{dz} = \varrho_G g,$$

wenn p_G der Druck in der Dampfblase und z die Koordinate in Richtung der Fallbeschleunigung sind, Bild 10.4. Die entsprechende Kräftebilanz für die umgebende Flüssigkeit lautet

$$\frac{dp_L}{dz} = \varrho_L g.$$

Subtrahiert man beide Gleichungen, so folgt

$$d(p_G - p_L) = (\varrho_G - \varrho_L) g dz.$$

Diese Beziehung gilt auch für den infinitesimal schmalen Bereich, der in Bild 10.4 durch die gestrichelten Linien zu beiden Seiten der Blasenoberfläche begrenzt ist und der am Fuß der Blase mit der festen Wand zusammenfällt. Integration dieser Gleichung vom Scheitel der Blase ($z = 0$) bis zu einer beliebigen Stelle z ergibt

$$(p_G - p_L) - (p_G - p_L)_{z=0} = (\varrho_G - \varrho_L) g z$$

oder unter Beachtung von (10.2a)

$$\sigma\left(\frac{1}{r_1} + \frac{1}{r_2}\right) - \sigma\left(\frac{1}{r_1} + \frac{1}{r_2}\right)_{z=0} = (\varrho_G - \varrho_L) g z.$$

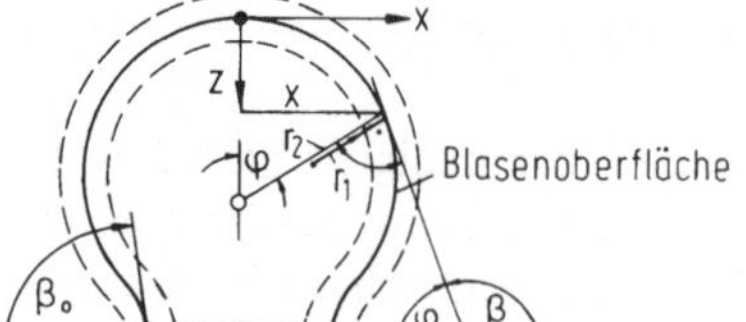

Bild 10.4. Zur Ableitung der Differentialgleichung für die Blasenkontur. r_1 Hauptkrümmungsradius in der Zeichenebene; r_2 Hauptkrümmungsradius bei Drehung um die Achse z

Wir nehmen nun an, die Blase sei rotationssymmetrisch und bezeichnen den Krümmungsradius im Scheitel mit d, $d=r_1=r_2$ für $z=0$. Damit erhält man

$$\sigma\left(\frac{1}{r_1}+\frac{1}{r_2}\right)-\frac{2\sigma}{d}=(\varrho_G-\varrho_L)gz. \qquad (10.13)$$

Die beiden Hauptkrümmungsradien r_1 und r_2, Bild 10.4, hängen nach den Regeln der Differentialgeometrie mit der Kontur $z(x)$ zusammen gemäß

$$\frac{1}{r_1}=\frac{z''}{(1+z'^2)^{3/2}} \quad \text{und} \quad \frac{1}{r_2}=\frac{\sin\varphi}{x}=\frac{1}{x}\frac{z'}{(1+z'^2)^{1/2}},$$

wobei $z'=dz/dx$ und $z''=d^2z/dx^2$ sind. Damit lautet die *Differentialgleichung der Blasenkontur*

$$\sigma\left(\frac{z''}{(1+z'^2)^{3/2}}+\frac{1}{x}\frac{z'}{(1+z'^2)^{1/2}}\right)-\frac{2\sigma}{d}=(\varrho_G-\varrho_L)gz \qquad (10.14)$$

mit den Anfangsbedingungen $x=0$: $z=0$ und $z'=x/d$.

Diese Gleichung ist zuerst von Bashfort und Adams [10.2] numerisch gelöst worden. Ihre Tabellen enthalten das zu jedem Winkel $\beta=\pi-\varphi$ der Blasenkontur gehörende Volumen. Fritz [10.3] hat später ausgehend von dieser Lösung gezeigt, daß es ein größtes Volumen V_A einer Dampfblase gibt, und daß man dieses in der Form

$$\left(\frac{V_A}{b^3}\right)^{1/3}=f(\beta_0) \qquad (10.15)$$

darstellen kann, wenn β_0 der Randwinkel zwischen Blase und Heizwand ist, Bild 10.4. Als Parameter diente die sogenannte Laplacesche Konstante

$$b=\sqrt{\frac{2\sigma}{g(\varrho_L-\varrho_G)}}. \qquad (10.16)$$

Bildet man diese mit den Sättigungswerten ϱ' und ϱ'' der Dichten, so erhält man z.B. für Wasser von 100 °C den Wert $b=3{,}538$ mm, für das Kältemittel R11 von 25 °C $b=162$ mm. Einige andere Werte für Luftblasen in einer Flüssigkeit enthält Tabelle 10.1.

Die Gl. (10.15) wurde von Fritz und Ende [10.4] und von Kabanow and Frumkin [10.5] durch Ausmessung von Filmaufnahmen bestätigt, Bild 10.5. Die

Tabelle 10.1. Laplacesche Konstante für Luftblasen in Flüssigkeiten bei 20 °C

	Flüssigkeit		
	Wasser	Ethanol	Quecksilber
b in mm	3,82	2,26	2,69

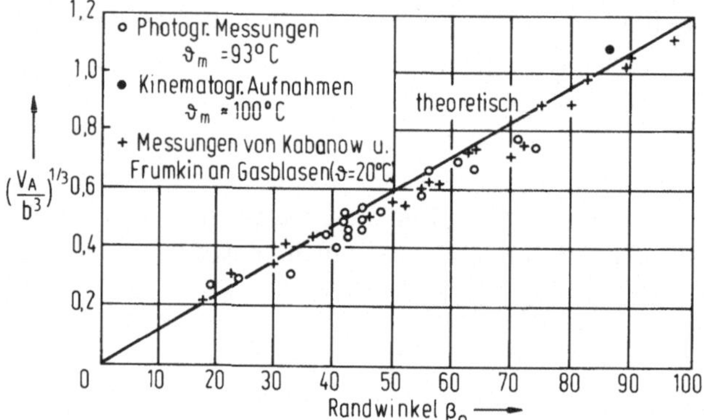

Bild 10.5. Abreißvolumen V_A von Dampf- und Gasblasen über einer waagerechten Heizfläche, nach Fritz und Ende [10.4]. b Laplace-Konstante

Ausgleichsgerade in diesem Bild kann man gut annähern [10.6] durch

$$\left(\frac{V_A}{b^3}\right)^{1/3} = 0{,}686\beta_0 .$$

(10.17)[1]

Daraus erhält man den Abreißdurchmesser der als kugelförmig angesehenen Blase $d_A = (6V_A/\pi)^{1/3}$ zu

$$d_A = 0{,}851\beta_0 \sqrt{\frac{2\sigma}{g(\varrho_L - \varrho_G)}} ,$$

(10.17a)[1]

mit dem Randwinkel β_0 im Bogenmaß. Tatsächliche Abreißdurchmesser weichen hiervon etwas ab und sind außerdem noch von der Gestalt der Vertiefung [10.7] und der Wandüberhitzung [10.8] abhängig, s. hierzu Abschn. 10.3.

Die Blasengestalt vor dem Abreißen wird zusätzlich durch intensive Verdampfung unmittelbar an der Heizfläche beeinflußt. Dadurch entsteht eine Blasenform wie sie Bild 10.6a zeigt. Es bildet sich ein „Blasenhals" zwischen der Heizfläche und dem weiter entfernten Blasenteil. Wie Mitrović [10.9] zeigte, reißt die Blase ab, wenn der Blasenhals völlig eingeschnürt wird, Bild 10.6b. Die gesamte Dampfmasse zerfällt dann in zwei unterschiedlich große Teilmengen. Ein kleiner Dampfrest bleibt an der Heizfläche haften. Die größere Dampfmenge befindet sich in der abgerissenen Blase. An ihrer unteren Spitze herrscht infolge der kleinen Krümmungsradien ein hoher Kapillardruck, der sich auszugleichen sucht und die abgerissene Blase, falls sie nicht extrem klein ist, zu Schwingungen anregt. Ebenso wirkt auch ein Kapillardruck auf den Dampfrest an der Heizfläche. Er kann, wie Mitrović [10.9] an einem Beispiel nachwies, von der Größe 4 bar sein. Als Folge dieses Überdrucks

---

1 Die Konstanten der Gln. (10.17) und (10.17a) ergaben sich aus einer neuerdings vom Verfasser berechneten, numerischen Lösung der Differentialgleichung (10.14). Durch graphische Auswertung der früheren Lösung von Bashfort und Adams [10.2] hatte Fritz [10.3] die nur wenig ungenaueren Konstanten 0,647 anstelle von 0,686 und 0,837 anstelle von 0,851 berechnet.

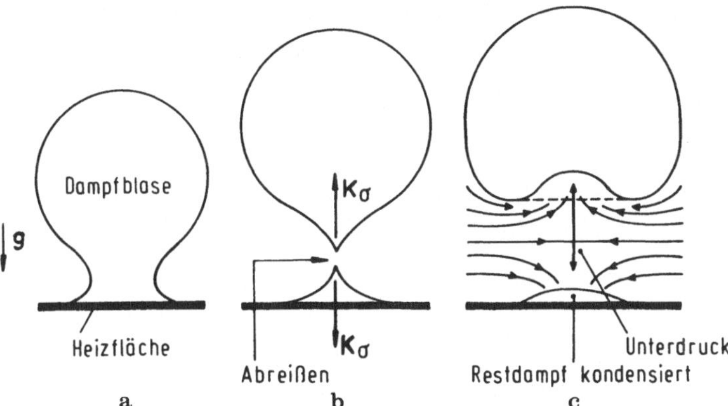

Bild 10.6. Abreißvorgang, nach Mitrović [10.9]. **a** Form der haftenden Blase; **b** Einschnüren und Abreißen der Blase; **c** Kondensation des Dampfrests und Flüssigkeitsströmung

wird der Dampfrest teilweise oder sogar vollständig verflüssigt. Besonders bei geringer Überhitzung der Heizwand wird der Dampfrest weitgehend kondensieren. Es dauert daher lange, bis sich die nächste Blase bildet, während bei hinreichend großer Überhitzung die nächste Blase ohne Wartezeit aus dem Dampfrest entsteht. Durch Abbau der Kapillarkräfte verschwinden die Spitzen in Bild 10.6b, und es entsteht die in Bild 10.6c gezeigte Blasenform mit den divergierenden Stromlinien unterhalb der Blase. In der Flüssigkeit bildet sich unterhalb der Blase kurzfristig ein Unterdruck aus, der die abreißenden Blasen vorübergehend in Wandnähe festhält. Infolge des Unterdrucks befindet sich die Flüssigkeit in einem metastabilen Zustand mit hoher Überhitzung. Die überhitzte Flüssigkeit kann selbst als Keim für neue Blasen dienen, so daß außer der heterogenen Keimbildung in den Vertiefungen der Wand auch eine homogene Keimbildung in Wandnähe möglich ist, wie Beobachtungen von Mitrović [10.9] zeigten. Dadurch wird der Unterdruck ebenso wie durch die nachströmende Flüssigkeit rasch abgebaut.
Wie diese Überlegungen zeigen, ist die Konvektion zusätzlich von Einfluß auf das Wachstum und Abreißen der Blasen. Bisherige Ergebnisse über den Einfluß der Konvektion sind allerdings noch widersprüchlich, wie aus zusammenfassenden Darstellungen [u.a. 10.10] hervorgeht. In einer theoretischen Arbeit hat Tokuda [10.11] nachgewiesen, daß nur unmittelbar nach der Blasenbildung das weitere Anwachsen durch Wärmeleitung bestimmt wird, danach wird mit zunehmender Blasengröße die radiale Konvektion entscheidend. Nach dem Abreißen der Blase beeinflussen Wärmeleitung, radiale und axiale Konvektion das Blasenwachstum.

10.3 Gebrauchsformeln für Abreißdurchmesser und -frequenz

Bei langsamem Blasenwachstum ergab sich der Abreißdurchmesser durch das Gleichgewicht von Auftriebs- und Oberflächenkräften und die Haftbedingungen an der Wand. Der Abreißdurchmesser folgt dann näherungsweise aus (10.17a). Ist

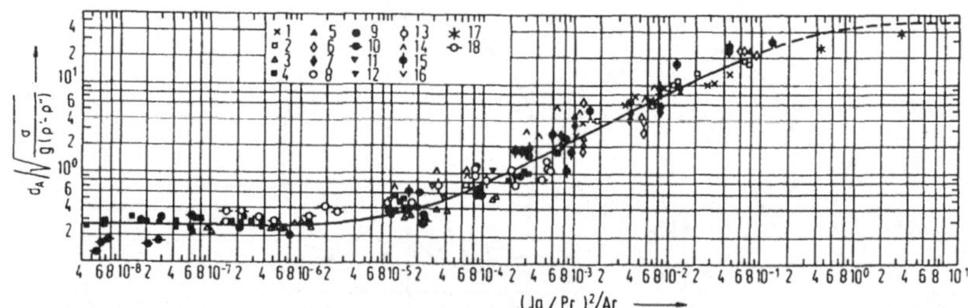

Bild 10.7. Abreißdurchmesser von Dampfblasen. *1* Wasser [10.13]; *2* Ethanol [10.13]; *3* Benzol [10.14]; *4* Ethanol [10.14]; *5* Ethanol [10.15]; *6* Wasser [10.16]; *7* Methanol [10.16]; *8* Pentan [10.16]; *9* Wasser, frisch bearbeitete Heizfläche [10.17]; *10* Wasser, gealterte Heizfläche [10.17]; *11* Alkohol [10.18]; *12* Wasser [10.18]; *13* Stickstoff [10.18]; *14* Ethanol [10.19]; *15* Wasser [10.19]; *16* Wasser [10.20]; *17* Wasser [10.15]; *18* R12 [10.21]

die Wandtemperatur viel größer als die Sättigungstemperatur, so wächst die Blase so schnell an, daß man dynamische Kräfte wie Trägheits-, Widerstands- und Druckkräfte nicht mehr vernachlässigen kann. Besonders beim Sieden in unterkühlten Flüssigkeiten treten beträchtliche dynamische Kräfte auf, so daß Blasenabreißdurchmesser von denen der Gl. (10.17a) verschieden sind. Trägheits- und Widerstandskräfte wirken von der umgebenden Flüssigkeit auf die Blase und halten sie an der Wand, was zu größeren Abreißdurchmessern führt.

Wie Kutateladse und Gogonin [10.12] feststellten, hängt der Abreißdurchmesser beim Sieden in gesättigten Flüssigkeiten nicht nur von der Laplace-Konstanten, sondern darüber hinaus noch von der Jakobzahl *Ja*, der Prandtlzahl *Pr* der Flüssigkeit und der Archimedeszahl *Ar* ab. Diese sind definiert durch

$$Ja = \frac{c_{\text{pL}}\Delta\vartheta\varrho'}{\varrho''\Delta h_{\text{v}}}, \quad Pr = \frac{v_{\text{L}}}{a_{\text{L}}} = \frac{v_{\text{L}}c_{\text{pL}}\varrho'}{\lambda_{\text{L}}} = \frac{\eta_{\text{L}}c_{\text{pL}}}{\lambda_{\text{L}}} \quad \text{und} \quad Ar = \frac{g}{v_{\text{L}}^2}\left(\frac{\sigma}{\varrho'g}\right)^{3/2}.$$

Messungen vieler Autoren an verschiedenen Stoffen lassen sich durch die empirische Gleichung

$$d_{\text{A}} = 0{,}25\sqrt{\frac{\sigma}{g(\varrho'-\varrho'')}\left[1+\left(\frac{Ja}{Pr}\right)^2\frac{1}{Ar}\right]^{1/2}} \tag{10.18}$$

beschreiben, die nach Bild 10.7 Meßwerte im Bereich

$$5\cdot10^{-7} \leqq \left(\frac{Ja}{Pr}\right)^2\frac{1}{Ar} \leqq 10^{-1}$$

recht genau wiedergibt. Das aus dieser Gleichung berechnete Abreißvolumen stimmt für Dampfblasen aus Wasser und aus Kältemitteln bei Atmosphärendruck gut mit den nach (10.17) berechneten Werten überein, wenn man dort die von Fritz für Wasser angegebenen Randwinkel von 40° bis 45° und für Kältemittel etwa 35° einsetzt.

In unterkühlten Flüssigkeiten kondensieren die gebildeten Dampfblasen wieder. Dampfbildung und Kondensation überlagern sich. Während die Blase am Fuß

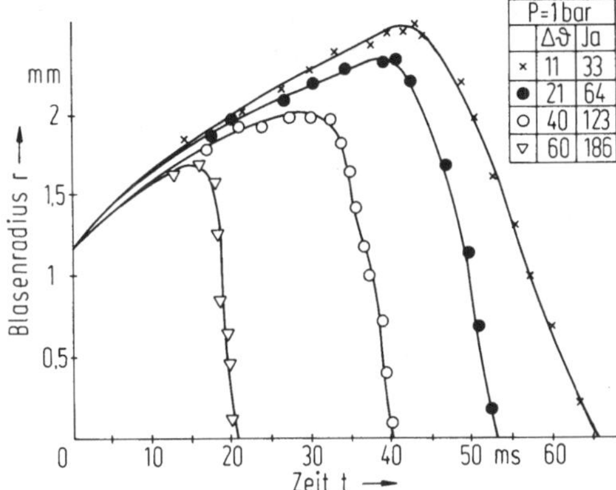

Bild 10.8. Wachstum und Kondensation von Wasserdampfblasen in unterkühlter Flüssigkeit [10.22], Druck 1 bar. Die Blasen wurden an einer Düse gebildet. Deswegen ist der anfängliche Blasenradius endlich

noch wächst, setzt am Scheitel schon Kondensation ein. Wie Bild 10.8 zeigt, nehmen größter Blasenradius und Kondensationszeit mit zunehmender Unterkühlung $\Delta\vartheta$ ab. Auch eine zunehmende Strömungsgeschwindigkeit hemmt das Blasenwachstum. Die vorigen Gleichungen gelten also nur bei verschwindender Unterkühlung und freier Strömung. Bei großer Unterkühlung in erzwungener Strömung läuft die Kondensation viel rascher ab als das Blasenwachstum. Maximalvolumen und Lebensdauer der Blasen sind infolgedessen sehr klein.

Gleichungen zur Berechnung der Frequenzen von Dampfblasen f gingen ursprünglich davon aus, daß man näherungsweise $f\,d_A = $ const setzen könne, wobei die Konstante für Wasser und Tetrachlorkohlenstoffe zu 100 mm/s gefunden wurde [10.23]. Die Konstante wurde dann später durch physikalische Eigenschaften der siedenden Flüssigkeit ausgedrückt

$$f\,d_A = 0{,}59 \left(\frac{g\sigma\,(\varrho' - \varrho'')}{\varrho'^2} \right)^{1/4},$$

während andere Autoren [10.24, 10.25, 10.16] Gleichungen der Form $f\,d_A^n = $ const mit $n = 1/2$ vorschlugen. Genauere Untersuchungen [10.26] haben jedoch gezeigt, daß der Exponent n nicht konstant ist, sondern Werte zwischen 0,5 und 2 annimmt.

Unter der Annahme, daß die Blasen im Augenblick des Abreißens nicht beschleunigt sind und ihre Geschwindigkeit gleich der Aufstiegsgeschwindigkeit in der Flüssigkeit ist, fand Malenkov [10.27] für die Frequenz den Ausdruck

$$f = \frac{1}{d_A \pi} \left[\frac{d_A g\,(\varrho' - \varrho'')}{2\,(\varrho' + \varrho'')} + \frac{2\sigma}{d_A\,(\varrho' + \varrho'')} \right]^{1/2}, \tag{10.19}$$

der sich für den Bereich weit unterkritischer Drücke mit $\varrho' \gg \varrho''$ noch vereinfachen läßt zu

$$f = \frac{g^{1/2}}{d_A^{1/2} \pi \sqrt{2}} \left(1 + \frac{4\sigma}{d_A^2 \varrho' g} \right)^{1/2}. \tag{10.20}$$

Diese Gleichungen gelten nur, wenn die Wärmestromdichte so gering ist, daß sich die Blasen nicht merklich gegenseitig beeinflussen. Andernfalls erhöht sich die Frequenz um einen von der Wärmestromdichte abhängigen Faktor

$$1 + \frac{q}{\varrho'' \Delta h_v w}$$

mit der Geschwindigkeit

$$w = \left[\frac{d_A g (\varrho' - \varrho'')}{2 (\varrho' + \varrho'')} + \frac{2\sigma}{d_A (\varrho' + \varrho'')} \right]^{1/2},$$

und man erhält die Frequenz f zu

$$f = \frac{1}{d_A \pi} \left(1 + \frac{q}{\varrho'' \Delta h_v w} \right) w, \qquad (10.21)$$

eine Gleichung, die man wie zuvor wieder vereinfachen kann, wenn $\varrho' \gg \varrho''$ ist. Im Grenzfall hinreichend kleiner Wärmestromdichten geht diese Beziehung in die obige, für Einzelblasen gefundene über. Diese Gleichungen sind von Malenkov an zahlreichen Messungen verschiedener Autoren überprüft worden und haben gute Übereinstimmung ergeben.

Wie man aus (10.21) erkennt, ist für große Abreißdurchmesser der zweite Summand in der Klammer klein. Es ist dann $f d_A^{1/2} = $ const. Ist umgekehrt der Abreißdurchmesser hinreichend klein, so wird der zweite Summand in der Klammer groß. Es ist $f d_A^{3/2} = $ const. Sind die beiden Summanden von der Größenordnung eins, so wird $f d_A = $ const. Die Gleichungen enthalten somit die von verschiedenen Autoren festgestellten Zusammenhänge zwischen Frequenz und Abreißdurchmesser.

Nach (10.21) nimmt die Blasenfrequenz mit der Wärmestromdichte zu. Von Einfluß ist allerdings auch die Größe der Keimstelle. Keimstellen von kleinerem Öffnungsdurchmesser senden Blasen mit höherer Frequenz aus als Keimstellen größeren Öffnungsdurchmessers. Die obigen Gleichungen berücksichtigen diese Einflüsse nicht und geben nur Mittelwerte über Keimstellen unterschiedlicher Größe wieder. Ebenso ist der Einfluß einer Unterkühlung nicht berücksichtigt. Bei zunehmender Unterkühlung nimmt die Frequenz ab, wie Bild 10.8 zeigte, weil das Blasenwachstum durch Kondensation behindert wird.

11 Wärmeübergang beim Sieden reiner Stoffe in freier Strömung

11.1 Grundlagen

Wir wollen uns zunächst mit dem Sieden in freier Strömung befassen. Die Abmessungen des Gefäßes, in dem Dampf entsteht, sollen im Vergleich zu den Dampfblasen groß sein. Eine Strömung soll nur durch den Auftrieb der erzeugten Dampfblasen und durch Dichteunterschiede zustande kommen. Man spricht vereinfachend auch von *Behältersieden* (englisch: pool boiling). Die zweiphasige Strömung in einem engen Verdampferrohr, auch wenn sie in einem senkrechten Rohr nur durch den Auftrieb der Dampfblasen entsteht, soll also nicht untersucht werden. Wie bereits eingangs in Kap. 9 erläutert, herrscht im Bereich kleiner Übertemperaturen der Heizwand „stilles Sieden". Wärme wird nur durch freie Konvektion übertragen, Kurve a in Bild 9.3. Erst ab einer bestimmten Überhitzung der Wand gegenüber der Siedetemperatur setzt Blasenverdampfung ein. Wir wollen hier den häufig vorkommenden Fall betrachten, daß die Flüssigkeit Sättigungstemperatur hat. Treibende Temperaturdifferenz für den Wärmeübergang ist dann der Unterschied $\vartheta_w - \vartheta_s = \Delta\vartheta$ zwischen Wand- und Sättigungstemperatur. Wie Jakob und Linke [11.1] erstmalig fanden, kann man die übertragene Wärmestromdichte im Bereich der voll ausgebildeten Blasenverdampfung, Kurve b in Bild 9.3, durch einfache empirische Gleichungen der Form

$$q = c'\Delta\vartheta^m \tag{11.1}$$

beschreiben. Definiert man einen Wärmeübergangskoeffizienten durch

$$\alpha = q/\Delta\vartheta, \tag{11.2}$$

so kann man (11.1) auch schreiben

$$\alpha = cq^n, \tag{11.3}$$

mit $c = (c')^{1/m}$ und $n = (m-1)/m$. In dieser Gleichung hängen, wie viele Messungen zeigen, die Größe n und damit auch m hauptsächlich von der Art der siedenden Flüssigkeit, aber auch von dem Material und der Gestalt der Heizfläche und vom herrschenden Druck ab. Im allgemeinen ist

$$0{,}6 < n < 0{,}8 .$$

Lediglich für tiefsiedende Stoffe wie Helium hat man kleinere Werte $n \approx 0{,}5$ gefunden. Die Größe c hängt stark von den Stoffeigenschaften der siedenden

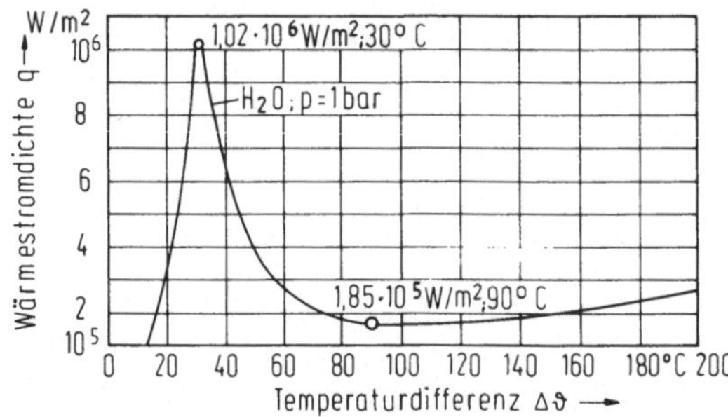

Bild 11.1. $(q,\Delta\vartheta)$-Diagramm von siedendem Wasser

Flüssigkeit und der Oberflächenstruktur der Heizfläche ab. Kennt man zum Beispiel c für eine bestimmte Flüssigkeit, die bei vorgegebenem Druck an glatt polierten Stahlrohren siedet, so darf man mit dieser Größe berechnete Wärmeüber-. gangskoeffizienten nicht mehr verwenden, wenn die gleiche Flüssigkeit an rauhen Stahlrohren oder an Kupferrohren siedet.

Die Gl. (11.1) bzw. (11.3) gilt nur im Bereich der intensiven Blasenverdampfung. Nach Nukijama [11.2] gibt es jedoch noch weitere Bereiche der Verdampfung. Im Bild 11.1 sind die einzelnen Bereiche dargestellt, die beim Sieden von Wasser unter Atmosphärendruck und bei freier Strömung auftreten. Es ist die Wärmestromdichte q über der Temperaturdifferenz $\Delta\vartheta = \vartheta_w - \vartheta_s$ aufgetragen.

Der linke aufsteigende Kurvenast kennzeichnet den Bereich der ausgebildeten Blasenverdampfung. Die Wärmestromdichte nimmt mit der Wandtemperatur zu. Nach Erreichen eines Maximums nimmt die übertragene Wärmestromdichte trotz steigender Wandtemperatur wieder ab. Diesen fallenden Bereich der „Siedekennlinie" bezeichnen wir als partielle Filmverdampfung, weil die Heizfläche stückweise von Dampf bedeckt ist. Nach Überschreiten einer minimalen Wärmestromdichte nimmt die Wärmestromdichte wieder mit der Wandtemperatur zu. Wir bezeichnen den rechten ansteigenden Bereich der Siedekennlinie als Bereich der Filmverdampfung, weil dort die Heizfläche vollständig von einem Dampffilm bedeckt ist.

Dieser zunächst merkwürdig anmutende N-förmige Kurvenverlauf, den man übrigens auch bei vielen anderen physikalischen und chemischen Prozessen beobachtet, ist physikalisch plausibel: Mit zunehmender Wandtemperatur entstehen an der Heizwand immer mehr Dampfblasen, welche die Flüssigkeit in Wandnähe in starke Bewegung versetzen. Infolgedessen fördert die Blasenbildung den Wärmeübergang von der Wand an die Flüssigkeit.

Da der Dampf die Heizfläche mehr und mehr von der Flüssigkeit isoliert, wird andererseits der Wärmeübergang umso stärker behindert, je mehr Dampf entsteht. Man kann sich nun leicht vorstellen, daß mit zunehmender Wandtemperatur schließlich die isolierende Wirkung des Dampfes überwiegt und die Wärmestromdichte trotz steigender Wandtemperatur wieder abnimmt. Erst von hinreichend hohen Wandtemperaturen an wird der Wärmestrom wieder zunehmen, da die Dicke des Dampffilms dann nur noch wenig mit der Wandtemperatur zunimmt. Das Maximum der Siedekennlinie bezeichnet man vielfach als kritische oder *maximale Wärmestromdichte.* Gebräuchliche, aber weniger glücklich gewählte Bezeichnungen sind Durchbrennpunkt (burn out) oder DNB (=departure from nucleate boiling).

11.2 Stabilität beim Sieden in freier Strömung

Erhöht man die Wandtemperatur einer Heizfläche über den Wert, der zur maximalen Wärmestromdichte gehört, so beobachtet man häufig, daß sich die Heizwand schlagartig mit einem Dampffilm überzieht. Die Temperatur der Heizwand steigt innerhalb von Bruchteilen von Sekunden stark an und kann sogar die Schmelztemperatur metallischer Heizwände erreichen. Ein Beispiel ist in den Bildern 11.2 und 11.3 dargestellt. Das Bild 11.2 zeigt Blasensieden des Kältemittels R11 an einem waagerechten Rohr, das mit einer Wärmestromdichte von rund $2 \cdot 10^5 \, \text{W/m}^2$ elektrisch beheizt wurde. Diese Wärmestromdichte ist nur wenig kleiner als die maximale. Nach geringfügiger Erhöhung der Wärmestromdichte steigt die Temperatur so weit an, daß das Rohr durchschmilzt. In Bild 11.3 erkennt man deutlich, wie dies bereits mit einem Teil des Rohrs geschehen ist.

Um diese besonders in der Reaktortechnik gefürchtete Erscheinung zu vermeiden, muß man einen genügenden „Sicherheitsabstand" von der maximalen Wärmestromdichte einhalten. Offensichtlich sind also nicht alle Zustände der in Bild 11.1 dargestellten Siedekennlinie stabil, sondern es können unter bestimmten Bedingungen Instabilitäten auftreten.

Im folgenden soll diese Erscheinung verständlich gemacht werden. Auf einer Siedekennlinie, wie sie Bild 11.1 zeigt, liegen alle Wertepaare $(q, \Delta\vartheta)$, die bei stationärem Betrieb des Verdampfers möglich sind. Als Arbeitspunkte des Verdampfers kommen von diesen Wertepaaren nur ganz bestimmte in Frage. Ähnlich wie der Arbeitspunkt eines Verdichters erst durch die Verdichter- und die

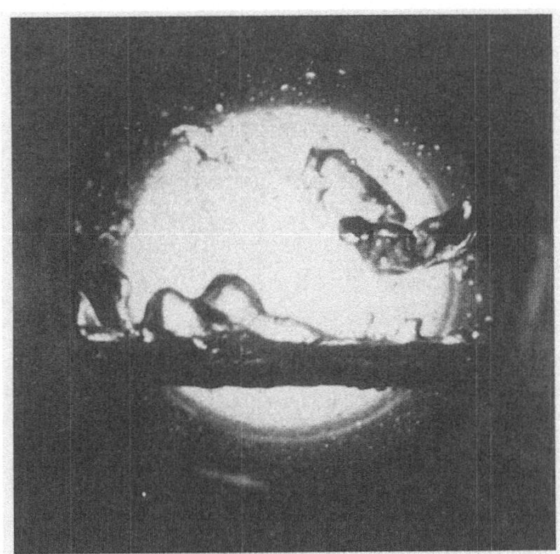

Bild 11.2. Elektrisch beheiztes Rohr unmittelbar vor Erreichen der maximalen Wärmestromdichte. $q_{\text{max}} = 2{,}2 \cdot 10^5 \, \text{W/m}^2$. Siedendes R11, $p = 1$ bar

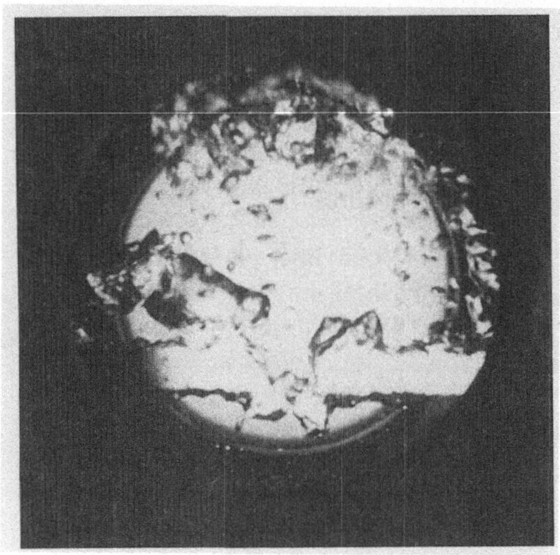

Bild 11.3. Elektrisch beheiztes Rohr von Bild 11.2 im Augenblick des Durchschmelzens (burnout)

„Rohrleitungskennlinie" festliegt, wird auch der Arbeitspunkt eines Verdampfers durch die Siedekennlinie und die Kennlinie des Verdampfers festgelegt. Diese ist, wenn man temperaturunabhängige Stoffwerte der Heizfläche voraussetzt, eine Gerade im $(q, \Delta\vartheta)$-Diagramm, was man sich am einfachsten am Beispiel der ebenen Wand klarmachen kann, Bild 11.4.

Mit den Bezeichnungen von Bild 11.4 ist die von der Wand übertragene Wärmestromdichte

$$q = \frac{1}{R_\mathrm{w}} \left(\vartheta_\mathrm{L} - \vartheta_\mathrm{w} \right) \tag{11.4}$$

mit dem Wärmewiderstand

$$R_\mathrm{w} = \frac{1}{\alpha_\mathrm{i}} + \frac{s}{\lambda}, \tag{11.5}$$

wobei α_i der Wärmeübergangskoeffizient zwischen Heizmittel und Wand, s die Wanddicke und λ die Wärmeleitfähigkeit der Wand sind. Für (11.4) kann man auch

$$q = \frac{-1}{R_\mathrm{w}} \left(\vartheta_\mathrm{w} - \vartheta_\mathrm{s} \right) + \frac{1}{R_\mathrm{w}} \left(\vartheta_\mathrm{L} - \vartheta_\mathrm{s} \right) \tag{11.6}$$

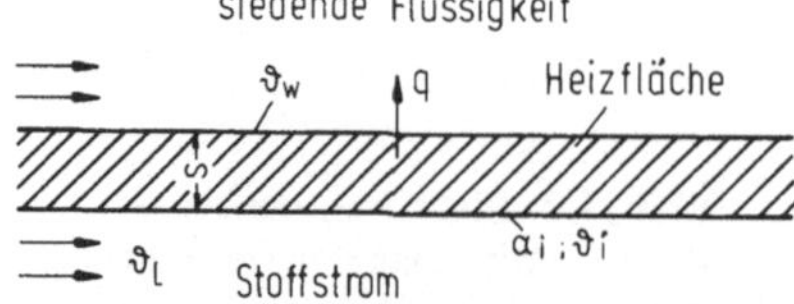

Bild 11.4. Wärmeübergang an die siedende Flüssigkeit

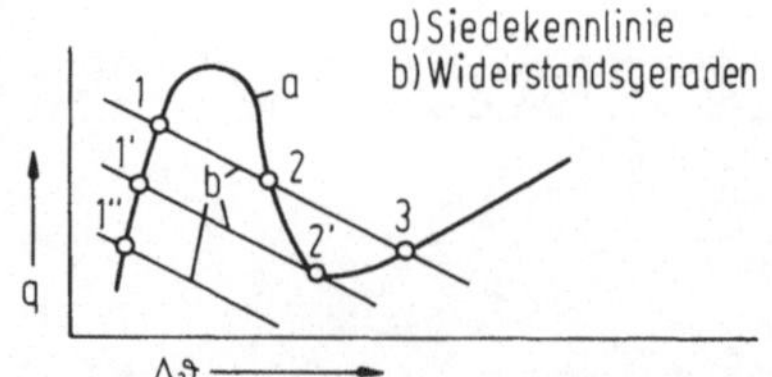

Bild 11.5. Arbeitspunkte des Verdampfers

schreiben. Entsteht nun in der Heizwand zusätzlich innere Energie, etwa durch Kernspaltung oder durch elektrische Dissipation, so erhöht sich die abgegebene Wärmestromdichte um einen Anteil q_0, und es ist

$$q = \frac{-1}{R_w}(\vartheta_w - \vartheta_s) + \frac{1}{R_w}(\vartheta_L - \vartheta_s) + q_0 . \tag{11.7}$$

Hierdurch liegt die gesuchte Kennlinie des Verdampfers fest. Sie ist eine Gerade im $(q,\Delta\vartheta)$-Diagramm. Auf ihr müssen alle Wertepaare $(q,\Delta\vartheta)$ liegen, die bei stationärem Betrieb des Verdampfers möglich sind. Da (11.7) in ihrem Aufbau dem Ohmschen Gesetz entspricht, nennen wir die Kennlinie „Widerstandsgerade". Wegen ihrer negativen Steigung $-1/R_w$ nimmt die von der Heizfläche abgegebene Wärmestromdichte mit zunehmender Wandtemperatur ϑ_w ab. Dieses zunächst überraschende Ergebnis wird verständlich, wenn man beachtet, daß sich mit zunehmender Wandtemperatur ϑ_w die Differenz zwischen Wandtemperatur ϑ_w und Fluidtemperatur ϑ_L verringert, wodurch die übertragene Wärmestromdichte abnimmt.

Arbeitspunkte des Verdampfers sind nun die Schnittpunkte von Siedekennlinie und Widerstandsgerade. Wie Bild 11.5 zeigt, können beide Kurven einen Schnittpunkt, einen Schnittpunkt und einen Berührungspunkt oder drei Schnittpunkte gemeinsam haben. Diese sind die grundsätzlich möglichen stationären Betriebspunkte des Verdampfers. Die Stabilitätsbetrachtung [11.3], auf die hier nicht eingegangen werden soll, zeigt nun, daß ein Arbeitspunkt nur dann stabil ist, wenn die Steigung der Siedekennlinie in dem Arbeitspunkt größer ist als die Steigung der Widerstandsgeraden. Gleichbedeutend hiermit ist bei N-förmigem Kurvenverlauf auch die folgende Aussage:

Bei Vorhandensein von drei Schnittpunkten sind nur die beiden äußeren stabil, während der mittlere einen labilen Zustand charakterisiert. Ist nur ein Schnittpunkt vorhanden, so ist dieser stets stabil.

Mit diesen Darlegungen wird das sogenannte burn-out-Phänomen leicht verständlich. Zeichnet man nämlich im $(q,\Delta\vartheta)$-Diagramm die Widerstandsgerade für den Fall der nuklearen Energieerzeugung oder für elektrische Widerstandsheizung ein, so haben Siedekennlinie und Widerstandsgerade in der Nähe des Maximums drei Schnittpunkte gemeinsam, Bild 11.6, von denen die Punkte *1* und *2* eng benachbart sind. Eine kleine Störung genügt daher, das System aus dem stabilen Zustand *1* in den instabilen Zustand *2* zu überführen. Von diesem wird es sich wegen der Trägheit des Systems weiter entfernen, bis im Punkt *3* ein neuer stabiler Zustand erreicht ist. Diesem neuen stationären Zustand ist bei den meisten

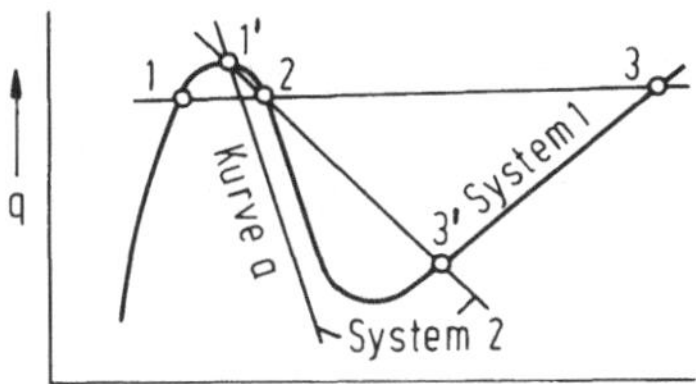

Bild 11.6. Stabilität bei maximaler Wärmestromdichte

Systemen eine Wandtemperatur zugeordnet, die größer ist als die Schmelztemperatur der Heizfläche, so daß diese vor Erreichen des stationären Zustands schmilzt. Um diese unerwünschte Erscheinung zu vermeiden, muß man daher, wie die Kurve a in Bild 11.6 zeigt, die Widerstandsgerade so steil wählen, daß sie die Siedekennlinie in der Nähe des Maximums kein zweites Mal schneidet. Eine steile Widerstandsgerade ergibt sich gemäß (11.6) mit (11.5) dann, wenn man α_i groß und den Wärmewiderstand der Wand klein wählt. Dann kann man auch im Maximum stabile Arbeitspunkte verwirklichen.

11.3 Modellvorstellungen zum Wärmeübergang

Fast alle Modellvorstellungen zur Berechnung des Wärmeübergangs gehen davon aus, daß Dampfblasen an Keimen entstehen, die als Gas- oder Dampfreste in den Rauhigkeitvertiefungen der Heizfläche eingeschlossen sind. Unterschiedliche Auffassungen bestehen darüber, wie die Wärme hauptsächlich von der Heizfläche abgegeben wird.

Eine der ersten, von Jakob und Linke [11.4] stammende Modellvorstellung nimmt an, daß durch das Entstehen, Anwachsen und Abreißen der Dampfblasen starke lokale Strömungen in Wandnähe erzeugt werden, deren Auswirkung auf den Wärmeübergang sich durch dimensionslose Größen beschreiben lassen mit der Gleichung

$$\frac{\alpha b}{\lambda_{\mathrm{L}}} = 42{,}4 \left(\frac{q}{\varrho'' \Delta h_{\mathrm{v}} w} \right)^{0,8}. \tag{11.8}$$

Darin ist b die Laplacesche Konstante, (10.16), eine charakteristische Länge, die mit dem Abreißvolumen und dadurch mit dem Abreißdurchmesser d_{A} der Dampfblase verknüpft ist. Die Größe ϱ'' ist die Dichte des gesättigten Dampfes, Δh_{v} die Verdampfungsenthalpie, λ_{L} die Wärmeleitfähigkeit der Flüssigkeit, während w eine empirische Größe von der Dimension einer Geschwindigkeit ist, die nach Jakob und Linke ungefähr gleich dem Produkt $f d_{\mathrm{A}}$ aus Frequenz und Abreißdurchmesser ist und für die sie den durch Messungen an Wasser und Tetrachlorkohlenstoff ermittelten Wert 0,0778 m/s benutzten. Die Bedeutung dieser Gleichung liegt vor allem darin, daß sie die erste Gleichung war, der eine grobe Modellvorstellung zugrunde lag. Sie gab Messungen an Wasser, Tetrachlorkohlenstoff und einigen anderen Flüssigkeiten bei Atmosphärendruck befriedigend wieder, versagte jedoch bei anderen Drücken.

Eine der ersten Gleichungen, die den Einfluß des Drucks auf den Wärmeübergang besser erfaßte, war die von Rohsenow [11.5]. Er nahm in Übereinstimmung mit Jakob und Linke an, daß der gute Wärmeübergang beim Blasensieden überwiegend auf den konvektiven Wärmeaustausch zwischen der Heizfläche und der angrenzenden Flüssigkeit zurückzuführen ist. Die hierzu erforderliche turbulente Strömung in der wandnahen, überhitzten Flüssigkeitsschicht wird nach dieser Vorstellung durch die an der Heizfläche entstehenden Dampfblasen hervorgerufen. Da der konvektive Wärmeaustausch bei turbulenter Strömung durch

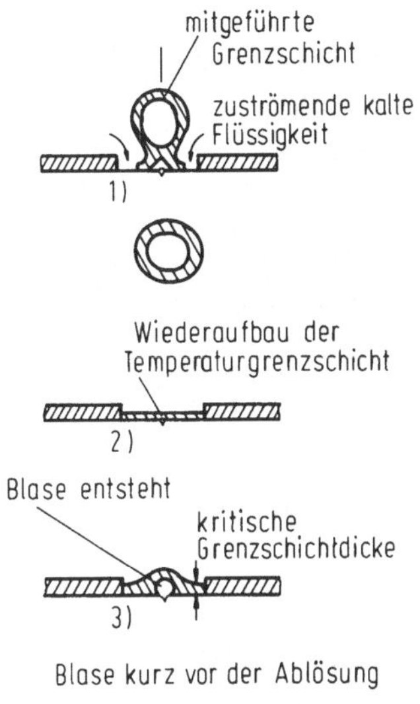

Bild 11.7. Modellverstellung der Wärmeübertragung beim Blasensieden, nach Han und Griffith [11.8]

$Nu = F(Re, Pr)$ dargestellt werden kann, nahm Rohsenow auch für die Blasenverdampfung eine solche Beziehung an und verwendete den Potenzansatz

$$Nu = C Re^m Pr^n .$$

Charakteristische Länge in den Kennzahlen ist der Blasenabreißdurchmesser nach (10.17a). Die charakteristische Geschwindigkeit ergibt sich aus der Wärmestromdichte zu $w = q/\varrho'' \Delta h_v$.

Forster und Zuber [11.6] setzten ebenfalls voraus, daß Wärme beim Blasensieden vorwiegend konvektiv übertragen wird. Wie Rohsenow verwendeten sie den Potenzansatz $Nu = C Re^m Pr^n$. Als charakteristische Länge und Geschwindigkeit benutzten sie Ausdrücke für den Blasenradius und die Blasenwachstumsgeschwindigkeit, die sie aus ihrer Theorie [11.7] über das Blasenwachstum herleiteten.

Han und Griffith [11.8] unterteilten die Heizfläche in zwei Wirkungsbereiche, Bild 11.7. Im Bereich *1*, Bereich der „bulk-convection" genannt, bildet sich durch instationäre Wärmeleitung von der Heizfläche zur angrenzenden Flüssigkeit eine überhitzte Grenzschicht, die ihrerseits die Blasenbildung an Keimstellen der Heizfläche einleitet. Eine anwachsende Blase hebt in einem Einflußbereich, der nach Han und Griffith dem doppelten Blasendurchmesser entspricht, die überhitzte Grenzschicht von der Heizfläche ab. Nach Erreichen des Abreißdurchmessers löst sich die Blase von der Heizfläche, wobei sie die vorher verdrängte, wärmere Grenzschichtflüssigkeit in den kälteren Flüssigkeitskern mitreißt und sich mit diesem mischt. Gleichzeitig strömt in den Raum hinter der abgelösten Blase kältere Flüssigkeit zur Heizfläche. Es bildet sich durch intensiven Wärmeaustausch infolge instationärer Wärmeleitung erneut eine thermische Grenzschicht.

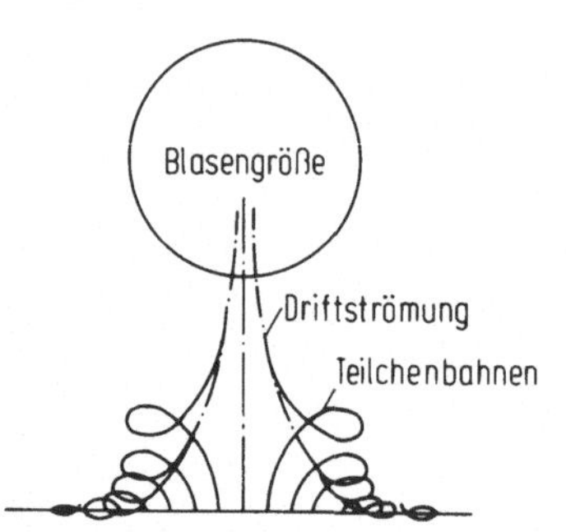

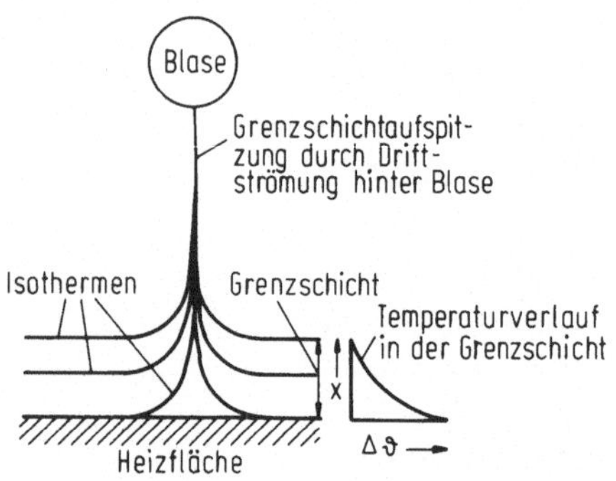

Bild 11.8. Driftströmung hinter einer aufsteigenden Blase

Bild 11.9. Grenzschicht und Temperaturverlauf infolge Driftströmung

Im Bereich *2*, außerhalb des Einflußbereichs der Blasen, wird Wärme durch freie Konvektion von der beheizten Wand an die Flüssigkeit abgegeben. Aufgrund dieser Modellvorstellung entwickelten Han und Griffith eine Gleichung zur Berechnung der Wärmestromdichte, in welche die Keimstellendichte als Parameter einzusetzen ist.

Beer [11.9] hat die Modellvorstellung von Han und Griffith erweitert und nachgewiesen, daß sich hinter der aufsteigenden Blase eine Driftströmung bildet, die im Einflußbereich der wachsenden Blase eine absaugende Wirkung auf die Grenzschicht ausübt. Dabei wird ein Grenzschichtvolumen von der Größe des halben Blasenvolumens fortbewegt und in einiger Entfernung von der Heizfläche mit kälterer Flüssigkeit durchmischt. Da die Driftströmung das Temperaturprofil der Grenzschicht deformiert, findet ein zusätzlicher Wärmetransport zur kälteren Flüssigkeit durch Konvektion und instationäre Wärmeleitung statt, Bilder 11.8 und 11.9. Nach Beer hat auch der sogenannte Marangoni-Effekt einen merklichen Einfluß auf den Wärmeübergang zwischen Dampfblase und umgebender Flüssigkeit. Darunter hat man folgendes zu verstehen: Da die in der überhitzten Grenzschicht anwachsende Dampfblase einem Temperaturgradienten unterworfen ist, tritt an ihrer Phasengrenzfläche ein Gradient der temperaturabhängigen Oberflächenspannung auf. Die Spannungsunterschiede haben das Bestreben, sich auszugleichen, so daß entlang der Phasengrenzfläche eine Strömung zustande kommt, deren Geschwindigkeit Beer für ein konkretes Beispiel zu 9 m/s abschätzte.

Moore und Mesler [11.10] konnten mit einer sehr empfindlichen Versuchsanordnung zeigen, daß die Oberfläche einer beheizten Wand bei Blasensieden starke zeitliche Temperaturschwankungen aufweist. Bei Wasser und Atmosphärendruck wurde innerhalb eines Zeitraums von etwa 2 ms ein Temperaturabfall von mehr als 16 K festgestellt. Diesem starken Temperaturabfall in der Heizwand während der kurzen Zeit entspricht eine sehr große Wärmestromdichte, die etwa um den Faktor sechs größer ist als die durchschnittliche Wärmestromdichte und die sich allein durch Wärmeleitung und konvektiven Wärmeaustausch zur siedenden Flüssigkeit nicht erklären läßt. Dieses experimentelle Ergebnis steht im Einklang mit der Hypothese, daß während des Blasenwachstums die dünne, wandnahe Flüssigkeits-

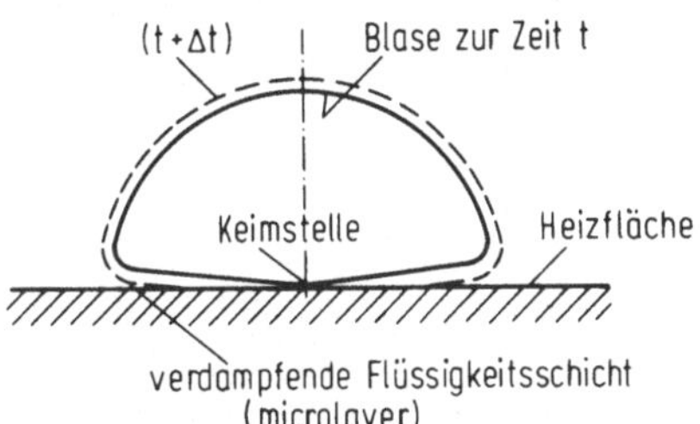

Bild 11.10. Zur Blasenbildung aus einem dünnen wandnahen Flüssigkeitsfilm (microlayer-theory)

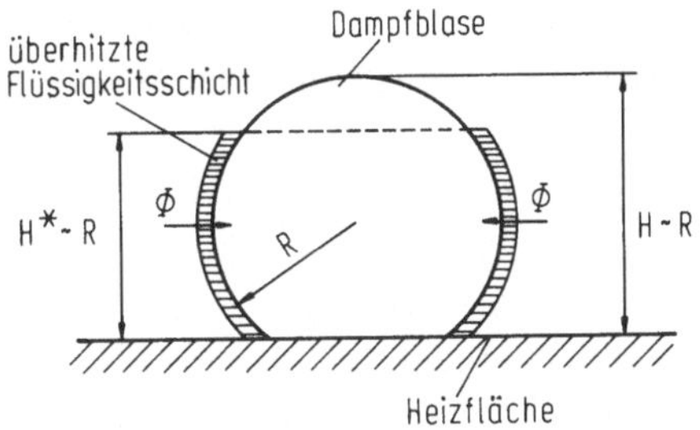

Bild 11.11. Blasenwachstum und überhitzte Flüssigkeitsschicht

schicht (microlayer) in die Blase hinein verdampft, Bild 11.10, und dabei die notwendige Verdampfungsenthalpie der Heizwand entzieht, wodurch sich diese rasch und stark abkühlt.

Aufbauend hierauf und auf eigene Messungen hat van Stralen [11.11] die sogenannte „Microlayer-Theorie" entwickelt. Danach ist ein Teil der Blase von überhitzter Flüssigkeit umgeben, die der Blase Verdampfungsenthalpie zuführt und sich dabei selbst abkühlt, Bild 11.11. Nach dem Ablösen der Blase wird die Grenzschicht an der Wand erneut überhitzt, bis sich an der Keimstelle die nächste Blase bildet und der Vorgang wieder beginnt. Der Versuch, diese Vorgänge unter Einbeziehung der Zeitabhängigkeit des Wärmeaustauschs quantitativ zu beschreiben, führt nach einer Reihe von vereinfachenden Annahmen zu Ausdrücken für die Blasenwachstumsgeschwindigkeit, Haft- und Wartezeit, Blasenfrequenz, den Abreißradius und die maximale Wärmestromdichte sowohl für reine Stoffe als auch für binäre Gemische. In diesen Gleichungen kommt jedoch die Höhe der überhitzten Flüssigkeitsschicht als Parameter vor, die meistens unbekannt ist, so daß der praktische Gebrauch der Gleichungen zur Berechnung von Wärmeübergangskoeffizienten erschwert wird.

Frost und Kippenhan [11.12] schlugen für den Wärmeübergang ein Modell vor, bei dem außer dem konvektiven Wärmeübergang auch der Stofftransport von maßgeblichem Einfluß ist. Danach wächst eine Blase an der Wand in der überhitzten Grenzschicht an, wobei sie die überhitzte Flüssigkeit verdrängt, die dann an der Blasenoberseite durch kältere Flüssigkeit aus der Umgebung ersetzt wird (bulk convection). Hierdurch entsteht ein Temperaturgefälle, welches die Verdampfung von wandnaher, überhitzter Flüssigkeit in die Blase und die Kondensation von Dampf an der Blasenoberseite ermöglicht. Dieser kombinierte Wärme- und Stofftransport soll vor allem bei erzwungener Strömung von unterkühlter Flüssigkeit für einen großen Anteil des gesamten Wärmetransports verantwortlich sein und soll sich darüber hinaus noch durch den Zusatz von Stoffen vergrößern lassen, welche die Oberflächenspannung erniedrigen. Auch Styrikovich und Mitarbeiter [11.13] wiesen darauf hin, daß für den guten Wärmeübergang beim Blasensieden der Stofftransport zwischen der Hauptflüssigkeitsmenge und der Grenzschicht verantwortlich ist und definierten als Maß für den Stofftransport das Verhältnis aus der Flüssigkeitsmenge, die zur Wand strömt, und der an der Heizfläche erzeugten Dampfmenge.

11.3.1 Beurteilung der Modellvorstellungen

Obwohl jede der bisher bekannten Modellvorstellungen einzelne Teilvorgänge zu beschreiben vermag, gibt es bisher keine vollständige Theorie. Offensichtlich ist der Wärmeübergang bei Blasenverdampfung so verwickelt, daß mehrere Austauschmechanismen zusammen wirksam sind. Je nach den vorliegenden Bedingungen, wie Größe der Wärmestromdichte, Druck, Benetzbarkeit, Zwangskonvektion, Unterkühlung usw., wird der eine oder andere Mechanismus überwiegen. Vermutlich ist so auch zu erklären, daß die bisherigen Theorien in bestimmten Bereichen und für bestimmte Stoffe gut mit Meßwerten übereinstimmen, während sie für andere Bereiche und Stoffe versagen.

Grundsätzlich läßt sich feststellen, daß bisherige Modellvorstellungen einen oder mehrere der folgenden Mechanismen des Wärmeaustauschs enthalten:

1. Mikrokonvektion in der wandnahen Grenzschicht als Folge des raschen Anwachsens der Dampfblasen und auch ihres Zerfalls in unterkühlten Flüssigkeiten.
2. Verdrängen von heißer Flüssigkeit von der Wand durch die wachsenden und abreißenden Dampfblasen und Rückströmung kälterer Flüssigkeit aus dem Flüssigkeitsinnern zur Wand.
3. Instationäre Wärmeleitung an die im Nachlauf einer Blase mitgerissene Flüssigkeit.
4. Instationäre Wärmeleitung in der wandnahen Flüssigkeit beim Anwachsen einer Blase in ihrer Nachbarschaft.
5. Dampfbildung aus der dünnen, überhitzten Flüssigkeitsschicht unter der anwachsenden Blase. Ist die Kernflüssigkeit unterkühlt, so kondensiert gleichzeitig Dampf am Blasenkopf.

Abweichungen der nach verschiedenen Gleichungen berechneten Wärmeübergangskoeffizienten bis um den Faktor 2 gegenüber experimentell ermittelten Werten sind nicht selten. Sie sind allerdings nicht nur auf Mängel in der Theorie zurückzuführen, sondern teilweise auch durch Meßfehler und nicht genügend genau bekannte Stoffeigenschaften zu erklären. Darüber hinaus sind der Abreißdurchmesser der Blasen, der Randwinkel und die Blasenfrequenz bei festliegenden äußeren Bedingungen nicht, wie oft angenommen, konstant, sondern starken statistischen Schwankungen unterworfen, und es ist noch nicht geklärt, wie man diese Schwankungen in der Theorie zu berücksichtigen hat.

Von Nachteil ist, daß bei den angegebenen Gleichungen, bis auf wenige Ausnahmen, die Heizflächenbeschaffenheit unberücksichtigt blieb, obwohl seit langem bekannt ist, daß der Wärmeübergang beim Blasensieden an rauhen Oberflächen merklich größer ist als an glatten Oberflächen. Mit der Glättungstiefe R_p (nach DIN 4762) wurde erstmals die Oberflächenrauhigkeit näherungsweise erfaßt [11.14]. Die für annähernd Atmosphärendruck gefundene Abhängigkeit $\alpha \sim R_p^{0,133}$ ist inzwischen mehrfach bestätigt worden [11.15 – 11.19].

11.4 Empirische Korrelationen und Gebrauchsformeln

11.4.1 Wärmeübergang in der Nähe des Umgebungsdrucks

Um eine Gleichung mit möglichst weitem Anwendungsbereich zu finden, ist es zweckmäßig, die für den Wärmeübergang maßgeblichen Eigenschaften zu dimensionslosen Größen zusammenzufassen. Für das allgemeine Wärmeübergangsgesetz wird man zweckmäßigerweise einen Potenzansatz in diesen Größen wählen, da sich derartige Ansätze zur Darstellung des Wärmeübergangs allgemein bewährt haben.

Ein wirksames Werkzeug zur Aufstellung eines Zusammenhangs zwischen der Nußeltzahl und den übrigen dimensionslosen Variablen stellt die Regressionsanalyse dar. Mit ihrer Hilfe läßt sich entscheiden, welche Kenngrößen für den Wärmeübergang wichtig und welche von untergeordneter Bedeutung sind.

Stephan und Abdelsalam [11.20] haben mit Hilfe dieser Methoden die etwa 5000 bisher bekannten Meßwerte über den Wärmeübergang bei Blasenverdampfung kritisch gesichtet und empirische Korrelationen ermittelt. Wie die Regressionsanalyse ergab, erwiesen sich dimensionslose Größen, die für einige Stoffe wichtig sind, als unbedeutend für andere Stoffe. Die ausgewählten charakteristischen Meßwerte konnten daher am besten wiedergegeben werden, wenn man die vermessenen Stoffe in vier Gruppen (Kohlenwasserstoffe, tiefsiedende Fluide, Kältemittel und Wasser) einteilte und für jede dieser Gruppen einen anderen Satz von Kenngrößen benutzte. Darüber hinaus ließ sich eine für alle Stoffe gültige Gleichung angeben, deren Genauigkeit allerdings etwas geringer ist als die Gleichung für die genannten Stoffgruppen.

Da die meisten Messungen in der Nähe des Atmosphärendrucks ausgeführt wurden, was für organische Flüssigkeiten ungefähr einem normierten Siededruck von $p/p_{cr} = 0{,}03$ entspricht, kann man die Genauigkeit solcher Korrelationen erhöhen, wenn man ihre Gültigkeit auf Drücke in der Nähe des Umgebungsdrucks beschränkt. Eine solche Beziehung ist von Stephan und Preußer [11.21] ermittelt worden. Sie lautet:

$$Nu = 0{,}0871 \left(\frac{q d_A}{\lambda' T_s} \right)^{0,674} \left(\frac{\varrho''}{\varrho'} \right)^{0,156} \left(\frac{\Delta h_v' d_A^2}{a'^2} \right)^{0,371} \cdot$$

$$\cdot \left(\frac{a'^2 \varrho'}{\sigma d_A} \right)^{0,350} (Pr')^{-0,162}. \tag{11.9}$$

Mit $'$ bezeichnete Größen beziehen sich auf die siedende Flüssigkeit, mit $''$ bezeichnete Größen auf den gesättigten Dampf. Die Nußeltzahl ist definiert durch $Nu = \alpha d_A / \lambda'$. Der Abreißdurchmesser d_A ist durch (10.17a) gegeben, in der $\varrho_L = \varrho'$ und $\varrho_G = \varrho''$ zu setzen ist. Für den Randwinkel β_0 ist bei Wasser $\pi/4 \, \text{rad} = 45°$, bei tiefsiedenden Flüssigkeiten $0{,}01745 \, \text{rad} = 1°$ und bei anderen Flüssigkeiten $0{,}611 \, \text{rad} = 35°$ einzusetzen.

Messungen an *Wasser* im Bereich der voll ausgebildeten Blasenverdampfung bei Wärmestromdichten zwischen

$$10^4 \, \text{W/m}^2 < q < 10^6 \, \text{W/m}^2$$

und Siededrücken zwischen

$$0{,}5 \text{ bar} < p < 20 \text{ bar}$$

kann man nach Untersuchungen von Fritz [11.22] gut durch die einfache empirische Zahlenwertgleichung

$$\alpha = 1{,}95 \, q^{0{,}72} \, p^{0{,}24} \tag{11.10}$$

wiedergeben, wobei α in $W/m^2 K$, q in W/m^2 und p in bar einzusetzen sind.

11.4.2 Einfluß von Siededruck und Wärmestromdichte

In dem empirischen Ansatz (11.3)

$$\alpha = cq^n$$

ist die Größe c für eine gegebene Paarung von siedender Flüssigkeit und Heizwand stark von den Stoffeigenschaften der siedenden Flüssigkeit und damit von deren Sättigungstemperatur oder dem Sättigungsdruck abhängig $c = c(p)$. Wir setzen

$$c = c_0 F(p) \, ,$$

wo c_0 die Eigenschaften von Flüssigkeit und Heizwand bei einem bestimmten Bezugsdruck p_0 und $F(p)$ den Druckeinfluß selbst erfaßt. Es sei $F(p_0) = 1$. Damit lautet der obige Ansatz

$$\alpha = c_0 F(p) q^n \, , \tag{11.11}$$

für ein beliebiges Wertepaar α_0, q_0 beim Bezugsdruck p_0 gilt

$$\alpha_0 = c_0 q_0^n \, . \tag{11.12}$$

Aus beiden Gleichungen folgt

$$\frac{\alpha}{\alpha_0} = F(p) \left(\frac{q}{q_0} \right)^n \, . \tag{11.13}$$

Die hierin vorkommende Druckfunktion $F(p)$ muß eine Größengleichung, also unabhängig von dem Einheitensystem sein, mit dem man Drücke mißt. In der Ähnlichkeitstheorie nennt man solche Funktionen homogen in den Dimensionen. In solchen Funktionen kann man jede Größe mit den anderen dimensionsgleichen Größen messen. Man kann also den Druck über die Verknüpfung mit einem anderen Druck messen. Zweckmäßigerweise wählt man hierfür den kritischen Druck. Wir setzen also $p^* = p/p_{cr}$. Die Druckfunktion in (11.13) läßt sich somit durch $F(p^*)$ darstellen, so daß (11.13) übergeht in

$$\frac{\alpha}{\alpha_0} = F(p^*) \left(\frac{q}{q_0} \right)^n \, , \tag{11.14}$$

mit $F(p_0^* = p_0/p_{cr}) = 1$. Kennt man also ein Wertepaar α_0, q_0 beim Bezugsdruck p_0, so kann man hieraus den vollständigen Verlauf $\alpha(q)$ berechnen, wenn nur der Exponent n der Wärmestromdichte bekannt ist. Wärmeübergangskoeffizienten bei anderen Drücken als dem Bezugsdruck p_0 erhält man, wenn man zusätzlich die Funktion $F(p^*)$ kennt. Das Wertepaar α_0, q_0 beim Bezugsdruck p_0 kann man durch Messungen bestimmen oder aus (11.9) berechnen.

Eine empirische Gleichung für die *Druckfunktion* $F(p^*)$ hat zuerst Danilowa [11.24] für einige Kältemittel bis $p^* = 0,5$ aufgestellt; sie wurde dann von Haffner [11.25] und später von Bier und Mitarbeitern [11.26] so erweitert, daß sich auch Messungen bei noch höheren normierten Drücken gut wiedergeben ließen. Eine Modifikation dieser Gleichungen, die zahlreiche bisher bekannte Messungen berücksichtigt, hat Gorenflo [11.23] mitgeteilt. Danach gilt für organische Flüssigkeiten, Schwefelhexafluorid und Ammoniak

$$F(p^*) = 2,1p^{*0,27} + \left(4,4 + \frac{1,8}{1-p^*}\right)p^* \tag{11.15}$$

und für Wasser und tiefsiedende Flüssigkeiten

$$F(p^*) = 2,55p^{*0,27} + \left(9 + \frac{1}{1-p^{*2}}\right)p^{*2}. \tag{11.16}$$

Beide Gleichungen wurden für eine Wärmestromdichte $q_0 = 20\,000\,\text{W/m}^2$ aufgestellt. Der Bezugsdruck p_0 ist hier so gewählt, daß für den normierten Druck $p_0^* = 0,03$ die Funktion $F(p_0^*) = 1$ wird. Entsprechend sind α_0, q_0 in (11.14) ein zueinander gehörendes Wertepaar von Wärmeübergangskoeffizient und Wärmestromdichte beim normierten Druck $p_0^* = 0,03$.

Den Verlauf der Funktion $F(p^*)$ nach Gorenflo [11.23] zeigen die Bilder 11.12 und 11.13. In dieser Darstellung ist α_0 der jeweilige Wärmeübergangskoeffizient bei einer Wärmestromdichte von $q_0 = 20\,000\,\text{W/m}^2$ und dem normierten Druck $p_0^* = 0,03$. Wie man erkennt, steigt der Wärmeübergangskoeffizient bei Annäherung an den kritischen Punkt stark an.

Zahlreiche Messungen haben ergeben, daß der Exponent n der Wärmestromdichte in (11.14) nicht konstant ist, sondern mit wachsendem Siededruck abnimmt. Nach Gorenflo [11.23] ist für organische Flüssigkeiten, Schwefelhexafluorid und Ammoniak

$$n = 0,9 - 0,3p^{*0,3}. \tag{11.17}$$

Danach ist $n = 0,8$ für $p_0^* = 0,03$ und $n = 0,62$ für $p_1^* = 0,8$. Die Druckabhängigkeit für Wasser und tiefsiedende Flüssigkeiten ist etwas schwächer

$$n = 0,9 - 0,3p^{*0,15}. \tag{11.18}$$

Für Wasser beim Siededruck von 1 bar folgt hieraus $n = 0,77$, für $p_0^* = 0,03$ ist $n = 0,72$ und für $p_1^* = 0,8$ ist $n = 0,61$.

Somit kann man *Messungen an Wasser* durch die aus (11.14) mit dem Wertepaar $\alpha_0 = 3\,800\,\text{W/m}^2\text{K}$, $q_0 = 20\,000\,\text{W/m}^2\text{K}$ bei $p_0^* = 0,03$ folgende empirische Gleichung

$$\frac{\alpha}{3800\,\dfrac{\text{W}}{\text{m}^2\text{K}}} = F(p^*)\left(\frac{q}{20000\,\dfrac{\text{W}}{\text{m}^2}}\right)^{0,9-0,3p^{*0,15}} \tag{11.19}$$

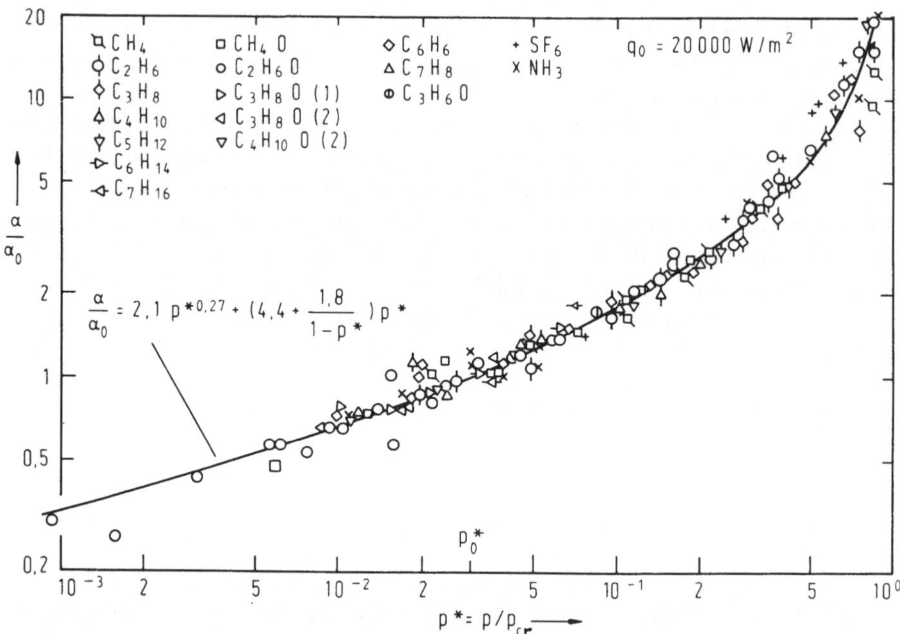

Bild 11.12. Druckabhängigkeit des Wärmeübergangskoeffizienten beim Blasensieden von organischen Flüssigkeiten, Schwefelhexafluorid und Ammoniak, nach [11.23]

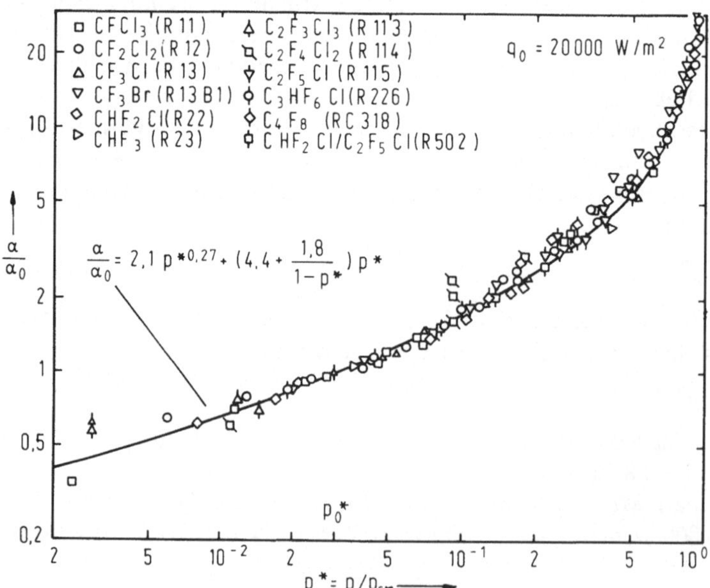

Bild 11.13. Druckabhängigkeit des Wärmeübergangskoeffizienten beim Blasensieden von Halogenkohlenwasserstoffen, nach [11.23]

wiedergeben, wobei $F(p^*)$ durch (11.16) gegeben ist. Diese Gleichung gilt im Bereich der voll ausgebildeten Blasenverdampfung und bei normierten Siededrücken von

$$10^{-4} \leqq p^* \leqq 0,9\,,$$

was Siededrücken von

$$0,0221 \text{ bar} \leqq p \leqq 199 \text{ bar}$$

entspricht. Sie umfaßt damit einen größeren Druckbereich als die einfachere Gl. (11.10) von Fritz und stimmt gut mit dieser innerhalb von deren Gültigkeitsbereich überein.

11.4.3 Einfluß der Heizfläche

Das Aufrauhen von Oberflächen ist eine der ältesten Methoden zur Verbesserung des Wärmeübergangs beim Sieden. Durch Aufrauhen wird die Zahl der aktiven Blasenkeime und damit auch der übertragene Wärmestrom bei einer bestimmten Wandüberhitzung erhöht. In ersten grundlegenden Versuchen haben Jakob und Fritz [11.27] nachgewiesen, daß der Wärmeübergang von siedendem Wasser an sandgestrahlten Heizflächen deutlich besser war als an glatt polierten Flächen. Wenn man in zwei zueinander senkrechten Richtungen feine Rillen von 0,15 mm Tiefe, 0,17 mm Breite und 0,3 mm Abstand einritzte, ergab sich noch einmal eine merkliche Erhöhung des Wärmeübergangs um mehr als das Doppelte gegenüber der aufgerauhten Heizfläche.

Der Einfluß des Werkstoffs und der Oberflächenstruktur der Heizfläche auf den Wärmeübergang beim Sieden ist weitgehend ungeklärt. Nur für Heizflächen, die durch Drehen oder Ziehen bearbeitet wurden, hat Stephan [11.28] bei Messungen an Kältemitteln und Wasser nahe bei Umgebungsdruck gefunden, daß der Wärmeübergangskoeffizient von der Glättungstiefe R_p (definiert durch DIN 4762) abhängt nach der Beziehung

$$\alpha \sim R_p^{0,133}\,. \tag{11.20}$$

Die Glättungstiefe wird im allgemeinen in μm gemessen. Unter Berücksichtigung des Einflusses der Rauhigkeit auf den Wärmeübergang lautet (11.14) somit

$$\frac{\alpha}{\alpha_0} = F(p^*)\left(\frac{q}{q_0}\right)^n \left(\frac{R_p}{R_{p0}}\right)^m \tag{11.21}$$

mit $m = 0,133$ für Drücke nahe dem Umgebungsdruck, $R_{p0} = 1\,\mu\text{m}$ und $0,1\,\mu\text{m} \leqq R_p \leqq 10\,\mu\text{m}$. Man hat demnach die Wärmeübergangskoeffizienten nach (11.14) oder für siedendes Wasser nach (11.10) bzw. (11.19) mit dem Faktor

$$\left(\frac{R_p}{R_{p0}}\right)^{0,133}$$

zu multiplizieren. Zu einer ähnlichen Beziehung kamen auch Danilowa und Belskij [11.17] aufgrund von Messungen mit den Kältemitteln R12 und R113. Statt der

Glättungstiefe verwendeten sie die maximale Rauhtiefe R_z der Heizfläche und empfahlen, den Wärmeübergangskoeffizienten mit dem Faktor

$$\left(\frac{R_z}{R_{z0}} \right)^{0,2}$$

zu multiplizieren mit $R_{z0} = 1\ \mu m$, um den Einfluß der Rauhigkeit zu erfassen. Nach Nishikawa und Mitarbeitern [11.29] ist der Exponent der Glättungstiefe in (11.21) mit dem Druck veränderlich und für Kältemittel bei Umgebungsdruck etwas größer als 0,133. Durch Messungen mit den siedenden Kältemitteln R11, R21, R113 und R114 fanden sie für den Exponenten m in (11.21)

$$m = 0,2\,(1 - p/p_{cr}) \tag{11.22}$$

gültig für den Druckbereich

$$0,076 \leqq p/p_{cr} \leqq 0,9$$

und für Glättungstiefen

$$0,022\ \mu m \leqq R_p \leqq 4,31\ \mu m\,.$$

Nach dieser Beziehung würde man für eine Glättungstiefe von 4,31 μm und einen normierten Druck von 0,076, was bei dem Kältemittel R11 beispielsweise einem Siededruck von 3,35 bar entspricht, mit $m = 0,185$ den Faktor

$$\left(\frac{R_p}{R_{p0}} \right)^{0,185} = 1,31$$

berechnen, während man mit $m = 0,133$ den Faktor

$$\left(\frac{R_p}{R_{p0}} \right)^{0,133} = 1,21$$

erhielte. Der Unterschied ist geringer als der Fehler in den Messungen, aufgrund derer die Exponenten m ermittelt wurden.

11.5 Wärmeübergang an Rippenrohren

Messungen über den Wärmeübergang siedender Kältemittel an Rippenrohren [11.30] zeigten, daß die auf die gesamte äußere Oberfläche bezogenen Wärmeübergangskoeffizienten bei gleichem Druck und gleicher Wärmestromdichte deutlich größer sind als an Glattrohren. Besonders im Bereich niedriger Wärmestromdichte bei beginnender Blasenverdampfung wird der Wärmeübergang im Vergleich zum Glattrohr erheblich verbessert. Den Wärmeübergangskoeffizienten bildet man, wie bei Rippenrohren üblich, mit der mittleren Temperatur am Rippenfuß und nicht mit der wahren, lokal veränderlichen Oberflächentemperatur des Rippenrohrs.

Der Wärmeübergangskoeffizient nimmt überproportional mit der Flächenvergrößerung zu. So beträgt beispielsweise die mit einem Rippenrohr bei einem

Flächenverhältnis[1] $\varphi = 3{,}3$ erreichbare Wärmestromdichte für R113 bei einem Siededruck von 1 bar und einer Temperaturdifferenz von 10 K das Fünffache des Werts für das Glattrohr. Der je Rohrlänge übertragene Wärmestrom ist bei diesem Rippenrohr somit $5 \cdot 3{,}3 = 16{,}5$mal größer als bei einem Glattrohr, dessen Außendurchmesser gleich dem Kerndurchmesser des Rippenrohrs ist. Dies ist durch einen zusätzlichen konvektiven Wärmeübergang zu erklären, der durch die an den Rippenflanken aufsteigenden Dampfblasen verursacht wird.

Wie Gorenflo [11.30] fand, läßt sich die Druckabhängigkeit des Wärmeübergangskoeffizienten ebenfalls durch (11.14) wiedergeben, wenn man das Flächenverhältnis φ als weiteren Parameter hinzunimmt.

Mit dem Druck nimmt der Wärmeübergang an Rippenrohren weniger zu als an Glattrohren. Den schwächeren Druckeinfluß kann man näherungsweise dadurch berücksichtigen, daß man in der Druckfunktion $F(p^*)$ anstelle des normierten Drucks als Argument $p^*/\sqrt{\varphi}$ einführt. Man kann demnach weiterhin Wärmeübergangskoeffizienten mit Hilfe von (11.14) berechnen und hat lediglich in den Druckfunktionen (11.15) und (11.16) den normierten Druck p^* durch $p^*/\sqrt{\varphi}$ zu ersetzen. Nach Gorenflo [11.23,11.30] sollte man diese Druckfunktion für Rippenrohre nur innerhalb des Bereichs

$$0{,}03 \leqq p^* \leqq 0{,}3$$

und

$$1 \leqq \varphi \leqq 4{,}9$$

anwenden. Bisherige Messungen sind nur an Kupferrohren ausgeführt worden, so daß für Rippenrohre aus anderen Werkstoffen eine experimentelle Überprüfung der Gleichung geboten ist. Für $p^*/\sqrt{\varphi} = 0{,}03$ nimmt die Druckfunktion von Rippenrohren den Wert $F(0{,}03) = 1$ an. Die Bezugswerte α_0, q_0 in (11.14) für Rippenrohre erhält man entweder durch Messung; man kann den Bezugswert α_0 aber auch aus (11.9) für eine große Wärmestromdichte q_0 von 10^5 W/m^2 berechnen, da Wärmeübergangskoeffizienten am Rippenrohr schwächer mit der Wärmestromdichte zunehmen als an Glattrohren, so daß sich beide Wärmeübergangskoeffizienten von einer Wärmestromdichte von 10^5 W/m^2 ab nicht mehr unterscheiden. Entsprechend ist der Exponent n der Wärmestromdichte in (11.14) etwas kleiner als am Glattrohr und zwar gilt

$$n_R = n - 0{,}1\, H/t_1 , \tag{11.23}$$

wobei n_R als Exponent für die Wärmestromdichte des Rippenrohrs in (11.14) einzusetzen ist. Die Größe n ist hierbei der Exponent der Wärmestromdichte für Glattrohre, (11.17) und (11.18), H ist die Rippenhöhe, t_1 der lichte Rippenabstand, Bild 11.14.

Eine einfache Näherungsformel zur Berechnung des Wärmeübergangskoeffizienten beim Sieden an Rippenrohren erhält man in folgender Weise. Es sei α_0 der

---

1 Das Flächenverhältnis ist definiert als Oberfläche des Rippenrohrs bezogen auf die
  Oberfläche eines Glattrohrs vom Kerndurchmesser des Rippenrohrs.

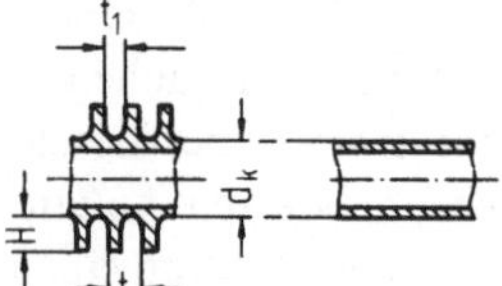

Bild 11.14. Abmessungen am Rippenrohr

Wärmeübergangskoeffizient an einem Glattrohr von gleichem Kerndurchmesser wie das Rippenrohr, den man bei einer Wärmestromdichte $q_0 = 20\,000$ W/m² und dem normierten Druck $p_0^* = 0{,}03$ mißt. Diese zueinander gehörenden Werte α_0, q_0 kann man auch aus (11.9) berechnen. Nun stimmt der Wärmeübergangskoeffizient α_1 am Glattrohr mit dem am Rippenrohr α_{1R} überein für eine Wärmestromdichte $q_1 = 10^5$ W/m² und einen bestimmten Druck, beispielsweise $p_0^* = 0{,}03$. Dann läßt sich (11.14) für das Glattrohr wegen $F(p_0^* = 0{,}03) = 1$ in folgender Form schreiben

$$\frac{\alpha_1}{\alpha_0} = \left(\frac{q_1}{q_0}\right)^n \tag{11.24}$$

mit $n = n(p^*)$ nach (11.17) bzw. (11.18). Für das Rippenrohr erhält man entsprechend

$$\frac{\alpha_{1R}}{\alpha_{0R}} = F(p_0^*/\sqrt{\varphi})\left(\frac{q_1}{q_0}\right)^{n_R}, \tag{11.25}$$

worin α_{0R} der zur Wärmestromdichte q_0 ($q_0 = 20\,000$ W/m²) und zum Druck $p_0^*/\sqrt{\varphi} = 0{,}03$ gehörende Wärmeübergangskoeffizient ist. Der Exponent n_R ist entsprechend (11.23) beim Druck $p_0^* = 0{,}03$ zu bilden. Aus (11.24) und (11.25) erhält man durch Division

$$\frac{\alpha_{0R}}{\alpha_0} = \frac{1}{F(p_0^*/\sqrt{\varphi})}\left(\frac{q_1}{q_0}\right)^{n - n_R}$$

oder, wenn man beachtet, daß $q_1 = 10^5$ W/m², $q_0 = 2 \cdot 10^4$ W/m² und wegen (11.23) $n - n_R = 0{,}1\, H/t_1$ ist

$$\frac{\alpha_{0R}}{\alpha_0} = \frac{1}{F(p_0^*/\sqrt{\varphi})}\,5^{0,1\,H/t_1}. \tag{11.26}$$

Der noch unbekannte Wärmeübergangskoeffizient α_{0R} am Rippenrohr läßt sich also auf den des Glattrohrs von gleichem Kerndurchmesser zurückführen.

Allgemein läßt sich der Wärmeübergang an Rippenrohren, (11.14), in folgender Form schreiben

$$\frac{\alpha}{\alpha_{0R}} = F(p^*/\sqrt{\varphi})\left(\frac{q}{q_0}\right)^{n_R}, \tag{11.27}$$

woraus mit (11.26) folgt

$$\frac{\alpha}{\alpha_0} = \frac{F(p^*/\sqrt{\varphi})}{F(p_0^*/\sqrt{\varphi})}\,5^{0,1\,H/t_1}\left(\frac{q}{q_0}\right)^{n_R}. \tag{11.28}$$

Um hieraus den Wärmeübergangskoeffizienten beim Sieden an Rippenrohren näherungsweise zu berechnen, muß man also zunächst entweder durch Messung am Glattrohr gleichen Kerndurchmessers oder aus (11.14) den Wärmeübergangskoeffizienten α_0 am Glattrohr bei einer Wärmestromdichte q_0 ($q_0 = 20\,000$ W/m^2) und einem normierten Druck p_0^* ($p_0^* = 0,03$) ermitteln. Die Funktion $F(p^*/\sqrt{\varphi})$ ist durch (11.15) bzw. (11.16) gegeben, in der anstelle des Drucks p^* die Größe $p^*/\sqrt{\varphi}$ einzusetzen ist. Der Exponent n_R folgt aus (11.23).

11.6 Wärmeübergang an waagerechten Glatt- oder Rippenrohrbündeln

Wärmeübergangskoeffizienten beim Sieden an der Außenseite von Glatt- oder Rippenrohren in einem Bündel sind größer als die am einzelnen Rohr, wie das einer Arbeit von Bier und Mitarbeitern [11.31] entnommene Bild 11.15 zeigt. An der untersten Rohrreihe wird durch die verstärkte Anströmung des Bündels der Wärmeübergang verbessert, im Bündel selbst sorgen die aufsteigenden Dampfblasen für eine bessere Konvektion. Der Einfluß der Konvektion auf den gesamten Wärmeübergang macht sich besonders bei nicht allzu hohen Wärmestromdichten deutlich bemerkbar. Infolgedessen ist dort der mittlere Wärmeübergangskoeffizient $\bar\alpha$ des Bündels merklich größer als der am Einzelrohr. Mit zunehmender

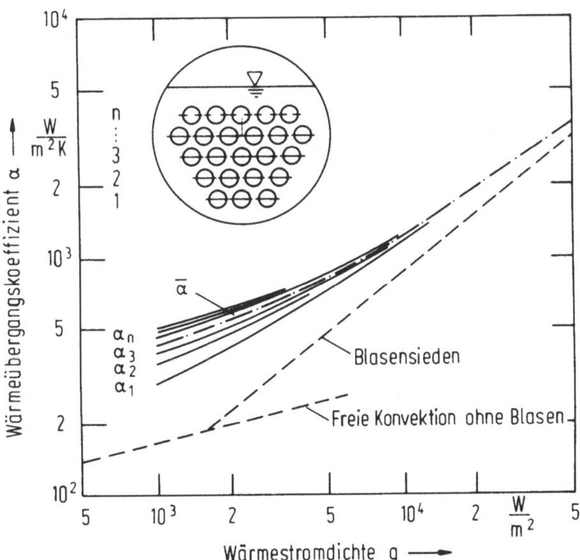

Bild 11.15. Wärmeübergangskoeffizient α in Abhängigkeit von der Wärmestromdichte q beim Sieden von R113 an einem einzelnen Rohr und an einem Glattrohrbündel, nach [11.31]. Siededruck $p = 1$ bar; mittlere Rauhtiefe $R_p = 1$ µm. Gestrichelte Kurve: Wärmeübergangskoeffizient für das Einzelrohr (Meßwerte); strichpunktierte Kurve: mittlerer Wärmeübergangskoeffizient für das Bündel; durchgezogene Kurven: Wärmeübergangskoeffizient für die einzelnen Rohrreihen des Bündels

Wärmestromdichte wird der Einfluß des Blasensiedens größer. Die Wärmeübergangskoeffizienten der einzelnen Rohre nähern sich einander und erreichen zunehmend die des Einzelrohrs. Zur Berechnung von Wärmeübergangskoeffizienten muß man daher sowohl die Anströmung der untersten Rohrreihe als auch die Strömung im Bündel berücksichtigen. Durch Auswertung von Meßergebnissen mehrerer Autoren fanden Bier und Mitarbeiter [11.31], daß die Verbesserung des mittleren Wärmeübergangskoeffizienten im Bündel weitgehend unabhängig vom Siededruck ist, bei $q = 2000\ \mathrm{W/m^2}$ etwa um den Faktor 1,25 größer ist als am untersten Rohr und bei Wärmestromdichten über $10^4\ \mathrm{W/m^2}$ unerheblich wird. Näherungsweise ergab sich [11.23]:

$$\frac{\bar{\alpha}}{\alpha_1} = 1 + \frac{1}{2 + q\varphi/(1000\ \mathrm{W/m^2})}\ , \qquad (11.29)$$

worin α_1 der Wärmeübergangskoeffizient der untersten Rohrreihe ist. Die Gleichung gilt sowohl für Glatt- als auch für Rippenrohrbündel im Bereich

$$1000\ \mathrm{W/m^2} \leqq q\varphi \leqq 20\,000\ \mathrm{W/m^2}$$

und für Drücke in der Nähe des Umgebungsdrucks. Die Wärmestromdichte q ist auf die gesamte äußere Rohroberfläche bezogen. Die Größe φ ist das Flächenverhältnis des Rippenrohrs, s. S. 153; für Glattrohre ist $\varphi = 1$. Den Wärmeübergangskoeffizienten α_1 an der untersten Rohrzeile erhält man nach einem Vorschlag von Slipčević [11.32] aus dem Wärmeübergangskoeffizienten α_B für Blasensieden am Einzelrohr und dem Wärmeübergangskoeffizienten α_K für freie Strömung ohne Blasenbildung, ebenfalls am Einzelrohr, gemäß

$$\alpha_1 = \alpha_\mathrm{B} + f\,\alpha_\mathrm{K}\,, \qquad (11.30)$$

worin f ein Faktor ist, der von der Größe der Anströmgeschwindigkeit abhängt. Für kleine Bündel liegt f bei 0,5, für große ist $f = 1$.

Leider lassen die bisherigen Messungen noch keine genaueren Angaben über den Faktor f zu. Die Gln. (11.29) und (11.30) setzten konstante Wärmestromdichte für das Bündel voraus. Ist diese Voraussetzung nicht erfüllt, beispielsweise im Fall flüssigkeitsbeheizter Bündel, so muß man das Bündel in Segmente annähernd gleicher Wärmestromdichte unterteilen und jedes dieser Segmente nach den vorstehenden Gleichungen berechnen.

Es sei darauf hingewiesen, daß die Gleichungen nur für voll ausgebildete Blasenverdampfung gelten. Im Bereich sehr geringer Wärmestromdichten oder bei Betrieb mit steigender Wärmestromdichte kann es durchaus vorkommen, daß praktisch noch keine Dampfblasen vorhanden sind und Wärme nur durch freie Konvektion übertragen wird. Ob freie Konvektion oder ausgebildete Blasenverdampfung vorherrscht, prüft man am besten dadurch nach, daß man den Wärmeübergangskoeffizienten für beide Fälle als Funktion der Wärmestromdichte aufträgt. Liegt die zugeführte Wärmestromdichte in der Nähe des Schnittpunkts beider Kurven, so wird man zweckmäßigerweise annehmen, die Wärme würde allein durch freie Konvektion übertragen und somit aus Sicherheitsgründen mit dem kleineren Wärmeübergangskoeffizienten rechnen.

11.7 Maximale Wärmestromdichte

Mit zunehmendem Druck entstehen bei gleicher Wandüberhitzung mehr Dampfblasen je Flächeneinheit. Der Wärmeübergang nimmt daher mit dem Druck zu.
Durch zunehmende Zahl der Blasen je Flächeneinheit bildet sich bei hinreichend
hohem Druck ein mehr oder weniger geschlossener Dampffilm, was wiederum zu
einer Verringerung des Wärmeübergangs führt. Entsprechend nimmt auch die
maximale Wärmestromdichte q_{max} mit dem Druck zu, erreicht ein relatives
Maximum und nimmt dann wieder ab. Als Beispiel zeigt Bild 11.16 die maximale
Wärmestromdichte beim Blasensieden von Wasser, die sich aus einer Beziehung
von Kutateladse ergibt, (11.34). Einen ähnlichen Kurvenverlauf findet man auch
für andere Stoffe. Die Abhängigkeit der maximalen Wärmestromdichte vom Druck
läßt sich von allen bisher untersuchten Stoffen durch einen annähernd einheitlichen
Kurvenverlauf darstellen, wenn man eine Auftragung $q_{max}/q_{max,0}$ über dem
normierten Druck $p^* = p/p_{cr}$ wählt. Die Wärmestromdichte $q_{max,0}$ ist hierbei die
maximale Wärmestromdichte bei einem Bezugsdruck p_0^*, für den wir wie in den
vorigen Abschnitten wieder den Druck $p_0^* = 0,03$ wählen, der für die meisten
organischen Stoffe in der Nähe des Umgebungsdrucks liegt. Eine solche Auftragung, die aufgrund einer Auswertung von Messungen vieler Autoren durch
Nikolaev und Skripov [11.33] entstand, zeigt Bild 11.17[1]. Die Messungen lassen
sich gut wiedergeben durch

$$\frac{q_{max}}{q_{max,0}} = 3{,}51 \, p^{*0,35} (1 - p^*)^{0,9} . \tag{11.31}$$

Fast alle Messungen liegen innerhalb eines Fehlerbereichs von $\pm 15\,\%$. Das
Maximum der Wärmestromdichte q_{max} liegt bei einem Druck $p^* = 0,28$ und erreicht
dort den Wert $q_{max}/q_{max,0} = 1,67$. Durch Auswertung der Messungen ließen sich

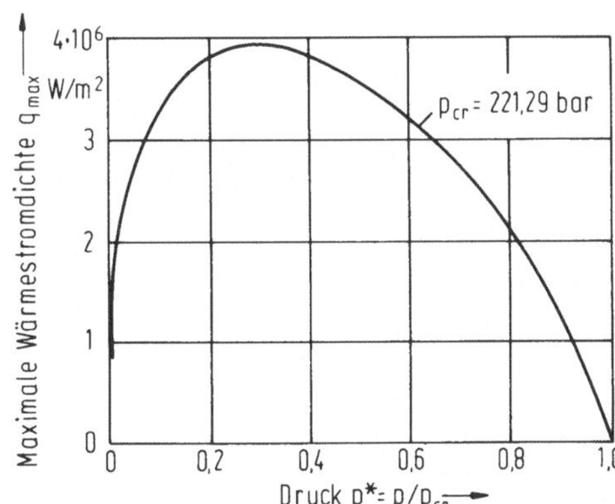

Bild 11.16. Maximale Wärmestromdichte beim Blasensieden von Wasser,
berechnet nach (11.34) mit $K = 0,13$

---

1 Die Bezugswärmestromdichte $q_{max,0}$ wählten Nikolaev und Skripov beim Druck $p_1^* = 0,31$.
  Ihre Werte wurden in Bild 11.17 umgerechnet auf die Bezugswärmestromdichte $q_{max,0}$ beim
  Druck $p_0^* = 0,03$.

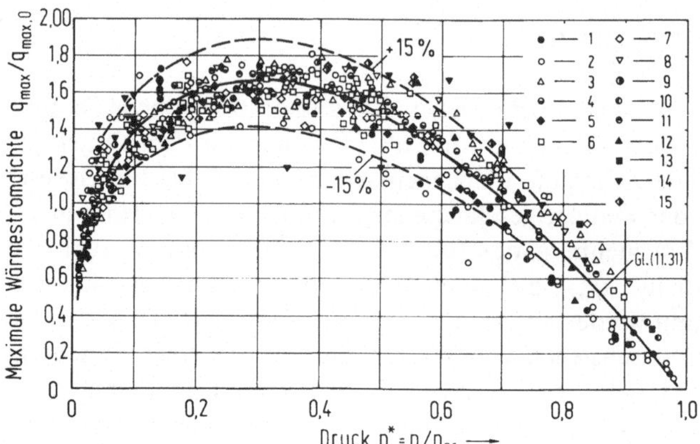

Bild 11.17. Abhängigkeit der maximalen Wärmestromdichte vom Druck, nach [11.33], $q_{max,0}$ beim Druck $p_0^* = 0{,}03$. *1* und *2* n-Pentan, n-Hexan (waagerechtes Rohr); *3* und *4* Ethyl- und Methylalkohol (waagerechte Platte); *5* Methylalkohol (Ni-Cr-Draht); *6—8* Ethyl- alkohol (ebene Platte, verschiedene Lagen); *9—13* Ethylalkohol, n-Pentan, n-Hexan (ver- schmutzte Heizfläche), n-Heptan, Benzol (verchromte Cu-Platte); *14* Wasser (waagerechte Platte); *15* Benzol (waagerechtes Rohr)

auch empirische Korrelationen für die Differenz $\Delta\vartheta_{max}$ zwischen Wand und Sättigungstemperatur bei der maximalen Wärmestromdichte aufstellen. Sie lauten

$$\frac{\Delta\vartheta_{max}}{\Delta\vartheta_{max,0}} = 0{,}264\,p^{*-0{,}38} \quad \text{für} \quad 0{,}03 \leqq p^* \leqq 0{,}3 \tag{11.32}$$

und

$$\frac{\Delta\vartheta_{max}}{\Delta\vartheta_{max,0}} = 0{,}59\,(1 - p^*) \quad \text{für} \quad 0{,}3 \leqq p^* \leqq 1\,. \tag{11.33}$$

Die Temperaturdifferenz $\Delta\vartheta_{max,0}$ ist beim Bezugsdruck $p_0^* = 0{,}03$ zu nehmen. Um aus diesen Gleichungen die maximale Wärmestromdichte oder die im allgemeinen weniger interessierende Temperaturdifferenz bei maximaler Wärmestromdichte zu berechnen, benötigt man einen einzigen Wert dieser Größen.

Zur Berechnung der kritischen Wärmestromdichte findet man in der Literatur zahlreiche empirische Gleichungen. Ihre Genauigkeit ist allerdings begrenzt, da viele Einflußgrößen noch nicht ausreichend erforscht sind. So ist beispielsweise aus Experimenten [11.34] bekannt, daß man durch Glühen oder Korrosion die Grenzflächenspannungen an einer Heizfläche stark ändern und dadurch die maximale Wärmestromdichte um bis zu 30 % erhöhen kann. Nach Versuchen von Hesse [11.35] sind maximale Wärmestromdichten bei Beheizung durch ein heißes Fluid rund 20 % größer als bei elektrischer Beheizung. Offenbar ist dies darauf zurückzuführen, daß bei elektrischer Beheizung die notwendige Wandüberhitzung zur Bildung von Dampfblasen rascher erreicht wird und damit auch die Blasenfrequenz höher wird als bei Beheizung durch ein Fluid. Die maximale Wärmestromdichte wird daher bei elektrischer Energiezufuhr früher erreicht.

Tabelle 11.1. Wandüberhitzungen $\Delta\vartheta_{max}$ bei maximaler Wärmestromdichte

Stoff	Sättigungsdruck bar	p^*	$\Delta\vartheta_{max}$ K
Wasser	1	0,0045	30
R114	3	0,09	15
	6	0,18	13
	15	0,46	8
	20	0,61	5,5
R12	7	0,17	13
	14	0,34	11
	30	0,73	4
R113	0,5	0,015	25
	1	0,03	21

Messungen der maximalen Wärmestromdichte werden meist an elektrisch beheizten Rohren ausgeführt. Diese lassen sich recht gut durch eine von Kutateladse [11.36] und in ähnlicher Form auch von Zuber [11.37] gefundenen Beziehung wiedergeben

$$q_{max} = K\Delta h_v \sqrt{\varrho''}\,[\sigma(\varrho' - \varrho'')g]^{1/4}, \tag{11.34}$$

worin K eine aus Versuchen zu ermittelnde Konstante ist, die zwischen 0,13 und 0,16 liegt. Ein Mittelwert ist $K = 0,145$.

Unterlagen über die zur maximalen Wärmestromdichte gehörenden Übertemperaturen $\Delta\vartheta_{max}$ sind sehr spärlich, da meistens nur die maximalen Wärmestromdichten gemessen werden. Anhaltswerte sind in Tabelle 11.1 angegeben.

11.8 Übergangssieden und Filmverdampfung

Erhöht man die Wandtemperatur der Heizfläche, so wird ein erheblicher Teil des Wärmestroms von der Wand an die Flüssigkeit durch Konvektion übertragen. Mit fortschreitender Erhöhung der Wandtemperatur bildet sich aber mehr Dampf, so daß der Zustrom von Flüssigkeit zur Wand behindert wird und sich ein mehr und mehr geschlossener Dampffilm bildet. Wie die Beobachtungen zeigen, ist die Phasengrenze zwischen Dampf und Flüssigkeit anfänglich noch unregelmäßig und intensiv bewegt. Je mehr der Dampffilm aber mit der Wandtemperatur anwächst, desto glatter und ruhiger wird die Phasengrenze. Die übertragene Wärmestromdichte nimmt mit der Wandtemperatur ab, durchläuft einen Minimalwert und wächst dann bei weiterer Erhöhung der Wandtemperatur wieder an. Wärme wird dann durch Leitung, Konvektion und Strahlung durch den Dampffilm übertragen.

Wie Versuche von Hesse [11.35] zeigten, bildet sich im Gegensatz zur Auffassung einiger Autoren schon vor Erreichen der minimalen Wärmestromdichte ein geschlossener Dampffilm, dessen Grenzfläche zur Flüssigkeit noch stark bewegt

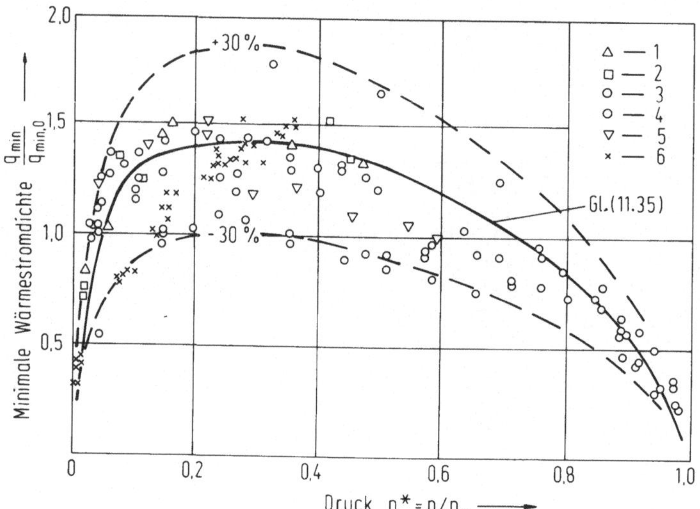

Bild 11.18. Abhängigkeit der minimalen Wärmestromdichte vom Druck, nach [11.33], $q_{min,0}$ beim Druck $p_0^* = 0,03$. *1* und *2* Propyl- und Ethylalkohol (waagerechte Chrom-Nickelplatte); *3* und *4* n-Pentan und n-Hexan (waagerechtes Rohr); *5* Iso-Oktan (waagerechte Zylinderrippe); *6* Wasser (Chrom-Nickeldraht)

ist. Der Punkt $q,\Delta\vartheta$ minimaler Wärmestromdichte, gelegentlich auch als *Leidenfrost-Punkt* bezeichnet, ist demnach nicht derjenige Punkt, bei dem die Filmverdampfung beginnt, wenn man die Wandtemperatur vom Bereich der Blasenverdampfung an kontinuierlich erhöht.

Wie Nikolaev und Skripov [11.33] durch Auswertung von Messungen fanden, ist auch die minimale Wärmestromdichte vom Druck abhängig. Bild 11.18 zeigt den Verlauf der minimalen Wärmestromdichte q_{min} bezogen auf ihren Wert $q_{min,0}$ beim Druck $p_0^* = 0,03$ als Funktion des normierten Drucks p^*. Die Bezugswärmestromdichte $q_{min,0}$ wählten Nikolaev und Skripov wieder beim Druck $p_1^* = 031$. Die von ihnen mitgeteilten minimalen Wärmestromdichten wurden in Bild 11.18 umgerechnet auf die Bezugswärmestromdichte $q_{min,0}$ beim Druck $p_0^* = 0,03$. Die Meßwerte lassen sich durch die Ausgleichskurve

$$\frac{q_{min}}{q_{min,0}} = 2,36 p^{*0,24}(1-p^*)^{0,61} \tag{11.35}$$

wiedergeben. Um hieraus eine Beziehung zur Berechnung der minimalen Wärmestromdichte q_{min} abzuleiten, wenn die Wärmestromdichte $q_{min,0}$ nicht bekannt ist, bilden wir zusammen mit (11.31) den Ausdruck

$$\frac{q_{max}}{q_{min}} \frac{q_{min,0}}{q_{max,0}} = 1,49 p^{*0,11}(1-p^*)^{0,29}. \tag{11.36}$$

Setzt man voraus, daß sich der Quotient q_{max}/q_{min} als Funktion des normierten Drucks p^* beschreiben läßt, so ist das beim Druck $p_0^* = 0,03$ zu bildende Verhältnis

$q_{max,0}/q_{min,0}$ ein fester, stoffunabhängiger Wert. Dieses Verhältnis kann man aber berechnen, denn für siedendes Wasser von $p_1 = 1$ bar, $p_1^* = 4{,}52{\cdot}10^{-3}$, ist $q_{max} = 1{,}02{\cdot}10^6$ W/m^2, s. auch Bild 11.1. Damit findet man aus (11.31) $q_{max,0} = 1{,}92{\cdot}10^6$ W/m^2. Die minimale Wärmestromdichte von Wasser beim gleichen Druck beträgt $q_{min} = 1{,}85{\cdot}10^5$ W/m^2. Damit erhält man aus (11.35) den Bezugswert $q_{min,0} = 2{,}86{\cdot}10^5$ W/m^2. Mit diesen Werten für $q_{max,0}$ und $q_{min,0}$ geht (11.36) über in

$$\frac{q_{max}}{q_{min}} = 10 p^{*0,11}(1 - p^*)^{0,29}. \tag{11.37}$$

Daraus kann man die minimale Wärmestromdichte ermitteln, wenn man die maximale kennt. Diese ist, wie im vorigen Abschnitt gezeigt wurde, durch (11.31) und (11.34) gegeben.

Das Verhältnis q_{max}/q_{min} erreicht nach (11.37) einen Größtwert von 7,9 beim Druck $p^* = 0{,}275$. Im Bereich der normierten Drücke $0{,}2 \leqq p^* \leqq 0{,}5$ ist die Druckabhängigkeit schwach, was auch Messungen von Hesse [11.35] bestätigen. Ein mittlerer Wert beträgt in diesem Druckbereich $q_{max}/q_{min} \approx 7{,}8$.

Für den stabilen Bereich der *Filmverdampfung* hat Bromley [11.38] eine Theorie entwickelt, die auf ähnlichen Voraussetzungen beruht wie die Nußeltsche Wasserhauttheorie. Die Heizfläche sei von einem durchgehenden, laminaren Film überhitzten Dampfes bedeckt, der Wand und Flüssigkeit trennt. Die Wandtemperatur ϑ_w wird als konstant angenommen und die Grenzfläche zwischen Dampf und Flüssigkeit habe Sättigungstemperatur. Ohne Berücksichtigung der Strahlung, also unter der Annahme reiner Wärmeleitung, findet man dann durch eine Mengen- und Impulsbilanz analog zur Nußeltschen Wasserhauttheorie für die Dicke des Dampffilms an einer senkrechten ebenen Platte

$$\delta = a_0 \left[\frac{\eta_G \dot{M}}{\varrho_G(\varrho_L - \varrho_G)gb} \right]^{1/3}. \tag{11.38}$$

Hierin sind b die Breite der ebenen Platte und $\dot{M}$ der Dampfmassenstrom. Falls die Flüssigkeit mit der gleichen Geschwindigkeit wie der Dampf an der Phasengrenze aufwärts strömt, ist die Konstante a_0 identisch mit derjenigen der Nußeltschen Wasserhauttheorie, (2.8), $a_0 = \sqrt[3]{3} = 1{,}44$. Nimmt man an, die Flüssigkeit sei nicht bewegt, so erhöht sich die Konstante a_0 auf $\sqrt[3]{12} = 2{,}29$. Die Stoffwerte des Dampfes sind bei der Mitteltemperatur $\bar{\vartheta} = (\vartheta_w + \vartheta_s)/2$ einzusetzen, $\varrho_L = \varrho'$ ist die Dichte der Flüssigkeit im Siedezustand.

Den Einfluß der Wärmestrahlung berücksichtigt man durch einen Wärmeübergangskoeffizienten α_S, der definiert ist durch

$$\alpha_S = \frac{\sigma_S}{\dfrac{1}{\varepsilon_w} + \dfrac{1}{\varepsilon_L} - 1} \frac{T_w^4 - T_s^4}{\vartheta_w - \vartheta_s}. \tag{11.39}$$

Darin ist σ_S der Strahlungskoeffizient des schwarzen Körpers, ε_w die Emissionszahl der Wand, ε_L die der Flüssigkeitsoberfläche. Wärmeleitung und Wärmestrahlung verlaufen nicht unabhängig voneinander. Durch Strahlung wird ebenfalls Dampf erzeugt, der Massenstrom des Dampfes in (11.38) wird dadurch erhöht und der durch Leitung übertragene Wärmestrom vermindert. Der örtliche Wärmeübergangskoeffizient α setzt sich aus den örtlichen Wärmeübergangskoeffizienten für Leitung und Strahlung zusammen. Wenn man analog zur Nußeltschen Wasserhauttheorie annimmt, der hauptsächliche Wärmewiderstand für Leitung sei durch die Dicke des Dampffilms bestimmt, so ist unter der Voraussetzung eines linearen Temperaturverlaufs der örtliche Wärmeübergangskoeffizient für Leitung gegeben durch λ_G/δ und somit

$$\alpha = \frac{\lambda_G}{\delta} + \alpha_S . \qquad (11.40)$$

In der Gleichung für die Filmdicke δ (11.38) ist der Massenstrom des Dampfes noch unbekannt. Um ihn zu ermitteln, verwenden wir die Energiebilanz für den längs der Höhe dz gebildeten Dampfmassenstrom

$$\Delta h \, d\dot{M} = \alpha \Delta \vartheta b \, dz . \qquad (11.41)$$

Die Größe Δh ist die Differenz der Enthalpien von überhitztem Dampf (bei der Temperatur $\bar{\vartheta} = (\vartheta_w + \vartheta_s)/2$) und der Enthalpie der Flüssigkeit im Sättigungszustand. Mit (11.40) und der Filmdicke $\delta = a_1 \dot{M}^{1/3}$ nach (11.38) erhält man durch Integration zwischen dem Plattenanfang und einer Stelle z folgende Beziehung

$$\frac{\Delta \vartheta b z}{\Delta h} = \int_{\dot{M}=0}^{\dot{M}} \frac{d\dot{M}}{\dfrac{\lambda_G}{a_1 \dot{M}^{1/3}} + \alpha_S} . \qquad (11.42)$$

Führt man die Substitution $u = \dot{M}^{-1/3}$ ein, so läßt sich die rechte Seite nach einer Partialbruchzerlegung integrieren. Mit der Abkürzung $b_1 = \alpha_S a_1/\lambda_G$ erhält man

$$\frac{\Delta \vartheta b z}{\Delta h} = \frac{3a_1}{\lambda_G b_1^4} \left[\frac{1}{3} b_1^3 \dot{M} - \frac{1}{2} b_1^2 \dot{M}^{2/3} + b_1 \dot{M}^{1/3} - \ln(1 + b_1 \dot{M}^{1/3}) \right] . \qquad (11.43)$$

Im Grenzfall vernachlässigbarer Wärmestrahlung $\alpha_S \to 0$ liefert die Integration von (11.42) oder der Grenzübergang $b_1 \to 0$ in (11.43)

$$\frac{\Delta \vartheta b z}{\Delta h} = \frac{3a_1}{4\lambda_G} \dot{M}^{4/3} , \qquad (11.44)$$

worin jetzt $\dot{M}$ der an einer beliebigen Stelle z erzeugte Massenstrom des Dampfes ist, wenn Wärme nur durch Leitung übertragen wird. Hiermit erhält man den örtlichen Wärmeübergangskoeffizienten α, indem man den Differentialquotienten $d\dot{M}/dz$ bildet und in (11.41) einsetzt. Unter Beachtung der Definition von a_1 für ruhende Flüssigkeit

$$a_1 = \left[\frac{12\eta_G}{\varrho_G(\varrho_L - \varrho_G)gb} \right]^{1/3} \qquad (11.45)$$

findet man für den örtlichen Wärmeübergangskoeffizienten im Dampffilm

$$\alpha_G = \left[\frac{\Delta h \varrho_G (\varrho_L - \varrho_G) g \lambda_G^3}{16 \eta_G \Delta \vartheta} \frac{1}{z} \right]^{1/4} . \tag{11.46}$$

Daraus ergibt sich der mittlere Wärmeübergangskoeffizient

$$\bar{\alpha}_G = \frac{1}{z_1} \int\limits_0^{z_1} \alpha_G dz$$

zu

$$\bar{\alpha}_G = \frac{4}{3} \alpha_G . \tag{11.47}$$

Hiermit und mit dem Wärmeübergangskoeffizienten α_S für Strahlung kann man (11.43) noch vereinfachen. Wie aus der Energiebilanz (11.41) durch Integration folgt, gilt

$$\Delta h \dot{M} = \bar{\alpha} \Delta \vartheta b z_1$$

und

$$\Delta h \dot{M}_G = \bar{\alpha}_G \Delta \vartheta b z_1 ,$$

wenn man mit $\bar{\alpha}$ den mittleren Wärmeübergangskoeffizienten bezeichnet. Die erzeugten Dampfmassenströme $\dot{M}$ mit Berücksichtigung der Strahlung und $\dot{M}_G$ bei reiner Wärmeleitung stehen daher im gleichen Verhältnis wie die entsprechenden mittleren Wärmeübergangskoeffizienten

$$\frac{\dot{M}}{\dot{M}_G} = \frac{\bar{\alpha}}{\bar{\alpha}_G} . \tag{11.48}$$

Damit kann man den in (11.43) vorkommenden Ausdruck $b_1 \dot{M}^{1/3} = \alpha_S a_1 \dot{M}^{1/3} / \lambda_G$ umformen in

$$b_1 \dot{M}^{1/3} = \frac{\alpha_S a_1 \dot{M}_G^{1/3}}{\lambda_G} \left(\frac{\bar{\alpha}}{\bar{\alpha}_G} \right)^{1/3} .$$

Es ist $a_1 \dot{M}_G^{1/3} = \delta_G$ die Dicke des Dampffilms, wenn Wärme nur durch Leitung übertragen wird und $\alpha_G = \lambda_G / \delta_G$ der zugehörige Wärmeübergangskoeffizient. Somit ist

$$b_1 \dot{M}^{1/3} = \frac{\alpha_S}{\alpha_G} \left(\frac{\bar{\alpha}}{\bar{\alpha}_G} \right)^{1/3} = \frac{4}{3} \frac{\alpha_S}{\bar{\alpha}_G} \left(\frac{\bar{\alpha}}{\bar{\alpha}_G} \right)^{1/3} .$$

Wir setzen abkürzend

$$\frac{\alpha_S}{\bar{\alpha}_G} = x \quad \text{und} \quad \frac{\bar{\alpha}}{\bar{\alpha}_G} = y , \tag{11.49}$$

können also schreiben

$$b_1 \dot{M}^{1/3} = \frac{4}{3} x y^{1/3} , \tag{11.50}$$

wobei die Größen x und y durch (11.49) definiert sind. In (11.43) kommt noch der Faktor

$$\frac{\Delta\vartheta bz}{\Delta h}\,\frac{b_1^4\lambda_G}{3a_1}$$

vor, für den man unter Beachtung von $a_1 = \delta_G/\dot{M}_G^{1/3}$ schreiben kann

$$\frac{\Delta\vartheta bz}{\Delta h}\,\frac{b_1^4\lambda_G}{3a_1} = \frac{\dot{M}_G}{\bar{\alpha}_G}\left(\frac{\alpha_S a_1}{\lambda_G}\right)^4\frac{\lambda_G}{3a_1} = \frac{\alpha_S^4}{3\bar{\alpha}_G}\left(\frac{\delta_G}{\lambda_G}\right)^3 = \frac{\alpha_S^4}{3\bar{\alpha}_G\alpha_G^3}$$

oder nach Einführung der mittleren Wärmeübergangskoeffizienten, (11.47), und Beachtung der Definition für die Größe x, (11.49),

$$\frac{\Delta\vartheta bz}{\Delta h}\,\frac{b_1^4\lambda_G}{3a_1} = \frac{64}{81}\left(\frac{\alpha_S}{\bar{\alpha}_G}\right)^4 = \frac{64}{81}x^4 .$$

Man kann somit (11.43) schreiben

$$\frac{64}{81}x^4 = \frac{64}{81}x^3 y - \frac{8}{9}x^2 y^{2/3} + \frac{4}{3}xy^3 - \ln\left(1 + \frac{4}{3}xy^3\right). \tag{11.51}$$

Dies ist eine transzendente Gleichung, aus der man für einen vorgegebenen Wert von $x = \alpha_S/\bar{\alpha}_G$ die Unbekannte $y = \bar{\alpha}/\bar{\alpha}_G$ und daraus den mittleren Wärmeübergangskoeffizienten $\bar{\alpha}$ der Filmverdampfung erhält. Sie wurde in dieser Form erstmalig von Roetzel [11.39] mitgeteilt. Wie Roetzel zeigte, kann man die Lösung der Gleichung gut annähern durch

$$y = 1 + \frac{1}{5}x\left(4 + \frac{1}{1+3/x}\right). \tag{11.52}$$

Der größte Fehler in $y = \bar{\alpha}/\bar{\alpha}_G$ ist im gesamten Bereich $0 \leqq x = \alpha_S/\bar{\alpha}_G < \infty$ kleiner als 1 % gegenüber der exakten Lösung nach (11.51). Die Gl. (11.52) ist von ähnlicher Form wie eine früher von Bromley [11.38] angegebene Näherungsbeziehung, aber genauer als diese.

12 Wärmeübergang in Fallfilmverdampfern

Fallfilmverdampfer bestehen aus senkrecht angeordneten Heizflächen. Meistens verwendet man Rohre, an denen eine Flüssigkeit in Form eines dünnen Films herabfließt und dabei durch Wärmezufuhr verdampft. In solchen Apparaten soll häufig einer Lösung, bestehend aus einem Lösungsmittel (Wasser oder organische Lösungsmittel) und den darin gelösten Stoffen (Salze oder andere Stoffe), Lösungsmittel durch Eindampfen entzogen werden. Beispiele sind das Eindicken von Fruchtsäften, die Wiedergewinnung von Lösungsmitteln bei der Lackherstellung oder die Gewinnung von Süßwasser aus Meerwasser.

Diese Verdampferbauart weist eine Reihe von Vorteilen auf: Die Wärmeübergangskoeffizienten sind sehr groß und liegen je nach Eigenschaften der einzudampfenden Lösung zwischen 700 und 4000 W/m^{2}K, die Verweildauer der Lösung und die Füllmengen sind gering. Im Gegensatz zu Verdampfern mit überfluteten Heizflächen treten praktisch keine Druckunterschiede infolge von statischen Flüssigkeitssäulen auf, und der Reibungsdruckabfall ist meistens klein, so daß sich die Verdampfungstemperatur über größere Bereiche eines Apparats nur wenig ändert. Der gebildete Dampf wird meistens nach unten abgezogen. Dampf und Flüssigkeit strömen also im Gleichstrom, und das Kondensat kann nicht aufgestaut werden wie im Fall des Gegenstroms. Durch die Gleichstromführung und das große Volumen des Dampfes entstehen besonders in innen berieselten Rohren beträchtliche Dampfgeschwindigkeiten, die eine große Schubspannung auf den Flüssigkeitsfilm ausüben. Sie sorgen für einen dünnen Flüssigkeitsfilm mit entsprechend gutem Wärmeübergang. In den meisten Fällen arbeitet der Fallfilmverdampfer im Bereich der Oberflächenverdampfung. Dampf bildet sich nur an der Filmoberfläche, ohne daß Dampfblasen an der Wand entstehen. Durch diese Art der Verdampfung ist wegen der geringen Überhitzung die Gefahr einer thermischen Zersetzung geringer, auch eine Krustenbildung an der Heizfläche tritt nicht so leicht ein wie bei Blasenverdampfung.

Um sicherzustellen, daß Dampf nur an der Filmoberfläche gebildet wird, darf die Überhitzung der Wand gegenüber der Sättigungstemperatur nicht zu groß sein und soll je nach den Eigenschaften der einzudampfenden Stoffe 3 bis 10 K nicht übersteigen. Im allgemeinen muß man die zulässige Überhitzung, bei der die Blasenbildung einsetzt, in Vorversuchen bestimmen. Als Kriterium zur Ermittlung dieser zulässigen Überhitzung gilt, daß im Bereich der Oberflächenverdampfung Wärmeübergangskoeffizienten unabhängig von der Überhitzung, im Bereich der Blasenverdampfung jedoch stark von der Überhitzung abhängig sind.

Die Nußeltzahl bei Oberflächenverdampfung ist nur von der Reynolds- und der Prandtlzahl abhängig. Gleichungen hierfür und ein Rechenverfahren waren schon in Abschn. 4.2.3 im Zusammenhang mit dem Wärmeübergang bei der Filmkondensation erörtert worden. Sie gelten auch für den Fall der Oberflächenverdampfung am Fallfilm, da die Nußeltzahl genau wie bei der Filmkondensation nur von der mit der Filmdicke gebildeten Reynoldszahl und der Prandtlzahl abhängt. Der Fallfilmverdampfer kann daher nach dem in Abschn. 4.2.3 geschilderten Verfahren berechnet werden. Während bei der Filmkondensation am senkrechten Rohr die Filmdicke nach unten dicker wird, der anfänglich laminare Film also in einen turbulenten übergeht, ist bei der Oberflächenverdampfung der Flüssigkeitsfilm anfänglich meistens so dick, daß die Strömung im Film turbulent ist. Mit zunehmender Eindampfung nimmt die Filmdicke ab, so daß am unteren Ende eines Fallfilmverdampfers die Filmströmung laminar sein kann. Wenn man Lösungen eindickt, nimmt außerdem die Viskosität am unteren Rohrende zu, die Reynoldszahl nimmt also auch deswegen ab.

Blasenverdampfung sucht man im allgemeinen in Fallfilmapparaten zu vermeiden. Der Wärmeübergangkoeffizient bei Blasenverdampfung wächst zwar mit der Überhitzung stark an, gleichzeitig reißen jedoch die Dampfblasen Flüssigkeit mit, so daß an der Wand trockene Stellen entstehen, was wieder zu einer deutlichen Abnahme des Wärmeübergangs führt, der oft die Verbesserung infolge der größeren Überhitzung wieder zunichte macht. Allgemeingültige Gleichungen für den Wärmeübergang bei Blasenverdampfung in Fallfilmen sind bisher nicht bekannt. Für das Kältemittel R11 gültige Beziehungen findet man in einer Arbeit von Struve [12.1], solche für Alkohol-Wassergemische und Zuckerlösungen bei Thoma [12.2], für Wasser bei Zaletnev et al. [12.3] und für Seewasser bei Slesarenko [12.4].

13 Wärmeübergang beim Sieden reiner Stoffe in erzwungener Strömung

Während der Wärmeübergang beim Sieden einer Flüssigkeit in freier Strömung im wesentlichen durch die Differenz zwischen Heizflächen- und Siedetemperatur, die Eigenschaften der Flüssigkeit und die der Heizfläche bestimmt wird, spielen beim Sieden in erzwungener Strömung noch zusätzlich die Strömungsgeschwindigkeiten von dampfförmiger und flüssiger Phase und die Art der Phasenverteilung eine Rolle. Wie bereits in Kap. 9 dargelegt, ist der Wärmeübergangskoeffizient nicht mehr durch einfache empirische Korrelation der Form $\alpha = cq^n$ darstellbar, sondern es kommen als weitere Einflußgrößen die Massenstromdichte $\dot{m}$ und der Strömungsdampfgehalt x^* hinzu, so daß empirische Wärmeübergangsbeziehungen von der Form $\alpha = cq^n \dot{m}^s f(x^*)$ sind. Die Art solcher Beziehung wird wesentlich durch die Strömungsform bestimmt, über die im folgenden Kapitel berichtet wird.

13.1 Die verschiedenen Strömungsformen

Die vielfältigen Formen zweiphasiger Strömungen lassen sich in bestimmte Grundtypen einteilen, zwischen denen aber noch Übergangs- oder Mischzustände möglich sind.

13.1.1 Aufwärts gerichtete Zweiphasenströmung im senkrechten Rohr

Die Grundtypen der Strömungsformen einer aufwärts gerichteten Zweiphasenströmung im *senkrechten, unbeheizten Rohr* zeigt Bild 13.1. In einer *Blasenströmung*, Bild 13.1a, ist die Gas- oder Dampfphase gleichmäßig in der kontinuierlichen Flüssigphase dispergiert. Nur sehr kleine Blasen sind kugelförmig, große Blasen dagegen abgeplattet. Eine solche Strömungsform kommt vor, wenn die Gasanteile klein sind. In einer *Pfropfenströmung*, Bild 13.1b, füllen große Blasen (Pfropfen) nahezu den gesamten Rohrquerschnitt aus. Zwischen den Pfropfen strömt von kleineren Bläschen durchsetzte Flüssigkeit.

Bei größeren Massenstromdichten löst sich die Blasenstruktur zunehmend auf. Es entsteht eine *Schaumströmung*, Bild 13.1c. Sie besteht aus unregelmäßigen, mehr oder weniger großen Gas- oder Dampffetzen und hat einen stark instabilen Charakter. Diese Strömungsform bildet sich besonders in Rohren großen Durchmessers und bei höheren Drücken aus.

Die *Strähnen-Ring-Strömung*, Bild 13.1d, besteht aus einem verhältnismäßig dicken Flüssigkeitsfilm an der Wand, aber auch der Flüssigkeitsanteil im Dampf-

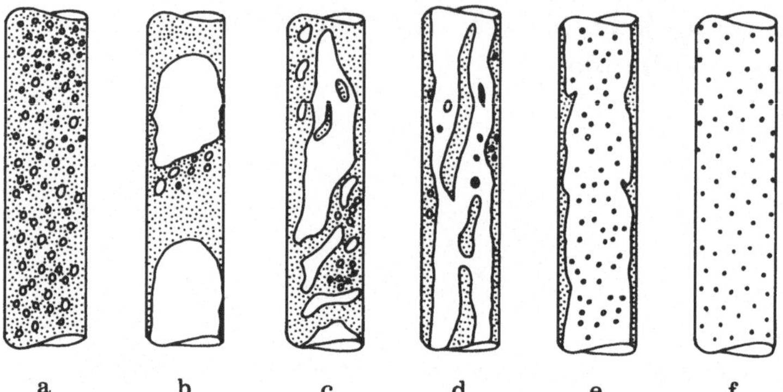

Bild 13.1. Strömungsformen im senkrechten, unbeheizten Rohr bei Aufwärtsströmung. **a** Blasenströmung (bubble flow); **b** Propfenströmung (plug flow); **c** Schaumströmung (churn flow); **d** Strähnen-Ring-Strömung (wispy-annular flow); **e** Ringströmung (annular flow); **f** Sprühströmung (spray or drop flow)

oder Gaskern der Strömung ist noch groß. Der Film ist von kleinen Blasen durchsetzt, und die flüssige Phase im Strömungskern besteht aus großen Tropfen, die teilweise zu größeren Flüssigkeitssträhnen zusammengewachsen sind. Diese Strömungsform beobachtet man vor allem, wenn die Massenstromdichten groß sind.

Eine häufig auftretende Strömungsform ist die *Ringströmung*, Bild 13.1e. Sie ist dadurch charakterisiert, daß die Hauptmasse der Flüssigkeit an der Wand und die mit Tropfen durchsetzte Gas- oder Dampfphase mit erheblich höherer Geschwindigkeit im Kern des Rohrs strömt.

Infolge der Verdampfung und besonders bei hoher Geschwindigkeit von Gas oder Dampf löst sich der Flüssigkeitsfilm an der Wand auf, und es entsteht eine *Sprühströmung*, Bild 13.1f, die insbesondere bei der Verdampfung unter hohen Drücken anzutreffen ist.

Alle diese Erscheinungsformen der Zweiphasenströmung beobachtet man nicht nur im kreisrunden Rohr, sondern auch in Kanälen anderen Querschnitts, sofern diese nicht völlig von der kreisrunden Form abweichen, also beispielsweise einen sehr flachen, abgeplatteten Querschnitt besitzen.

Während der Verdampfung einer Flüssigkeit in einem senkrechten Rohr treten die genannten Strömungsformen mehr oder weniger ausgeprägt nacheinander auf, wie dies Bild 9.4 bereits zeigte. Die Struktur einer solchen nichtadiabaten Dampf-Flüssigkeits-Strömung unterscheidet sich in der Regel von der einer adiabaten Zweiphasenströmung, auch wenn die örtlichen Strömungsparameter, wie Massen-stromdichte, Dampfgehalt etc., übereinstimmen. Ursachen dafür sind die Abwei-chung vom thermodynamischen Gleichgewicht, hervorgerufen durch die radialen Temperaturunterschiede, und auch die Abweichung vom hydrodynamischen Gleichgewicht. Vorgänge, die zu einer Änderung der Strömungsform führen, wie Blasenkoaleszenz, Mitriß von Tropfen aus dem Flüssigkeitsfilm durch schnell strömenden Dampf, Tropfenzerfall und dgl., benötigen Zeit. Je schneller daher eine

Verdampfung stattfindet, desto weiter ist man vom hydrodynamischen Gleichgewicht entfernt. Gewisse Strömungsformen können daher im beheizten Rohr ausgeprägter sein als im unbeheizten, andere dagegen treten möglicherweise gar nicht auf.

Bild 9.4 zeigte ein Beispiel für verschiedene Strömungsformen in einem *senkrechten beheizten Rohr.* Es wird dabei angenommen, die aufwärts strömende Flüssigkeit sei anfänglich unterkühlt. Ist die wandnahe Schicht infolge der äußeren Beheizung hinreichend überhitzt, so bilden sich an der Wand Dampfblasen, die nach Erreichen einer kritischen Größe abreißen und in den Strömungskern wandern. Solange dieser noch unterkühlt ist, kondensieren die Blasen wieder (Bereich des *unterkühlten Siedens*). Hat auch der Strömungskern Siedetemperatur erreicht, bewegen sich im Rohr Schwärme kleiner Blasen. Mit steigender Zahl wachsen sie zu größeren Blasen zusammen. Nach weiterer Wärmezufuhr entstehen zunächst pfropfenartige Gebilde (*Pfropfenströmung*) oder eine stark turbulente Mischung aus unregelmäßig geformten Dampffetzen sehr unterschiedlicher Größe (*Schaumströmung*). Schließlich sammelt sich die Flüssigkeit zunehmend an der Wand (*Schaum-Ringströmung* und *Ringströmung*). Besteht der Strömungskern vorwiegend aus Dampf, so reißt dieser, da er viel schneller als die Flüssigkeit strömt, Tropfen aus dem Flüssigkeitsfilm heraus (entrainment). Der Flüssigkeitsverlust und weitere Verdampfung führen schließlich zu einer vollständigen Austrocknung des Films (dryout). Es liegt nun der Bereich der *Sprühströmung* vor. Noch bevor alle Tropfen verdampft sind, beginnt die Dampftemperatur über den Sättigungszustand hinaus anzusteigen, d.h. zwischen Tropfen und Dampf besteht kein thermodynamisches Gleichgewicht mehr.

Mit Annäherung an den kritischen Zustand des Fluids wandelt sich das Bild. Die Strömung hat bereits bei geringen Dampfgehalten ein schaumiges Aussehen, da vorwiegend kleine Blasen entstehen. Pfropfenströmung tritt oft gar nicht auf. Besonders bei großen Massenströmen wachsen die Tropfen im Dampfkern häufig zu größeren, unregelmäßigen Flüssigkeitsgebilden zusammen.

13.1.2 Zweiphasenströmung im waagerechten Rohr

In einem *waagerechten, unbeheizten Rohr* oder Kanal strömt die Flüssigkeit aufgrund der Schwerkraft vorwiegend im unteren und Gas oder Dampf im oberen Teil des Querschnitts. Je kleiner die Trägheitskräfte im Vergleich zur Schwerkraft sind, desto mehr unterscheidet sich die Strömung im waagerechten von der im senkrechten Rohr. Bei sehr kleinen Geschwindigkeiten bilden sich daher im waagerechten Rohr Strömungsformen aus, die man im senkrechten Rohr nicht beobachtet. Bild 13.2 zeigt charakteristische Erscheinungsformen einer waagerechten Zweiphasenströmung. Die Dampfblasen sammeln sich wegen der Auftriebskräfte im oberen Teil des Rohrs an, man spricht von *Blasenströmung*, Bild 13.2a. Sie können dann zu Pfropfen zusammenwachsen und in *Pfropfenströmung*, Bild 13.2b, übergehen.

Bei sehr kleinen Geschwindigkeiten sind beide Phasen vollständig getrennt. Man spricht von einer *Schichtenströmung*, Bild 13.2c. Nimmt die Gas- oder

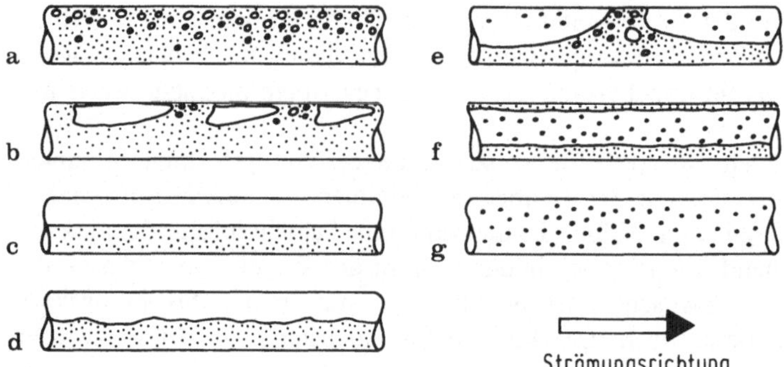

Bild 13.2. Strömungsformen im waagerechten, unbeheizten Rohr. **a** Blasenströmung (bubble flow); **b** Pfropfenströmung (plug flow); **c** Schichtenströmung (stratified flow); **d** Wellenströmung (wavy flow); **e** Schwallströmung (slug flow); **f** Ringströmung (annular flow); **g** Sprühströmung (spray or drop flow)

Dampfgeschwindigkeit zu, so bilden sich zunächst Wellen auf der Flüssigkeitsoberfläche, *Wellenströmung*, Bild 13.2d. Die Wellenberge werden höher und benetzen schließlich in unregelmäßiger Folge auch die obere Kanalwand, *Schwallströmung*, Bild 13.2e. Bei noch höherer Geschwindigkeit entwickelt sich eine *Ringströmung*, Bild 13.2f, deren Filmdicke in der oberen Rohrhälfte zumeist kleiner ist als im unteren Bereich des Rohrs. Sie geht mit weiterer Zunahme der Dampfgeschwindigkeit in eine *Sprühströmung*, Bild 13.2g über.

In einem *waagerechten, beheizten Rohr* treten die zuvor besprochenen Strömungsformen nacheinander auf. Genau wie beim senkrechten Verdampferrohr wird sich infolge des radialen Temperaturprofils kein thermisches Gleichgewicht einstellen. Bild 13.3 zeigt die verschiedenen Strömungsformen im waagerechten Verdampferrohr unter der Annahme, daß die Flüssigkeit mit einer hinreichend kleinen Geschwindigkeit unter 1 m/s in das Rohr eintritt. Wie man erkennt, ist die

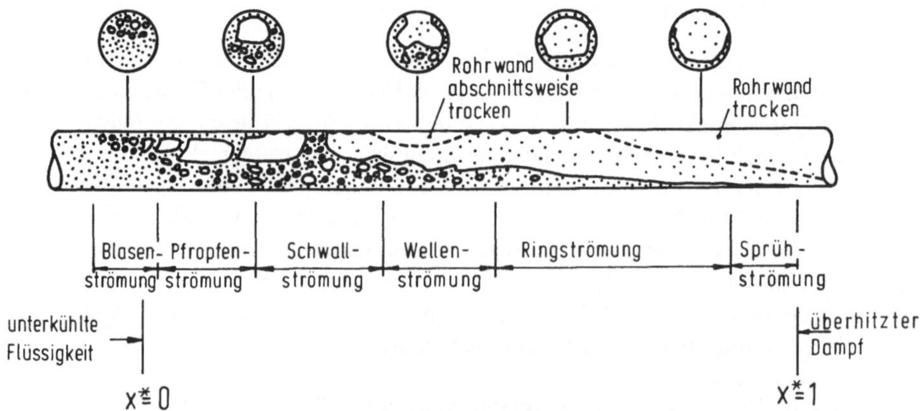

Bild 13.3. Strömungsformen im waagerechten Verdampferrohr nach Collier [13.1]

obere Rohrwand im Bereich der Schwallströmung abwechselnd trocken und benetzt. Im Bereich der Ringströmung trocknet die obere Kanalwand stromabwärts immer mehr aus. Je höher die Massenstromdichten sind, desto symmetrischer wird die Phasenverteilung und nähert sich dann der im senkrechten Verdampferrohr an.

13.2 Strömungskarten

Da die verschiedenen Strömungsformen durch die Kräfte zwischen den Phasen bestimmt werden, vor allem die Trägheits- und die Schwerkraft, ist es naheliegend, die Grenzen zwischen den verschiedenen Strömungsformen in Abhängigkeit von diesen Kräften in Diagrammen, sogenannten Strömungskarten, zu erfassen. Eine solche Strömungskarte ist zuerst von Baker [13.2] aufgestellt worden. Man spricht daher auch von *Baker-Diagrammen*. Diese dienen aber nur zur groben Orientierung, da man die maßgebenden Kräfte in den verschiedenen Strömungsbereichen nicht mit ausreichender Sicherheit kennt. Insbesondere in Zweiphasenströmungen mit Wärmezufuhr muß man mit größeren Unsicherheiten rechnen, da die meisten Strömungskarten für adiabate Strömungen entwickelt wurden. Außerdem sind die Übergänge zwischen den verschiedenen Strömungsformen fließend, eine strenge Grenze mit sprunghaftem Übergang existiert nicht.

Bild 13.4 zeigte eine Strömungskarte, die von Hewitt und Roberts [13.3] durch Beobachtung der Strömungen von Luft-Wasser-Gemischen bei Umgebungsdruck und von Wasser-Wasserdampfgemischen bei höheren Drücken in senkrechten Rohren von 10 bis 30 mm Durchmesser entwickelt wurde. Auf den Ordinaten sind die Impulsstromdichten $\varrho_G w_G^2$ des Dampfes und $\varrho_L w_L^2$ der Flüssigkeit aufgetragen.

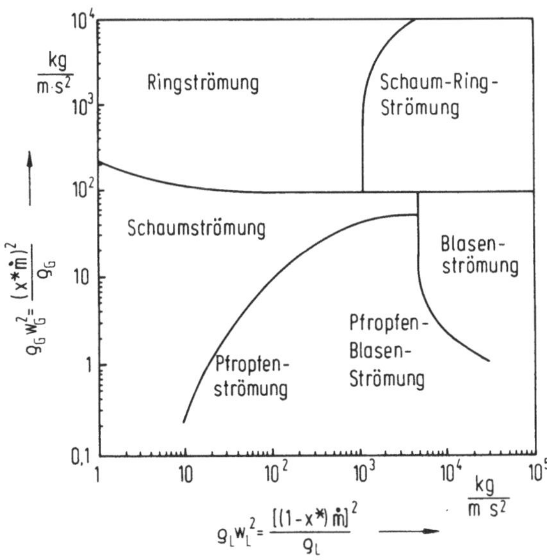

Bild 13.4. Strömungsform-Diagramm für senkrechte Zweiphasenströmungen nach Hewitt und Roberts [13.3], $1\ \mathrm{kg/ms^2} = 1\ \mathrm{Pa}$

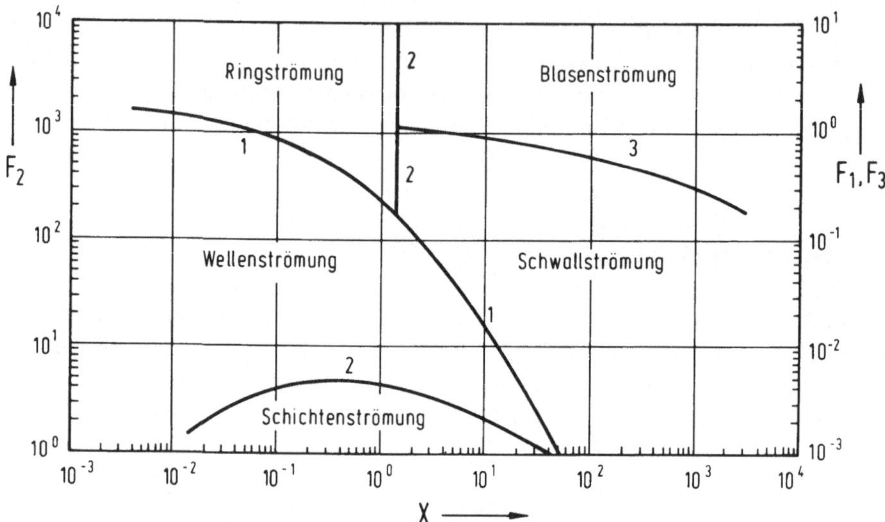

Bild 13.5. Strömungsformen in waagerechten und geneigten Rohren, nach Taitel und Dukler [13.4]

Diese haben die Dimension eines Drucks und werden mit den scheinbaren Gas- und Flüssigkeitsgeschwindigkeiten gebildet, die dann aufträten, wenn jede der beiden Phasen den gesamten Querschnitt ausfüllen würde. Es ist

$$w_G = x^* \dot{m}/\varrho_G \quad \text{und} \quad w_L = (1 - x^*)\dot{m}/\varrho_L.$$

Für Zweiphasenströmungen in waagerechten und geneigten Rohren haben Taitel und Dukler [13.4] aufgrund von Modellvorstellungen eine Strömungskarte entwickelt, die in Bild 13.5 wiedergegeben ist. Für die Grenze zwischen Schwall- und Ringströmung, Kurve *1*, ist die Kenngröße

$$F_1 = \left(\frac{\varrho_G}{\varrho_L - \varrho_G}\right)^{1/2} \frac{w_G}{(dg\cos\gamma)^{1/2}} \tag{13.1}$$

maßgebend, in der w_G wieder die scheinbare Geschwindigkeit des Dampfes, d der Rohrinnendurchmesser und γ der Neigungswinkel gegen die Horizontale sind. Für die Grenzen zwischen Ringströmung und Blasen- oder Schwallströmung und zwischen Schichten- und Wellenströmung, Kurven *2*, hat man die Kenngröße

$$F_2 = \frac{\varrho_G w_G^2 w_L}{(\varrho_L - \varrho_G)g v_L \cos\gamma} \tag{13.2}$$

zu bilden, während die Grenze zwischen Schwall- und Blasenströmung, Kurve *3*, bestimmt wird durch

$$F_3 = \left[\frac{(dp/dz)_L}{(\varrho_L - \varrho_G)g\cos\gamma}\right]^{1/2}, \tag{13.3}$$

in der $(dp/dz)_L$ der Reibungsdruckverlust der flüssigen Phase ist unter der Annahme, daß diese allein im Rohr strömt. Auf der Abszisse ist der Martinelli-Parameter X aufgetragen. Es ist

$$X^2 = \left(\frac{dp}{dz}\right)_L \Big/ \left(\frac{dp}{dz}\right)_G \tag{13.4}$$

mit dem Reibungsdruckabfall $(dp/dz)_L$ der Flüssigkeit, wenn diese allein durch das Rohr strömen würde, und dem Reibungsdruckabfall $(dp/dz)_G$, wenn das Gas allein durch das Rohr strömen würde. Es ist

$$\left(\frac{dp}{dz}\right)_L = -\zeta_L \frac{1}{d} \frac{\varrho_L w_L^2}{2} \tag{13.5}$$

mit dem Widerstandsbeiwert

$$\zeta_L = c/Re^n \quad \text{mit} \quad Re = \frac{\dot{m}(1-x^*)d}{\eta_L} . \tag{13.6}$$

Eine entsprechende Gleichung gilt für den Reibungsdruckabfall des Gases.

13.3 Einige Grundbegriffe und Definitionen

Zur Beschreibung des Wärmeübergangs beim Sieden benötigt man einige Grundbegriffe und Definitionen aus der Theorie der Zweiphasenströmungen. Wir betrachten dazu in Bild 13.6 den Abschnitt eines Kanals, in dem Gas und Flüssigkeit strömen. Der Einfachheit halber ist in dem Bild eine Ringströmung gezeigt, die folgenden Begriffe gelten jedoch ebenso für die anderen Strömungsformen. In irgendeinem Querschnitt A füllt die gasförmige Phase den Anteil

$$\varepsilon = A_G/A , \tag{13.7}$$

die flüssige entsprechend den Anteil

$$1 - \varepsilon = A_L/A \tag{13.8}$$

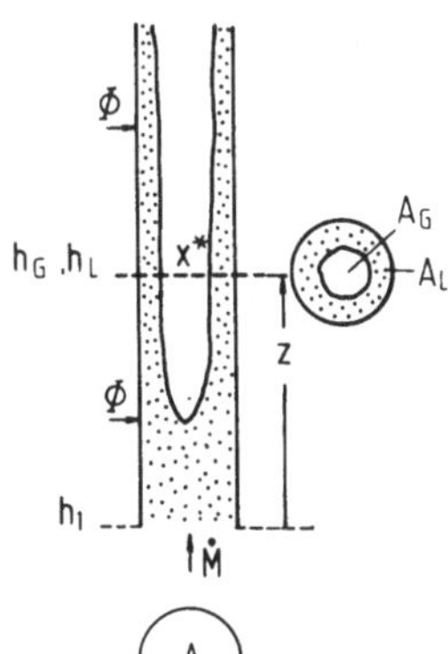

Bild 13.6. Zweiphasenströmung in einem beheizten Kanal

aus, denn es ist $A_G + A_L = A$. In einem hinreichend kleinen Rohrabschnitt Δz ändern sich diese Anteile nicht. Daher ist

$$\varepsilon = A_G \Delta z / A \Delta z \, .$$

Der Volumenanteil des Dampfes in dem betrachteten Rohrabschnitt ist somit

$$\varepsilon = V_G / V \tag{13.9}$$

und der Volumenanteil der Flüssigkeit

$$1 - \varepsilon = V_L / V \, . \tag{13.10}$$

Man nennt die Größe ε den *volumetrischen Dampfgehalt*. Davon zu unterscheiden ist der *volumetrische Strömungsdampfgehalt*

$$\varepsilon^* = \dot{V}_G / \dot{V} \, , \tag{13.11}$$

der den Volumenstrom des Dampfes auf den gesamten Volumenstrom von Dampf und Flüssigkeit bezieht. Ein weiterer Begriff ist der *Strömungsdampfgehalt*, der das Verhältnis vom Massenstrom $\dot{M}_G$ des Dampfes zum gesamten Massenstrom $\dot{M} = \dot{M}_G + \dot{M}_L$ darstellt

$$x^* = \dot{M}_G / \dot{M} \, . \tag{13.12}$$

Es ist

$$1 - x^* = \dot{M}_L / \dot{M} \, . \tag{13.13}$$

Der Strömungsdampfgehalt ist vom spezifischen Dampfgehalt der Dampftafel verschieden, der bekanntlich definiert ist durch $x = M_G / M$. Mit den Massenströmen $\dot{M}_G$ des Gases und $\dot{M}_L$ der Flüssigkeit erhält man die Geschwindigkeit beider Phasen in einem beliebigen Querschnitt

$$w_G = \frac{\dot{M}_G}{\varrho_G A_G} = \frac{x^* \dot{M}}{\varrho_G \varepsilon A} = \frac{x^* \dot{m}}{\varrho_G \varepsilon} \, , \tag{13.14}$$

$$w_L = \frac{\dot{M}_L}{\varrho_L A_L} = \frac{(1 - x^*) \dot{M}}{\varrho_L (1 - \varepsilon) A} = \frac{(1 - x^*) \dot{m}}{\varrho_L (1 - \varepsilon)} \, . \tag{13.15}$$

Das Verhältnis beider Geschwindigkeiten nennt man *Schlupf* oder *Schlupffaktor*. Es ist

$$s = \frac{w_G}{w_L} = \frac{x^*}{1 - x^*} \frac{1 - \varepsilon}{\varepsilon} \frac{\varrho_L}{\varrho_G} \, . \tag{13.16}$$

Auch der Strömungsdampfgehalt x^* und der volumetrische Dampfgehalt ε^* sind miteinander verknüpft wegen

$$x^* = \frac{\dot{M}_G}{\dot{M}_G + \dot{M}_L} = \frac{\dot{V}_G \varrho_G}{\dot{V}_G \varrho_G + \dot{V}_L \varrho_L} = \frac{\varepsilon^* \dot{V} \varrho_G}{\varepsilon^* \dot{V} \varrho_G + (1 - \varepsilon^*) \dot{V} \varrho_L}$$

oder

$$x^* = \frac{\varepsilon^*}{\varepsilon^* + (1 - \varepsilon^*) \varrho_L / \varrho_G} \, . \tag{13.17}$$

Volumetrischer Dampfgehalt ε^* und Dampfgehalt ε stimmen überein, wenn der Schlupffaktor eins wird, also $w_G = w_L$ gilt, da dann

$$\varepsilon^* = \frac{\dot{V}_G}{\dot{V}} = \frac{w_G A_G}{w_G A_G + w_L A_L} = \frac{A_G}{A} = \varepsilon \, .$$

Der Strömungsdampfgehalt x^* ist meistens bekannt oder leicht zu ermitteln.

Im unbeheizten Kanal sind die Massenströme der einzelnen Phasen im allgemeinen vorgegeben. In einem beheizten Kanal ergibt sich der Strömungsdampfgehalt aus einer Energiebilanz, Bild 13.6. Wir nehmen dazu an, die Flüssigkeit trete unterkühlt in das Verdampferrohr ein. Ihre spezifische Enthalpie im Eintrittsquerschnitt sei h_1. Durch den Wärmestrom Φ wird sie auf Sättigungstemperatur erwärmt und dann verdampft. Die Energiebilanz zwischen Eintrittsquerschnitt und einem beliebigen anderen Querschnitt an der Stelle z ergibt dann unter Vernachlässigung von kinetischer und potentieller Energie

$$\dot{M} h_1 + \Phi = \dot{M} [x^* h_G + (1 - x^*) h_L] \, .$$

Nimmt man weiter an, Dampf und Flüssigkeit stünden im Querschnitt an der Stelle z im thermodynamischen Gleichgewicht miteinander, so sind ihre spezifischen Enthalpien im Sättigungszustand beim Druck $p(z)$ zu nehmen. Es ist $h_G = h''$ und $h_L = h'$ und $h'' - h' = \Delta h_v$ die Verdampfungsenthalpie beim Druck p im betrachteten Querschnitt. Wegen der Annahme des thermodynamischen Gleichgewichts bezeichnen wir nun den Strömungsdampfgehalt mit x^*_{th} und nennen ihn den thermodynamischen Dampfgehalt. Damit ist

$$\dot{M} h_1 + \Phi = \dot{M} (x^*_{th} \Delta h_v + h')$$

und

$$x^*_{th} = \frac{1}{\Delta h_v} \left(\frac{\Phi}{\dot{M}} + h_1 - h' \right) \, . \tag{13.18}$$

Diese Gleichung gilt voraussetzungsgemäß nur dann, wenn Dampf und Flüssigkeit in einem Querschnitt gleiche Temperatur haben. Sie versagt in der Nähe des Eintrittsquerschnitts, wo der Strömungsdampfgehalt x^* noch sehr klein ist und auch bei großen Dampfgehalten. In der Nähe des Eintrittsquerschnitts können sich an der heißen Wand bereits Dampfblasen bilden, während der Kern der Strömung noch unterkühlt ist. Dampf und Flüssigkeit haben also verschiedene Temperaturen. Der Strömungsdampfgehalt ist somit positiv, während man nach (13.18), da die Flüssigkeit noch unterkühlt, also $\Phi + \dot{M} h_1 < \dot{M} h'$ ist, einen negativen Wert für den thermodynamischen Dampfgehalt erhält. Bei hohen Dampfgehalten hat man eine Sprühströmung. Wärme wird hauptsächlich an den Dampf übertragen, der sich überhitzt, obwohl im Strömungskern weiterhin Flüssigkeitstropfen mitgerissen werden, die erst allmählich verdampfen. Der Strömungsdampfgehalt ist also noch kleiner als eins, obwohl der thermodynamische Dampfgehalt nach (13.18) schon den Wert eins erreicht.

Im Bereich mittlerer Strömungsdampfgehalte, wo weder unterkühltes Sieden noch Sprühströmung vorliegt, liefert jedoch (13.18) genaue Werte. Bild 13.7 zeigt

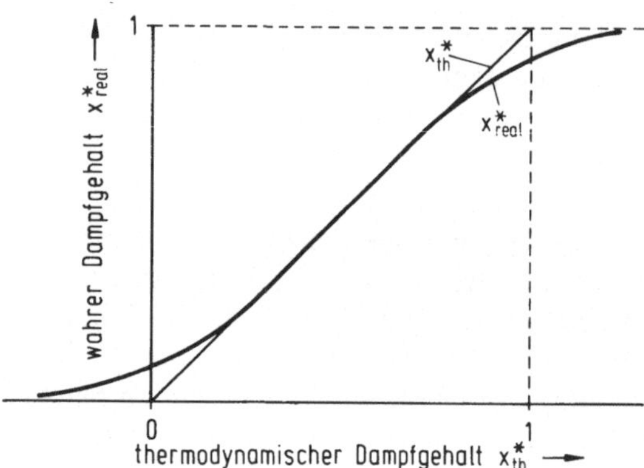

Bild 13.7. Qualitativer Verlauf des wahren Dampfgehalts x^*_{real} in Abhängigkeit vom thermodynamischen Dampfgehalt x^*_{th}

qualitativ den Verlauf des wahren Dampfgehalts x^*_{real} über dem thermodynamischen Dampfgehalt x^*_{th} aufgrund von (13.18). Systematische Untersuchungen über die Abweichung vom thermodynamischen Dampfgehalt x^*_{th} sind bisher nicht bekannt, so daß man die wahren Dampfgehalte bei Annäherung an $x^* \to 0$ und $x^* \to 1$ nicht zuverlässig angeben kann. Die Abweichungen vom thermodynamischen Dampfgehalt können beträchtlich sein. Als Beispiel zeigt Bild 13.8 den volumetrischen Dampfgehalt bei unterkühltem Sieden von Wasser nach Messungen von Rouhani [13.5]. An der Stelle, an der man nach (13.18) einen thermodynamischen Dampfgehalt $x^*_{th}=0$ errechnet, wo also die Flüssigkeit im Mittel gerade ihren Sättigungszustand erreicht, beträgt der volumetrische Dampfgehalt bereits 20 bis 50 %. Er ist umso größer je niedriger der Druck ist, und er nimmt mit der Massenstromdichte zu. Auch im Fall der *Sprühströmung*, also bei hohen Dampfgehalten ist die Abweichung vom thermodynamischen Dampfgehalt erheblich, weil der überhitzte Dampf noch Flüssigkeitstropfen mitreißt. Nach Bild 13.9, das Meßergebnisse von Plummer [13.6] an siedendem Stickstoff wiedergibt, sind die letzten Flüssigkeitstropfen erst verschwunden, wenn der nach (13.18) berechnete thermodynamische Dampfgehalt je nach Massenstromdichte zwischen 1,4 und 2,6 liegt.

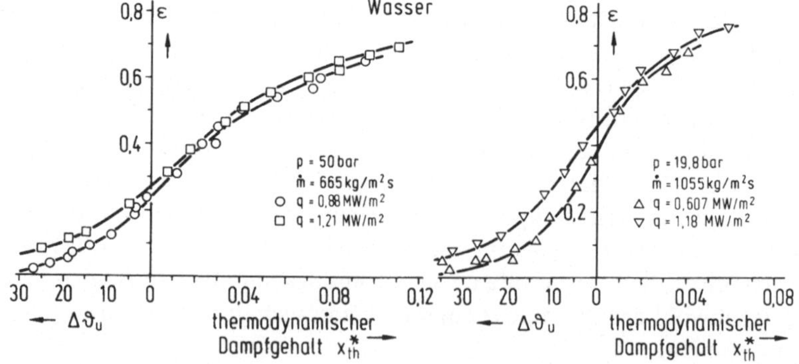

Bild 13.8. Volumetrischer Dampfgehalt bei unterkühltem Sieden in einer Wasser-Zweiphasenströmung, nach Rouhani [13.5]

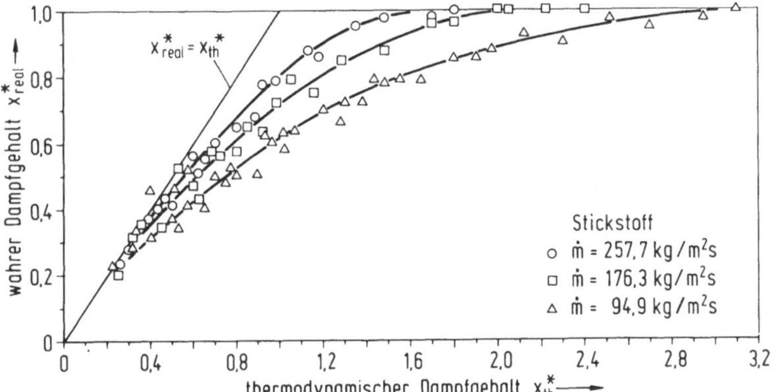

Bild 13.9. Wahrer Dampfgehalt in einer Sprühströmung von Stickstoff, nach Plummer [13.6]

13.4 Die verschiedenen Bereiche des Wärmeübergangs

Wir betrachten ein senkrechtes Verdampferrohr, das gleichmäßig über die gesamte Länge beheizt ist und dem unterkühlte Flüssigkeit unten zugeführt wird. Die Wärmestromdichte q sei niedrig und das Rohr lang genug, so daß die zugeführte Flüssigkeit vollständig verdampfen kann. Bild 13.10 zeigt noch einmal die verschiedenen Strömungsformen. Außerdem sind die verschiedenen Bereiche des Wärmeübergangs und der Verlauf von Flüssigkeits- und Wandtemperatur eingezeichnet.

Solange die Wandtemperatur noch unterhalb der für die Bildung von Dampfblasen notwendigen Temperatur bleibt, wird Wärme durch einphasige, erzwungene Strömung übertragen. Ist die Wand hinreichend überhitzt, so können sich dort Dampfblasen bilden, obwohl die Kernflüssigkeit noch unterkühlt ist. Man spricht vom Bereich des unterkühlten Siedens. Die Wandtemperatur ist in diesem Bereich nahezu konstant und liegt wenige Kelvin über der Sättigungstemperatur. Den Übergang zum *Blasensieden* legt man definitionsgemäß an die Stelle, an der die Flüssigkeit im Mittel Sättigungstemperatur erreicht und somit der thermodynamische Dampfgehalt $x^* = 0$ wird. Tatsächlich ist an dieser Stelle, wie in Bild 13.10 angedeutet, wegen des radialen Temperaturprofils die Flüssigkeit im Kern noch unterkühlt, gleichzeitig aber schon Dampf anwesend, so daß die mittlere Enthalpie gleich derjenigen der gesättigten Flüssigkeit ist. Wie schon im vorigen Abschnitt dargelegt, stellt sich die Sättigungstemperatur im Kern erst weiter stromab von der Stelle $x^* = 0$ ein.

Im Bereich des Blasensiedens wird der Wärmeübergang hauptsächlich durch die Bildung der Dampfblasen und nur in geringerem Maße durch die Konvektion bestimmt. Dieser Bereich umfaßt die eigentliche Blasen-, die Pfropfen-, die Schaum-Ring- und Teile der Ringströmung. Der Strömungsdampfgehalt nimmt stromabwärts ständig zu und bei hinreichend hohem Dampfgehalt geht die Schaum-Ring-Strömung in eine Ringströmung über mit einem Flüssigkeitsfilm an

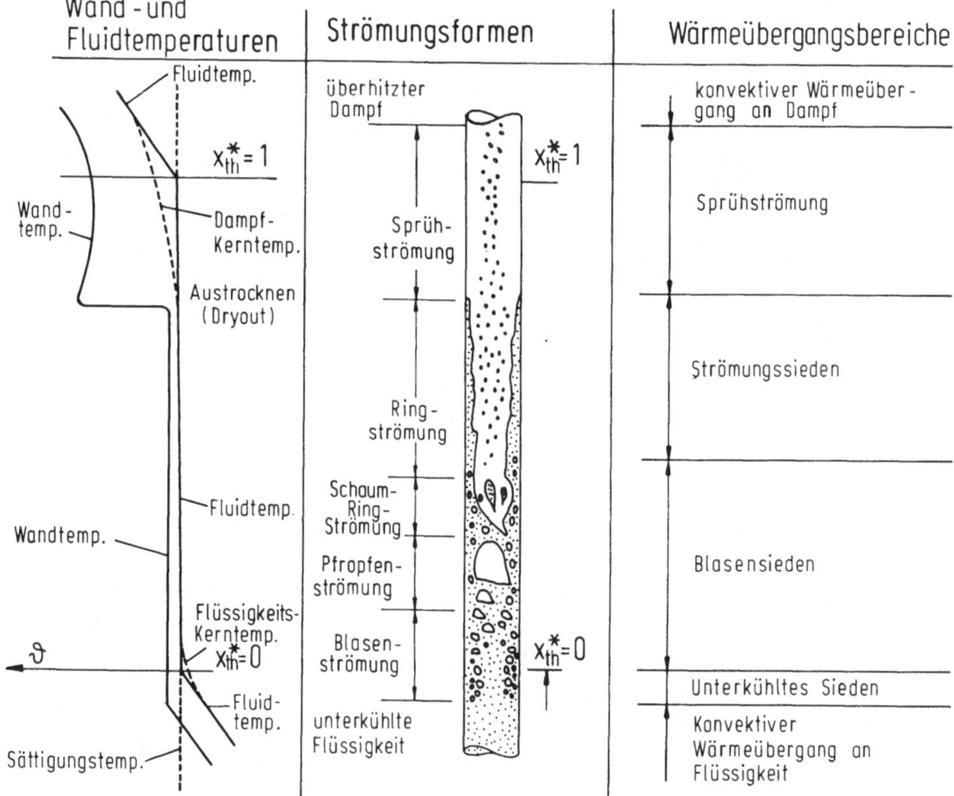

Bild 13.10. Wand- und Fluidtemperaturen, Strömungsformen und zugehörige Wärmeübergangsbereiche im senkrechten, beheizten Rohr

der Wand und Dampf im Kern, der Flüssigkeitstropfen mitreißt. Charakteristisch ist, daß im gesamten Bereich des Blasensiedens an der Wand Dampfblasen gebildet werden. Im Bereich der Ringströmung wird jedoch stromabwärts der Flüssigkeitsfilm so dünn und sein Wärmewiderstand so klein, daß die wandnahe Flüssigkeit nicht mehr ausreichend überhitzt und die Blasenbildung an der Wand weitgehend unterdrückt wird. Die Wärme wird hauptsächlich durch den Flüssigkeitsfilm geleitet, der an seiner Oberfläche verdampft. Wärme wird duch „*Strömungssieden*" übertragen.

Sobald der Flüssigkeitsfilm an der Wand vollständig verdampft ist, nimmt die Temperatur einer mit konstanter Wärmestromdichte beheizten Wand zu. Den Übergang bezeichnet man als Austrocknen (Dryout). Man kommt in den Bereich der Sprühströmung, an die sich nach vollständiger Verdampfung aller mitgerissenen Flüssigkeitstropfen ein Bereich anschließt, in dem Wärme konvektiv an den Dampf übertragen wird.

Die Wärmeübergangsbereiche können je nach Größe der Wärme- und der Massenstromdichte von sehr unterschiedlicher Ausdehnung sein, wie aus Bild 13.11

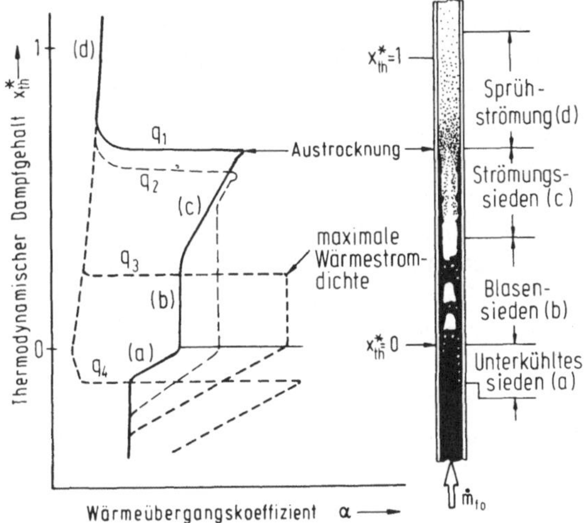

Bild 13.11. Verlauf des Wärmeübergangskoeffizienten, $\dot{m} = \mathrm{const}$, $q = \mathrm{const}$ mit $q_1 < q_2 < q_3 < q_4$

hervorgeht. Dort sind rechts die verschiedenen Wärmeübergangsbereiche an einem senkrechten Verdampferrohr eingezeichnet. Dieses sei mit konstanter Wärmestromdichte q_1 beheizt. Den Verlauf des Wärmeübergangskoeffizienten über dem thermodynamischen Dampfgehalt zeigt die durchgezogene Kurve q_1. Im Bereich des unterkühlten Siedens (a) nimmt der Wärmeübergangskoeffizient mit dem Dampfgehalt zu, weil ein Teil der gebildeten Dampfblasen im Kern wieder kondensiert und die Flüssigkeit dadurch in Schwankungsbewegung versetzt wird, was zu einer Zunahme des Wärmeübergangs mit der gebildeten Dampfmenge führt. Im Bereich (b) hat die Flüssigkeit im Mittel Sättigungstemperatur erreicht; an der Wand gebildete Blasen kondensieren nicht mehr und der Wärmeübergangskoeffizient ist weitgehend unabhängig vom Dampfgehalt. Im Bereich des Strömungssiedens (c) werden kaum noch Dampfblasen an der Wand gebildet, Wärme wird durch den Flüssigkeitsfilm geleitet, dieser verdampft zunehmend stromabwärts. Die Filmdicke nimmt ab und infolgedessen wächst der Wärmeübergangskoeffizient mit dem Dampfgehalt. Kurz bevor die Heizfläche austrocknet, erreicht der Wärmeübergangskoeffizient seinen größten Wert und fällt dann rasch ab, da die Wandtemperatur nach dem Austrocknen ansteigt. Im anschließenden Bereich der Sprühströmung (d) ist der Dampf mit Flüssigkeitstropfen beladen, die zunehmend verdampfen und die Strömungsgeschwindigkeit erhöhen. Der Wärmeübergangskoeffizient nimmt deshalb im Bereich der Sprühströmung mit dem Dampfgehalt zu und geht dann nach vollständiger Verdampfung in den nahezu konstanten Koeffizienten des konvektiven Wärmeübergangs an reinen Dampf über.

Die Kurve für q_2 zeigt den Einfluß einer größeren Wärmestromdichte. Das unterkühlte Sieden beginnt früher, der Wärmeübergangskoeffizient im Bereich des Blasensiedens ist größer. Er bleibt im Bereich des Strömungssiedens unverändert, und die Heizfläche trocknet wegen der höheren Wandtemperatur schon bei kleinerem Dampfgehalt aus. Eine weitere Erhöhung der Wärmestromdichte, Kurve q_3, hat ebenfalls zur Folge, daß das unterkühlte Sieden früher einsetzt und der

Wärmeübergang im Bereich des Blasensiedens größer ist. Die Blasendichte in Wandnähe kann dann aber so groß werden, daß der Wärmeübergang vor Erreichen des Bereichs des Strömungssiedens drastisch sinkt. Ähnlich wie beim Sieden in freier Strömung stimmt die zugeführte Wärmestromdichte an einer bestimmten Stelle des Rohrs mit der in diesem Fall vom Dampfgehalt abhängigen, maximalen Wärmestromdichte überein. Anschließend steigt die Temperatur rasch an und der Wärmeübergang sinkt. Bei weiterer Zunahme der Wärmestromdichte, Kurve q_4, kann die maximale Wärmestromdichte sogar im Bereich des unterkühlten Siedens auftreten. Niedrige Wärmeübergangskoeffizienten treten nach Überschreiten der maximalen Wärmestromdichte, also im Bereich des Filmsiedens, und im Bereich der Sprühströmung auf.

Die vorigen Betrachtungen galten unter der Annahme einer konstanten Massenstromdichte. Im Bereich des unterkühlten Siedens und des Blasensiedens ist der Wärmeübergangskoeffizient nur schwach von der Massenstromdichte abhängig. Im Bereich des Strömungssiedens nimmt der Wärmeübergangskoeffizient mit der Massenstromdichte zu, Bild 9.5. Das Austrocknen setzt schon bei kleineren Dampfgehalten ein. Im folgenden werden die verschiedenen Wärmeübergangsbereiche im einzelnen behandelt.

13.5 Unterkühltes Sieden

Tritt eine Flüssigkeit mit geringerer als Siedetemperatur in einen beheizten Kanal ein, Bild 13.12, so wird Wärme zunächst durch erzwungene Strömung übertragen. Wandtemperatur und mittlere Flüssigkeitstemperatur nehmen zu. Den übertragenen Wärmestrom berechnet man für die Strömung in einem Rohr aus

$$q\,d\pi z = \dot{M}c_{\mathrm{pL}}[\vartheta_{\mathrm{L}}(z) - \vartheta_1] = \alpha\,d\pi z\,[\vartheta_{\mathrm{w}} - \vartheta_{\mathrm{L}}(z)]\,, \tag{13.19}$$

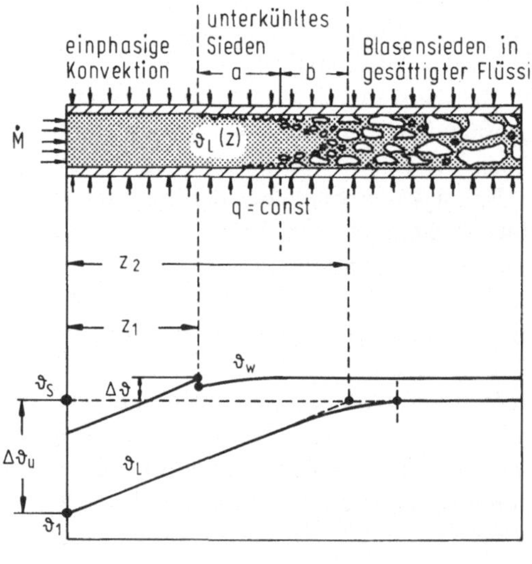

Bild 13.12. Wand- und mittlere Flüssigkeitstemperatur bei unterkühltem Sieden. Bereich a: teilweises unterkühlte Sieden, Wärmeübergang durch Konvektion bestimmt; Bereich b: voll ausgebildetes unterkühltes Sieden, Wärmeübergang durch Blasenbildung bestimmt

wenn $\vartheta_L(z)$ die mittlere Flüssigkeitstemperatur an einer Stelle z des Rohrs ist. Daraus ergibt sich die Wandtemperatur zu

$$\vartheta_w(z) = \vartheta_L(z) + \frac{q}{\alpha} = \vartheta_1 + q\left(\frac{d\pi z}{\dot{M}c_{pL}} + \frac{1}{\alpha}\right). \qquad (13.20)$$

Sie nimmt im einphasigen Strömungsbereich linear mit der Lauflänge z zu, falls die Wärmestromdichte konstant ist. „Unterkühltes Sieden" setzt ein, wenn die Wand gegenüber der Sättigungstemperatur hinreichend überhitzt ist, so daß Dampfblasen entstehen. Die Wandtemperatur fällt anschließend wegen des besseren Wärmeübergangs ab, siehe Bild 13.12. Unmittelbar vor Beginn des unterkühlten Siedens sei die Wand um $\Delta\vartheta = \vartheta_w - \vartheta_s$ gegenüber der Sättigungstemperatur überhitzt, Bild 13.12. Die Länge z_1 des Rohrabschnitts, in dem nur einphasige Strömung herrscht, folgt aus

$$\vartheta_w = \vartheta_s + \Delta\vartheta = \vartheta_1 + q\left(\frac{d\pi z_1}{\dot{M}c_{pL}} + \frac{1}{\alpha}\right) \qquad (13.21)$$

mit der Anfangsunterkühlung $\Delta\vartheta_u = \vartheta_s - \vartheta_1$ zu

$$z_1 = \left(\frac{\Delta\vartheta_u + \Delta\vartheta}{q} - \frac{1}{\alpha}\right)\frac{\dot{M}c_{pL}}{d\pi}. \qquad (13.22)$$

Die Stelle z_2, an der die mittlere Flüssigkeitstemperatur gleich der Sättigungstemperatur $\vartheta_L(z_2) = \vartheta_s$ ist, ergibt sich aus (13.19) zu

$$z_2 = \frac{\Delta\vartheta_u \dot{M}c_{pL}}{d\pi q}. \qquad (13.23)$$

Unterkühltes Sieden herrscht längs des Abschnitts

$$z_2 - z_1 = \left(\frac{1}{\alpha} - \frac{\Delta\vartheta}{q}\right)\frac{\dot{M}c_{pL}}{d\pi}. \qquad (13.24)$$

Es tritt nicht auf, wenn die mittlere Flüssigkeitstemperatur bereits im Bereich der einphasigen Konvektion gleich der Sättigungstemperatur ist. Dann wird $q = \alpha(\vartheta_w - \vartheta_s)$ oder nach (13.24) $z_2 - z_1 = 0$.

Im Bereich des unterkühlten Siedens ist der Wärmeübergang deutlich besser als im Bereich der einphasigen Konvektion. Die an der Wand gebildeten Dampfblasen transportieren innere Energie in die kältere Kernströmung, in der sie kondensieren. Außerdem wird durch das rasche Anwachsen und Kondensieren der Blasen die Konvektion in der Flüssigkeit verstärkt. Solange wenige Blasen vorhanden sind, wird ein beträchtlicher Teil der Wärme durch die erzwungene Strömung an die Flüssigkeit zwischen den Blasen übertragen. Man hat einen Bereich mit teilweisem Blasensieden und teilweise konvektiver Wärmeübertragung. Weiter stromab wird die Blasendichte größer und der Wärmeübergang weitgehend durch die Bildung der Dampfblasen bestimmt, wie in Bild 13.12 dargestellt. Die Dampfblasen gleiten an der Wand entlang und kondensieren im Kern der Strömung, bis auch dort Siedetemperatur erreicht wird. Man bezeichnet diesen Bereich als Bereich des voll ausgebildeten unterkühlten Siedens.

13.5.1 Beginn des unterkühlten Siedens

Damit sich die Dampfblasen an der Wand bilden können, muß die Wandtemperatur größer sein als die Siedetemperatur. Nach (13.20) muß also gelten

$$\vartheta_{\mathrm{w}} = \vartheta_1 + q\left(\frac{d\pi z}{\dot{M}c_{\mathrm{pL}}} + \frac{1}{\alpha}\right) > \vartheta_{\mathrm{s}} \tag{13.25}$$

oder, wenn man die Unterkühlung $\vartheta_{\mathrm{s}} - \vartheta_1 = \Delta\vartheta_{\mathrm{u}}$ im Eintrittsquerschnitt einführt,

$$\vartheta_{\mathrm{w}} - \vartheta_1 = q\left(\frac{d\pi z}{\dot{M}c_{\mathrm{pL}}} + \frac{1}{\alpha}\right) > \vartheta_{\mathrm{s}} - \vartheta_1 = \Delta\vartheta_{\mathrm{u}} . \tag{13.26}$$

Aus dieser Gleichung ergibt sich diejenige Stelle z, an der die Wandtemperatur die Sättigungstemperatur zu überschreiten beginnt. Diese Stelle liegt umso weiter stromabwärts, je mehr die Flüssigkeit unterkühlt ist. Sie verschiebt sich bei vorgegebener Unterkühlung stromabwärts, wenn die zugeführte Wärmestromdichte klein und wenn der Massenstrom groß ist.

Trägt man die Wärmestromdichte q über der Unterkühlung auf, Bild 13.13, so erhält man eine Gerade mit der Steigung

$$\frac{q}{\Delta\vartheta_{\mathrm{u}}} = \left(\frac{d\pi z}{\dot{M}c_{\mathrm{pL}}} + \frac{1}{\alpha}\right)^{-1} . \tag{13.27}$$

Auf ihr liegen alle Punkte, bei der die Wandtemperatur gleich der Sättigungstemperatur ist. Unterhalb der Geraden befindet sich der Bereich, in dem die zugeführte Wärmestromdichte nicht ausreicht oder der Massenstrom zu groß ist, um die Wandtemperatur über die Siedetemperatur ansteigen zu lassen, Bereich A in Bild 13.13. Oberhalb der Geraden sind die zugeführten Wärmestromdichten so groß und der Massenstrom so gering, daß Sieden einsetzen kann. Allerdings führt eine geringe Überschreitung der Wandtemperatur über die Siedetemperatur nicht zu einer intensiven, d. h. ausgebildeten Blasenverdampfung. Es entstehen nur an einzelnen Keimstellen der Wand Dampfblasen, und der Wärmeübergang wird

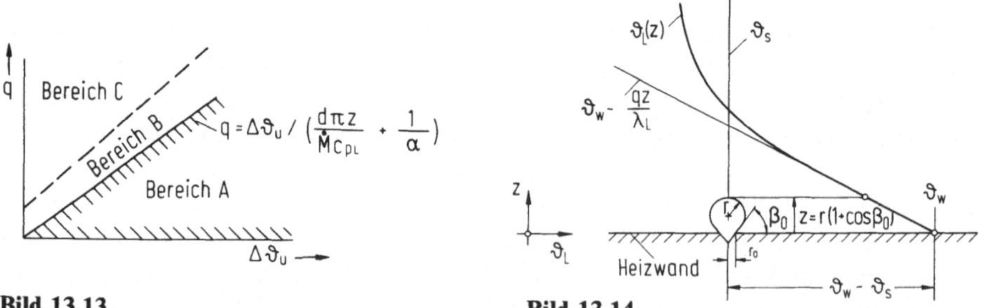

Bild 13.13.   **Bild 13.14.**

Bild 13.13. Blasenbildung in Abhängigkeit von der Unterkühlung $\Delta\vartheta_{\mathrm{u}}$ im Eintrittsquerschnitt. Bereich A: keine Blasenbildung; Bereich B: teilweises unterkühltes Sieden; Bereich C: voll ausgebildetes unterkühltes Sieden

Bild 13.14. Temperaturen in einer unterkühlten Flüssigkeit

weitgehend durch einphasige Konvektion in der Flüssigkeit bestimmt, Bereich B in Bild 13.13. Erst bei hinreichend großer Wärmestromdichte, Bereich C, liegt die Wandtemperatur deutlich über der Siedetemperatur. Es werden ausreichend viele Keimstellen aktiviert und der Wärmeübergang hauptsächlich durch die Blasenverdampfung bestimmt.

Nach Bild 13.12 setzt Sieden erst ein, wenn die Wand um eine Temperatur $\Delta\vartheta$ gegenüber der Siedetemperatur überhitzt ist. Im folgenden soll diese Übertemperatur ermittelt werden; mit ihr liegt die Wandtemperatur und wegen (13.22) auch die Stelle z_1 bei Siedebeginn fest. Wir betrachten eine einzelne Dampfblase, Bild 13.14, die an der beheizten Wand entstanden ist und in die Temperaturgrenzschicht hineinragt. Die Blase sei noch so klein, daß man die Temperatur der Flüssigkeit in der Umgebung der Blase durch einen geradlinigen Verlauf annähern darf

$$\vartheta_L(z) = \vartheta_w - \frac{qz}{\lambda_L} \, . \tag{13.28}$$

Damit die Blasenspitze nicht kondensiert, muß dort die Flüssigkeit, wie die Betrachtungen über die Entstehung und das Anwachsen von Dampfblasen zeigten, Abschn. 11.1, überhitzt sein, weil eine gekrümmte Oberfläche nur mit einer überhitzten Flüssigkeit im Gleichgewicht ist. Nach Hsu [13.7] werde vorausgesetzt, daß an der Blasenspitze die Flüssigkeitsüberhitzung mindestens so groß sein muß wie die Überhitzung einer Blase, die mit einer Flüssigkeit konstanter Temperatur im Gleichgewicht ist. Diese hatten wir bereits in Kap. 10 berechnet. Sie ergab sich aus (10.12) für eine kugelförmige Blase vom Radius r aus

$$r = \frac{2\sigma T_s}{\varrho'' \Delta h_v \Delta\vartheta} \, (1 + \Delta\vartheta\omega^*) \, ,$$

worin der Faktor

$$\omega^* = \frac{\Delta\varrho}{\varrho'\sigma} \frac{\mathrm{d}}{\mathrm{d}\vartheta}\left(\frac{\varrho'\sigma}{\Delta\varrho}\right) = \frac{\mathrm{d}}{\mathrm{d}\vartheta}\ln\left(\frac{\varrho'\sigma}{\Delta\varrho}\right)$$

(SI-Einheit 1/K) bei der zum Druck p_0 gehörenden Sättigungstemperatur T_s der ebenen Phasengrenzfläche zu bilden ist. Die Überhitzung $\Delta\vartheta$ ist der Unterschied zwischen der Flüssigkeitstemperatur ϑ_L und der Sättigungstemperatur ϑ_s bei ebener Phasengrenzfläche. Auflösen nach der Überhitzung ergibt

$$\Delta\vartheta = \frac{2\sigma T_s}{\varrho'' \Delta h_v r} \frac{1}{1 - \dfrac{2\sigma T_s}{\varrho'' \Delta h_v r}\omega^*} \, ,$$

oder es ist

$$\vartheta(r) = \vartheta_s + \frac{2\sigma T_s}{\varrho'' \Delta h_v r} \frac{1}{1 - \dfrac{2\sigma T_s}{\varrho'' \Delta h_v r}\omega^*} \, . \tag{13.29}$$

An der Blasenspitze einer gemäß Bild 13.14 an der Wand aufsitzenden, kugelförmigen Blase vom Radius r soll nun nach Hsu die Temperatur der Flüssigkeit $\vartheta_L(z)$

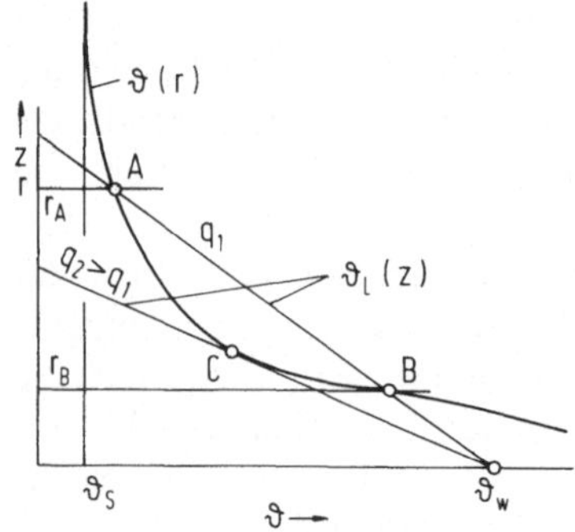

Bild 13.15. Zur Bedingung für das Anwachsen von Blasen in unterkühlten Flüssigkeiten

nach (13.28) mindestens gleich der Temperatur $\vartheta(r)$ nach (13.29) sein, die für die Existenz einer Dampfblase erforderlich ist. Wir nehmen dazu an, eine kugelförmige Blase vom Radius r wachse entsprechend Bild 13.14 aus einer Vertiefung vom Mündungsradius r_0. Der Randwinkel der aufsitzenden Blase sei β_0. Die Blasenspitze ist dann von der Wand um

$$z = (1 + \cos \beta_0) r = c_1 r \qquad (13.30)$$

entfernt, und es ist

$$r_0 = \sin \beta_0 \cdot r = c_2 r . \qquad (13.31)$$

Falls die Blase als Halbkugel an der Wand aufsitzt, ist $\beta_0 = \pi/2$, $c_1 = 1$ und $c_2 = 1$.

In Bild 13.15 sind die Temperaturen $\vartheta_L(z)$ nach (13.28) und die Temperaturen $\vartheta(r)$ entsprechend (13.29) dargestellt. Mit größerer Wärmestromdichte $q_2 > q_1$ wächst bei festgehaltener Wandtemperatur ϑ_w der Unterschied zwischen Wand- und Flüssigkeitstemperatur an einer bestimmten Stelle. Für eine Wärmestromdichte q_1 ist nach Bild 13.15 die Flüssigkeitstemperatur $\vartheta_L(z)$ nur zwischen den Punkten A und B größer als die erforderliche Mindesttemperatur $\vartheta(r)$. Eine Blase vom Radius $r > r_A$ würde mit ihrer Spitze in eine zu kalte Flüssigkeit hineinragen und könnte nicht weiter anwachsen. Eine kleinere Blase vom Radius $r < r_B$ benötigt zum Weiterwachsen eine größere Überhitzung als in der Flüssigkeit vorhanden ist und würde daher kondensieren. Es sind somit nur Blasen vom Radius

$$r_B \leqq r \leqq r_A$$

existenzfähig. Mit zunehmender Wärmestromdichte wird das Intervall r_A, r_B der lebensfähigen Blasen immer kleiner, bis bei einer bestimmten Wärmestromdichte, im Bild 13.15 der Wärmestromdichte q_2, die Punkte A und B im Punkt C zusammenfallen, weil die Gerade $\vartheta_L(z)$ die Kurve $\vartheta(r)$ gerade berührt. Es ist dann nur noch eine Blase von einem ganz bestimmten *kritischen* Radius r_c lebensfähig. Kleinere Blasen kondensieren wieder, weil sie eine höhere Überhitzung benötigen als in der Flüssigkeit vorhanden ist. Größere Blasen können nicht weiterwachsen, weil die Flüssigkeit an der Blasenspitze zu kalt ist. Würde man die Wärmestromdichte über q_2 hinaus erhöhen, so würden bei fest vorgegebener Wandtemperatur die Gerade $\vartheta_L(z)$ unterhalb der Kurve $\vartheta(r)$ liegen. Die Flüssigkeit wäre in einer dünnen wandnahen Schicht überhitzt, in der keine Blasen entstehen können, weil die kleinste lebensfähige Blase größer ist als die überhitzte Flüssigkeitsschicht.

Im Berührpunkt C sei der Blasenradius r_c. Wir setzen für die Dicke der überhitzten Flüssigkeitsschicht entsprechend (13.30) $z = c_1 r_c$, s. Bild 13.14. Es gilt dann im Berührpunkt $z = c_1 r_c$

$$\vartheta_L = \vartheta \quad \text{und} \quad \frac{d\vartheta_L}{dz} = \frac{d\vartheta}{dr} . \tag{13.32}$$

Wir berechnen den kritischen Blasenradius, indem wir zuerst die Ableitungen gleichsetzen. Es ergibt sich dann

$$\frac{q}{\lambda_L} = \frac{1}{a_0 \left(\dfrac{r_c}{a_0} - \omega^* \right)^2} \tag{13.33}$$

mit den Abkürzungen

$$a_0 = \frac{2\sigma T_s}{\varrho'' \Delta h_v} \tag{13.33a}$$

und ω^*, woraus man den kritischen Radius r_c erhält

$$r_c = a_0 \left[\omega^* + \left(\frac{\lambda_L}{q a_0} \right)^{1/2} \right] . \tag{13.34}$$

Grundsätzlich gibt es zwei Lösungen für r_c, da man $\pm (\lambda_L / q a_0)^{1/2}$ in (13.34) schreiben müßte. Da ω^* bei Umgebungstemperatur von der Größenordnung 10^{-2} bis $10^{-3}\,\mathrm{K}^{-1}$ und $(\lambda_L / q a_0)^{1/2}$ von der Größenordnung 10^1 bis $10^2\,\mathrm{K}^{-1}$ sind, würde ein Minuszeichen vor dem Term $(\lambda_L / q a_0)^{1/2}$ aber zu negativen Blasenradien führen, was physikalisch nicht möglich ist. Der Ausdruck $(\lambda_L / q a_0)^{1/2}$ ist daher in (13.34) mit positivem Vorzeichen eingesetzt. Ausgeschrieben lautet die Beziehung für den kritischen Blasenradius

$$r_c = \frac{2\sigma T_s}{\varrho'' \Delta h_v} \left[\frac{d}{d\vartheta} \ln \frac{\varrho' \sigma}{\Delta \varrho} + \left(\frac{\lambda_L}{q a_0} \right)^{1/2} \right] . \tag{13.35}$$

Die kritische Porengröße, die zur Blasenbildung mindestens erforderlich ist, ergibt sich wegen (13.31) zu

$$(r_0)_c = \sin \beta_0 r_c = c_2 r_c . \tag{13.36}$$

Der Ausdruck (13.35) weicht von dem von Davis und Anderson [13.8] gefundenen Wert für den kritischen Blasenradius ab, weil die genannten Autoren in ihren Ableitungen voraussetzten, die Dampfdruckkurve an der gekrümmten Phasengrenzfläche der Dampfblase würde parallel zur Dampfdruckkurve der ebenen Phasengrenzfläche verlaufen, was streng genommen nicht zutrifft, wie die Überlegungen in Abschn. 10.1 zeigten; es sei hierzu auch an Bild 10.3 erinnert. Gleichung (13.35) kann man noch vereinfachen, wenn man beachtet, daß selbst bei hohen Drücken und großen Wärmestromdichten

$$\left(\frac{\lambda_L}{q a_0} \right)^{1/2} \gg \frac{d}{d\vartheta} \ln \left(\frac{\varrho' \sigma}{\Delta \varrho} \right)$$

ist. Beispielsweise ist in Wasser von 198,33 bar ($\vartheta_s = 365\,°C$) bei einer Wärmestromdichte von $10^6\ \text{W/m}^2$:

$$\left(\frac{\lambda_L}{qa_0}\right)^{1/2} = 5,33\ \text{K}^{-1} \quad \text{und} \quad \frac{d}{d\vartheta}\ln\left(\frac{\varrho'\sigma}{\Delta\varrho}\right) = -0,12\ \text{K}^{-1}.$$

Es gilt daher in guter Näherung

$$r_c = \left(\frac{2\sigma T_s \lambda_L}{\varrho''\Delta h_v q}\right)^{1/2} = \left(\frac{a_0\lambda_L}{q}\right)^{1/2}, \tag{13.37}$$

was mit der von Davis und Anderson [13.8] gefundenen Näherungsgleichung übereinstimmt.

Durch Gleichsetzen der Temperaturen an der Stelle $z = c_1 r_c$ und $r = r_c$ erhält man aus (13.28) und (13.29)

$$\vartheta_w - \frac{qc_1 r_c}{\lambda_L} = \vartheta_s + \frac{a_0}{r_c}\,\frac{1}{1 - \dfrac{a_0}{r_c}\omega^*}$$

mit a_0 nach (13.33a). Daraus folgt

$$(\vartheta_w - \vartheta_s)_c = c_1 \frac{qr_c}{\lambda_L} + \frac{a_0}{r_c}\,\frac{1}{1 - \dfrac{a_0}{r_c}\omega^*}. \tag{13.38}$$

Mit Hilfe von (13.34) erhält man hieraus die notwendige Überhitzung der Wand, damit Dampfblasen überhaupt entstehen können, zu

$$(\vartheta_w - \vartheta_s)_c = c_1 \frac{qa_0}{\lambda_L}\omega^* + (c_1 + 1)\left(\frac{qa_0}{\lambda_L}\right)^{1/2}. \tag{13.39}$$

Da auch hierin der erste Term auf der rechten Seite gegenüber dem zweiten, abgesehen von Zuständen nahe dem kritischen Punkt, vernachlässigt werden kann, erhält man die in guter Näherung gültige Überhitzung für den Siedebeginn zu

$$(\vartheta_w - \vartheta_s)_c = (c_1 + 1)\left(\frac{qa_0}{\lambda_L}\right)^{1/2}. \tag{13.40}$$

Die kritische Porengröße, die zur Blasenbildung mindestens erforderlich ist, beträgt nach (13.36) und (13.37)

$$(r_0)_c = c_2 r_c = c_2 \left(\frac{a_0\lambda_L}{q}\right)^{1/2}.$$

Die beste Übereinstimmung mit Meßwerten ergab sich nach einer Untersuchung von Bergles und Rohsenow [13.9], wenn man die gerade lebensfähigen, noch an der Wand aufsitzenden Blasen durch Halbkugeln annäherte. Dann ist der Randwinkel $\beta_0 = \pi/2$, $c_1 = 1 + \cos\beta_0 = 1$ und $c_2 = \sin\beta_0 = 1$. Die notwendige Mindestüberhitzung für das Blasenwachstum in unterkühlten Flüssigkeiten ergibt sich damit zu

$$(\vartheta_w - \vartheta_s)_c = 2\left(\frac{2q\sigma T_s}{\varrho'' \Delta h_v \lambda_L}\right)^{1/2} \qquad (13.41)$$

und der Mündungsradius der kleinsten zur Blasenbildung erforderlichen Poren

$$(r_0)_c = \left(\frac{2\sigma T_s \lambda_L}{\varrho'' \Delta h_v q}\right)^{1/2}. \qquad (13.42)$$

Für Wasser haben Bergles und Rohsenow anstelle von (13.41) die empirische Zahlenwertgleichung

$$(\vartheta_w - \vartheta_s)_c = \frac{5}{9}\left[\left(\frac{q}{1120}\right)^{0,463} p^{-0,535}\right]^{p^{0,0234}} \qquad (13.41a)$$

angegeben, die im Druckbereich

$$1,03\,\text{bar} \leqq p \leqq 138\,\text{bar}$$

gilt mit q in W/m², p in bar und $(\vartheta_w - \vartheta_s)_c$ in K. Die hieraus berechneten Werte stimmen recht gut mit denen aus (13.41) überein. Statt der erforderlichen Mindestüberhitzung der Wand $(\vartheta_w - \vartheta_s)_c$ kann man auch die höchste zulässige Unterkühlung $(\vartheta_s - \vartheta_L(z))_c = \Delta\vartheta_u(z)$ der Flüssigkeit angeben. Diese muß unterschritten werden, damit Sieden einsetzt. Es muß

$$\vartheta_w - \vartheta_s \geqq (\vartheta_w - \vartheta_s)_c$$

sein mit $(\vartheta_w - \vartheta_s)_c$ aus (13.41). Infolgedessen gilt auch

$$\vartheta_w - \vartheta_s - (\vartheta_L(z) - \vartheta_s) \geqq (\vartheta_w - \vartheta_s)_c - (\vartheta_L(z) - \vartheta_s)$$

oder

$$\vartheta_w - \vartheta_L(z) \geqq (\vartheta_w - \vartheta_s)_c + \Delta\vartheta_u.$$

Mit

$$q = \alpha(\vartheta_w - \vartheta_L(z))$$

folgt die zulässige Unterkühlung zu

$$\Delta\vartheta_u(z) \leqq \frac{q}{\alpha} - (\vartheta_w - \vartheta_s)_c. \qquad (13.43)$$

Zur Blasenbildung in einer unterkühlten Flüssigkeit müssen nach den vorstehenden Überlegungen zwei Bedingungen erfüllt sein: Die Wandüberhitzung muß gewisse Mindestwerte gemäß (13.41) überschreiten und die Heizfläche muß mit Poren einer Mindestgröße, (13.42), bedeckt sein. Für Wasser vom Druck 10 bar, ϑ_s = 179,88 °C, erhält man für eine Wärmestromdichte von 2 MW/m² die erforderliche Mindestüberhitzung, bei der Sieden einsetzt, aus (13.41) zu $(\vartheta_w - \vartheta_s)_c = 6,63\,\text{K}$ (Gl. (13.41a) nach Bergles und Rohsenow ergibt $(\vartheta_w - \vartheta_s)_c$ = 5,88 K) und den kleinsten zur Blasenbildung erforderlichen Porenradius findet man aus (13.42) zu $(r_0)_c = 1{,}11\ \mu\text{m}$. Sind ausreichend viele Poren dieser Größe vorhanden, so setzt bei der angegebenen Überhitzung die Bildung von Blasen ein. Ist die Heizfläche sehr glatt, so muß die Wand stärker überhitzt sein, damit Dampfblasen entstehen können.

Falls der Mündungsradius der größten, in ausreichender Zahl vorhandenen Poren bekannt ist, kann man die erforderliche Überhitzung berechnen. Durch Multiplikation von (13.41) und (13.42) folgt dann

$$(\vartheta_w - \vartheta_s)_c = \frac{1}{(r_0)_c}\,\frac{4\sigma T_s}{\varrho''\Delta h_v}\ . \qquad (13.44)$$

Es sei betont, daß die vorstehenden Gleichungen nur zu groben Näherungswerten führen, da sie unter sehr weitgehenden Annahmen abgeleitet wurden. So wurde vorausgesetzt, daß die Überhitzung um eine kugelförmige Blase im Innern einer Flüssigkeit mit derjenigen der Flüssigkeit einer an der Wand wachsenden Blase übereinstimmen soll. Von dieser Blase wurde weiter angenommen, sie sei eine Halbkugel. Wie Bankoff [13.10] zeigte, dringen insbesondere gut benetzende Flüssigkeiten in die üblicherweise erforderlichen Poren mit Mündungsradien $(r_0)_c$ zwischen 1 und 5 μm ein, so daß diese Poren nicht zur Keimbildung beitragen können. Erst bei hinreichend hoher Wandüberhitzung, die weit über den berechneten Werten liegen kann, entstehen dann die ersten Dampfblasen. Sie können weiter stromabwärts die Blasenbildung anregen, so daß dort geringere Überhitzungen ausreichen. Die hiermit zusammenhängenden Vorgänge sind bisher keineswegs ausreichend erforscht.

13.5.2 Partielles unterkühltes Sieden

Nach Beginn des unterkühlten Siedens an einer Stelle z_1, die nunmehr aus (13.22) mit Hilfe von $\Delta\vartheta = \vartheta_w - \vartheta_s$ nach (13.41) näherungsweise berechnet werden kann, entstehen zunächst nur wenige Blasen, so daß ein beträchtlicher Teil des Wärmestroms noch konvektiv an die Flüssigkeit zwischen den Blasen übertragen wird. Man bezeichnet diesen Vorgang als partielles unterkühltes Sieden. Mit zunehmender Wandtemperatur nimmt die Blasendichte zu und der Anteil des konvektiv übertragenen Wärmestroms ab. Mit weiterer Zunahme der Blasendichte wird der Anteil des konvektiv übertragenen Wärmestroms vernachlässigbar. Man befindet sich im Bereich des voll ausgebildeten unterkühlten Siedens, in dem die Strömungsgeschwindigkeit und die Unterkühlung im Gegensatz zu dem Bereich mit merklichem konvektivem Anteil des partiellen unterkühlten Siedens praktisch keine Rolle mehr spielen.

Diese Erscheinungen kann man sich klar machen, wenn man nach dem Vorschlag von Collier [13.1] die an einer bestimmten Stelle z von der Wand abgegebene Wärmestromdichte betrachtet

$$q = \alpha(\vartheta_w - \vartheta_L(z))\ . \qquad (13.45)$$

Die mittlere Flüssigkeitstemperatur $\vartheta_L(z)$ sei vorgegeben, und es soll die Wärmestromdichte in Abhängigkeit von der Wandtemperatur untersucht werden, Bild

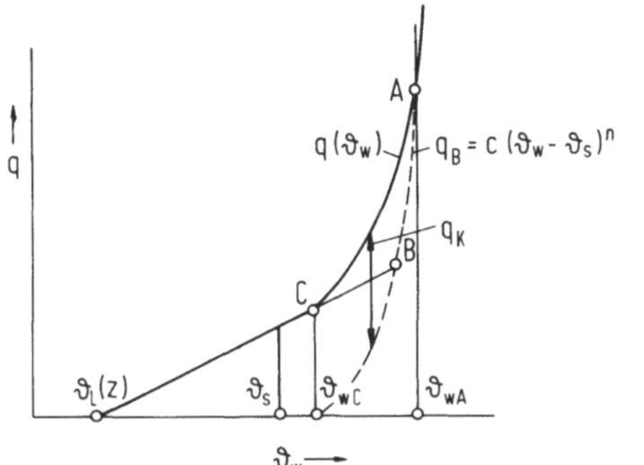

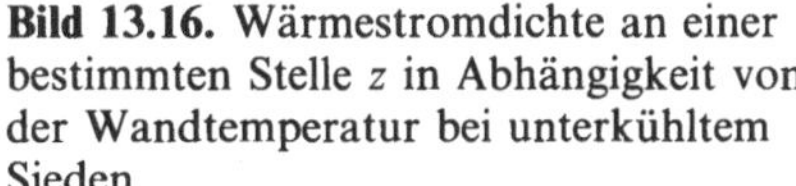

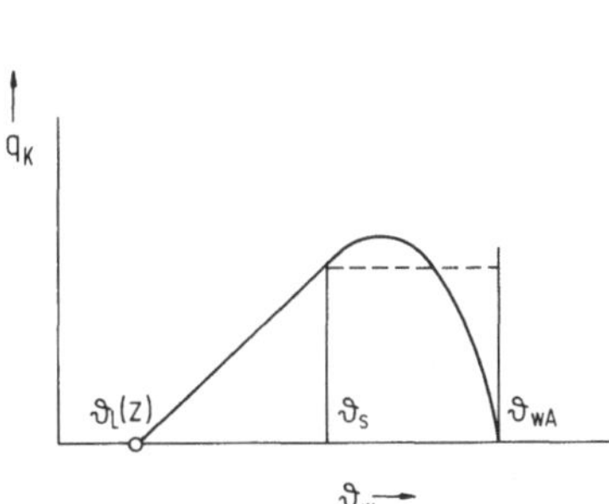

Bild 13.16. Wärmestromdichte an einer bestimmten Stelle z in Abhängigkeit von der Wandtemperatur bei unterkühltem Sieden

Bild 13.17. Konvektiver Anteil der Wärmestromdichte an einer bestimmten Stelle z in Abhängigkeit von der Wandtemperatur

13.16. Im Bereich der erzwungenen Strömung ohne Blasenbildung ist der Wärmeübergangskoeffizient α praktisch konstant. Die Wärmestromdichte nimmt linear mit der Wandtemperatur zu. Nachdem die Siedetemperatur hinreichend weit überschritten ist $\vartheta_w > \vartheta_s$, wächst die übertragene Wärmestromdichte mehr als proportional mit der Wandtemperatur. In Bild 13.16 ist gleichzeitig die Kurve für Blasensieden entsprechend $q = q_B = c\,(\vartheta_w - \vartheta_s)^n$ gestrichelt eingezeichnet. Bei hinreichend hoher Wandtemperatur nähern sich beide Kurven, weil der Anteil des durch Konvektion übertragenen Wärmestroms in $q(\vartheta_w)$ vernachlässigbar wird. Der Unterschied zwischen beiden Wärmeströmen stellt gerade den konvektiven Anteil q_K der Wärmestromdichte dar. Unter partiellem unterkühltem Sieden werde der Bereich der Wärmestromdichten unterhalb des Berührpunkts A in Bild 13.16 verstanden, wo der Anteil q_K endlich ist, während man oberhalb des Berührpunkts A von voll ausgebildetem Blasensieden spricht, weil der Anteil q_K vernachlässigbar gering ist. Der konvektive Anteil hat den in Bild 13.17 dargestellten Verlauf. Im Bereich der einphasigen Strömung nimmt der durch Konvektion übertragene Wärmestrom mit der Wandtemperatur zu. Im Bereich der Blasenbildung nimmt er wieder ab, weil mit zunehmender Wandtemperatur die Heizfläche dichter mit Blasen besetzt ist und daher weniger Wärme durch Konvektion übertragen werden kann. Verfahren zur Berechnung des Wärmeübergangs unterteilen gemäß Bild 13.16 die Wärmestromdichte in einen Anteil infolge Blasenbildung q_B und einen konvektiven Anteil q_K

$$q = q_B + q_K \,. \tag{13.46}$$

Nach dem *Vorschlag von Bowring* [13.11] berechnet man die einzelnen Wärmeströme in dieser Gleichung in folgender Weise. Solange die Wandtemperatur kleiner als die erforderliche Mindesttemperatur nach (13.41) oder die Unterkühlung größer ist als die höchstzulässige nach der rechten Seite von (13.43), gelten die Gleichungen des einphasigen Wärmeübergangs, da noch keine lebensfähigen Blasen vorhanden sind. Ist die Wandtemperatur ausreichend groß oder die

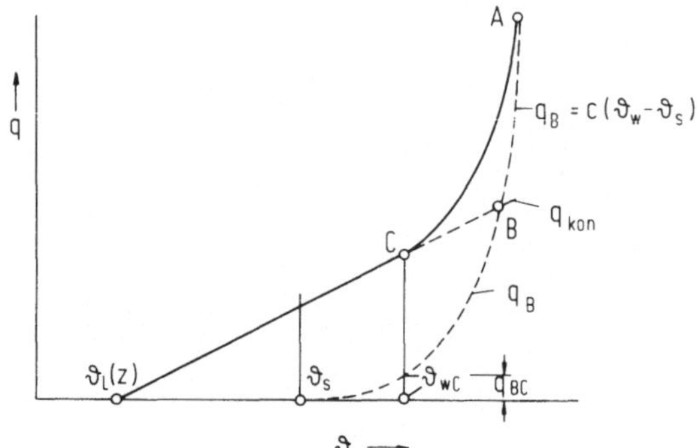

Bild 13.18. Wärmestromdichte bei unterkühltem Sieden. Verfahren von Bergles und Rohsenow [13.13]

Unterkühlung klein, so kann man nach dem Vorschlag von Bowring den konvektiven Anteil aus

$$q_K = \alpha(\vartheta_s - \vartheta_L(z)) = \dot{m} c_{pL}(\vartheta_L(z) - \vartheta_1) \qquad (13.47)$$

berechnen, wobei ϑ_1 die Eintrittstemperatur und α der Wärmeübergangskoeffizient bei einphasiger Konvekton ist. Da dieser praktisch temperaturunabhängig ist, läuft der Vorschlag von Bowring darauf hinaus, daß man für einen vorgegebenen Wert $\vartheta_L(z)$ den konvektiven Anteil q_K konstant setzt, wie dies in Bild 13.17 die gestrichelte Kurve zeigt. Oberhalb der Temperatur ϑ_{wA} verschwindet der Anteil q_K. Dann gelten die noch zu erörternden Gleichungen für voll ausgebildetes unterkühltes Blasensieden. Den Anteil q_B berechnet man aus einer der Gleichungen für den Wärmeübergang beim Blasensieden in natürlicher Strömung, Abschn. 11.4.

Zur Berechnung der Wärmestromdichte im Punkt A des Bildes 13.16 haben Engelberg-Forster und Grief [13.12] nach Überprüfung von Messungen den einfachen Ansatz

$$q_A = 1{,}4\, q_B \qquad (13.48)$$

vorgeschlagen, wobei sich die Wärmestromdichte q_B nach Bild 13.16 im Schnittpunkt B der Geraden für den einphasigen konvektiven Wärmeübergang

$$q = \alpha(\vartheta_w - \vartheta_L(z))$$

und der Kurve für $q_B = c(\vartheta_w - \vartheta_s)^n$ ergibt. Bringt man beide Kurven zum Schnitt, so erhält man die Werte q_B, ϑ_{wB} und dann aus (13.48) auch die Temperatur ϑ_{wA}.

Nach einem anderen *Vorschlag von Bergles und Rohsenow* [13.13] bildet man die Wärmestromdichte im Bereich des partiellen unterkühlten Siedens

$$q = (q_{kon}^2 + q_b^2)^{1/2}. \qquad (13.49)$$

Der konvektive Anteil q_{kon} und der Anteil q_b infolge Blasenverdampfung werden nun in anderer Weise als nach dem Vorschlag von Bowring gebildet. Wie Bild 13.18 zeigt, ist der konvektive Anteil derjenige bei einphasigem konvektivem Wärmeübergang

$$q_{kon} = \alpha(\vartheta_w - \vartheta_L(z))$$

mit dem Wärmeübergangskoeffizienten α für einphasige erzwungene Konvektion. Der Anteil q_B ist, wie Bild 13.18 zeigt, gleich der Wärmestromdichte q_B beim Blasensieden in freier Strömung vermindert um den Anteil q_{BC} der Wärmestromdichte bei Einsetzen des Blasensiedens

$$q_b = q_B - q_{BC}. \tag{13.50}$$

Bis zum Einsetzen des Blasensiedens im Punkt C ist dieser Anteil gleich null. Mit Hilfe von (13.50) kann man den Ansatz (13.49) von Bergles und Rohsenow auch umformen in

$$q = q_{kon} \left[1 + \left(\frac{q_{BC}}{q_{kon}} \right)^2 \left(1 - \frac{q_B}{q_{BC}} \right)^2 \right]^{1/2}. \tag{13.51}$$

13.5.3 Voll ausgebildetes unterkühltes Sieden

Nachdem die Wandtemperatur den Wert ϑ_{wA}, Bild 13.16, überschritten hat, befindet man sich im Bereich des voll ausgebildeten unterkühlten Siedens. Der Wärmeübergang wird durch die Blasenbildung bestimmt. Die Strömungsgeschwindigkeit und die Unterkühlung haben nur einen vernachlässigbar geringen Einfluß auf die Wandtemperatur, die hauptsächlich von der Wärmestromdichte und dem Druck abhängt. Der Einfluß der Oberflächenbeschaffenheit der Heizfläche ist geringer als beim Sieden in freier Strömung, weil die übertragenen Wärmestromdichten und auch die Wandtemperaturen größer sind, so daß kleinere Keimstellen als beim Behältersieden aktiviert werden, die an technischen Oberflächen meistens in ausreichender Zahl vorhanden sind. In guter Näherung kann man die Gleichungen für den Wärmeübergang beim Sieden in freier Strömung, Abschn. 11.4, auch zur Berechnung des Wärmeübergangs beim voll ausgebildeten unterkühlten Sieden in erzwungener Strömung heranziehen.

Die zahlreichen Messungen über den Wärmeübergang beim unterkühlten Sieden von Wasser sind von Jens und Lottes [13.14] und später von Thom et al. [13.15] durch empirische Korrelationen beschrieben worden. Thom hat hierfür die Gleichung

$$\Delta\vartheta = \vartheta_w - \vartheta_s = 22{,}65 \; q^{0,5} e^{-p/87} \tag{13.52}$$

mitgeteilt, in der die Wärmestromdichte q in MW/m² der Druck p in bar einzusetzen sind und $\Delta\vartheta$ sich in K ergibt. Der Gleichung liegen Messungen an senkrechten, elektrisch beheizten Stahl- oder Nickelrohren mit Innendurchmessern von 3,63 bis 5,74 mm zugrunde, die Drücke lagen zwischen 7 und 172 bar, die Wassertemperaturen zwischen 115 und 340 °C, die Massenstromdichten zwischen 11 und $1{,}05 \cdot 10^4$ kg/m²s und die Wärmestromdichten erreichten Werte bis zu 12,5 MW/m². Bei den Versuchen strömte das Wasser aufwärts.

13.6 Blasensieden in gesättigter Flüssigkeit

Definitionsgemäß beginnt das Blasensieden in gesättigter Flüssigkeit, das sogenannte *Sättigungssieden*, wenn der unter der Annahme des thermodynamischen

Gleichgewichts berechnete Strömungsdampfgehalt, (13.18), $x_{th}^*=0$ wird. Die mittlere Flüssigkeitstemperatur ist dann gleich der Sättigungstemperatur. Tatsächlich ist jedoch bei Beginn des Sättigungssiedens der Flüssigkeitskern noch unterkühlt und die wandnahe Flüssigkeitsschicht überhitzt. Auch wenn sich im Bereich des unterkühlten Siedens bereits Blasen gebildet haben, so kann die Blasenbildung wieder unterdrückt werden, selbst wenn sich die mittlere Temperatur der Sättigungstemperatur nähert. Das ist dann der Fall, wenn infolge des besseren Wärmeübergangs die von der zweiphasigen Strömung abgeführte Wärme gleich der von der Wand zugeführten ist. Sättigungssieden setzt somit nur ein, wenn die von der Wand zugeführte Wärme größer ist als die Wärme, welche die vorhandene zweiphasige Strömung ohne zusätzliche Blasenbildung abführen kann. Notwendig dafür ist eine ausreichend große Wärmestromdichte. Dazu muß nach den Ausführungen des vorigen Abschnitts die Wandtemperatur bestimmte Mindestwerte überschreiten. Wegen (13.41) muß

$$\vartheta_w - \vartheta_s \geqq 2 \left(\frac{2q\sigma T_s}{\varrho'' \Delta h_v \lambda_L} \right)^{1/2}$$

sein. Führt man den Wärmeübergangskoeffizienten

$$\alpha_{2Ph} = q/(\vartheta_w - \vartheta_s)$$

der zweiphasigen Strömung ein, so muß die zugeführte Wärmestromdichte

$$q \geqq \frac{8\sigma T_s}{\varrho'' \Delta h_v \lambda_L} \alpha_{2Ph}^2 \tag{13.53}$$

sein. Hierin ist α_{2Ph} der Wärmeübergangskoeffizient einer zweiphasigen Strömung ohne Dampfblasenbildung. Wie schon erörtert, nimmt dieser mit der Massenstromdichte und auch dem Strömungsdampfgehalt zu. Bei vorgegebener Wärmestromdichte nimmt dann die Temperaturdifferenz $\vartheta_w - \vartheta_s$ ab. Falls sie zu klein wird, können bei der vorgegebenen Wärmestromdichte keine Dampfblasen entstehen. Die an der Wand zugeführte Wärmestromdichte kann an die zweiphasige Strömung übertragen werden, ohne daß Dampfblasen entstehen. Der Bereich des unterkühlten Siedens geht sofort in den des Strömungssiedens über, ohne den Bereich des Sättigungssiedens zu durchlaufen. Um festzustellen, ob die Ungleichung (13.53) erfüllt ist und ob somit Sättigungssieden eintritt, genügt es, den Wärmeübergangskoeffizienten α_{2Ph} näherungsweise zu berechnen. Dies kann beispielsweise mittels der Beziehung von Dengler und Addams [13.16] geschehen

$$\frac{\alpha_{2Ph}}{\alpha_L} = 3{,}5 \left(\frac{1}{X_{tt}} \right)^{0,5}, \tag{13.54}$$

in der α_L der Wärmeübergangskoeffizient des einphasigen gesamten Massenstroms ist, den man als flüssig voraussetzt. Die Größe X_{tt} ist der schon früher verwendete Martinelli-Parameter

$$X_{tt} = \left(\frac{\varrho_G}{\varrho_L} \right)^{0,5} \left(\frac{\eta_L}{\eta_G} \right)^{0,1} \left(\frac{1-x^*}{x^*} \right)^{0,9}.$$

Die vorstehenden Überlegungen setzen voraus, daß die Rauhigkeit der Wand ausreicht, um eine Blasenbildung in Gang zu bringen. Falls die Mündungsradien der Poren kleiner sind als es aufgrund (13.42) erforderlich ist, schätzt man zweckmäßigerweise zuerst die notwendige Mindestüberhitzung $(\vartheta_{\mathrm{w}} - \vartheta_{\mathrm{s}})_{\mathrm{c}}$ nach (13.44) aufgrund der vorhandenen Porengrößen ab und vergleicht diese dann mit der Überhitzung $\vartheta_{\mathrm{w}} - \vartheta_{\mathrm{s}} = q/\alpha_{2\mathrm{Ph}}$, die sich in der zweiphasigen Strömung ohne Blasenbildung einstellen würde. Ist diese kleiner als die notwendige Mindestüberhitzung, so ist die Blasenbildung nicht mehr möglich. Würde sich umgekehrt in der zweiphasigen Strömung eine größere Überhitzung einstellen als zur Blasenbildung erforderlich ist, so könnte eine zweiphasige Strömung ohne Blasenbildung nicht existieren.

An den Bereich des unterkühlten Siedens schließt sich dann der Bereich des Sättigungssiedens an. Zur Berechnung des Wärmeübergangs setzt man ähnlich wie beim Sieden in unterkühlter Flüssigkeit voraus, daß der Wärmeübergang überwiegend durch die Blasenbildung bestimmt wird. Zusätzlich ist die Konvektion von, wenn auch geringem, Einfluß auf den Wärmeübergang. Modellvorstellungen und empirische Gleichungen gehen daher vom Wärmeübergang beim Sieden in freier Strömung aus und berücksichtigen den Einfluß der erzwungenen Strömung durch ein Zusatzglied. Dem liegt die Vorstellung zugrunde, daß das Blasenwachstum nur wenig durch die Strömung beeinflußt wird, solange die Blasen kleiner als die überhitzte Grenzschicht sind. Man setzt daher den Wärmeübergangskoeffizienten aus zwei Anteilen zusammen

$$\alpha_{2\mathrm{Ph}} = \alpha_{\mathrm{B}} + \alpha_{\mathrm{K}}, \tag{13.55}$$

worin α_{B} der Wärmeübergangskoeffizient beim Sieden in freier Strömung, Abschn. 11.4, und α_{K} der Wärmeübergangskoeffizient bei erzwungener Strömung ist, wenn nur Flüssigkeit durch das Rohr strömen würde. Diesen berechnet man aus der Colburn-Beziehung für den Wärmeübergang einer einphasigen erzwungenen Strömung

$$Nu = \frac{\alpha_{\mathrm{K}} d}{\lambda_{\mathrm{L}}} = 0{,}023 \, Re^{0,7} Pr^{1/3}$$

mit der Reynoldszahl $Re = \dot{m}_{\mathrm{L}} d/\eta_{\mathrm{L}} = \dot{m}(1 - x^{*}) d/\eta_{\mathrm{L}}$ und der Prandtlzahl $Pr = v_{\mathrm{L}}/a_{\mathrm{L}}$ der Flüssigkeit. In (13.55) beträgt der Anteil α_{K} des Wärmeübergangs durch erzwungene Strömung meist nur wenige Prozent des gesamten Wärmeübergangs. Diese Rechenmethode berücksichtigt den, wenn auch geringen, Einfluß des Strömungsdampfgehalts auf den Wärmeübergang im Bereich des Sättigungssiedens nicht. Um ihn zu erfassen, hat Chawla [13.17] aufgrund von Versuchen mit Kältemitteln eine Gleichung der Form

$$\frac{\alpha_{2\mathrm{Ph}}}{\alpha_{\mathrm{B}}} = 29 \, Re^{-0,3} Fr^{0,2} \tag{13.56}$$

vorgeschlagen mit der Reynoldszahl der flüssigen Phase

$$Re = \dot{m}(1 - x^{*}) d/\eta_{\mathrm{L}}$$

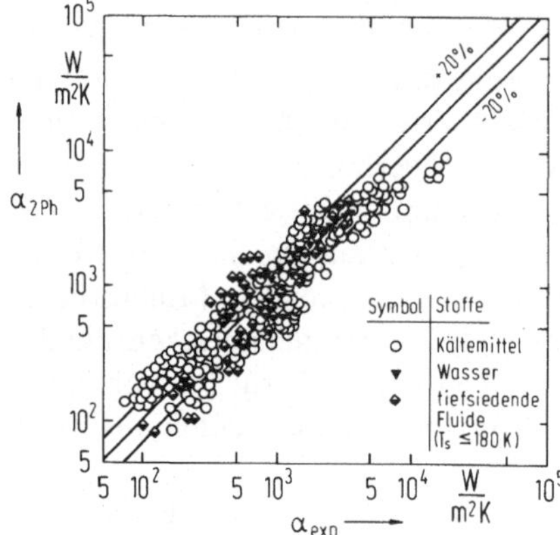

Bild 13.19. Nach (13.56) berechnete Wärmeübergangskoeffizienten α_{2Ph} verglichen mit Meßwerten α_{exp}

und der Froudezahl

$$Fr = \dot{m}^2 (1-x^*)^2 / (\varrho_L^2 g d) \, .$$

Der Wärmeübergangskoeffizient α_B ist wiederum aus den Beziehungen für den Wärmeübergang beim Sieden in freier Strömung, Abschn. 11.4, zu ermitteln. Die Messungen von Chawla, die zu (13.56) führten, sind an waagerechten Rohren ausgeführt. Wie Stephan und Auracher [13.18] zeigten, gibt (13.56) auch Messungen an senkrechten Rohren wieder. Neuere, noch nicht veröffentlichte Messungen von Auracher haben jedoch ergeben, daß (13.56) den Einfluß der Massenstromdichte $\dot{m}$ und des Dampfgehalts x^* überbewertet, falls diese hinreichend groß werden. Gleichung (13.56) sollte man daher nur verwenden, wenn für die rechte Seite gilt[1]

$$1 \leqq 29 \, Re^{-0,3} Fr^{0,2} \leqq 1,2 \, . \tag{13.57}$$

Auch diese Beziehung zeigt, daß der Wärmeübergang hauptsächlich durch die Blasenverdampfung bestimmt wird. Die Untersuchungen von Auracher[1] und auch eine von Steiner [13.19] vorgenommene Auswertung der bisher bekannten Meßwerte deuten darauf hin, daß der Exponent der Wärmestromdichte im Bereich des Sättigungssiedens stärker vom Druck abhängt als beim Blasensieden und insbesondere bei höheren Drücken kleiner ist als der entsprechende Exponent beim Blasensieden. Die Streuung der Meßwerte ist jedoch noch so beträchtlich, daß auch die Unsicherheit in den Berechnungsgleichungen erheblich ist. Es wird daher empfohlen, bis zum Vorliegen genauerer Ergebnisse den Wärmeübergang für senkrechte Rohre nach (13.56) unter Beachtung des Gültigkeitsbereichs zu berechnen. Einen ungefähren Eindruck von der Größe der zu erwartenden Fehler für verschiedene Stoffgruppen gibt das einer Arbeit von Stephan und Auracher [13.18] entnommene Bild 13.19, in dem nach (13.56) berechneten Wärmeübergangskoeffizienten α_{2Ph} mit gemessenen Werten α_{exp} verglichen sind.

---

1 Persönliche Mitteilung von H. Auracher.

Strömen Dampf und Flüssigkeit im senkrechten Rohr abwärts, so verringert sich infolge des Auftriebs der Schlupf zwischen Dampf und Flüssigkeit. Dies führt zu einer Verringerung des Wärmeübergangs, und zwar ist nach Messungen von Pujol [13.20] mit dem Kältemittel R113 der Wärmeübergangskoeffizient α_{ab} der Abwärtsströmung um den Faktor 0,75 kleiner als derjenige der Aufwärtströmung α_{auf}

$$\alpha_{ab} = 0,75\alpha_{auf} \,. \tag{13.58}$$

Den Wert α_{auf} kann man beispielsweise aus (13.56) berechenen.

Obwohl bei Aufstellung der Gl. (13.56) nicht zwischen Messungen an senkrechten und *waagerechten Rohren* unterschieden wurde, haben neuere Messungen von Steiner und Mitarbeitern [u.a. 13.19] die Erwartung bestätigt, daß im waagerechten Rohr Dampf und Flüssigkeit stets unsymmetrisch verteilt sind, wenn man von sehr hohen Strömungsgeschwindigkeiten absieht. Man kann daher auch den Wärmeübergang beim Sättigungssieden in senkrechten und waagerechten Rohren nicht nach einheitlichen Gleichungen berechnen. Die Oberseite des waagerechten Rohrs ist schlechter mit Flüssigkeit benetzt als die Unterseite. Dieser Effekt macht sich besonders bemerkbar, wenn die Rohrwand dünn und schlecht wärmeleitend ist, weil sich dann die Temperaturen über den Umfang weniger als im dickwandigen, gut wärmeleitenden Rohr ausgleichen können. Wärmeübergangskoeffizienten sind daher in Strömungsrichtung und über den Umfang veränderlich. Lokale Wärmeübergangsmessungen sind bisher noch nicht ausgeführt worden. Lediglich über den Umfang gemittelte Wärmeübergangskoeffizienten sind von mehreren Autoren gemessen worden. Steiner [13.19] hat diese und seine eigenen Messungen ausgewertet und Gleichungen zur Berechnung des Wärmeübergangs für waagerechte Rohre mit gutem und für solche mit schlechtem Wärmeleitvermögen entwickelt. Es sei hierzu auf die zusammenfassende Darstellung [13.19] im VDI-Wärmeatlas verwiesen. Dort findet man auch Angaben über den Wärmeübergang beim Sättigungssieden in geneigten Rohren und Rohrwendeln.

Tabelle 13.1. Stoffgröße K_1 für verschiedene Kältemittel nach Slipcević [13.21]

Kälte-mittel	K_1 in $W^{0,3}\ m^{0,1}\ s^{0,1}\ kg^{-0,1}\ K^{-1}$ bei einer Verdampfungstemperatur in °C						
	-50	-40	-30	-20	-10	0	10
R11	–	–	–	0,082	0,085	0,088	0,091
R12	0,105	0,112	0,118	0,123	0,129	0,134	0,138
R13	0,139	0,152	0,170	0,193	0,218	0,247	–
R13B1	0,113	0,119	0,127	0,135	0,145	0,156	0,171
R21	–	0,080	0,084	0,089	0,093	0,098	0,104
R22	0,116	0,122	0,128	0,134	0,141	0,149	0,158
R40	–	–	–	0,161	0,164	0,167	0,171
R113	–	–	–	–	–	0,069	0,073
R114	–	–	–	–	–	0,095	0,097

Eine einfache empirische Korrelation für den mittleren Wärmeübergangskoeffizienten beim Sättigungssieden von Kältemitteln in Rohren hat Slipčević [13.21] mitgeteilt. Sie lautet

$$\bar{\alpha}_{2Ph} = K_1 \frac{\dot{m}^{0,1} q^{0,7}}{(A_a/A_i)^{0,7} d^{0,5}} \ . \tag{13.59}$$

Die stoffabhängige Größe K_1 ist in Tabelle 13.1 für verschiedene Kältemittel angegeben. In (13.59) tritt noch das Verhältnis A_a/A_i von äußerer zu innerer Rohroberfläche auf, weil die Gleichung auf Messungen über den Wärmeübergang bei Verdampfung an der Außenseite von Rohren aufbaut und somit auf den Wärmeübergangskoeffizienten auf der Innenseite umgerechnet werden mußte. Mit d ist der innere Rohrdurchmesser bezeichnet.

13.7 Strömungssieden

An den Bereich des Sättigungssiedens schließt sich der des Strömungssiedens an. Mit dem dort zunehmenden Dampfgehalt verbessert sich der Wärmeübergang von der Wand an das Fluid. Der Wärmewiderstand der Grenzschicht nimmt im Vergleich zum Wärmewiderstand des Blasensiedens ab. Die Wandtemperatur nimmt ebenfalls ab, vgl. Bild 13.10, so daß auch die Zahl der an der Wand gebildeten Dampfblasen zurückgeht oder gar keine Blasen mehr gebildet werden. Der Wärmeübergang wird überwiegend oder sogar ausschließlich durch Verdampfung an der Phasengrenze zwischen der an der Wand befindlichen Flüssigkeit und dem Dampf der Kernströmung bestimmt.

13.7.1 Senkrechte Rohre

Zur Beschreibung des Wärmeübergangs hat Chen [13.22] ein ähnliches Verfahren wie zur Berechnung des Wärmeübergangs im Bereich des Sättigungssiedens vorgeschlagen. Seine Gleichungen gelten daher für den Bereich des Sättigungssiedens und den des Strömungssiedens. Ähnlich wie beim Sättigungssieden nimmt man an, daß sich der Wärmeübergangskoeffizient aus zwei voneinander unabhängigen Anteilen, dem für die Blasenbildung α'_B und dem für die Konvektion α'_K zusammensetzt

$$\alpha_{2Ph} = \alpha'_B + \alpha'_K \ . \tag{13.60}$$

Den von der Blasenbildung herrührenden Anteil α'_B führt man auf den Wärmeübergangskoeffizienten α_B bei Blasenverdampfung in freier Strömung zurück. Da in einer erzwungenen Strömung jedoch der Temperaturanstieg in der Grenzschicht steiler als bei Blasenverdamfung in freier Strömung ist, wird mehr Wärme von der Wand durch Leitung abgeführt und die Blasenbildung gegenüber der in freier Strömung teilweise unterdrückt. Diesen Einfluß berücksichtigt Chen durch einen Korrekturfaktor $S \leq 1$ (suppression factor), mit dem der Wärmeübergangskoeffizient α_B beim Blasensieden in freier Strömung zu multiplizieren ist, $\alpha'_B = S\alpha_B$.

Der Faktor S geht für verschwindend kleine Massenstromdichte gegen eins, der Wärmeübergangskoeffizient α'_B stimmt dann mit dem beim Sieden in freier Strömung überein, und er geht gegen null bei sehr großer Massenstromdichte, weil dann der Wärmeübergang ausschließlich durch den konvektiven Anteil α'_K in (13.60) bestimmt wird.

Der konvektive Anteil α'_K des Wärmeübergangskoeffizienten enthält einen Beitrag für den Wärmeübergang an die einphasige Flüssigkeit. Durch den rascher strömenden Dampf im Strömungskern und auch durch die noch vorhandenen Dampfblasen, muß man den Wärmeübergangskoeffizienten α_K der einphasigen erzwungenen Flüssigkeitsströmung noch um einen „Verstärkungsfaktor" $F \geqq 1$ (enhancement factor) verbessern,

$$\alpha'_K = F \alpha_K .$$

Der Faktor F wird hauptsächlich durch die vom Dampf auf die Flüssigkeit ausgeübte Schubspannung bestimmt und läßt sich daher, wie Chen zeigte, durch den Martinelli-Parameter

$$X_{tt} = \left(\frac{\varrho_G}{\varrho_L} \right)^{0,5} \left(\frac{\eta_L}{\eta_G} \right)^{0,1} \left(\frac{1 - x^*}{x^*} \right)^{0,9}$$

ausdrücken. Gleichung (13.60) lautet somit

$$\alpha_{2Ph} = S \alpha_B + F \alpha_K . \tag{13.61}$$

Den Wärmeübergangskoeffizienten α_B beim Blasensieden in freier Strömung ermittelte Chen aus einer Gleichung von Forster und Zuber [13.23]

$$\alpha_B = 0,00122 \left[\frac{\lambda_L^{0,79} c_{pL}^{0,45} \varrho_L^{0,49}}{\sigma^{0,5} \eta_L^{0,29} (\varrho_G \Delta h_v)^{0,24}} \right] \Delta\vartheta^{0,24} \Delta p^{0,75} . \tag{13.62}$$

In diese Gleichung sind die Stoffwerte in SI-Einheiten, also in m, kg, N und K und der entsprechend der Dampfdruckkurve zur Temperaturdifferenz $\Delta\vartheta$ gehörende Druckunterschied Δp in N/m^2 einzusetzen. Der Wärmeübergangskoeffizient ergibt sich in W/m^{2}K. Die Gleichung gibt Meßwerte an Wasser, Ethylalkohol, n-Pentan und Benzol wieder, soweit solche bei Entwicklung der Gleichung im Jahre 1966 bekannt waren. Seither sind jedoch genauere Messungen mit einer viel größeren Zahl von Stoffen ausgeführt worden. Man erhält daher auch genauere Ergebnisse, wenn man den Wärmeübergangskoeffizienten α_B nach neueren Gleichungen bestimmt. So konnte beispielsweise Jallouk [13.24] seine Messungen an dem Kältemittel R114 besser wiedergeben, wenn er den Wärmeübergangskoeffizienten α_B nicht nach der Beziehung von Forster und Zuber, sondern nach einer Gleichung von Rohsenow ermittelte und damit den Wärmeübergangskoeffizienten α_{2Ph} berechnete. Es scheint daher zweckmäßiger, α_B mit Hilfe einer der Gebrauchsformeln nach Abschn. 11.4 zu berechnen.

Der Faktor S in (13.61) hängt von der Massenstromdichte der Flüssigkeit ab und läßt sich durch deren Reynoldszahl

$$Re = \dot{m}(1 - x^*) d / \eta_L$$

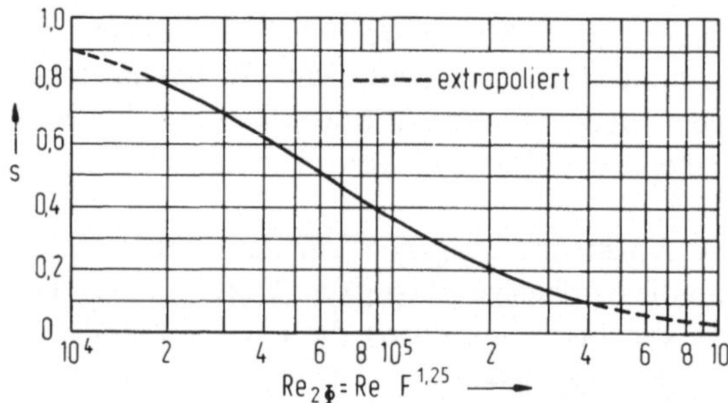

Bild 13.20. Korrektur S in (13.61), nach Chen [13.22]

ausdrücken. Er ist aber nicht unabhängig von dem Geschwindigkeits- und Temperaturfeld in der Grenzschicht, da dieses maßgeblich durch die Dampfströmung bestimmt wird und damit zusätzlich noch von dem Faktor F abhängt. Bild 13.20 zeigt den von Chen ermittelten Verlauf des Faktors S. Es ist

$$S = f(ReF^{1,25}) = f(Re_{2\Phi}),$$

$$S = \frac{1}{1 + 2{,}53 \cdot 10^{-6} Re_{2\Phi}^{1,17}} \tag{13.63}$$

mit $Re_{2\Phi} = ReF^{1,25}$.

Den konvektiven Beitrag zum Wärmeübergang berechnet man aus der Dittus-Boelter-Kraussold-Gleichung für die einphasige erzwungene Strömung

$$\alpha_K = \frac{\lambda_L}{d} 0{,}023 \left[\frac{\dot{m}(1 - x^*)d}{\eta_L} \right]^{0,8} Pr^{0,4}. \tag{13.64}$$

Den Verlauf des Faktors $F(X_{tt})$ zeigt Bild 13.21. Diese Kurve läßt sich durch die Gleichung

$$F = 1 \quad \text{für} \quad \frac{1}{X_{tt}} \leq 0{,}1 \quad \text{und}$$

$$F = 2{,}35 \left(\frac{1}{X_{tt}} + 0{,}213 \right)^{0,736} \quad \text{für} \quad \frac{1}{X_{tt}} > 0{,}1 \tag{13.65}$$

darstellen mit dem Martinelli-Parameter X_{tt}.

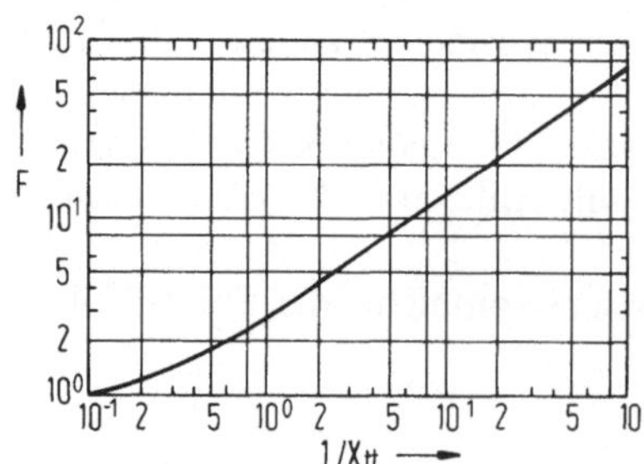

Bild 13.21. Korrektur F in (13.61), nach Chen [13.22]

Die Korrelation von Chen wurde an Experimenten bei Strömungssieden in senkrechten Kanälen erprobt und bisher vielfach zur Berechnung von Wärmeübergangskoeffizienten verwendet. Neuere Untersuchungen von Gungor und Winterton [13.25], in denen die Korrelation mit rund 4300 Meßwerten für verschiedene Stoffe verglichen wurde, zeigten jedoch, daß man je nach Stoff und Zustandsbereich um den Faktor 1,2 bis 1,9 zu große Wärmeübergangskoeffizienten berechnet. Eine bessere Übereinstimmung mit den Meßwerten ergab sich, wenn man die Faktoren S und F in (13.61) nach folgenden Korrelationen berechnete

$$S = 1 + 1{,}15 \cdot 10^{-6} F^2 Re^{1,17}, \tag{13.63a}$$

$$F = 1 + 2{,}4 \cdot 10^4 Bo^{1,16} + 1{,}37 X_{tt}^{-0,86} \tag{13.65a}$$

mit $Bo = q/\dot{m}\Delta h_v$, $Re = \dot{m}(1-x^*)/\eta_L$ und dem Martinelli-Parameter X_{tt}. Die mittlere Abweichung von den rund 4300 Meßwerten beträgt $\pm 21{,}4\,\%$. Der Wärmeübergangskoeffizient α_B beim Blasensieden in Strömung soll entweder nach (11.9) oder der sehr einfachen, aber physikalisch kaum plausiblen, empirischen Zahlenwertgleichung von Cooper [13.26]

$$\alpha_B = 55 q^{2/3} (p/p_{cr})^a (-\log p/p_{cr})^{-0,55} M^{-0,5}$$

mit

$$a = 0{,}12 - 0{,}2 \log R_p$$

berechnet werden, während sich der Wärmeübergangskoeffizient α_K aus (13.64) ergibt. In der Gleichung von Cooper bezeichnet M die Molmasse in kg/kmol, die Wärmestromdichte q ist in W/m^2 einzusetzen, R_p ist die Glättungstiefe in μm, und man erhält α_B in W/m^{2}K.

Für das *Strömungssieden in einseitig beheizten Ringspalten* hat man einen äquivalenten Durchmesser d_e einzuführen, der gegeben ist durch

$$d_e = 4A/U_b$$

für Spaltenweiten über 4 mm und

$$d_e = 4A/U_h$$

für Spaltenweiten unter 4 mm. A ist der Strömungsquerschnitt, U_b der benetzte und U_h der beheizte Umfang.

Vorgehen bei der Rechnung und weitere Gebrauchsformeln

Zur Berechnung von Wärmeübergangskoeffizienten nach (13.61) von Chen geht man zweckmäßigerweise in folgenden Schritten vor:

— Man berechnet zuerst den Martinelli-Parameter

$$X_{tt} = \left(\frac{\varrho_G}{\varrho_L}\right)^{0,5} \left(\frac{\eta_L}{\eta_G}\right)^{0,1} \left(\frac{1-x^*}{x^*}\right)^{0,9}.$$

— Man ermittelt den Wärmeübergangskoeffizienten α_B beim Blasensieden für die vorgegebene Wärmestromdichte q aus den in Abschn. 11.4 mitgeteilten Gebrauchsformeln oder, dem Vorschlag von Gungor und Winterton folgend, aus der Gleichung von Cooper. Ebenso berechnet man aus (13.63a) und (13.65a) die Faktoren S und F.

— Mit diesen Werten liegt der Wärmeübergangskoeffizient α_{2Ph} nach (13.61) fest und man kann die Wandtemperatur $\vartheta_w = \vartheta_s + q/\alpha_{2Ph}$ bestimmen.

Bei *unterkühltem Sieden* hat man dieses Rechenverfahren zu modifizieren, da die treibende Temperaturdifferenz für das Blasensieden und die erzwungene Strömung verschieden sind. Die übertragene Wärmestromdichte ist dann

$$q = \alpha_K (\vartheta_w - \vartheta_L) + S\alpha_B (\vartheta_w - \vartheta_s) \, ,$$

worin ϑ_L die mittlere Fluidtemperatur ist. Der Verstärkungsfaktor F tritt in dieser Gleichung nicht auf, weil im Mittel über einen Querschnitt kein Dampf erzeugt wird. Der Korrekturfaktor S für das Blasensieden ist weiterhin nach (13.63a) und (13.65a) zu berechnen. Die mittlere Abweichung der nach diesem Verfahren berechneten Wärmestromdichten von Meßwerten beträgt $\pm 25\%$.

Eine andere Gruppe von Korrelationen setzt voraus, daß das Verhältnis α_{2Ph}/α_K aus den Wärmeübergangskoeffizienten der zweiphasigen Strömung und dem der einphasigen Flüssigkeitsströmung sich entweder allein durch den Martinelli-Parameter X_{tt} oder durch diesen und die Siedekennzahl

$$Bo = q/(\dot{m}\Delta h_v) \tag{13.66}$$

darstellen läßt. Hierin kann man die Siedekennzahl

$$Bo = \frac{q}{\Delta h_v} \frac{1}{\dot{m}} = \varrho_G w_G \frac{1}{\varrho w}$$

als Verhältnis der Massenstromdichte des Dampfes senkrecht zur Wand zur gesamten Massenstromdichte parallel zur Wand deuten. Solche Korrelationen sind von der Form

$$\frac{\alpha_{2Ph}}{\alpha_K} = A\left(\frac{1}{X_{tt}}\right)^b \tag{13.67}$$

oder

$$\frac{\alpha_{2Ph}}{\alpha_K} = M\left[Bo\cdot 10^4 + N\left(\frac{1}{X_{tt}}\right)^n\right]^m . \tag{13.68}$$

Die empirischen Konstanten A, b und M, N, n, m dieser Gleichung sind für verschiedene Fluide in den Tabellen 13.2 und 13.3 zusammengestellt.

In den Beziehungen von der Art der (13.67) ist der Wärmeübergangskoeffizient α_{2Ph} der zweiphasigen Strömung unabhängig von der Wärmestromdichte. In den Beziehungen nach Art der (13.68) ist er im Bereich, in dem die Blasenbildung entscheidend ist, also der Term $Bo\cdot 10^4$ auf der rechten Seite überwiegt, proportional der Wärmestromdichte, wenn man von Ergebnissen von Chaddock [13.35]

Tabelle 13.2. Zahlenwerte für die Konstanten A und b in (13.67)

Fluid	A	b	Autoren
Wasser, Zwangskonvektion, aufwärts	3,5	0,5	Dengler und Addams [13.16]
verschiedene Flüssigkeiten, freie Konvektion	3,4	0,45	Guerrieri und Talty [13.27]
Wasser, Zwangskonvektion, aufwärts	2,5	0,75	Schrock und Grossman [13.28]
Wasser, Zwangskonvektion, aufwärts	2,9	0,66	Bennett et al. [13.29]
Wasser, Zwangskonvektion, abwärts	2,721	0,581	Wright et al. [13.30]
n-Butanol, Zwangskonvektion, abwärts	7,55	0,328	Somerville [13.31]
Wasser, Zwangskonvektion, aufwärts	2,167	0,699	Collier et al. [13.32]
R113, Zwangskonvektion, auf- und abwärts	4,0	0,37	Pujol und Stenning [13.33]

Tabelle 13.3. Zahlenwerte für die Konstanten in (13.68)

Fluid	M	N	n	m	Autoren
Wasser, Zwangskonvektion, aufwärts	0,739	1,5	2/3	1	Schrock und Grossman [13.28]
Wasser, Zwangskonvektion, abwärts	1,48	1,5	2/3	1	Sani [13.34]
Wasser, Zwangskonvektion, abwärts	1,39	1,5	2/3	1	Wright et al. [13.30]
n-Butanol, Zwangskonvektion, abwärts	2,45	1,5	2/3	1	Somerville [13.31]
R12, R22, Zwangskonvektion, horizontal	1,91	1,5	2/3	0,6	Chaddock [13.35]
R113, Zwangskonvektion, aufwärts	0,9	4,45	0,37	1	Pujol und Stenning [13.33]
R113, Zwangskonvektion, abwärts	0,53	7,55	0,37	1	Pujol und Stenning [13.33]

absieht. In (13.68) ist die Massenstromdichte auf der linken Seite im Wärmeübergangskoeffizienten α_K enthalten und zwar ist $\alpha_K \sim \dot{m}^{0,8}$, in der Siedekennzahl Bo kommt die Massenstromdichte im Nenner vor, so daß der Wärmeübergangskoeffizient α_{2Ph} im Bereich großer Werte der Siedekennzahl kaum noch von der Massenstromdichte abhängt. Keines dieser Ergebnisse gibt den physikalischen Sachverhalt richtig wieder. Man sollte daher die angegebenen Gleichungen nur für die untersuchten Stoffe und den Druckbereich verwenden, der in den genannten Arbeiten zwischen 1 bar und rund 5 bar liegt und lediglich in den Experimenten von Schrock und Grossman [13.28] den Druckbereich von 2,9 bis 34,8 bar umfaßte.

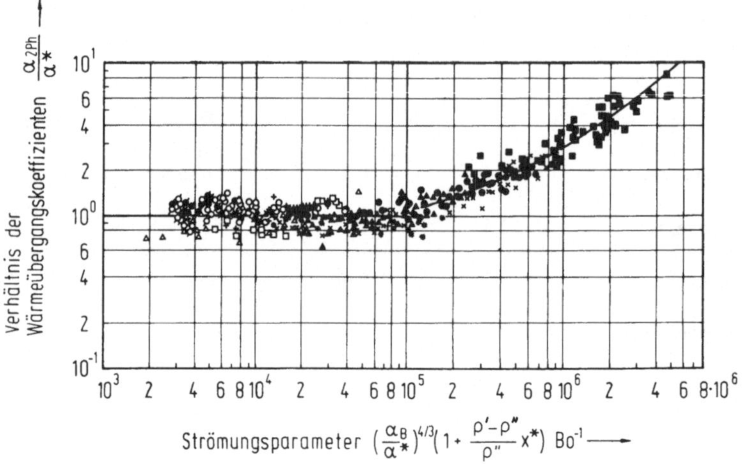

Bild 13.22. Korrelation von Meßwerten, nach Borishanskij und Mitarbeitern [13.36]

Eine empirische Gleichung, die Messungen zahlreicher Autoren aus der UdSSR wiedergibt, haben Borishanskij und Mitarbeiter [13.36] aufgestellt. Sie beschreibt Messungen an Wasser und Luft-Wasser-Gemischen und lautet

$$\frac{\alpha_{2Ph}}{\alpha^*} = \left[1 + 7\cdot10^{-9}\left(\frac{\alpha_B}{\alpha^*}\right)^2\left(1+\frac{\varrho'-\varrho''}{\varrho''}x^*\right)^{3/2}Bo^{-3/2}\right]^{1/2} \qquad (13.69)$$

mit

$$\alpha^* = \left[\alpha_K^2 + (0,7\alpha_B)^2\right]^{1/2}$$

und dem Wärmeübergangskoeffizienten für Blasensieden von Wasser

$$\alpha_B = 0,625\,(p_s^{0,14} + 8,95\cdot10^{-14}p_s^2)\,q^{0,7}\,.$$

In diese Gleichungen sind die Wärmestromdichte q in W/m² und der Sättigungsdruck p_s in N/m² einzusetzen. Man erhält die Wärmeübergangskoeffizienten in W/m²K. x^* ist der mittlere Strömungsdampfgehalt des betrachteten Rohrabschnitts $x^* = (x_1^* + x_2^*)/2$, wenn x_1^* der Strömungsdampfgehalt im Eintritts- und x_2^* der im Austrittsquerschnitt ist. Die Gleichung gibt Meßwerte an Wasser und an Wasser-Luft-Gemischen vieler Autoren aus der UdSSR im Bereich

$$0,05 \leqq x^* \leqq 0,9$$

$$8,1\cdot10^4\ \text{W/m}^2 \leqq q \leqq 5,6\cdot10^6\ \text{W/m}^2$$

$$2\ \text{bar} \leqq p \leqq 170\ \text{bar}$$

$$5\ \text{mm} \leqq d \leqq 34\ \text{mm}$$

mit einem mittleren Fehler von rund $\pm 30\,\%$ wieder. Bild 13.22, das der Arbeit von Borishanskij entnommen ist, gibt eine ungefähre Vorstellung von der Genauigkeit.

Es zeigt weiter, daß im Bereich kleiner Werte des Strömungsparameters

$$\left(\frac{\alpha_B}{\alpha^*}\right)^{4/3}\left(1+\frac{\varrho'-\varrho''}{\varrho''}x^*\right)Bo^{-1}$$

oder großer Werte der Siedekennzahl $Bo=q/(\dot{m}\Delta h_v)$ das Verhältnis α_{2Ph}/α^* gegen eins geht. Der Wärmeübergang wird dann überwiegend durch die Blasenbildung bestimmt. Für hinreichend große Werte von

$$\left(\frac{\alpha_B}{\alpha^*}\right)^{4/3}\left(1+\frac{\varrho'-\varrho''}{\varrho''}x^*\right)Bo^{-1}>5\cdot10^{-4},$$

also großer Werte des Strömungsparameters oder kleiner Werte der Siedekennzahl, wird die Wärme überwiegend durch Konvektion abgeführt.

Für praktische Auslegungen ist es manchmal schwierig zu entscheiden, nach welcher der vielen bekannten Gleichungen man rechnen soll. Empfehlenswert ist stets, Wärmeübergangskoeffizienten nach mehreren Gleichungen zu berechnen, weil man so eine Vorstellung von der Unsicherheit erhält und die Heizfläche anpassen kann. In Dampfkesseln wird im allgemeinen der Wärmedurchgangskoeffizient nur in geringem Maße von dem Wärmeübergang auf der Dampferzeugungsseite bestimmt, so daß dort keine hohen Genauigkeitsansprüche hinsichtlich des Wärmeübergangs bei Verdampfung zu erfüllen sind, da dieser für den Wärmedurchgang unbedeutend ist.

13.7.2 Waagerechte Rohre

Unter dem Einfluß der Schwerkraft sammelt sich die Flüssigkeit vorwiegend am Rohr unten, während die Oberseite schlechter oder gar nicht benetzt ist, so daß sich bei Beheizung mit konstanter Wärmestromdichte am Rohrscheitel höhere Wandtemperaturen einstellen als am Rohrgrund. Die Temperaturunterschiede gleichen sich je nach Wärmeleitvermögen der Rohrwand mehr oder weniger gut aus. Wie schon in Zusammenhang mit dem Sättigungssieden dargelegt, hängt somit der über den Umfang gemittelte Wärmeübergangskoeffizient vom Wärmeleitvermögen der Rohrwand ab. Der über den Umfang gemittelte Wärmeübergangskoeffizient setzt sich ähnlich wie bei der Kondensation in waagerechten Rohren aus dem Wärmeübergangskoeffizienten α_b des benetzten unteren Bogenabschnitts, vgl. Bild 4.13, und dem Wärmeübergangskoeffizienten α_{tr} des oberen, schlecht benetzten oder trockenen Abschnitts zusammen gemäß

$$\bar{\alpha}=\frac{\varphi}{\pi}\bar{\alpha}_b+\left(1-\frac{\varphi}{\pi}\right)\bar{\alpha}_{tr}. \tag{13.70}$$

Leider sind die Werte $\bar{\alpha}_b$ und $\bar{\alpha}_{tr}$ und auch der Benetzungswinkel φ in Abhängigkeit von Wärme- und Massenstromdichten und von den Stoffwerten nicht bekannt. Ausreichend sichere Berechnungsmethoden nach diesem, für den Wärmeübergang bei Kondensation in waagerechten Rohren bewährten Konzept stehen derzeit noch nicht zur Verfügung. Erste Ansätze und ungefähre Werte für den Benetzungswinkel φ findet man in neueren Arbeiten, deren Ergebnisse Steiner [13.19] zusammenfassend dargestellt hat.

Aufgrund einer Auswertung von Versuchen mit Wasser bei Drücken von 1 bar bis 165 bar, mit den Kältemitteln R11, R12, R22 und R113 und mit Cyclohexan hat Shah [13.37,13.38] eine für den praktischen Gebrauch einfache Gleichung entwickelt, die auch als Grundlage für die von Shah mitgeteilte Beziehung für den Wärmeübergang bei Kondensation in waagerechten Rohren, Gl. (4.50), diente. In ihr wird die bekannte Dittus-Boelter-Kraussold-Gleichung für den Wärmeübergang der einphasigen turbulenten Rohrströmung erweitert um eine Funktion des Strömungsdampfgehalts und des Dichteverhältnises ϱ_L/ϱ_G von Flüssigkeit und Gas und der Froudezahl

$$Fr = \dot{m}^2/(\varrho_L^2 g d) \ .$$

Für den über den Umfang gemittelten Wärmeübergangskoeffizienten gilt

$$\frac{\alpha_{2Ph}}{\alpha_K} = 3,9 Fr^{0,24} \left(\frac{x^*}{1-x^*}\right)^{0,64} \left(\frac{\varrho_L}{\varrho_G}\right)^{0,4} \tag{13.71}$$

mit dem Wärmeübergangskoeffizienten α_K der einphasigen Flüssigkeitsströmung nach der Gleichung von Dittus-Boelter-Kraussold

$$\alpha_K = \frac{\lambda_L}{d} 0,023 \left(\frac{\dot{m}(1-x^*)d}{\eta_L}\right)^{0,8} Pr^{0,4} \ .$$

Die Gleichung gilt unter der Voraussetzung, daß sich im waagerechten Rohr eine Schichtenströmung ausgebildet hat. Das ist nach den Angaben von Shah dann der Fall, wenn die Froudezahl

$$Fr = \dot{m}^2/(\varrho_L^2 g d) < 0,04 \tag{13.72}$$

ist. Für Froudezahlen oberhalb von 0,04 ist die Rohroberfläche vollständig benetzt, so daß sich eine Ringströmung bildet, die man nach den bereits erörterten Gleichungen für das senkrechte Rohr berechnen kann. Shah empfiehlt, den Wärmeübergangskoeffizienten für die Ringströmung im waagerechten Rohr ebenfalls aus (13.71) zu berechnen und dort den Faktor

$$3,9 Fr^{0,24} \text{ durch den Wert } 1,8$$

zu ersetzen, so daß (13.71) für $Fr \geq 0,04$ übergeht in

$$\frac{\alpha_{2Ph}}{\alpha_K} = 1,8 \left(\frac{x^*}{1-x^*}\right)^{0,64} \left(\frac{\varrho_L}{\varrho_G}\right)^{0,4} \ . \tag{13.73}$$

Der Auswertung von (13.71) lagen Messungen im Bereich $3 \cdot 10^{-4} \leq Fr \leq 0,04$ zugrunde. Außerdem wird die Gl. (13.71) bzw. (13.73) von Shah nur empfohlen, wenn die Siedekennzahl gewisse Mindestwerte $Bo \geq 10^{-4}$ überschreitet. Andernfalls werden die Meßwerte durch die empirische Gleichung zu ungenau wiedergegeben.

Zur Berechnung von Wärmeübergangskoeffizienten beim *Strömungssieden in waagerechten Rohren* hat man also zunächst anhand (13.72) zu prüfen, ob

Schichtenströmung vorliegt. Ist dies der Fall, so kann man nach (13.71) von Shah rechnen, andernfalls wird empfohlen, nach den Beziehungen für den Wärmeübergang im senkrechten Rohr, beispielsweise nach (13.61) von Chen zu rechnen.

Setzt man den Wärmeübergangskoeffizienten α_K der einphasigen Flüssigkeitsströmung in (13.71) ein, so findet man die folgende Abhängigkeit vom Strömungsdampfgehalt

$$\alpha_{2Ph} = K(1-x^*)^{0,16}x^{*0,64} \tag{13.74}$$

mit

$$K = \frac{\lambda_L}{d}0,023\left(\frac{\dot{m}d}{\eta_L}\right)^{0,8}Pr^{0,4}3,9Fr^{0,24}\left(\frac{\varrho_L}{\varrho_G}\right)^{0,4}, \tag{13.75}$$

die allerdings entsprechend der empirischen Natur dieser Gleichung nicht mehr die Grenzfälle $x^*=0$ und $x^*=1$ richtig wieder gibt. Durch Differentiation von (13.74) nach dem Strömungsdampfgehalt findet man ein Maximum des umfangsgemittelten Wärmeübergangskoeffizienten an der Stelle $x^*=0,8$ in Übereinstimmung mit Messungen von Chawla [13.17]. Daß ein solches Maximum entsteht, ist anschaulich einleuchtend, denn mit zunehmendem Strömungsdampfgehalt nimmt zunächst der Wärmeübergangskoeffizient der zweiphasigen Strömung wegen der größer werdenden Dampfschubspannung zu. Bei hinreichend hohem Strömungsdampfgehalt führt die geringe Wärmeleitfähigkeit des Dampfes wieder zu einer Abnahme des Wärmeübergangskoeffizienten. Bild 13.23 zeigt als Beispiel den von Chawla gemessenen Verlauf des Wärmeübergangskoeffizienten α_{2Ph} in Abhängigkeit vom Strömungsdampfgehalt.

Für praktische Berechnungen interessiert häufig der mittlere Wärmeübergangskoeffizient über einen Längenabschnitt $\Delta L = L_2 - L_1$. Man erhält ihn aus (13.74) durch Integration

$$\alpha_{2Ph} = \frac{K}{\Delta L}\int_{z=L_1}^{L_2}(1-x^*)^{0,16}x^{*0,64}dz\,.$$

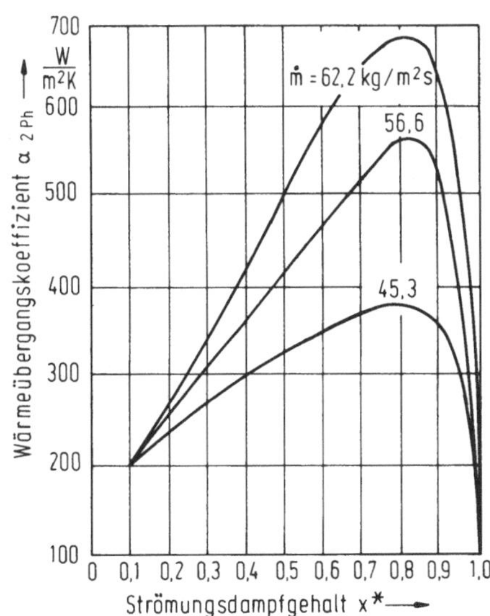

Bild 13.23. Wärmeübergangskoeffizient α_{2Ph} in Abhängigkeit vom Strömungsdampfgehalt, nach Chawla [13.17]. Waagerechtes Rohr, beheizt mit $q=1740$ W/m², Versuchsstoff R11 bei einer Verdampfungstemperatur von 10 °C

Mit der Annahme, daß man den Strömungsdampfgehalt in dem betrachteten Abschnitt ΔL als eine lineare Funktion der Länge

$$x^* = \frac{x_2^* - x_1^*}{\Delta L}\,(z - L_1) + x_1^*$$

ansehen kann, ergibt sich nach Reihenentwicklung des Ausdrucks $(1-x^*)^{0,16} = 1 - 0,16x^*$ unter Vernachlässigung der Glieder höherer Ordnung in x^* der mittlere Wärmeübergangskoeffizient zu

$$\bar{\alpha}_{2\,\mathrm{Ph}} = \frac{K}{x_2^* - x_1^*}\left(\frac{x^{*1,64}}{1,64} - 0,16\,\frac{x^{*2,64}}{2,64}\right)_{x^*_1}^{x^*_2}$$

mit K nach (13.75). Es ist daher

$$\frac{\bar{\alpha}_{2\mathrm{Ph}}}{\alpha_\mathrm{K}(x^*=0)} = 3,9\,Fr^{0,24}\left(\frac{\varrho_\mathrm{L}}{\varrho_\mathrm{G}}\right)^{0,4}\frac{1}{x_2^* - x_1^*}\,(0,61x^{*1,64} - 0,06x^{*2,64})_{x^*_1}^{x^*_2}$$

$$(13.76)$$

mit $\alpha_\mathrm{K}(x^*=0)$ aus der Gleichung von Dittus-Boelter-Kraussold.

Nach den Untersuchungen von Gungor und Winterton [13.25] lassen sich die bisher bekannten Messungen des Wärmeübergangs bei Strömungssieden in waagerechten Rohren sehr gut wiedergeben, wenn man das im vorigen Abschnitt für senkrechte Rohre beschriebene Verfahren von Chen leicht modifiziert. Man hat lediglich den Korrekturfaktor S der Gl. (13.63a) mit

$$S_1 = Fr^{1/2}$$

und den Verstärkungsfaktor F der Gl. (13.65a) mit

$$F_1 = Fr^{0,1 - 2Fr}$$

zu multiplizieren, wenn die Froudezahl $Fr = \dot{m}^2/(\varrho_\mathrm{L}^2 g d)$ kleiner als 0,05 ist, wenn also die Schwerkraft eine ungleiche Verteilung des Flüssigkeitsfilms über den Rohrumfang bewirkt.

Eine andere, für den praktischen Gebrauch sehr einfache empirische Gleichung zur Berechnung des mittleren Wärmeübergangskoeffizienten beim Strömungssieden von Kältemitteln hat Slipčević [13.21] mitgeteilt. Sie ist von der Form

$$\bar{\alpha}_{2\mathrm{Ph}} = K_2\dot{m}^{1,4}/d^{0,5}$$

$$(13.77)$$

und gilt für vollständige Verdampfung des Kältemittels. Die Größe K_2 ist stoffabhängig und in Tabelle 13.4 für eine Reihe von Kältemitteln angegeben.

Zusammen mit (13.59) für das Sättigungssieden von Kältemitteln kann man somit den mittleren Wärmeübergangskoeffizienten bei vollständiger Verdampfung von Kältemitteln berechnen. Maßgebend ist stets diejenige Gleichung, die den größeren Wärmeübergangskoeffizienten liefert. Wie man durch Vergleich von (13.59) und (13.77) erkennt, liegt daher Sättigungssieden vor, wenn

$$\dot{m} < \left(\frac{K_1}{K_2}\right)^{0,769} q^{0,538}$$

ist. Andernfalls hat man (13.77) für Strömungssieden zu verwenden.

Tabelle 13.4. Stoffgröße K_2 für verschiedene Kältemittel nach Slipčević [13.21]

Kälte-mittel	K_2 in $Ws^{1,4}\,m^{1,3}\,kg^{-1,4}\,K^{-1}$ bei einer Verdampfungstemperatur in °C						
	-50	-40	-30	-20	-10	0	10
R11	–	–	–	0,835	0,640	0,490	0,380
R12	0,525	0,399	0,310	0,256	0,194	0,156	0,126
R13	0,113	0,090	0,073	0,062	0,053	0,045	–
R13B1	0,148	0,115	0,092	0,077	0,065	0,055	0,046
R21	–	1,748	1,290	0,949	0,705	0,557	0,440
R22	0,635	0,470	0,351	0,272	0,215	0,169	0,138
R40	–	–	–	1,167	0,925	0,710	0,540
R113	–	–	–	–	–	0,451	0,296
R114	–	–	–	–	–	0,208	0,163

13.8 Kritische Siedezustände

Wie schon in Zusammenhang mit dem Sieden in freier Strömung dargelegt wurde, nimmt der Wärmeübergangskoeffizient nach Überschreiten einer maximalen Wärmestromdichte stark ab. Die Flüssigkeit an der Wand wird durch Dampf verdrängt. Wird der Heizfläche beispielsweise durch elektrische oder nukleare Beheizung oder durch Strahlung Wärme zugeführt, so steigt die Wandtemperatur nach Erreichen der maximalen Wärmestromdichte sprunghaft an. Wird hingegen wie in einem Wärmeaustauscher oder Kondensator die Wandtemperatur durch ein anderes Fluid aufgeprägt, so führt eine geringe Erhöhung der Wandtemperatur zu einem drastischen Abfall der Wärmestromdichte. Man faßt diese Erscheinung unter dem Begriff *kritische Siedezustände* zusammen. Darunter wird also allgemein das Absinken des Wärmeübergangskoeffizienten nach Überschreiten einer kritischen Wärmestromdichte verstanden. Diese ist im Fall des Siedens unter Zwangskonvektion im allgemeinen nicht identisch mit der maximalen Wärmestromdichte bei freier Strömung und kann, wie im folgenden dargelegt, durch verschiedene Mechanismen bewirkt werden. Wir sprechen daher allgemein von kritischer Wärmestromdichte im Unterschied zur maximalen Wärmestromdichte beim Sieden in freier Strömung.

Die Erscheinungen, die man bei freier Strömung beobachtet, treten auch in einer erzwungenen Strömung auf, sind dort aber verwickelter. Grundsätzlich lassen sich zwei verschiedene Arten der Siedekrise unterscheiden:

a) Bei kleinen Volumenanteilen des Dampfes tritt *Filmsieden* auf. Die Flüssigkeit bildet die kontinuierliche Phase, und nach Erreichen der kritischen Wärmestromdichte bildet sich an der Wand ein Dampffilm, der die Flüssigkeit von der Heizwand trennt. Der hohe Wärmewiderstand des Dampffilms führt zu einem Abfall der Wärmestromdichte, falls die Wandtemperatur aufgeprägt wird, oder zu einem Anstieg der Wandtemperatur, wenn man die Wärmestromdichte vorgibt. Die kritische Wärmestromdichte ist umso größer, je kleiner der Volumenanteil des Dampfes ist.

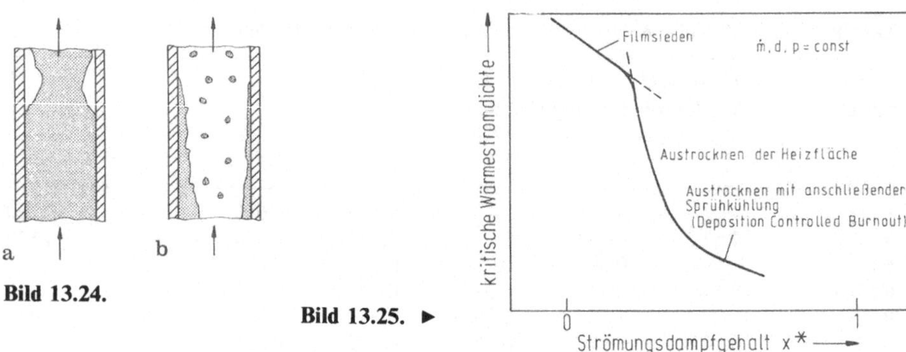

Bild 13.24.

Bild 13.25. ▶

Bild 13.24. Arten der Siedekrise. **a** Filmsieden; **b** Austrocknen der Heizfläche
Bild 13.25. Kritische Wärmestromdichte in Abhängigkeit vom Strömungsdampfgehalt

b) Bei großem Volumenanteil des Dampfes entsteht eine Ringströmung. An der Wand befindet sich hauptsächlich Flüssigkeit und im Kern bildet der Dampf die kontinuierliche Phase. Nach Erreichen der kritischen Wärmestromdichte löst sich der Flüssigkeitsfilm an der Wand auf, und diese wird von Dampf bedeckt. Man spricht von *Austrocknen der Heizfläche* (englisch: dryout).

Ist der Dampfgehalt hinreichend groß, so trocknet die Heizfläche schon bei sehr kleinen Wärmestromdichten aus. Aus dem Kern der Strömung können stromabwärts kleine Flüssigkeitstropfen wieder an die Heizfläche gelangen, die wegen der geringen Wärmestromdichte nur teilweise verdampfen. In der angelsächsischen Literatur bezeichnet man diese Art des Austrocknens mit anschließender Sprühkühlung der Wand durch Flüssigkeitstropfen als „Deposition Controlled Burnout".

Bild 13.24 veranschaulicht die beiden Arten der Siedekrise, nämlich Filmsieden und Austrocknen der Heizfläche. Wie sich die kritische Wärmestromdichte qualitativ mit dem Strömungsdampfgehalt ändert, zeigt Bild 13.25. Im Bereich des Filmsiedens nimmt die kritische Wärmestromdichte annähernd linear mit dem Strömungsdampfgehalt ab, im Bereich des Austrocknens sinkt sie stark mit dem Strömungsdampfgehalt und fällt erst bei großen Strömungsdampfgehalten im Bereich des Austrocknens mit anschließender Sprühkühlung wieder schwächer mit dem Strömungsdampfgehalt.

13.8.1 Grenzwerte für die kritische Wärmestromdichte

Einen unteren Grenzwert für die kritische Wärmestromdichte findet man aus der Energiebilanz

$$q\,d\pi z = \dot{M}c_{\mathrm{pL}}\left(\vartheta_{\mathrm{L}}(z) - \vartheta_1\right) = \alpha d\pi z\left(\vartheta_{\mathrm{w}} - \vartheta_{\mathrm{L}}(z)\right),$$

worin ϑ_1 die Temperatur im Eintrittsquerschnitt ist. Daraus folgt

$$\vartheta_{\mathrm{w}} = \vartheta_{\mathrm{L}}(z) + \frac{q}{\alpha} = \vartheta_1 + \frac{q\,d\pi z}{\dot{M}c_{\mathrm{pL}}} + \frac{q}{\alpha}$$

oder

$$q = \frac{\vartheta_w - \vartheta_1}{\frac{d\pi z}{\dot{M}c_{pL}} + \frac{1}{\alpha}} \, .$$

Da nach Erreichen der kritischen Wärmestromdichte die Wandtemperatur deutlich über der Sättigungstemperatur liegt, erhält man als unteren Grenzwert für die kritische Wärmestromdichte

$$q_{cr} > \frac{\vartheta_s - \vartheta_1}{\frac{d\pi z}{\dot{M}c_{pL}} + \frac{1}{\alpha}} = \frac{\Delta\vartheta_u}{\frac{d\pi z}{\dot{M}c_{pL}} + \frac{1}{\alpha}} , \qquad (13.78)$$

wenn $\Delta\vartheta_u$ die Unterkühlung der Flüssigkeit im Eintrittsquerschnitt ist.

Hieraus findet man beispielsweise für Wasser mit einer Anfangsunterkühlung $\Delta\vartheta_u = 50$ K, einer Massenstromdichte $\dot{m} = 1000$ kg/m²s und einer spezifischen Wärmekapazität $c_{pL} = 4{,}186$ kJ/kgK, das in einem 1 m langen Rohr von $d = 25$ mm Innendurchmesser siedet, unter Annahme eines Wärmeübergangskoeffizienten $\alpha = 10\,000$ W/m²K, daß die kritische Wärmestromdichte

$$q_{cr} > 3{,}62 \cdot 10^5 \text{ W/m}^2$$

sein muß.

Erreicht man die kritische Wärmestromdichte, so ist andererseits noch nicht alle Flüssigkeit verdampft. Man erhält daher als obere Grenze die kritische Wärmestromdichte, die man benötigt, um alle Flüssigkeit zu verdampfen. Diese ergibt sich wieder aus einer Energiebilanz

$$q d\pi z = \dot{M}(h'' - h_1) = \dot{M}(\Delta h_v + h' - h_1) \, .$$

Setzt man hierin

$$\dot{M}(h' - h_1) = \dot{M}\bar{c}_{pL}(\vartheta_s - \vartheta_1) = \dot{M}\bar{c}_{pL}\Delta\vartheta_u ,$$

worin $\bar{c}_{pL}$ die mittlere spezifische Wärmekapazität zwischen der Temperatur ϑ_1 im Eintrittsquerschnitt und der Siedetemperatur ϑ_s ist, so ergibt sich wegen $q_{cr} < q$:

$$q_{cr} < \frac{\dot{M}\Delta h_v}{d\pi z}\left(1 + \frac{\bar{c}_{pL}\Delta\vartheta_u}{\Delta h_v}\right) \, . \qquad (13.79)$$

Mit den Angaben des obigen Beispiels und einer Verdampfungsenthalpie von 2100 kJ/kgK berechnet man

$$q_{cr} < 1{,}4 \cdot 10^7 \text{ W/m}^2,$$

so daß für das Beispiel die kritische Wärmestromdichte zwischen $3{,}62 \cdot 10^5$ und $1{,}4 \cdot 10^7$ W/m² liegen muß. Angesichts der großen Zahl empirischer Methoden zur Berechnung der kritischen Wärmestromdichte und der vielen Einflußgrößen, von denen sie abhängt, empfiehlt sich stets zur Rechenkontrolle das Intervall abzuschätzen, in dem die kritische Wärmestromdichte liegen muß.

13.8.2 Versuchsergebnisse zur kritischen Wärmestromdichte

Mit dem Aufkommen der Siedewasserreaktoren in den letzten 25 Jahren ist die kritische Wärmestromdichte vielfach untersucht worden. Die meisten Versuche sind mit Wasser und Kältemitteln in senkrechten, elektrisch beheizten Rohren ausgeführt worden. Dennoch gibt es bisher keine Modellvorstellungen, nach denen man die kritische Wärmestromdichte in Abhängigkeit der maßgebenden Einflußgrößen berechnen kann. Dies ist dadurch bedingt, daß die physikalischen Vorgänge sehr verwickelt sind, Versuche meistens nur einen begrenzten Parameterbereich überdecken und daß die Messungen schwierig und infolgedessen oft mit erheblichen Meßfehlern behaftet sind.

Aufgrund der bisherigen Versuche kann man jedoch einige wichtige Abhängigkeiten erkennen, worüber im folgenden berichtet wird. Wie die Versuche zeigten, ist die kritische Wärmestromdichte in einem senkrecht durchströmten, gleichmäßig elektrisch beheizten Rohr von der Massenstromdichte $\dot{m}$, dem Strömungsweg z, dem örtlichen Strömungsdampfgehalt $x^*(z)$, dem Rohrdurchmesser d und dem Druck p abhängig. Die Stoffwerte sind von Druck und Temperatur abhängig und, falls in einem Querschnitt Phasengleichgewicht herrscht, durch die Angabe von Druck oder Temperatur festgelegt. Für ein bestimmtes Fluid gilt dann:

$$q_{cr} = q_{cr}(\dot{m}, x^*, z, d, p) \ . \tag{13.80}$$

Den Strömungsdampfgehalt, (13.18),

$$x^* = \frac{1}{\Delta h_v}\left(\frac{\Phi}{\dot{M}} + h_1 - h'\right)$$

kann man wegen

$$h_1 - h' = \bar{c}_{pL}(\vartheta_1 - \vartheta_s) = -\bar{c}_{pL}\Delta\vartheta_u$$

und $\Phi/\dot{M} = q d\pi z/(\dot{m}d^2\pi/4)$ auch schreiben

$$x^* = \frac{1}{\Delta h_v}\left(\frac{q 4 z}{\dot{m}d} - \bar{c}_{pL}\Delta\vartheta_u\right) \ . \tag{13.81}$$

Eine der Gl. (13.80) äquivalente Beziehung lautet also

$$q_{cr} = q_{cr}(\dot{m}, \Delta\vartheta_u, z, d, p) \ , \tag{13.82}$$

worin $\Delta\vartheta_u$ annähernd gleich der Unterkühlung im Eintrittsquerschnitt ist. Schließlich ist

$$x^* = \frac{h(z) - h_1}{\Delta h_v}$$

und infolgedessen (13.80) auch darstellbar durch

$$q_{cr} = q_{cr}(\dot{m}, h, z, d, p) \ . \tag{13.83}$$

13.8.2.1 Die Abhängigkeit der kritischen Wärmestromdichte vom Massenstrom und von der Unterkühlung

Wir betrachten zuerst die Abhängigkeit der kritischen Wärmestromdichte von der Massenstromdichte $\dot{m}$ und der anfänglichen Unterkühlung $\Delta\vartheta_u$ an einer bestimmten Stelle z eines Rohrs vom Durchmesser d bei vorgegebenem Druck p des Fluids. Wie Bild 13.26 zeigt, nimmt die kritische Wärmestromdichte annähernd linear mit der Unterkühlung im Eintrittsquerschnitt zu, und sie wächst für eine vorgegebene Eintrittsunterkühlung mit der Massenstromdichte.

Verwickelter ist die Abhängigkeit der kritischen Wärmestromdichte von der Massenstromdichte und vom Strömungsdampfgehalt

$$q_{cr} = q_{cr}(\dot{m}, x^*)$$

bei festen Werten z, d, p. Man findet diese Abhängigkeit, wenn man für die Werte in Bild 13.26 den Strömungsdampfgehalt x^* nach (13.81) berechnet. Als Ergebnis erhält man Bild 13.27. Wie dieses zeigt, nimmt im Bereich des unterkühlten Siedens, $x^* < 0$, die kritische Wärmestromdichte bei vorgegebenem Strömungsdampfgehalt mit der Massenstromdichte zu. Dies entspricht dem Ergebnis von Bild 13.26. Im Bereich des Sättigungssiedens, $x^* > 0$, überschneiden sich die Kurven $\dot{m} = $ const, so daß bei hinreichend großem Strömungsdampfgehalt die kritische Wärmestromdichte trotz steigender Massenstromdichte wieder abnimmt. Diese Erscheinung wird auch durch Messungen von Silvestri [13.40] bestätigt, konnten aber bisher noch nicht zufriedenstellend erklärt werden.

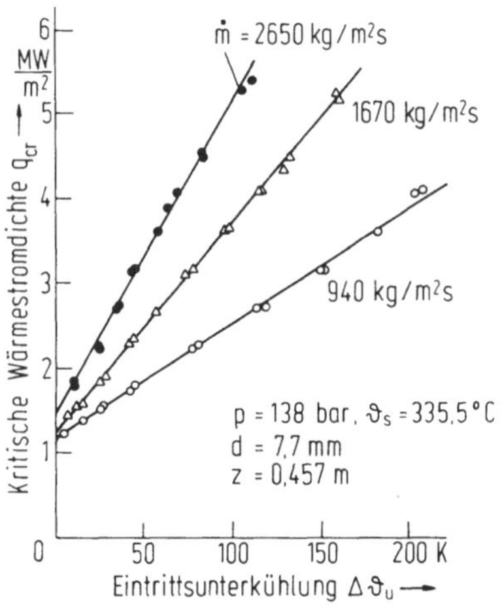

Bild 13.26.

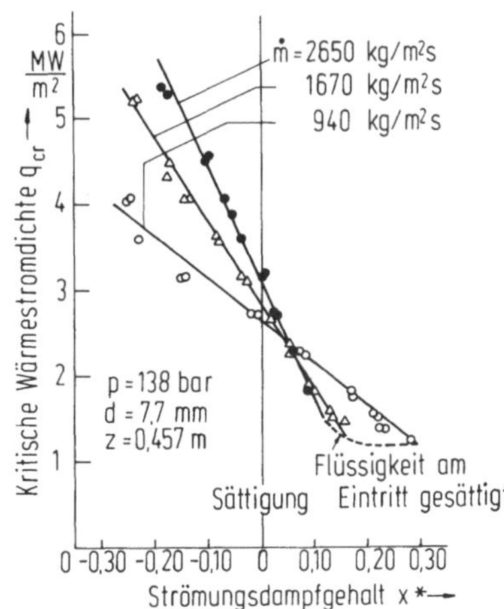

Bild 13.27.

Bild 13.26. Einfluß der Unterkühlung auf die kritische Wärmestromdichte von Wasser, nach [13.39]

Bild 13.27. Einfluß des Strömungsdampfgehalts auf die kritische Wärmestromdichte von Wasser, nach [13.34]

13.8.2.2 Die Abhängigkeit der kritischen Wärmestromdichte von der Unterkühlung und von der Ortskoordinate

Wir denken uns die Massenstromdichte $\dot{m}$, den Rohrdurchmesser d und den Druck p des Fluids fest vorgegeben. Nach Messungen von Lee und Obertelli [13.41, 13.42], Bild 13.28, nimmt die kritische Wärmestromdichte bei vorgegebener Unterkühlung stromabwärts etwas ab, die Abhängigkeit von der Ortskoordinate ist jedoch gering. Bei vorgegebenen Werten $\dot{m}, p, d$ wird die kritische Wärmestromdichte hauptsächlich durch den Strömungsdampfgehalt bestimmt, so daß man die für einen bestimmten Stoff gültige Gl. (13.80) auch vereinfachen kann zu

$$q_{\mathrm{cr}} = q_{\mathrm{cr}}(\dot{m}, x^*, d, p) \ . \tag{13.84}$$

Wie das Bild zeigt, gehört bei festgehaltenen übrigen Parametern zu einem bestimmten Strömungsdampfgehalt eine bestimmte kritische Wärmestromdichte. Die Länge Δz, nach der die kritische Wärmestromdichte erreicht wird, gerechnet von der Stelle $x^* = 0$, an der die mittlere Flüssigkeitstemperatur gleich der Sättigungstemperatur ist, läßt sich aus einer Energiebilanz angeben

$$q_{\mathrm{cr}} d\pi \Delta z = \dot{m}\,\frac{d^2\pi}{4}\,x^*\Delta h_{\mathrm{v}} \ ,$$

woraus

$$\Delta z = \frac{\dot{m}d}{4q_{\mathrm{cr}}}\,x^*\Delta h_{\mathrm{v}} \tag{13.85}$$

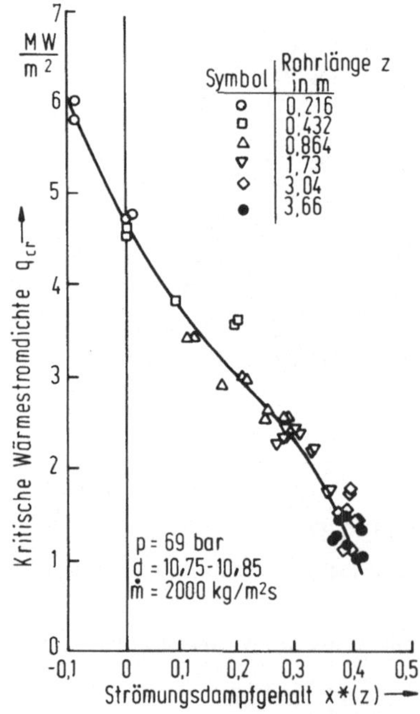

Bild 13.28. Einfluß der Rohrlänge und des Strömungsdampfgehalts im Austrittsquerschnitt auf die kritische Wärmestromdichte, nach [13.41, 13.42]

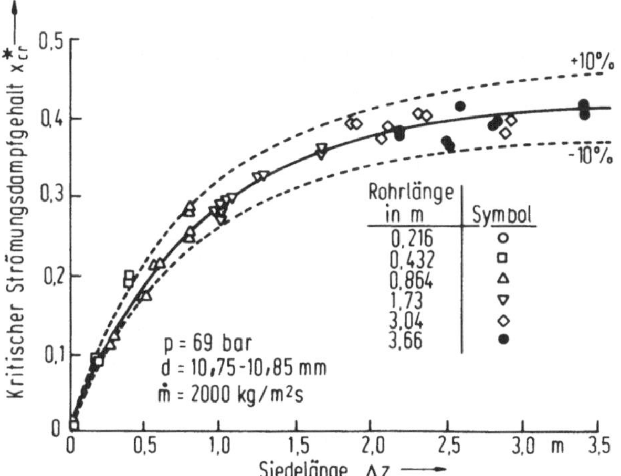

Bild 13.29. Kritischer Strömungsdampfgehalt von Wasser in Abhängigkeit von der Siedelänge, nach [13.41, 13.42]

folgt. Wir bezeichnen Δz als Siedelänge. Somit läßt sich die kritische Wärmestromdichte für einen bestimmten Stoff nach (13.84) auch in der Form

$$q_{cr} = q_{cr}(\dot{m}, \Delta z, d, p) \qquad (13.86)$$

schreiben. Ebenso folgt aus (13.84), daß der Strömungsdampfgehalt bei Erreichen der kritischen Wärmestromdichte gegeben ist durch

$$x^*_{cr} = x^*_{cr}(\dot{m}, q_{cr}, d, p) \qquad (13.87)$$

oder wegen der Beziehung (13.81) durch

$$x^*_{cr} = x^*_{cr}(\dot{m}, \Delta z, d, p) \; . \qquad (13.88)$$

Daraus ergibt sich, daß der Flüssigkeitsanteil, der bei kritischer Wärmestromdichte verdampft werden kann, von der Siedelänge abhängt, Bild 13.29.

13.8.2.3 Die Abhängigkeit der kritischen Wärmestromdichte von der Unterkühlung und vom Rohrdurchmesser

Bei konstanter Eintrittsunterkühlung nimmt die kritische Wärmestromdichte, wie Bild 13.30 zeigt, mit dem Rohrdurchmesser zu, wenn man die übrigen Parameter Massenstromdichte $\dot{m}$ und Ort z konstant hält. Im Bereich kleiner Rohrdurchmesser $d \leq 12,8$ mm steigt unter den Bedingungen des Bildes 13.30 die kritische Wärmestromdichte proportional mit der Eintrittsunterkühlung, für größere Rohrdurchmesser $d > 12,8$ mm ist der Anstieg stärker. Auch bei vorgegebenem Strömungsdampfgehalt und festgehaltenen übrigen Parametern wächst die kritische Wärmestromdichte mit dem Rohrdurchmesser.

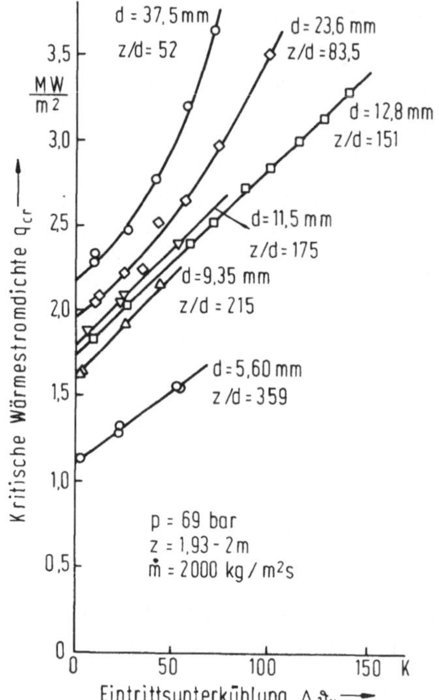

Bild 13.30. Kritische Wärmestromdichte von Wasser in Abhängigkeit von der Eintrittsunterkühlung und vom Rohrdurchmesser, nach [13.41, 13.43]

13.8.2.4 Die Abhängigkeit der kritischen Wärmestromdichte vom Druck und vom Strömungsdampfgehalt

Bild 13.31 zeigt die Abhängigkeit der kritischen Wärmestromdichte von Wasser im Bereich des Filmsiedens vom bezogenen Druck p/p_{cr}, berechnet nach der noch zu besprechenden Gl. (13.94) von Doroshchuk und Mitarbeitern [13.44]. Sie gilt für Filmsieden. Von einem Dampfgehalt $x^* = 0,5$ an stellt sich kein Filmsieden mehr ein. Die Heizfläche trocknet aus. Es gilt dann nicht mehr die gestrichelte Kurve $x^* = 0,5$, die man unter der Annahme von Filmsieden aus (13.94) berechnen würde, sondern die kritische Wärmestromdichte nimmt die kleineren Werte der ausgezogenen Kurve für $x^* = 0,5$ an. Diese sind nach der noch zu erörternden Gl. (13.95) berechnet. Für verschwindenden Strömungsdampfgehalt $x^* = 0$ nimmt die kritische Wärmestromdichte oberhalb des bezogenen Drucks $p/p_{cr} = 0,136$ ($p = 30$ bar) stark ab. Man hat durch Messungen gefunden, daß die kritische Wärmestromdichte ein Maximum bei niedrigen Drücken unter $p/p_{cr} = 0,136$ durchläuft und dann mit zunehmendem Druck abnimmt. In einigen Fällen [13.45, 13.46] hat man sogar ein zweites Maximum bei Drücken zwischen 100 und 200 bar beobachtet, das ausgeprägter wird, wenn man die Unterkühlung und die Massenstromdichte erhöht und wenn man das Verhältnis von Rohrlänge zu Durchmesser erniedrigt. Hält man die Eintrittstemperatur konstant, Kurve $\vartheta_1 = 174\,°C$ in Bild 13.31, so wächst die Unterkühlung im Eintrittsquerschnitt mit dem Systemdruck. Das zweite Maximum bei höheren Drücken wird verstärkt. Insgesamt ist aber die kritische

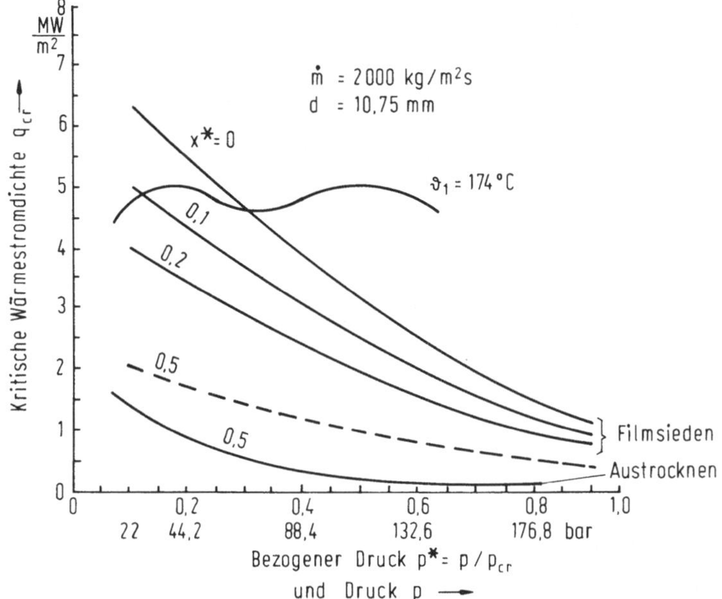

Bild 13.31. Kritische Wärmestromdichte von Wasser in Abhängigkeit vom Druck und vom Strömungsdampfgehalt nach (13.94) und (13.95). $\vartheta_1 = 174\,°C$ nach Macbeth [13.45]

Wärmestromdichte längs der Kurve $\vartheta_1 = 174\,°C$ schwächer vom Druck abhängig als bei konstanter Eintrittsunterkühlung, wie die anderen Kurven in Bild 13.31 zeigen.

13.8.3 Gebrauchsformeln für die kritische Wärmestromdichte

13.8.3.1 Senkrechte Rohre

Wegen der großen praktischen Bedeutung der kritischen Wärmestromdichte, insbesondere für den Entwurf von Siedewasserreaktoren, sind aufgrund der vielen Versuche auch zahlreiche empirische Korrelationen entwickelt worden. Viele von ihnen sind nur in engen Parameterbereichen gültig. Nur wenigen Gleichungen liegen Modellvorstellungen über die Art der Siedekrise, ob es sich um Filmsieden oder Austrocknen der Heizfläche handelt, zugrunde. Die meisten Gleichungen sind vielmehr rein empirischer Natur und unterscheiden nicht nach der Art der Siedekrise. Dazu gehört die häufig verwendete, in einem weiten Parameterbereich gültige Gleichung von Thomson und Macbeth [13.46] in einer später von Bowring [13.47] für praktische Zwecke vereinfachten Form. Wie schon dargelegt, hängt die kritische Wärmestromdichte entsprechend (13.84)

$$q_{cr} = q_{cr}(\dot{m}, x^*, d, p)$$

vom lokalen Strömungsdampfgehalt $x^*(z)$ ab. Es wird eine lineare Abhängigkeit vom lokalen Strömungsdampfgehalt $x^*(z)$ angenommen, was für nicht allzu große

Dampfgehalte näherungsweise zutrifft, wie Bild 13.28 beispielsweise zeigt. Es sei also

$$q_{cr} = A' - B'x^*,\tag{13.89}$$

worin für einen bestimmten Stoff die Größen A', B' noch von der Massenstromdichte, dem Rohrdurchmesser und dem Druck abhängen: $A'(\dot{m}, d, p)$ und $B'(\dot{m}, d, p)$.

Mit Hilfe von (13.81) kann man hierfür auch schreiben

$$q_{cr} = A' - \frac{B'}{\Delta h_v}\left(\frac{q_{cr}4z}{\dot{m}d} - \bar{c}_{pL}\Delta\vartheta_u\right).$$

Aufgelöst nach der kritischen Wärmestromdichte erhält man

$$q_{cr} = \frac{\dfrac{A'}{B'}\dfrac{\Delta h_v\dot{m}d}{4} + \dfrac{\dot{m}d}{4}\bar{c}_{pL}\Delta\vartheta_u}{\dfrac{\Delta h_v\dot{m}d}{4B'} + z}$$

oder

$$q_{cr} = \frac{A\dfrac{\Delta h_v\dot{m}d}{4} + \dfrac{\dot{m}d}{4}\bar{c}_{pL}\Delta\vartheta_u}{B\dfrac{\Delta h_v\dot{m}d}{4} + z}.\tag{13.90}$$

Die Größen A und B sind hierin Funktionen von Massenstromdichte, Druck und Durchmesser, die man für Wasser aufgrund der Gleichungen von Bowring [13.47] in folgender Form schreiben kann

$$A = 2{,}317\frac{F_1(p)}{1{,}0 + 0{,}0143F_2(p)d^{1/2}\dot{m}},\tag{13.91}$$

$$B = 0{,}308\frac{F_3(p)/\Delta h_v}{1{,}0 + 0{,}347F_4(p)(\dot{m}/1356)^n}.\tag{13.92}$$

Hierin sind der Rohrdurchmesser d in m, die gesamte Massenstromdichte $\dot{m}$ in kg/m²s, die Verdampfungsenthalpie Δh_v in J/kg, die mittlere spezifische Wärmekapazität $\bar{c}_{pL}$ der Flüssigkeit zwischen Eintrittstemperatur ϑ_1 und Sättigungstemperatur ϑ_s in J/kgK einzusetzen, und die kritische Wärmestromdichte q_{cr} ergibt sich in W/m². Der Exponent n ist druckabhängig und gegeben durch

$$n = 2{,}0 - 0{,}00725p\tag{13.93}$$

mit dem Systemdruck p in bar. Die Druckfunktionen F_1 bis F_3 sind in Tabelle 13.5 angegeben. Der empirischen Korrelation liegen Messungen an Wasser im folgenden Bereich zugrunde:

$$2\,\text{bar} \leqq p \leqq 190\,\text{bar}$$

$$0{,}002\,\text{m} \leqq d \leqq 0{,}045\,\text{m}$$

$$0{,}15\,\text{m} \leqq z \leqq 3{,}7\,\text{m}$$

$$136\,\text{kg/m}^2\text{s} \leqq \dot{m} \leqq 18600\,\text{kg/m}^2\text{s}$$

Tabelle 13.5. Druckfunktionen in (13.91) und (13.92) zur Berechnung der kritischen Wärmestromdichte von Wasser, nach Bowring [13.47]

bar	F_1	F_2	F_3	F_4
1	0,478	1,782	0,400	0,0004
5	0,478	1,019	0,400	0,0053
10	0,478	0,662	0,400	0,0166
15	0,478	0,514	0,400	0,0324
20	0,478	0,441	0,400	0,0521
25	0,480	0,403	0,401	0,0753
30	0,488	0,390	0,405	0,1029
35	0,519	0,406	0,422	0,1380
40	0,590	0,462	0,462	0,1885
45	0,707	0,564	0,538	0,2663
50	0,848	0,698	0,647	0,3812
60	1,043	0,934	0,890	0,7084
68,9	1,000	1,000	1,000	1,000
70	0,984	0,995	1,003	1,030
80	0,853	0,948	1,033	1,322
90	0,743	0,903	1,060	1,647
100	0,651	0,859	1,085	2,005
110	0,572	0,816	1,108	2,396
120	0,504	0,775	1,129	2,819
130	0,446	0,736	1,149	3,274
140	0,395	0,698	1,168	3,760
150	0,350	0,662	1,186	4,277
160	0,311	0,628	1,203	4,825
170	0,277	0,595	1,219	5,404
180	0,247	0,564	1,234	6,013
190	0,220	0,534	1,249	6,651
200	0,197	0,506	1,263	7,320

Das mittlere Fehlerquadrat wird zu 7 % angegeben und 95 % der Meßwerte liegen in einem Vertrauensbereich von $\pm 14\,\%$.

Durch einen Vergleich mit rund 3000 Versuchsreihen, eingeschlossen die vielen Versuchsergebnisse aus der UdSSR, haben Drescher und Köhler [13.48] gezeigt, daß im Bereich des *Filmsiedens von Wasser* eine von Doroshchuk et al. [13.44] entwickelte Gleichung genauere Werte liefert. Sie lautet

$$q_{\mathrm{cr}} = (10,3 - 17,5p^* + 8p^{*2}) \left(\frac{8 \cdot 10^{-3}}{d} \right)^{1/2} \left(\frac{\dot m}{1000} \right)^{0,68p^* - 1,2x^* - 0,3} e^{-1,5x^*}.$$

$$(13.94)$$

Tabelle 13.6. Konstanten c_1 und c_2 in (13.95) zur Berechnung der kritischen Wärmestromdichte

Druckbereich	c_1	c_2
4,9 bar $\leq p <$ 29,4 bar	$1,8447 \cdot 10^5$	0,1372
29,4 bar $\leq p <$ 98 bar	$2,0048 \cdot 10^7$	$-0,0204$
98 bar $\leq p <$ 196 bar	$1,1853 \cdot 10^9$	$-0,0636$

In ihr sind der Rohrinnendurchmesser d in m und die Massenstromdichte $\dot{m}$ in kg/m²s einzusetzen; $p^* = p/p_{cr}$ ist der auf den kritischen Druck bezogene Druck, q_{cr} erhält man in MW/m². Die Gleichung gibt Meßwerte in folgenden Bereichen wieder:

$$29\,\text{bar} \leqq p \leqq 196\,\text{bar} \quad \text{entsprechend} \quad 0{,}13 \leqq p^* \leqq 0{,}89$$

$$500\,\text{kg/m}^2\text{s} \leqq \dot{m} \leqq 5000\,\text{kg/m}^2\text{s}$$

$$0\,\text{K} \leqq \Delta\vartheta_u \leqq 75\,\text{K}$$

$$4{\cdot}10^{-3}\,\text{m} \leqq d \leqq 25{\cdot}10^{-3}\,\text{m}$$

Die Standardabweichung zwischen berechneter und gemessener Wärmestromdichte wird zu 16 % angegeben. Durch Iteration kann man aus (13.94) leicht den kritischen Strömungsdampfgehalt bei vorgegebener kritischer Wärmestromdichte ermitteln.

Messungen der kritischen Wärmestromdichte von Wasser im Bereich des Austrocknens der Heizfläche ließen sich nach der Untersuchung von Drescher und Köhler am besten durch eine Gleichung von Kon'kov [13.49] wiedergeben. Sie lautet

$$q_{cr} = c_1 x^{*-0,8} \dot{m}^{-2,664} d^{-0,56} e^{c_2 p} . \tag{13.95}$$

In sie sind der Rohrdurchmesser d in mm, die Massenstromdichte $\dot{m}$ in kg/m²s und der Druck in bar einzusetzen. Man erhält die kritische Wärmestromdichte in MW/m². Die Größen c_1 und c_2 sind vom Druckbereich abhängig und in Tabelle 13.6 mitgeteilt. Die Gleichung gilt im Bereich

$$200\,\text{kg/m}^2\text{s} \leqq \dot{m} \leqq 5000\,\text{kg/m}^2\text{s} ,$$

$$4\,\text{mm} \leqq d \leqq 32\,\text{mm} .$$

Bei vorgegebener kritischer Wärmestromdichte q_{cr} läßt sich aus (13.95) leicht der kritische Strömungsdampfgehalt berechnen.

Wie Bild 13.25 zeigte, fällt die kritische Wärmestromdichte im Bereich des Austrocknens der Heizfläche stärker mit dem Strömungsdampfgehalt ab als im Bereich des Filmsiedens. Denkt man sich die beiden Kurvenzüge für Filmsieden und für Austrocknen der Heizfläche in Bild 13.25 über ihren Schnittpunkt hinaus verlängert (gestrichelte Linie), so erkennt man, daß der jeweils kleinere Wert die auftretende kritische Wärmestromdichte ist. Für die praktische Berechnung ermittelt man daher die kritische Wärmestromdichte nach (13.94) und (13.95). Maßgebend ist der kleinere Wert. Damit kann man gleichzeitig entscheiden, welche Art der Siedekrise auftritt.

Beide Gleichungen setzen ebenso wie (13.90) stationäre Strömung voraus. Ist die Massenstromdichte beispielsweise als Folge von Druckschwankungen im System veränderlich, so kann die Siedekrise bereits bei viel kleineren Massenstromdichten und Dampfgehalten als den stationären Werten einsetzen.

Für niedrige Drücke $p < 5$ bar und kleine Massenstromdichten $\dot{m} \leq 300\,\mathrm{kg/m^2 s}$ haben Alad'yev et al. [13.50] eine einfache Korrelation

$$q_{cr} = k \left(\frac{\dot{m}}{L/d} \right)^{0,8} (1 - 2x_E^*) \tag{13.96}$$

mitgeteilt mit $k = 460$ für Wasser nach Thompson und Macbeth [13.46]. Sie gilt für das Verhältnis von Rohrlänge L zu Innendurchmesser d

$$10 \leq L/d \leq 100$$

und für unterkühltes Sieden mit Strömungsdampfgehalten (thermodynamischen Dampfgehalten) im Eintrittsquerschnitt

$$-0,2 \leq x_E^* < 0\,.$$

Die Massenstromdichte $\dot{m}$ ist in $\mathrm{kg/m^2 s}$ einzusetzen. Man erhält die kritische Wärmestromdichte in $\mathrm{kW/m^2}$.

13.8.3.2 Waagerechte und geneigte Rohre

In waagerechten oder geneigten Rohren ist der Einfluß der Schwerkraft im Vergleich zu den Trägheitskräften nur bei extrem hohen Massenstromdichten über 4000 bis 6000 $\mathrm{kg/m^2 s}$ vernachlässigbar, so daß dann die Neigung des Rohrs keinen Einfluß auf die Siedekrise hat. Bei kleineren Massenstromdichten setzt die Siedekrise an der Oberseite des Rohrs ein, während das Rohr unten noch von Flüssigkeit benetzt sein kann.

Um das Verhältnis von Trägheits- zu Schwerkräften abzuschätzen, betrachten wir ein Gasvolumen V_G, das sich in einem waagerechten oder einem geneigten Rohr in einer Flüssigkeit bewegt. Die Gasgeschwindigkeit sei w_G, das Gas fülle einen Querschnitt A_G aus. Die Trägheitskraft auf das Gasvolumen ist dann

$$F_T = \dot{M}_G w_G = \dot{m}_G A_G w_G = \dot{m}_G^2 A_G / \varrho_G\,.$$

Gleichzeitig wirken auf das Gasvolumen Auftriebskräfte

$$F_A = V_G (\varrho_L - \varrho_G) g\,.$$

Das Verhältnis beider Kräfte ist

$$\frac{F_T}{F_A} = \frac{\dot{m}_G^2 / \varrho_G}{(\varrho_L - \varrho_G) g} \frac{A_G}{V_G}\,.$$

Wir nehmen nun an, das Gas fülle den Rohrquerschnitt weitgehend aus. Dann ist

$$\frac{A_G}{V_G} = \frac{d\pi L}{\dfrac{d^2 \pi}{4} L} = \frac{4}{d} \quad \text{und somit}$$

$$\frac{F_T}{F_A} = \frac{\dot{m}_G^2 / \varrho_G}{(\varrho_L - \varrho_G) g} \frac{4}{d}\,.$$

Statt dessen kann man auch die Größe

$$\left(\frac{F_\mathrm{T}}{F_\mathrm{A}}\right)^{1/2} = \frac{\dot{m}_\mathrm{G}/\varrho_\mathrm{G}^{1/2}}{\left[(\varrho_\mathrm{L}-\varrho_\mathrm{G})\,gd\right]^{1/2}}\cdot 2$$

betrachten. Wir nehmen nun an, Gas und Flüssigkeit befinden sich im Phasengleichgewicht, dürfen also $\varrho_\mathrm{G}=\varrho''$, $\varrho_\mathrm{L}=\varrho'$ setzen. Außerdem ist bei Einsetzen der Siedekrise $\dot{m}_\mathrm{G}=x_\mathrm{cr}^*\dot{m}$. Die so gewonnene Froudezahl

$$Fr = x_\mathrm{cr}^*\dot{m}\left[\frac{1}{\varrho''(\varrho'-\varrho'')\,gd}\right]^{1/2} \tag{13.97}$$

ist maßgebend für das Verhältnis von Trägheits- zu Auftriebskräften in einer zweiphasigen Strömung.

Für $Fr>7$ sind die Trägheitskräfte so groß gegenüber den Schwerkräften, daß keine merkliche Schichtung eintritt [13.51]. Die Rohrneigung hat dann keinen Einfluß auf den Ort der Siedekrise, und man kann die Gleichungen für das senkrechte Rohr benutzen. Bei kleineren Froudezahlen, insbesondere ab $Fr\le 3$ ist die Schichtung sehr ausgeprägt, und man muß den Einfluß der Rohrneigung auf die Siedekrise beachten. In waagerechten Rohren trocknet die Oberseite schon bei kleinen Dampfgehalten aus, während das Rohr unten bis zur völligen Verdampfung noch benetzt bleibt. Infolge des Wärmeflusses von der unbenetzten Oberseite zur Unterseite ist der Temperaturanstieg bei Einsetzen der Siedekrise in einem waagerechten Rohr kleiner als in einem senkrechten. Bild 13.32 zeigt den Verlauf von Wand- und mittlerer Fluidtemperatur in einem waagerechten Rohr. Die Wandtemperatur durchläuft zwei relative Maxima. Noch im Bereich des unterkühlten Siedens $x^*<0$ sammelt sich soviel Dampf an der Oberseite des Rohrs, daß dieses oben austrocknet und die Wandtemperatur ansteigt. Weiter stromabwärts nimmt

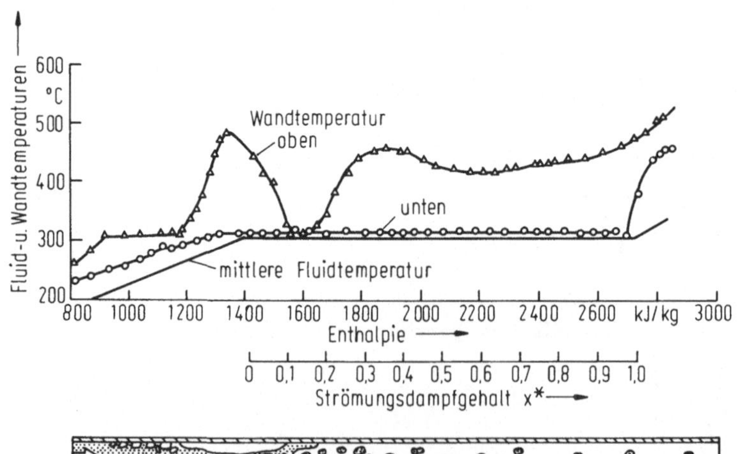

Bild 13.32. Wand- und mittlere Fluidtemperaturen in einem waagerechten Rohr, nach [13.57]. $p=100$ bar, $\dot{m}=500\,\mathrm{kg/m^2 s}$, $q=300\,\mathrm{kW/m^2}$, $d=24{,}3$ mm, Fluid: Wasser

mit zunehmendem Dampfgehalt auch die Fluidgeschwindigkeit zu. Die Strömung wechselt von Schichten- zur Schwall- oder gar zur Ringströmung. Die Oberseite wird dadurch wieder benetzt, so daß die Wandtemperatur sinkt, bis bei hinreichend hohem Dampfgehalt die Oberseite erneut austrocknet, wodurch die Wandtemperatur wieder ansteigt. Sie fällt in dem sich anschließenden Bereich der Sprühströmung etwas ab und steigt schließlich stromabwärts an, in dem Maße wie die Flüssigkeit verschwindet.

Bisherige Messungen über die kritische Wärmestromdichte in waagerechten oder geneigten Rohren [13.52] beschränken sich meist auf einen engen Parameterbereich, so daß es derzeit noch keine Korrelationen wie für senkrechte Rohre gibt. Ähnliches gilt auch für gekrümmte und gewendelte Rohre. Es sei hierzu auf die Ausführungen im VDI-Wärmeatlas verwiesen [13.53].

13.8.3.3 Ungleichförmige Beheizung über den Rohrumfang

Werden Verdampferrohre einseitig beheizt, wie beispielsweise die durch Strahlung beheizten Rohre eines Dampfkessels, so ist die Wärmestromdichte ungleichförmig über den Umfang verteilt. Das Maximum der Wärmestromdichte ist dann deutlich größer als die aus zugeführtem Wärmestrom und Fläche berechnete mittlere Wärmestromdichte, Bild 13.33. Meistens kann man die Wärmestromdichte auf der Rohrinnenseite in guter Näherung durch ein Cosinusprofil annähern

$$\frac{q}{\bar{q}} = \frac{1 - q_{max}/\bar{q}}{\dfrac{2}{\pi} - 1}\,(\cos\varphi - 1) + \frac{q_{max}}{\bar{q}}\,, \qquad (13.98)$$

worin $\bar{q}$ die aus zugeführtem Wärmestrom und Fläche berechnete mittlere Wärmestromdichte und q_{max} ihr Maximalwert sind. Dieses Profil ist so gewählt, daß es die Bedingungen

$$q = q_{max} \quad \text{für} \quad \varphi = 0$$

und

$$\bar{q} = \frac{2}{\pi} \int_{\varphi = 0}^{\pi/2} q\,\mathrm{d}\varphi$$

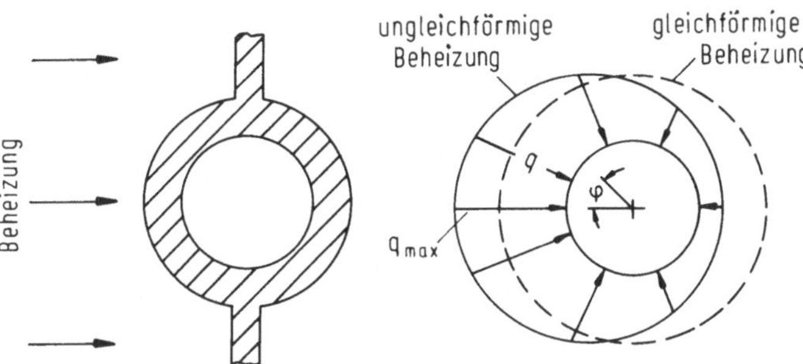

Bild 13.33. Ungleichförmige Beheizung eines Rohrs. Verteilung der Wärmestromdichten über den inneren Umfang

erfüllt. Man führt nun einen *Ungleichförmigkeitsgrad* $f = q_{max}/\bar{q}$ ein, der angibt, um wieviel die maximale von der mittleren Wärmestromdichte abweicht. Es ist

$$\frac{q}{\bar{q}} = \frac{1-f}{\frac{2}{\pi}-1}\,(\cos\varphi - 1) + f\,. \tag{13.99}$$

Durch den Ungleichförmigkeitsgrad ist das Profil der Wärmestromdichte vollständig charakterisiert, wenn man eine cosinusförmige Verteilung voraussetzt. Bei großem Ungleichförmigkeitsgrad, also großer maximaler Wärmestromdichte im Vergleich zum Mittelwert, kann bereits die Siedekrise am Ort der maximalen Wärmestromdichte einsetzen, obwohl die mittlere Wärmestromdichte vergleichsweise gering ist, wie Messungen von Lee [13.54] und Alekseev [13.55] zeigten. Anhaltswerte für die kritische Wärmestromdichte erhält man aufgrund dieser Messungen dadurch, daß man zunächst die kritische Wärmestromdichte aus einer der empirischen Gleichungen für das gleichförmig beheizte Rohr berechnet, (13.94) bis (13.96). Daraus erhält man die mittlere kritische Wärmestromdichte, indem man diese berechneten Werte nach dem Vorschlag von Collier [13.56] mit dem Faktor 0,9 multipliziert, wenn der Ungleichförmigkeitsgrad unter 1,5 liegt und mit dem Faktor 0,8, wenn der Ungleichförmigkeitsgrad zwischen 1,5 und 2,0 liegt.

13.9 Sprühkühlung

13.9.1 Sprühkühlung in Kanälen

Während bei geringen Strömungsdampfgehalten das Blasen- in Filmsieden übergeht, wird bei hohen Dampfgehalten der Flüssigkeitkeitsfilm an der Wand durch die Strömungskräfte aufgerissen und durch den Siedevorgang aufgezehrt. Die Heizfläche trocknet aus. Weiter stromabwärts wird Wärme von der Wand hauptsächlich an den Dampf übertragen, der überhitzt wird und Wärme an die mitgerissenen Flüssigkeitstropfen abgibt, die zunehmend verdampfen. Der Dampf bildet die kontinuierliche, die mitgerissenen Flüssigkeitstropfen die disperse Phase. Die Wärmeübertragung an eine solche Strömung bezeichnet man allgemein als Sprühkühlung. Man spricht auch von Wärmeübergang im Post-Dryout-Bereich. Der aus dem Englischen übernommene Begriff des Post-Dryout wird allerdings in der Literatur in verschiedener Bedeutung verwendet. Einige Autoren verstehen darunter, der Bedeutung des Wortes gemäß, den Bereich, der sich an das Austrocknen der Heizfläche anschließt. Andere wenden den Begriff auf alle Bereiche des Wärmeübergangs nach Erreichen der kritischen Wärmestromdichte an, verwenden also Post-Dryout als Oberbegriff für Sprühkühlung, Übergangs- und Filmsieden. Wir verwenden hier statt dessen den Begriff Sprühkühlung und verstehen darunter die Kühlung durch eine Dampf-Flüssigkeitsströmung, in der die kontinuierliche Phase aus Dampf, die disperse Phase aus Flüssigkeitstropfen besteht.

Bei der Sprühkühlung prallen mitgerissene Flüssigkeitstropfen auf die Wand und zerstören dort die Dampfgrenzschicht unter gleichzeitiger Wärmeaufnahme.

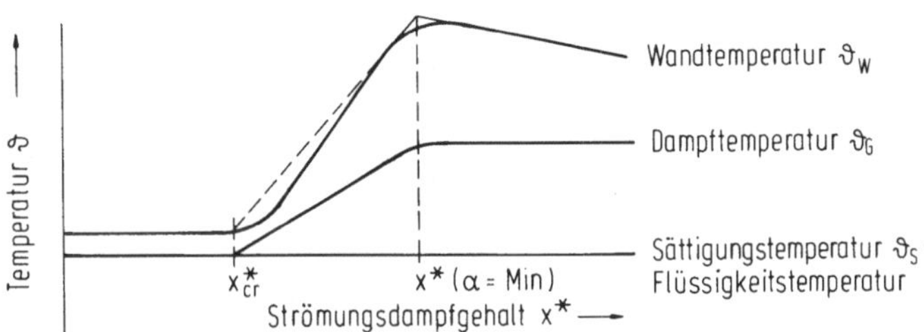

Bild 13.34. Verlauf von Wand-, Dampf- und Flüssigkeitstemperatur nach dem Austrocknen

Der Wärmeübergang ist infolgedessen deutlich besser als bei Filmsieden. Wärmeübergangskoeffizienten an Wasser liegen bei Sprühkühlung je nach Massenstromdichte und Dampfgehalt zwischen $5{\cdot}10^3$ und $5{\cdot}10^4$ W/m²K, während bei Filmsieden Werte zwischen rund 300 und 1500 W/m²K erreicht werden.

In Zwangsdurchlauf-Dampferzeugern in Kraftwerken, in Kälteanlagen oder in chemischen Fabriken wird fast immer über einen großen Teil der Heizfläche Wärme durch Sprühkühlung übertragen, da reine Flüssigkeit in den Dampferzeuger eintritt und überhitzter Dampf ihn verläßt. Gelegentlich wird Sprühkühlung absichtlich erzeugt, indem man in eine Dampf- oder Gasströmung Flüssigkeitstropfen einspritzt, um die Kühlwirkung zu verbessern.

Bild 13.34 zeigt schematisch den Verlauf von Wand-, Dampf- und Flüssigkeitstemperatur bei aufgeprägter Wärmestromdichte über dem Strömungsdampfgehalt x^* nach (13.18)

$$x^* = \frac{1}{\Delta h_v}\left(\frac{\Phi}{\dot{M}} + h_1 - h'\right),$$

den man aufgrund der Energiebilanz jeder Stelle z zuordnen kann. Bis zur Siedekrise herrscht praktisch thermisches Gleichgewicht zwischen Dampf und Flüssigkeit, deren Temperaturen sich nicht unterscheiden. Nach Einsetzen der Siedekrise wird die Wand hauptsächlich durch Dampf und kaum durch Flüssigkeit gekühlt. Der Wärmeübergang zwischen Wand und Fluid wird schlechter. Im Fall aufgeprägter Wärmestromdichte steigt die Wandtemperatur an. Da Wärme an den Dampf übertragen wird, steigt auch dessen Temperatur an. Die Flüssigkeitstropfen befinden sich weiterhin auf Sättigungstemperatur, wenn man von der Überhitzung der sehr kleinen Tropfen absieht. Es entsteht somit ein thermisches Ungleichgewicht zwischen Dampf und Flüssigkeit. Da der Wärmeübergangskoeffizient durch die Austrocknung der Wand zunächst abnimmt und die Wärme hauptsächlich an der Wand übertragen wird, steigt wegen $q \approx \alpha(\vartheta_w - \vartheta_G)$ (α nimmt ab, ϑ_G nimmt zu) die Wandtemperatur stärker an als die Dampftemperatur. Der Wärmeübergangskoeffizient fällt und erreicht ein Minimum an der Stelle $x^*(\alpha = \mathrm{Min})$ in Bild 13.34.

Als Folge der Dampfüberhitzung wird nun weiter stromabwärts zunehmend Wärme vom Dampf an die Tropfen übertragen, wodurch diese mehr und mehr verdampfen. Dadurch wachsen der Dampfgehalt und die Strömungsgeschwindig-

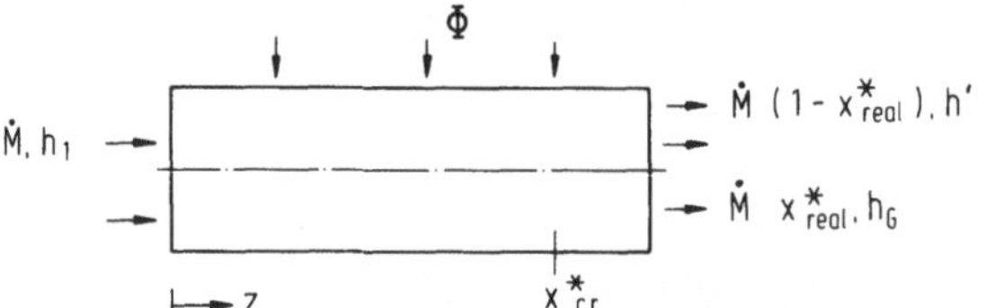

Bild 13.35. Zur Ermittlung des wahren Dampfgehalts x^{*}_{real}

keit des Dampfes. Der Wärmeübergang zwischen Wand und Fluid wird stromab-wärts wieder besser, so daß die Wandtemperatur nur noch langsam ansteigt oder, wie in Bild 13.34 gezeigt, sogar fällt. Sind die Tröpfchen weitgehend verdampft, so gelten die Gesetze des einphasigen Wärmeübergangs. Bei aufgeprägter Wärme-stromdichte steigen Dampf- und Wandtemperatur stetig an.

Da nach dem Austrocknen zwischen Dampf und Flüssigkeit kein thermisches Gleichgewicht herrscht, ist der wahre Strömungsdampfgehalt x^{*}_{real} verschieden von dem unter der Annahme thermischen Gleichgewichts berechneten Strömungs-dampfgehalt x^{*}_{th}, den man auch thermodynamischen Dampfgehalt nennt. Den wahren Dampfgehalt erhält man aus einer Energiebilanz, Bild 13.35, zwischen Eintrittsquerschnitt und einem beliebigen Querschnitt nach dem Austrocknen

$$\dot{M}h_1 + \Phi = \dot{M}x^{*}_{real}h_G + \dot{M}(1 - x^{*}_{real})h' \,,$$

woraus

$$x^{*}_{real} = \frac{1}{h_G - h'}\left(\frac{\Phi}{\dot{M}} + h_1 - h'\right) \tag{13.100}$$

folgt. Der wahre Dampfgehalt stimmt mit dem thermodynamischen überein, wenn sich Dampf und Flüssigkeit im Gleichgewicht befinden. Dann wird in der vorigen Gleichung $h_G = h''$ und man erhält $x^{*}_{th} = x^{*}_{real}$. Da ein Teil der zugeführten Wärme zur Überhitzung des Dampfes aufgezehrt wird, entsteht weniger Dampf als im Gleichgewicht, in dem nur trocken gesättigter Dampf erzeugt wird. Es ist

$$x^{*}_{real} < x^{*}_{th} \,,$$

was auch der Vergleich von (13.100) mit (13.18) zeigt.

Da die Dampftemperatur über einen Querschnitt nicht konstant ist, sondern zur Wand hin ansteigt, werden Flüssigkeitstropfen in der wandnahen Grenzschicht eher verdampfen als solche in der Kernströmung. Lediglich bei sehr hohen Wandtemperaturen ist die Wärmeübertragung durch Strahlung von der Wand an die Tropfen nicht mehr zu vernachlässigen.

Die Wärme wird von der Wand an das Fluid auf verschiedenen Wegen übertragen:

— durch Konvektion von der Wand an den Dampf;
— durch Konvektion von dem überhitzten Dampf an die Tropfen im Dampfkern;
— durch Konvektion und Leitung an Tropfen, die in die thermische Grenzschicht eindringen, ohne die Wand zu benetzen; man spricht von trockenen Kollisio-nen;

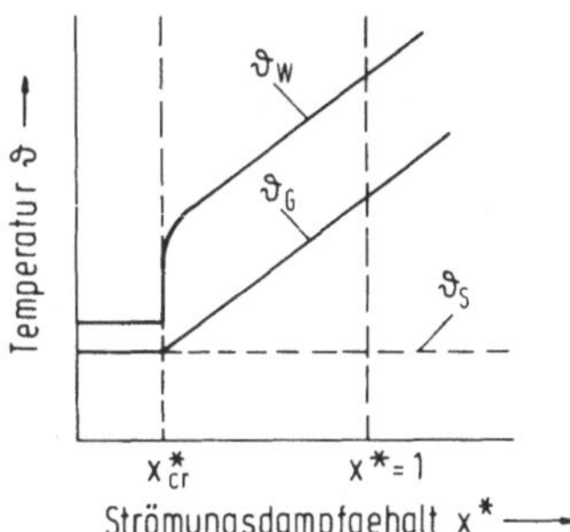

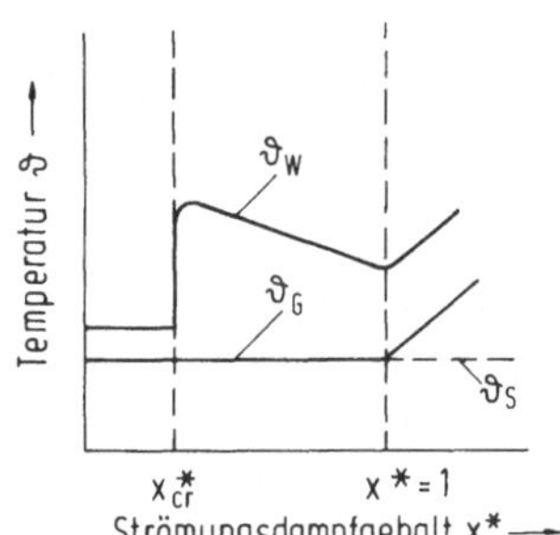

Bild 13.36. Verlauf von Wand-, Dampf- und Flüssigkeitstemperatur. Thermisches Ungleichgewicht zwischen Dampf und Flüssigkeitstropfen

Bild 13.37. Verlauf von Wand-, Dampf- und Flüssigkeitstemperatur. Thermisches Gleichgewicht zwischen Dampf und Flüssigkeitstropfen

— durch Konvektion und Leitung von der Wand an Tropfen, welche die Wand berühren und vorübergehend an ihr entlang rollen oder gleiten; man spricht von nassen Kollisionen;
— durch Strahlung von der Heizfläche an den Dampf und an die Tropfen.

Von diesen Anteilen ist der Wärmeaustausch zwischen Wand und den Tropfen, die in die Grenzschicht eindringen oder die Wand berühren, nach Messungen von Iloeje et al. [13.58] wegen der großen Unterschiede zwischen Wand- und Sättigungstemperatur klein im Vergleich zum konvektiv an den Dampf übertragenen Wärmestrom. Auch der Strahlungsanteil ist selbst bei Wandtemperaturen von 1000 °C gering. Wärmeübergangskoeffizienten für Strahlung liegen dann in der Größenordnung von 100 W/m^{2}K, während die Wärmeübergangskoeffizienten für Konvektion zwischen $5 \cdot 10^3$ und $5 \cdot 10^4$ W/m^{2}K liegen. Die entscheidenden Mechanismen für den Wärmeübergang sind demnach die Wärmeübertragung durch Konvektion von der Wand an den Dampf und durch Konvektion von dem überhitzten Dampf an die Tropfen im Dampfkern. Fast alle Modellberechnungen stützen sich auf diese Vorstellung.

Wie stark der Dampf überhitzt wird, hängt für ein gegebenes Fluid von der Massenstromdichte und dem Druck ab. Sind Massenstromdichte und Druck niedrig, so ist der Wärmeübergang zwischen Dampf und Tropfen gering, die Tropfen sind groß, der Dampf wird also stark überhitzt. Im Grenzfall dient die zugeführte Wärme ausschließlich zur Überhitzung des Dampfes, der wahre Strömungsdampfgehalt bleibt dann vom Ort der Siedekrise an konstant. Die Dampftemperatur und die Wandtemperatur steigen bei aufgeprägter Wärmestromdichte mit dem Strömungsweg bzw. dem thermodynamischen Strömungsdampfgehalt zunächst linear an, Bild 13.36. Der Wärmeübergang zwischen Dampf und Tropfen ist vollkommen unterbunden, und es herrscht vollständiges thermodynamisches Ungleichgewicht. Sind umgekehrt Massenstromdichte und Druck groß, so wird ein großer Wärmestrom zwischen Dampf und Tropfen übertragen, die Tropfen sind klein, der Dampf wird also nur wenig überhitzt. Im Grenzfall ist der

Wärmeübergang zwischen Dampf und Tropfen unendlich groß. Die zugeführte Wärme dient zur Verdampfung der Tropfen. Dampf und Flüssigkeit haben Sättigungstemperatur, befinden sich also im thermischen Gleichgewicht. Der thermodynamische Strömungsdampfgehalt ist dann identisch mit dem wahren Dampfgehalt. Der wahre Dampfgehalt steigt an, wodurch wegen der zunehmenden Dampfgeschwindigkeit mehr Wärme von der Heizfläche abgeführt wird und die Wandtemperatur sinkt, Bild 13.37.

Der tatsächliche Verlauf von Wand- und Fluidtemperaturen liegt zwischen den beiden Extremfällen des thermischen Gleichgewichts und des vollständigen Ungleichgewichts. Tatsächlich werden sich nach Einsetzen der Siedekrise Dampf- und Flüssigkeitstemperatur zunehmend voneinander entfernen. Es wird sich also zunächst ein thermisches Ungleichgewicht ausbilden. Dieses wird dann je nach Größe des Wärmeübergangs zwischen Dampf und Flüssigkeitstropfen stromabwärts durch Verdampfung der Flüssigkeitstropfen wieder abgebaut.

13.9.1.1 Ein Rechenmodell

Zur Berechnung des Wärmeübergangs bei Sprühkühlung sind zahlreiche Näherungsverfahren entwickelt worden. Einen Überblick findet man in Arbeiten von Collier [13.59] und von Mayinger und Langner [13.60]. Von den vielen Näherungsverfahren sei hier nur das nach einem Vorschlag von Bennett und Hewitt [13.61] besprochen, weil es plausibel und durch Versuche gut abgesichert ist. Danach kann man sich den Wärmetransport in drei aufeinander folgenden Abschnitten ablaufend denken.

In einem ersten Abschnitt nach dem Austrocknen wird Wärme hauptsächlich an den Dampf übertragen. Es verdampfen noch keine Tropfen, weil dazu der Dampf erst ausreichend überhitzt sein muß. In Bild 13.34 ist dies der Abschnitt zwischen x_{cr}^* und $x^*(\alpha = \text{Min})$. Der Wärmeübergang zwischen Dampf und Tropfen ist schlecht. Der wahre Dampfgehalt bleibt zunächst unverändert gleich dem an der Stelle des Austrocknens.

In einem zweiten Abschnitt — in Bild 13.34 ist dort $x^* > x^*(\alpha = \text{Min})$ — ist die Überhitzung des Dampfes ausreichend groß, so daß Tropfenverdampfung einsetzt. Die Dampftemperatur steigt nicht mehr wesentlich an. Nach dem Vorschlag von Köhler [13.57] kann man diesen Vorgang näherungsweise dadurch rechnerisch nachbilden, daß man die Enthalpie des Dampfes konstant voraussetzt. Alle von der Wand zugeführte Wärme dient dann zur Verdampfung eines Teils der Tropfen und der anschließenden Erwärmung des neu gebildeten Dampfes auf die Temperatur des bereits vorhandenen Dampfes.

Daran schließt sich ein dritter Abschnitt an, in dem der Dampfgehalt so groß geworden ist, daß wieder die Gesetze des einphasigen konvektiven Wärmeübergangs gelten.

Die Energiebilanz für den ersten Abschnitt lautet

$$\dot{M} x_{cr}^* h_{cr}'' + \dot{M}(1 - x_{cr}^*) h_{cr}' + q A_1 = \dot{M} x_{1\,real}^* h_{G1} + \dot{M}(1 - x_{1\,real}^*) h_{L1} \, ,$$

wenn A_1 die wärmeabgebende Oberfläche des ersten Abschnitts, $x_{1\,real}^*$ der Strömungsdampfgehalt, h_{G1} die spezifische Enthalpie des Dampfes, h_{L1} die der

Flüssigkeit am Ende des ersten Abschnitts sind. Nun ist aber der Strömungsdampfgehalt im ersten Abschnitt konstant $x_{cr}^{*} = x_{1\,real}^{*}$ und, da Wärme voraussetzungsgemäß nur dem Dampf zugeführt wird, auch die spezifische Enthalpie der Flüssigkeit konstant $h_{cr}' = h_{L1}$. Die Energiebilanz läßt sich damit umformen in

$$h_{G1} = h_{cr}'' + \frac{qA_1}{\dot{M}x_{cr}^{*}} \,. \tag{13.101}$$

Hieraus erhält man die Dampftemperatur ϑ_{G1} am Ende des ersten Abschnitts, wenn man die Fäche A_1 kennt. Den thermodynamischen Dampfgehalt x_{1th}^{*} am Ende des ersten Abschnitts findet man unter der Annahme, alle zugeführte Wärme würde zur Dampferzeugung dienen

$$qA_1 = \dot{M}(x_{1th}^{*} - x_{cr}^{*})\Delta h_v \,.$$

Hierin ist eine konstante Verdampfungsenthalpie vorausgesetzt. Zusammen mit (13.101) ergibt sich damit für den thermodynamischen Dampfgehalt am Ende des ersten Abschnitts

$$x_{1th}^{*} = x_{cr}^{*}\left(1 + \frac{h_{G1} - h_{cr}''}{\Delta h_v}\right). \tag{13.102}$$

Um die Temperatur ϑ_G aus (13.101) an einer beliebigen Stelle des ersten Abschnitts zu berechnen, hat man an Stelle von A_1 die wärmeabgebende Oberfläche bis zu dieser Stelle einzusetzen. Der Verlauf der Wandtemperatur liegt damit im ersten Abschnitt ebenfalls fest, denn es ist

$$q = \alpha_{2Ph}(\vartheta_w - \vartheta_G)$$

mit dem Wärmeübergangskoeffizienten α_{2Ph} der zweiphasigen Strömung, der nach den Gebrauchsformeln des Abschn. 13.7 zu berechnen ist. Wegen des hohen Strömungsdampfgehalts und insbesondere des großen volumetrischen Dampfgehalts nach Einsetzen der Sprühkühlung kann man aber auch, wie Köhler [13.57] zeigte, zur Berechnung des Wärmeübergangskoeffizienten empirische Korrelationen für den Wärmeübergang einphasiger Strömungen verwenden und dort die Reynoldszahl mit der Dampfgeschwindigkeit bilden unter der Annahme, daß kein Schlupf zwischen Dampf und Flüssigkeit vorhanden ist. Dann ist nach (13.17) der volumetrische Dampfgehalt

$$\varepsilon = \frac{x^{*}}{x^{*} + (1 - x^{*})\varrho_G/\varrho_L}$$

und die Dampfgeschwindigkeit nach (13.14)

$$w_G = \frac{\dot{m}}{\varrho_G}[x^{*} + (1 - x^{*})\varrho_G/\varrho_L]\,,$$

worin $x^{*} = x_{real}^{*}$ der wahre Dampfgehalt ist. Damit erhält man die Reynoldszahl

$$Re = \frac{w_G\varrho_G d}{\eta_G} = \frac{\dot{m}d}{\eta_G}[x_{real}^{*} + (1 - x_{real}^{*})\varrho_G/\varrho_L] \,. \tag{13.103}$$

Zur Berechnung des Wärmeübergangskoeffizienten α_{2Ph} kann man beispielsweise eine von Gnielinski aufgestellte empirische Gleichung [13.62] heranziehen

$$Nu = \frac{\alpha_{2Ph} d}{\lambda_G} = \frac{(\zeta/8)\,(Re - 1000)\,Pr_G}{1 + 12{,}7\sqrt{\zeta/8}\,(Pr_G^{2/3} - 1)} \qquad (13.104)$$

mit dem Widerstandsbeiwert

$$\zeta = (0{,}79 \ln Re - 1{,}64)^{-2} . \qquad (13.105)$$

Um die noch unbekannte wärmeabgebende Fläche A_1 des ersten Abschnitts oder die Enthalpie h_{G1} in (13.101) und (13.102) zu ermitteln, stellen wir die Energiebilanz des zweiten Abschnitts auf. In diesem wird ein Flüssigkeitsmassenstrom $\Delta \dot{M}$ verdampft und anschließend auf die Temperatur des Dampfes überhitzt. Die Energiebilanz lautet nun

$$\dot{M}_G h_{G1} + \dot{M}_L h_{L1} + q A_2 = (\dot{M}_G + \Delta\dot{M}) h_{G2} + (\dot{M}_L - \Delta\dot{M}) h_{L2} ,$$

wenn A_2 die wärmeabgebende Oberfläche des zweiten Abschnitts, h_{G2} die spezifische Enthalpie des Dampfes und h_{L2} die spezifische Enthalpie der Flüssigkeit am Ende des zweiten Abschnitts sind. Da die Dampftemperatur nicht mehr ansteigt, bleibt die spezifische Enthalpie des Dampfes konstant $h_{G1} = h_{G2}$. Außerdem befinden sich die Flüssigkeitstropfen im Sättigungszustand, und es ist daher in guter Näherung $h_{L1} = h_{L2} = h'$. Damit vereinfacht sich die Energiebilanz zu

$$q A_2 = \Delta\dot{M} (h_{G1} - h') = \Delta\dot{M} (h_{G1} - h'') + \Delta\dot{M}\Delta h_v .$$

Die je Zeiteinheit verdampfte Flüssigkeitsmasse bestimmt sich aus dem Wärmestrom, der den Flüssigkeitstropfen über ihre Oberfläche A_T konvektiv zugeführt wird

$$\alpha_G A_T (\vartheta_G - \vartheta_s) = \Delta\dot{M}\Delta h_v$$

oder mit $h_G - h'' = h_{G1} - h'' = \bar{c}_{pG}(\vartheta_G - \vartheta_s)$

$$\Delta\dot{M} = \frac{\alpha_G A_T (h_{G1} - h'')}{\bar{c}_{pG}\Delta h_v} .$$

Damit lautet die Energiebilanz

$$q A_2 = \frac{\alpha_G A_T}{\bar{c}_{pG}\Delta h_v} (h_{G1} - h'')^2 + \frac{\alpha_G A_T}{\bar{c}_{pG}} (h_{G1} - h'') .$$

Daraus erhält man die Enthalpiedifferenz $h_{G1} - h''$ zu

$$h_{G1} - h'' = \frac{\Delta h_v}{2} \left(\sqrt{1 + \frac{4 q A_2 \bar{c}_{pG}}{\alpha_G A_T \Delta h_v}} - 1 \right) . \qquad (13.106)$$

Diese Beziehung setzt voraus, daß man die Wandfläche A_2, den Wärmeübergangskoeffizienten α_G zwischen Dampf und Flüssigkeitstropfen und die repräsentative Tropfenoberfläche A_T kennt. Dazu müßte man wissen, wie das Tropfenspektrum von der Relativgeschwindigkeit zwischen Gas und Flüssigkeit und den maßgebenden Stoffwerten abhängt. Solche Messungen sind sehr schwierig und bisher nicht mit ausreichender Genauigkeit ausgeführt worden. Umgekehrt kann man aus Meßgrößen die Unbekannten $\alpha_G A_T/A_2$ aus (13.106) berechnen und hierfür Korrelationen angeben. Aufgrund von Versuchen mit Wasser in den Bereichen

$$50 \text{ bar} \leqq p \leqq 200 \text{ bar}$$

$$300 \text{ kg/m}^2\text{s} \leqq \dot{m} \leqq 2500 \text{ kg/m}^2\text{s}$$

$$100 \text{ kW/m}^2 \leqq \dot{q} \leqq 600 \text{ kW/m}^2$$

hat Köhler [13.57] die Unbekannten $\alpha_G A_T/A_2$ aus (13.106) berechnet und die Werte empirisch korreliert. Danach ist

$$\alpha_G \frac{A_T}{A_2} = 2{,}336 \left(\frac{\dot{m}}{b}\right)^{1{,}33} \quad \text{für} \quad \frac{\dot{m}}{b} \leqq 1249 \frac{\text{kg}}{\text{m}^2\text{s}} \frac{1}{\text{mm}}$$

und

$$\alpha_G \frac{A_T}{A_2} = 1{,}231 \cdot 10^{-8} \left(\frac{\dot{m}}{b}\right)^4 \quad \text{für} \quad \frac{\dot{m}}{b} > 1249 \frac{\text{kg}}{\text{m}^2\text{s}} \frac{1}{\text{mm}} . \qquad (13.107)$$

Die Größe b ist hierin die für die Tropfengröße maßgebende Laplacesche Konstante

$$b = \sqrt{\frac{2\sigma}{g(\varrho' - \varrho'')}}$$

Man erhält $\alpha_G A_T/A_2$ in $\text{W/m}^2\text{K}$.

In einer solchen, rein empirischen Korrelation sind nicht nur die noch nicht ausreichend erforschten physikalischen Vorgänge verborgen. Sie korrigiert auch die Näherungsannahmen der Modellvorstellung, berücksichtigt also beispielsweise, daß im Gegensatz zur Annahme Wärme von der Wand an aufprallende Tropfen übergeht.

Nach Köhler ist der zweite Abschnitt beendet, wenn der thermodynamische Dampfgehalt den Wert

$$x_{2\text{th}}^* = 0{,}7 + 0{,}02\,p \qquad (13.108)$$

erreicht, wobei der Druck p in bar einzusetzen ist. Diesem Wert entsprechen nach (13.16) volumetrische Dampfgehalte ε von 0,99, wenn man gleiche Geschwindigkeit von Dampf und Flüssigkeit voraussetzt. Den thermodynamischen Dampfgehalt am Ende des zweiten Abschnitts erhält man andererseits auch aus einer Energiebilanz für diesen Abschnitt, die unter Voraussetzung konstanter Verdampfungsenthalpie

$$\frac{q A_2}{\dot{M}} = (x_{2\text{th}}^* - x_{1\text{th}}^*)\,\Delta h_v$$

lautet. Einsetzen des Strömungsdampfgehalts nach (13.108) ergibt hieraus die Fläche A_2 des zweiten Abschnitts. Zur Ermittlung der Wandtemperatur aus

$$\vartheta_w = \vartheta_G + q/\alpha_{2\text{Ph}}$$

kann man den Wärmeübergangskoeffizienten der zweiphasigen Strömung α_{2Ph} wieder nach (13.104) berechnen.

Zur *praktischen Berechnung* des Wärmeübergangs, des Strömungsdampfgehalts und der Wandtemperaturen nach dem geschilderten Rechenmodell geht man zweckmäßig in folgender Weise vor:

- Man berechnet zuerst die Enthalpiedifferenz $h_{G1} - h''$ des zweiten Abschnitts aus (13.106) unter Beachtung von (13.107). Da die spezifische Enthalpie des Dampfes im zweiten Abschnitt als konstant vorausgesetzt wird, kennt man damit auch die Enthalpie h_{G1} bzw. die Dampftemperatur am Ende des ersten Abschnitts.
- Mit der spezifischen Enthalpie h_{G1} liegt dann nach (13.101) auch die Fläche A_1 des ersten Abschnitts fest.
- Den Strömungsdampfgehalt am Ende des ersten Abschnitts erhält man aus (13.102), die Wandtemperatur aus

$$\vartheta_w = \vartheta_G + q/\alpha_{2Ph}$$

  mit dem Wärmeübergangskoeffizienten der zweiphasigen Strömung nach (13.104).
- Der Strömungsdampfgehalt am Ende des zweiten Abschnitts ergibt sich aus (13.108). Den Verlauf der Wandtemperatur erhält man nach denselben Gleichungen wie für den ersten Abschnitt.
- Im dritten Abschnitt $x^* > x^*_{2th}$ (x^*_{2th} nach (13.108)) gelten wieder die Gesetze des einphasigen Wärmeübergangs.

13.9.1.2 Gebrauchsformeln

Neben dem zuvor besprochenen Rechenmodell, das durch zahlreiche Messungen abgestützt ist, gibt es viele Gebrauchsformeln zur Berechnung von Wärmeübergangskoeffizienten, die Messungen in enger begrenzten Zustandsbereichen wiedergeben. Einen Überblick findet man in der erwähnten Arbeit von Mayinger und Langner [13.60]. Sie zeigt, daß die aus den Gebrauchsformeln berechneten Wärmeübergangskoeffizienten stark voneinander abweichen, so daß man auch sehr unterschiedliche Wandtemperaturen erhält, je nachdem, welche Gebrauchsformel man verwendet. Eine vielfach benutzte Korrelation, die auch von den Genehmigungsbehörden für die Berechnung des Wärmeübergangs bei Notkühlung von Kernreaktoren empfohlen wurde, hat Groeneveld [13.63] mitgeteilt. Sie lautet

$$Nu = a Re^{n_1} Pr_G^{n_2} Y^{n_3} \tag{13.109}$$

mit

$$Nu = \frac{\alpha_{2Ph} d}{\lambda_G}, \quad Re = \frac{\dot{m} d}{\eta_G} [x^* + (1 - x^*)\varrho_G/\varrho_L],$$

der Prandtlzahl Pr_G des Dampfes bei Wandtemperatur und dem Parameter

$$Y = 1 - 0{,}1 \left[\left(\frac{\varrho_L}{\varrho_G} - 1 \right)(1 - x^*) \right]^{0{,}4}.$$

Es ist

$$a = 3{,}27 \cdot 10^{-3}, \ n_1 = 0{,}901, \ n_2 = 1{,}32, \ n_3 = -1{,}50.$$

Die Gleichung gibt Messungen an senkrechten Rohren und Ringspalten wieder. Im Fall des Ringspalts ist der hydraulische Durchmesser

$$d = 4A_0/U$$

einzusetzen, wenn A_0 die wärmeabgebende Fläche und U ihr Umfang ist.

Wegen weiterer Gleichungen sei auf die Übersichtsarbeit von Mayinger und Langner [13.60] verwiesen.

13.9.2 Sprühkühlung heißer Oberflächen

Heiße Oberflächen kann man wirkungsvoll durch eine aufgesprühte Flüssigkeit kühlen. Beispiele sind die Sprühkühlung beim Stranggießen von Stählen und Nichteisenmetallen unmittelbar nach dem Austritt der Schmelze aus der Gießpfanne, die Sprühkühlung zum Schutz feuergefährdeter Gegenstände bei Bränden oder die Beschichtung von Oberflächen mit Flüssigkeiten, die beim Abkühlen erstarren und einen Schutzmantel bilden. Die Wärmestromdichten insbesondere bei der Sprühkühlung heißer Oberflächen mit Wasser sind beträchtlich und von der Größenordnung 10^5 bis 10^6 W/m^2.

Um eine ausreichende Sprühkühlung zu erzielen, wird die Kühlflüssigkeit — in den meisten Fällen Wasser — durch Sprühdüsen zerstäubt. Dafür kommen verschiedene Arten von Düsen in Frage. In Druckdüsen dient der Druckunterschied vor und hinter der Düse zur Zerstäubung der Flüssigkeit, rotierende Scheiben schleudern eine zentral zugeführte Flüssigkeit als Tropfen ab, und in pneumatischen Zerstäubern wird die Flüssigkeit mit Hilfe eines Gases in meist sehr feine Tropfen zerstäubt. Jede Düse ist unter bestimmten Betriebsbedingungen durch ein bestimmtes Tropfenspektrum und eine bestimmte Geschwindigkeitsverteilung der Tropfen gekennzeichnet. Als Beispiel zeigt Bild 13.38 die Wasserverteilung 200 mm stromabwärts hinter einer Flachstrahldüse.

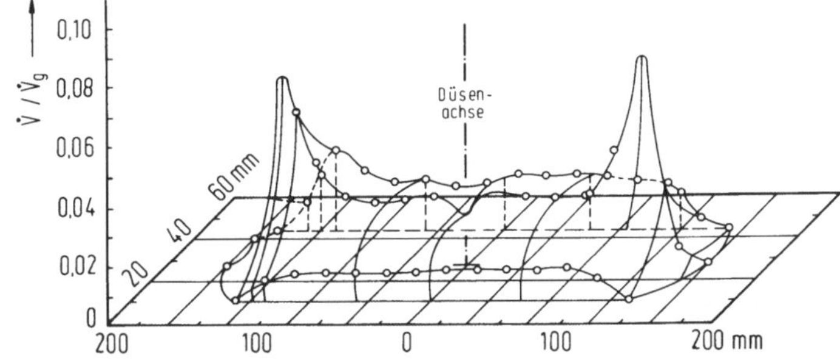

Bild 13.38. Wasserverteilung 200 mm hinter einer Flachstrahldüse, nach [13.64]. $\dot{V}$ örtlicher Volumenstrom, $\dot{V}_g$ gesamter Volumenstrom, Wassergeschwindigkeit an der Düsenmündung 15 m/s, Düse F 11,5

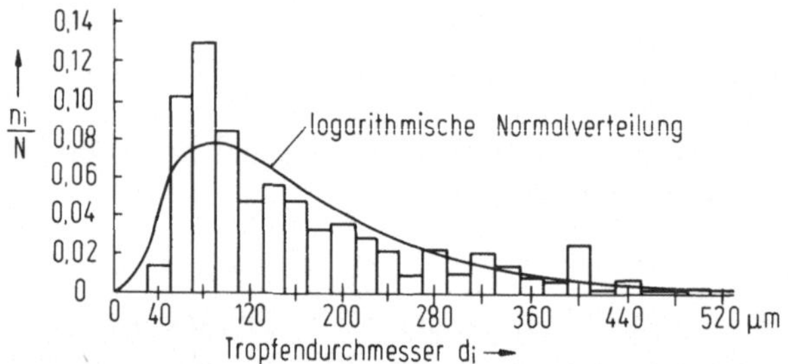

Bild 13.39. Histogramm einer Tropfenverteilung, nach [13.65]. Düse F 12/60

Entsprechend der Wasserverteilung sind auch sehr unterschiedliche Werte des örtlichen Wärmeübergangskoeffizienten zu erwarten. Um diesen untersuchen zu können, ist es zweckmäßig, sich zuerst mit einigen Grundlagen der Strahlzerstäubung vertraut zu machen. Bild 13.39 zeigt als Beispiel das Histogramm für die Verteilung von Flüssigkeitstropfen stromabwärts hinter einer Düse auf bestimmte Klassen von Tropfendurchmessern d_i. Die Menge der Tropfen n_i einer Klasse i ergibt summiert die Gesamtmenge N aller Tropfen

$$N = \sum_i n_i \,.$$

Ein solches Histogramm kann man durch eine Verteilungskurve beschreiben. Die in Bild 13.39 eingezeichnete logarithmische Normalverteilung gibt den gemessenen Verlauf – abgesehen von der Nähe des Maximums – zufriedenstellend wieder. Die Tropfengeschwindigkeiten sind ebenfalls nicht gleichmäßig verteilt, wie Bild 13.40 für die gleiche Düse zeigt. Große Tropfen haben im allgemeinen eine größere Geschwindigkeit als kleine. Eine Größe zur Charakterisierung der Sprühströmung ist die Menge X der Tropfen, die einen Querschnitt von 1 cm² je Sekunde passieren. Es sei x_i die Tropfendichte der Klasse i (SI-Einheit 1/m²s). Die gesamte Tropfenmenge je Zeit- und Flächeneinheit ist dann

$$X = \sum_i x_i$$

und die von den Tropfen transportierte Massenstromdichte an Flüssigkeit

$$\dot{m}_L = \varrho_L \sum_i x_i V_i = \varrho_L X \sum_i \frac{x_i}{X} V_i \,, \tag{13.110}$$

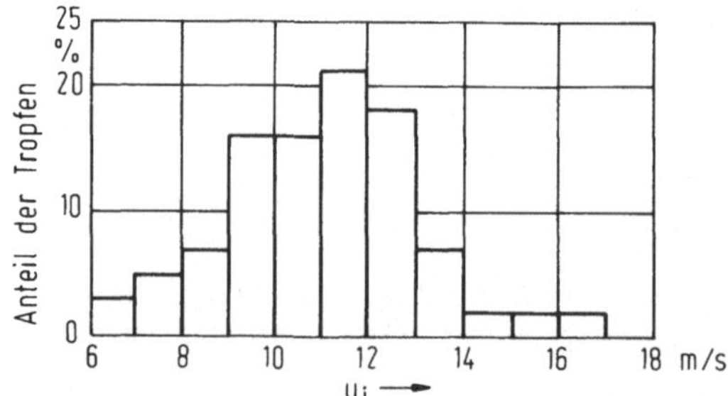

Bild 13.40. Verteilung der Tropfengeschwindigkeiten auf Tropfenklassen, nach [13.65]. Düse F 12/60

wenn $V_i = \pi d_i^3/6$ das Volumen eines Tropfens der Klase i ist. Wir setzen voraus, daß der Massenstrom $\dot{M}_L$, der aus der Düse austretenden Flüssigkeit und ebenso die Massenstromdichte $\dot{m}_L = \dot{M}_L/A$, die auf eine Fläche A auftrifft, bekannt sind. Da die Tropfendichte x_i proportional der Tropfenpopulation n_i der betreffenden Klasse i und $X \sim N$ ist, gilt

$$\frac{x_i}{X} = \frac{n_i}{N} \, ,$$

worin das Verhältnis n_i/N durch das Histogramm bekannt ist. Damit kann man (13.110) umformen in die Beziehung

$$X = \frac{\dot{m}_L}{\varrho_L \sum\limits_i \frac{n_i}{N} V_i} \, , \tag{13.111}$$

aus der man die Größe X berechnen kann. Wegen

$$x_i = \frac{n_i}{N} X$$

liegt damit auch die Tropfendichte x_i der Klasse i fest. Die „mittlere Auftreffgeschwindigkeit" w_L der Tropfen auf eine Platte definiert man zweckmäßig mit Hilfe einer Impulsbilanz

$$\dot{m}_L w_L = \varrho_L \sum_i x_i w_i V_i \, .$$

Daraus erhält man unter Beachtung von $x_i = n_i X/N$:

$$w_L = \frac{\varrho_L X \sum\limits_i \frac{n_i}{N} w_i V_i}{\dot{m}_L} \, . \tag{13.112}$$

Wir betrachten im folgenden einen einzelnen Tropfen einer bestimmten Tropfenklasse und untersuchen dessen *hydrodynamisches Verhalten* beim Auftreffen auf eine Platte. Ob ein Tropfen beim Aufprall in kleinere Tropfen zerfällt, hängt davon ab, wie groß seine kinetische Energie im Vergleich zur Oberflächenenergie ist, die den Tropfen zusammenhält. Beide Energien lassen sich zur Weberzahl

$$We = (w_{Ln}^2 \varrho_L d)/\sigma$$

zusammenfassen, die das Verhältnis von kinetischer Energie zur Oberflächenenergie darstellt. Mit w_{Ln} ist die Geschwindigkeit senkrecht zur Platte, mit σ die Oberflächenspannung zwischen Tropfen und umgebendem Gas bezeichnet. Ist die Weberzahl klein, so überwiegt die Oberflächenenergie. Der Tropfen zerspringt nicht, sondern wird durch die Oberflächenkräfte zusammengehalten. Große Weberzahl bedeutet eine im Vergleich zur Oberflächenenergie große kinetische Energie. Der Tropfen zerspringt in viele kleinere Einzeltropfen, von denen jeder eine geringere kinetische und höhere Oberflächenenergie besitzt als der Mutter-

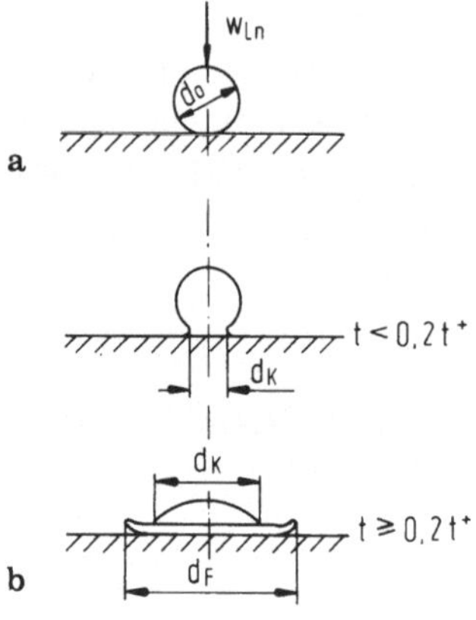

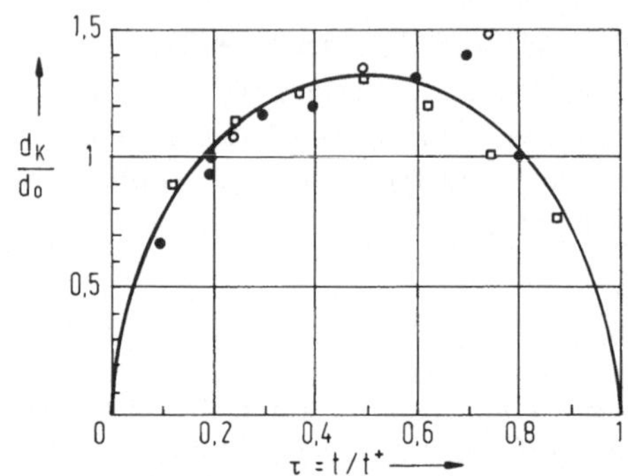

Bild 13.42. Zeitlicher Verlauf des Kuppeldurchmessers, nach [13.66−13.69]. $184 \leqq We \leqq 1500$; $2,3\,\mathrm{mm} \leqq d_0 \leqq 6\,\mathrm{mm}$; $400\,°\mathrm{C} \leqq \vartheta_\mathrm{w} \leqq 900\,°\mathrm{C}$

◄ **Bild 13.41.** Stadien des Tropfenzerfalls [13.65]. $We > 80$, $t^+ = d_0/w_\mathrm{Ln}$

tropfen. Wie Experimente [13.66−13.69] zeigten, kann man ungefähr folgende Einteilung vornehmen:

— Solange $We < 30$ ist, springt der Tropfen an der Platte auf und ab, ohne seine Gestalt merklich zu ändern.

— Im Bereich $30 \leqq We \leqq 80$ werden die Tropfen beim Aufprall auf die Platte stark deformiert und nehmen wieder Kugelgestalt an, nachdem sie von der Platte reflektiert wurden. Insbesondere bei Weberzahlen nahe 80 können sich aus einem größeren Tropfen ein oder zwei kleine Tropfen abtrennen.

— Im Bereich $We > 80$ breitet sich der Tropfen auf der Platte aus und bildet einen Flüssigkeitsfilm, der schließlich in viele kleine Einzeltropfen zerfällt.

Weberzahlen von Tropfen, die mit Düsen erzeugt werden, liegen fast immer über 80. So errechnet man eine Weberzahl von über 80, wenn ein Wassertropfen von 0,5 mm Durchmesser eine Geschwindigkeit von mehr als 3,41 m/s hat; ein Tropfen von 2 mm Durchmesser müßte bei gleicher Temperatur eine Geschwindigkeit von mehr als 1,71 m/s haben.

Betrachtet man Tropfen mit $We \geqq 80$, so lassen sich beim Aufprall auf eine Wand mehrere Abschnitte des Tropfenzerfalls unterscheiden, Bild 13.41:

— Der annähernd kugelförmige Tropfen vom Durchmesser d_0 trifft mit der Geschwindigkeit w_Ln auf die Platte auf (Bild 13.41a).

— Kurze Zeit nach dem Auftreffen beginnt sich der Tropfen zu deformieren. Am Fuß bildet sich ein Film, über dem sich kugelförmig der Tropfenrest wölbt. Der Film breitet sich auf Kosten der Kuppel weiter aus (Bild 13.41b).

— Die Kuppel ist verschwunden. Es befindet sich nur noch eine filmförmige, am Rand leicht aufgewölbte Flüssigkeitsscheibe an der Wand (Bild 13.41c).
— Der Film zerfällt in eine große Zahl kleiner Tropfen, von denen jeder eine im Vergleich zum Muttertropfen geringere kinetische Energie besitzt (Bild 13.41d).

An sehr heißen Platten mit Temperaturen weit oberhalb der Temperatur am Leidenfrostpunkt bildet sich einige Zeit nach dem Aufprall unter dem Tropfen ein Dampffilm. Wegen der isolierenden Wirkung des Dampffilms ist der Wärmeübergang von der Wand an den Tropfen schlecht und, wie Bolle und Moureau [13.65] nachwiesen, vernachlässigbar klein im Vergleich zum Wärmeübergang während der Zeit des direkten Kontakts zwischen Tropfen und Wand.

Der Durchmesser d_K am Fuß der Kuppel wächst nach dem Aufprall zunächst an, wird dann aber wieder geringer, in dem Maße wie die Kuppel mit dem Anwachsen des Films verschwindet. Bild 13.42 zeigt den Kuppeldurchmesser d_K als Funktion der Zeit. Die dimensionslose Zeit $\tau = t/t^+$ ist hierbei mit der Zeit

$$t^+ = d_0/w_{Ln}$$

gebildet, nach der die Kuppel verschwindet. Die in Bild 13.42 eingezeichnete Kurve läßt sich durch

$$\left(\frac{d_K}{d_0}\right)^2 = 6{,}97\,\tau\,(1-\tau) \tag{13.113}$$

beschreiben [13.65].

13.9.2.1 Ein Rechenmodell

Ausgehend von der Überlegung, daß der Wärmeübergang fast ausschließlich durch die Tropfen bestimmt wird, die sich in direktem Kontakt mit der Wand befinden, haben Bolle und Moureau [13.65] ein Modell zur Berechnung des Wärmeübergangs entwickelt, das im folgenden in seinen Grundzügen dargestellt werden soll, da es die wesentlichen Einflußgrößen klar wiedergibt.

Wir betrachten einen einzelnen Tropfen, der auf eine heiße Oberfläche auftrifft. Es sei die Weberzahl $We \geq 80$, so daß sich der Tropfen wie zuvor beschrieben auf der heißen Oberfläche aufheizt und schließlich in viele kleinere Tropfen zerfällt. Wärme wird von der heißen Wand hauptsächlich übertragen, solange der Tropfen noch nicht zerfallen ist und sich längs der Wand ausbreitet. Während dieser Zeit herrscht in dem Tropfen eine starke Konvektion, so daß man ihm eine einheitliche Flüssigkeitstemperatur zuordnen kann. Charakteristische Zeiten für den direkten Kontakt sind von der Größenordnung 10^{-5} s. Man kann daher den Vorgang so auffassen, als ob die Wandtemperatur der Platte durch den Kontakt mit dem Tropfen schlagartig auf dessen Temperatur abgesenkt würde. Da die Platte während der kurzen Kontaktzeit als halbunendlicher Körper anzusehen ist, kann man das Problem auf die bekannte Lösung der Wärmeleitgleichung für einen halbunendlichen Körper zurückführen, dessen Wandtemperatur plötzlich von ϑ_w auf ϑ_L gesenkt wird.

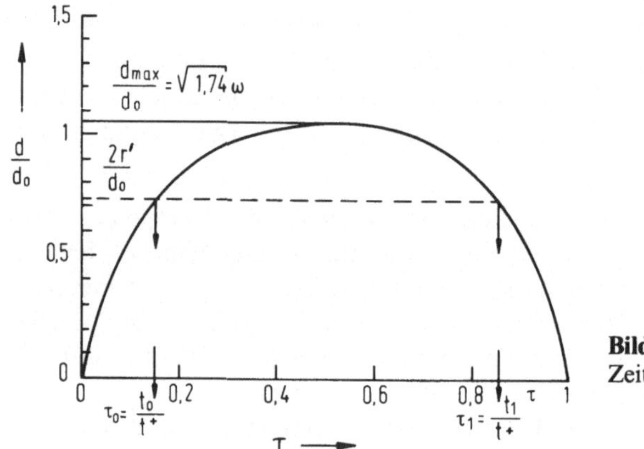

Bild 13.43. Zur Ermittlung der Zeiten t_0 und t_1

Wir betrachten einen Flüssigkeitsring vom Radius r' und der Fläche $2\pi r'dr'$. Dieser habe sich zur Zeit t_0 über die Heizfläche geschoben, so daß diese zur Zeit t_0 einen gegen unendlich gehenden Wärmestrom längs der Fläche $2\pi r'dr'$ abgibt, der sehr schnell abklingt. Nach der Lösung der Wärmeleitgleichung für den halbunendlichen Körper [13.70] ist der von der Platte abgegebene Wärmestrom

$$d\Phi = 2\pi r'dr' \frac{b}{\sqrt{\pi(t-t_0)}}(\vartheta_w - \vartheta_L) \tag{13.114}$$

mit dem Wärmeeindringkoeffizienten $b = \sqrt{\lambda \varrho c}$ (SI-Einheit Ws$^{1/2}$/Km^2), worin λ die Wärmeleitfähigkeit (SI-Einheit W/Km), ϱ die Dichte (SI-Einheit kg/m^3) und c die spezifische Wärmekapazität (SI-Einheit J/kgK) der Wand sind. Der Wärmestrom an den Flüssigkeitsring ist zeitlich veränderlich und die Platte kann nur solange einen Wärmestrom an den Ring $2\pi r'dr'$ abgeben, wie dieser vorhanden ist. Der Flüssigkeitsring wächst entsprechend Bild 13.43 zunächst von $d' = 2r'$ ausgehend weiter an, erreicht ein Maximum und bewegt sich dann wieder zurück, bis der Tropfen verschwindet. Die Flüssigkeitsfront läuft also zweimal über die Stelle r', zur Zeit t_0, wenn sie diese erreicht und zur Zeit t_1, wenn sie wieder verschwindet. Der mittlere Wärmestrom, der zwischen diesen beiden Zeiten von der Ringfläche $2\pi r'dr'$ übertragen wird, ist

$$d\overline{\Phi} = \frac{1}{t_1 - t_0} \int_{t_0}^{t_1} 2\pi r'dr' \frac{b}{\sqrt{\pi(t-t_0)}}(\vartheta_w - \vartheta_L)\,dt. \tag{13.115}$$

Die Integration ergibt

$$d\overline{\Phi} = 4\pi r'dr' \frac{b}{\sqrt{\pi(t_1 - t_0)}}(\vartheta_w - \vartheta_L). \tag{13.116}$$

Um die Zeiten t_0 und t_1 zu bestimmen, zwischen denen die Ringfläche Wärme an den Tropfen abgibt, haben Bolle und Moureau [13.65] angenommen, der Durchmesser der jeweils benetzten Kreisfläche sei proportional dem Kuppeldurchmesser d_K

$$d = \omega d_K,$$

worin ω noch ein Anpaßparameter ist. Dann folgt mit (13.113)

$$d^2 = \omega^2 d_K^2 = 6{,}97\omega^2 d_0^2 (\tau - \tau^2) \, . \tag{13.117}$$

Weiterhin ist der maximale Durchmesser der benetzten Fläche, wie man hieraus durch Differentation findet,

$$d_{max} = \sqrt{1{,}74\,\omega d_0} \, . \tag{13.118}$$

Bild 13.43 zeigt den Verlauf der Kurve d/d_0, wie er sich aus (13.117) ergibt. Nach der Zeit $\tau_0 = t_0/t^+$ hat sich der Tropfen bis zum Radius r' ausgebreitet, nach der Zeit $\tau_1 = t_1/t^+$ zieht er sich wieder auf einen kleineren Radius r' zurück. Die Zeiten t_0 und t_1 erhält man somit als Wurzeln der Gl. (13.117), wenn man $d = 2r'$ setzt. Man findet

$$(t_1 - t_0)^{1/2} = t^{+1/2}\left(1 - \frac{4r'^2}{1{,}74\omega^2 d_0^2}\right)^{1/4} . \tag{13.119}$$

Somit ist nach (13.116) der mittlere Wärmestrom, der von der Ringfläche $2\pi r'dr'$ abgegeben wird,

$$d\bar{\Phi} = 4\pi r'dr'\,\frac{b}{\sqrt{\pi}}\,(\vartheta_w - \vartheta_L)\,\frac{1}{\sqrt{t^+}}\left(1 - \frac{4r'^2}{1{,}74\omega^2 d_0^2}\right)^{-1/4} . \tag{13.120}$$

Die während des Zeitintervalls $t_1 - t_0$ abgegebene Wärme ist

$$dQ = d\bar{\Phi}(t_1 - t_0) = 4\sqrt{\pi}r'dr'b(\vartheta_w - \vartheta_L)\sqrt{t^+}\left(1 - \frac{4r'^2}{1{,}74\omega^2 d_0^2}\right)^{1/4} . \tag{13.121}$$

Integration über alle Ringflächen ergibt die insgesamt abgegebene Wärme

$$Q = 4\sqrt{\pi}b(\vartheta_w - \vartheta_L)\sqrt{t^+}\int_{r'=0}^{d_{max}/2}\left(1 - \frac{4r'^2}{1{,}74\omega^2 d_0^2}\right)^{1/4} r'dr' \, .$$

Mit d_{max} nach (13.118) und $t^+ = d_0/w_{Ln}$ erhält man

$$Q = 1{,}23\omega^2 b(\vartheta_w - \vartheta_L)\,\frac{d_0^{2{,}5}}{\sqrt{w_{Ln}}} \, . \tag{13.122}$$

Nach den Untersuchungen von Bolle und Moureau [13.65] stimmen Messungen und Experimente am besten überein, wenn man hierin $\omega = 2/3$ setzt.

Die abgegebene Wärme ist demnach proportional dem Wärmeeindringkoeffizienten $b = \sqrt{\lambda\varrho c}$ der Wand, der Differenz zwischen Wand- und Flüssigkeitstemperatur, der 2,5ten Potenz des Tropfendurchmessers und umgekehrt proportional der Wurzel aus der Auftreffgeschwindigkeit des Tropfens. Die Tropfen einer Klasse i, deren Tropfendichte durch $x_i = n_i X/N$ mit X nach (13.111) gegeben ist, entziehen der Heizfläche eine Wärmestromdichte

$$q_i = Q_i x_i \, ,$$

wobei sich Q_i aus (13.122) ergibt, wenn man dort den Durchmesser d_{0i} und die Auftreffgeschwindigkeit $w_{Ln,i}$ der Tropfenklasse i und außerdem $\omega^2 = 2/3$ einsetzt.

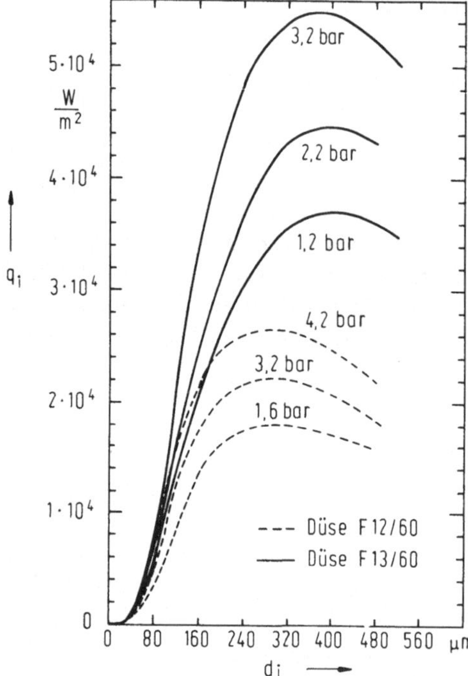

Bild 13.44. Berechnete Wärmestromdichte q_i in Abhängigkeit vom Tropfendurchmesser d_i einer Klasse i, nach [13.65]

Addition über alle einzelnen Wärmestromdichten liefert die insgesamt abgegebene Wärmestromdichte

$$q = \sum_i Q_i x_i = 0,82\, b\,(\vartheta_w - \vartheta_L) \sum_i \frac{d_{0i}^{2,5}}{\sqrt{w_{\mathrm{Ln},i}}}\, x_i\,. \tag{13.123}$$

Zusätzlich gibt die nicht benetzte Heizfläche Wärme durch Strahlung ab. Im allgemeinen ist die benetzte Fläche sehr klein im Vergleich zur nicht benetzten. Nach den Untersuchungen von Bolle und Moureau [13.65] beträgt der Anteil der benetzten Fläche weniger als 1 % der Gesamtfläche. Es ist daher berechtigt, als strahlende Fläche die Gesamtfläche einzusetzen. Nimmt man an, die Heizfläche gebe Strahlungswärme an eine Umgebung der Temperatur ϑ_L ab, und bezeichnet man die Emissionszahl der Heizfläche mit ε, so beträgt die gesamte, durch Strahlung und Konvektion abgegebene Wärmestromdichte

$$q = \varepsilon \sigma_S (T_w^4 - T_L^4) + 0,82\sqrt{\lambda \varrho c}\,(\vartheta_w - \vartheta_L) \sum_i \frac{d_{0i}^{2,5}}{\sqrt{w_{\mathrm{Ln},i}}}\, x_i\,. \tag{13.124}$$

Wie man hieraus erkennt, haben die Verteilung der Tropfengrößen und der Tropfengeschwindigkeit, wie sie für eine bestimmte Düse in den Bildern 13.39 und 13.40 dargestellt wurden, entscheidenden Einfluß auf die übertragene Wärmestromdichte. Aus der Gleichung erkennt man weiter, daß kleinere Tropfen nur einen geringen Beitrag zur Wärmestromdichte leisten, obwohl ihre Anzahl im allgemeinen viel größer als die der großen Tropfen ist. Es ist daher empfehlenswert, Düsen mit einem engen Tropfenspektrum zu verwenden, das hauptsächlich große Tropfen umfaßt. Eine Auswertung der Gl. (13.124) für zwei verschiedene Düsen mit unterschiedlichen Tropfenspektren und Geschwindigkeitsverteilungen [13.65] ergab weitgehend unabhängig von der Düse, daß die von einer 727 °C heißen Heizfläche an Wassertropfen abgegebene Wärmestromdichte ein ausgeprägtes Maximum hatte, wenn die Tropfengröße zwischen 0,3 und 0,4 mm lag, Bild 13.44. Der Beitrag der kleinen Wassertropfen unter 0,16 mm zur Wärmestromdichte war sehr gering. Diese Werte mögen als ungefähre Richtwerte für eine günstige Tropfengröße dienen. Eine Verallgemeinerung dieser an zwei Düsen gefundenen Ergebnisse ist jedoch schwierig, weil es nicht einfach ist, Tropfen- und Geschwindigkeitsverteilungen zu messen.

13.9.2.2 Gebrauchsformeln

Die praktische Berechnung von Wärmestromdichten nach (13.124) ist aufwendig und scheitert meistens daran, daß man Tropfenspektrum, Geschwindigkeitsverteilung und Tropfendichte nicht kennt. Man hat daher Messungen des Wärmeübergangs bei Sprühkühlung heißer Oberflächen durch einfache empirische Korrelationen der Form

$$q = \alpha(\dot{m}_L)\,(\vartheta_w - \vartheta_L)$$

in Form von Potenzgesetzen wiedergegeben. In diesen ist der Strahlungsanteil der abgegebenen Wärmestromdichte nicht enthalten. Nach Bolle und Moureau [13.65] ist

$$\alpha = 423\dot{m}_L^{0,556} \qquad\qquad (13.125)$$

mit α in W/m²K und $\dot{m}_L$ in kg/m²s. Die Gleichung gibt Messungen an mit Wasser gekühlten Stahlflächen wieder im Bereich

$$627\,°C < \vartheta_w < 927\,°C$$

und

$$1\ \mathrm{kg/m^2s} < \dot{m}_L < 7\ \mathrm{kg/m^2s}\,.$$

Die Kühlwassertemperatur betrug 20 °C.

Weiter ist der Wärmeübergangskoeffizient an Platten, die von unten durch aufgesprühtes Wasser gekühlt werden,

$$\alpha = 360\dot{m}_L^{0,556} \qquad\qquad (13.126)$$

mit α in W/m²K und $\dot{m}_L$ in kg/m²s im Bereich

$$727\,°C < \vartheta_w < 1027\,°C$$

und

$$0,8\ \mathrm{kg/m^2s} < \dot{m}_L < 2,5\ \mathrm{kg/m^2s}\,.$$

Nach Messungen von H.-J. Müller [13.64] ist

$$\alpha = 10 w_{Ln} + (107 + 0,688 w_{Ln})\,\dot{V}_s \qquad\qquad (13.127)$$

mit α in W/m^2K; die Auftreffgeschwindigkeit, w_{Ln} in m/s, wird gleich der Austrittsgeschwindigkeit aus der Düse gesetzt und die Volumenstromdichte $\dot{V}_s$ des Wassers ist in dm^3/m^2s einzusetzen. Die Gleichung gilt für die Kühlung von bis zu 1250 °C heißen Stahlflächen mit Wasser aus Flachstrahldüsen im Bereich

$$0{,}2 \, dm^3/m^2s \leqq \dot{V}_s \leqq 10 \, dm^3/m^2s$$

mit Auftreffgeschwindigkeiten

$$10 \, m/s \leqq w_{Ln} \leqq 35 \, m/s \,.$$

Die Werte nach (13.127) liegen um etwa 20 % tiefer als die nach (13.125). Solche Abweichungen sind aber im Rahmen der Meßgenauigkeit zu erwarten.

Werden andere Flächen als solche aus Stahl gekühlt, so empfiehlt es sich, bis zum Vorliegen genauerer Ergebnisse in Anlehnung an (13.124) die Wärmeübergangskoeffizienten, die man aus den vorstehenden Gleichungen berechnet, mit dem Verhältnis der Wärmeeindringkoeffizienten

$$b/b_{St}$$

zu multiplizieren. Es ist $b_{St} = 9410 \, Ws^{1/2}/Km^2$ der Wärmeeindringkoeffizient von rostfreiem Stahl ($\lambda = 23 \, W/Km$, $\varrho = 7700 \, kg/m^3$, $c = 500 \, J/kgK$) und b der Wärmeeindringkoeffizient der gekühlten Fläche.

14 Wärmeübergang beim Sieden von Gemischen in freier Strömung

In verfahrenstechnischen Prozessen hat man häufig Flüssigkeitsgemische aus zwei oder mehreren Komponenten einzudampfen, um diese voneinander zu trennen. Beispiele sind das Aufkonzentrieren von Lösungen, das Eindicken von Laugen, die Rückgewinnung von Lösungsmitteln, die Destillation von Meerwasser zur Gewinnung von Trinkwasser oder auch die Stofftrennung durch Verdampfung bei der Destillation. Wärme- und Stoffaustausch sind bei der Verdampfung von Mehrstoffgemischen eng miteinander gekoppelt und die erzeugte Dampfmenge wird im Unterschied zur Verdampfung reiner Stoffe meistens entscheidend durch den Stoffaustausch bestimmt. Aus bisherigen Versuchen ist bekannt, daß Wärmeübergangskoeffizienten beim Verdampfen von Gemischen erheblich kleiner sein können als die der reinen Komponenten des Gemischs. Andererseits hat man auch merkliche Verbesserungen des Wärmeübergangs festgestellt, wenn eine der Komponenten des Gemischs stark oberflächenaktiv war. Dies führt zu einer Verringerung der Oberflächenspannung und damit, wie in Kap. 10 dargelegt wurde, zu einer größeren Blasendichte. Gleichzeitig nimmt die Blasenfrequenz und damit auch der Wärmeübergang zu. Gemische organischer oder anorganischer Flüssigkeiten enthalten jedoch nur in bestimmten Fällen (Seifen, Zusatz von Netzmitteln) oberflächenaktive Komponenten, so daß man im allgemeinen mit einer Abnahme des Wärmeübergangskoeffizienten im Vergleich zu dem der reinen Komponente rechnen muß.

14.1 Zweistoffgemische. Physikalische Grundlagen

Eine größere Zahl von Zweistoffgemischen aus organischen Flüssigkeiten und aus Wasser mit organischen Flüssigkeiten haben erstmals Bonilla und Perry [14.1] untersucht. Im Bild 14.1 sind als Beispiel die aus ihren Messungen am Gemisch Ethanol-Wasser ermittelten Wärmeübergangskoeffizienten zusammen mit Ergebnissen von Preußer [14.2] eingezeichnet. Wärmestromdichte und Druck sind in dem Diagramm angegeben. Wie man erkennt, sind die Wärmeübergangskoeffizienten α des Gemischs deutlich kleiner als die Werte α_{id}, die man erhielte, wenn man linear zwischen den Wärmeübergangskoeffizienten der reinen Komponenten interpolieren würde. Man erkennt auch eine deutliche Abnahme des Wärmeübergangskoeffizienten in dem Bereich, in dem sich Dampf- und Flüssigkeitszusammensetzung $y - x$ stark unterscheiden, wie man aus dem Vergleich mit der oberen Kurve in Bild 14.1 sieht.

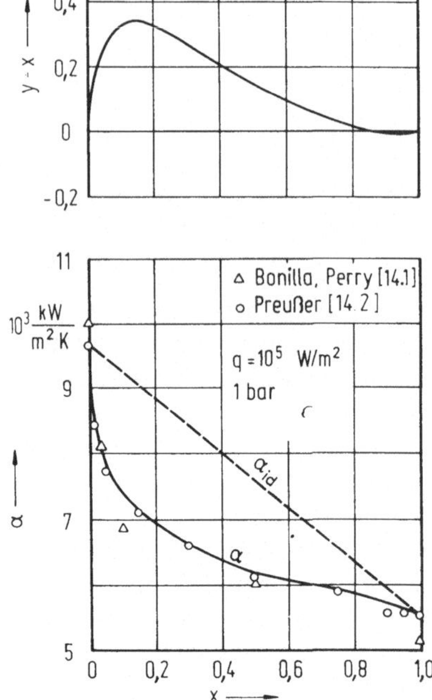

Bild 14.1. Wärmeübergangskoeffizienten an siedendes Ethanol-Wasser. y Molenbruch des Ethanols im Dampf; x Molenbruch des Ethanols in der Flüssigkeit

Eine solche Abnahme des Wärmeübergangs im Bereich großer Unterschiede von Dampf- und Flüssigkeitszusammensetzung beobachtet man bei vielen Gemischen. Sie erklärt sich dadurch, daß bei der Dampfblasenbildung die einzelnen Komponenten zu unterschiedlichen Anteilen aus der Flüssigkeit in den Dampf übergehen. Je mehr sich die leichter flüchtige Komponente mit Dampf anreichert, umso mehr verarmt die Flüssigkeit in der Nachbarschaft der Dampfblase an dieser Komponente. Man hat dabei zwischen den Vorgängen in Wandnähe und denen im Kern der Flüssigkeit zu unterscheiden. An der Heizfläche werden die Dampfblasen an bevorzugten Stellen gebildet, welche die Keimbildung begünstigen. Die Blasen wachsen durch Wärmezufuhr an, bis die Auftriebskräfte groß genug sind, so daß die Blasen abreißen. Da der Abreißdurchmesser verhältnismäßig klein ist, dient nur ein verschwindender Anteil des zugeführten Wärmestroms zur Blasenbildung an der Wand. Der größte Teil des Wärmestroms wird zunächst von der Heizfläche an die Flüssigkeit abgegeben und dient an der Oberfläche von Blasen im Innern der Flüssigkeit zur weiteren Dampfbildung, so daß der aufsteigenden Blase Wärme zugeführt und neuer Dampf erzeugt wird. Die Heizwand liefert also einmal die für die Blasenverdampfung erforderlichen Blasenkeime, zum anderen gibt sie einen Wärmestrom an die Flüssigkeitsgrenzschicht ab, der durch Konvektion oder Leitung über die Flüssigkeitssäule an die aufsteigenden Blasen weiterbefördert wird. Dieser Vorgang ist für Gemische nicht anders als für reine Stoffe. Es ergeben sich jedoch grundsätzliche Unterschiede hinsichtlich der Keimbildung und auch hinsichtlich des Wärmetransports an die aufsteigende Blase, weil der Wärmetransport dieser beiden Vorgänge noch durch den Stoffaustausch bestimmt wird.

Wir betrachten zunächst die Keimbildung an der Wand. Wie die früheren Untersuchungen, Abschn. 10.1, über die Blasenbildung reiner Stoffe zeigten, ist eine Flüssigkeit, in der sich Dampfblasen bilden, bei gleichem Druck gegenüber der Flüssigkeit ohne Dampfblasen stets überhitzt. In einer um $\Delta\vartheta$ überhitzten Flüssigkeit ist nach (10.12) eine Blase vom Radius

$$r = \frac{2\sigma T_s}{\varrho''\Delta h_v \Delta\vartheta}\left(1 + \frac{\Delta\vartheta}{T_s}\omega\right)$$

mit

$$\omega = \frac{\Delta\varrho T_s}{\varrho'\sigma}\frac{\mathrm{d}}{\mathrm{d}\vartheta}\left(\frac{\varrho'\sigma}{\Delta\varrho}\right)$$

oder näherungsweise, weil im allgemeinen $\Delta\vartheta\omega/T_s \ll 1$ ist,

$$r = \frac{2\sigma T_s}{\varrho''\Delta h_v \Delta\vartheta} \tag{14.1}$$

gerade lebensfähig. Kleinere Blasen kondensieren wieder, weil die umgebende Flüssigkeit für sie zu kalt ist; größere Blasen können weiter anwachsen. Damit Blasen überhaupt lebensfähig sind, müssen also Keime vom Radius r gebildet werden oder vorhanden sein. Als Keime dienen die in den feinen Vertiefungen der Wand eingeschlossenen Gas- oder Dampfreste. Es müssen Keime von bestimmter kritischer Größe vorhanden sein und die Wand muß eine bestimmte Überhitzung aufweisen, (13.41), damit die Keime aktiviert werden.

14.1.1 Blasenbildung und Wandüberhitzung

Die kritische Keimgröße und die erforderliche Überhitzung in Zweistoffgemischen berechnen wir aus der Thomsonschen Gleichung für Zweistoffgemische. Sie folgt in ähnlicher Weise wie die Thomsonsche Gleichung der reinen Stoffe, (10.7) und (10.8), aus den Bedingungen des Phasengleichgewichts. Wir betrachten dazu eine kugelförmige Blase vom Radius r in einer ausgedehnten Flüssigkeit der Zusammensetzung x (x ist der Molenbruch der leichter flüchtigen Komponente in der Flüssigkeit, y der im Dampf eines Zweistoffgemischs). Blase und Flüssigkeit haben die Gleichgewichtstemperatur ϑ. Es gilt dann weiter die Bedingung für mechanisches Gleichgewicht

$$p_G - p_L = \frac{2\sigma}{r} \tag{14.2}$$

und die Bedingungen für das Gleichgewicht hinsichtlich des Stoffaustauschs

$$\mu_{1L}(p_L,\vartheta,x) = \mu_{1G}(p_G,\vartheta,y) \tag{14.3}$$

$$\mu_{2L}(p_L,\vartheta,x) = \mu_{2G}(p_G,\vartheta,y) \tag{14.4}$$

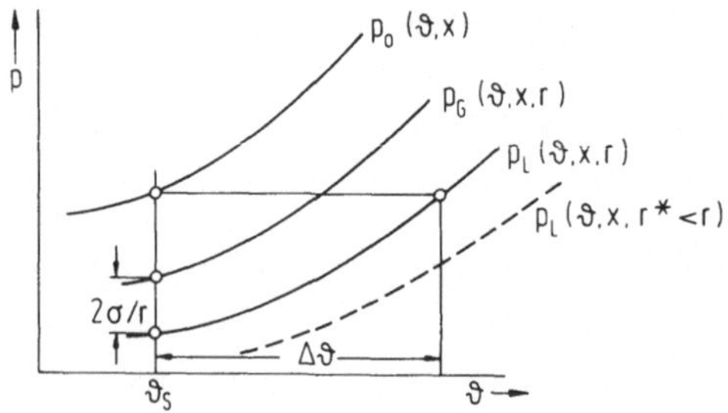

Bild 14.2. Dampf- und Flüssigkeitsdruck bei Gleichgewicht zwischen Flüssigkeit und kugelförmiger Dampfblase in einem Zweistoffgemisch

mit dem chemischen Potential μ (SI-Einheit J/kg oder J/mol, hier J/mol). Aus diesen Gleichungen erhält man durch Reihenentwicklung in ähnlicher Weise wie für die reinen Stoffe, Abschn. 10.1, die Thomsonsche Gleichung

$$p_G = p_0 - \frac{yV'_1 + (1-y)V'_2}{\bar{V}'' - [yV'_1 + (1-y)V'_2]}\frac{2\sigma}{r} \qquad (14.5)$$

und

$$p_L = p_0 - \frac{\bar{V}''}{\bar{V}'' - [yV'_1 + (1-y)V'_2]}\frac{2\sigma}{r}. \qquad (14.6)$$

Hierin ist p_0 der Sättigungsdruck bei der Temperatur ϑ und der Flüssigkeitszusammensetzung x, wenn die Phasengrenze zwischen Dampf und Flüssigkeit eben ist. Mit $\bar{V}'' = yV''_1 + (1-y)V''_2$ ist das Molvolumen des Dampfes (SI-Einheit m^3/mol), mit V'_1 und V'_2 sind die partiellen Molvolumina (SI-Einheit m^3/mol) der Komponenten 1 und 2 in der flüssigen, mit V''_1 und V''_2 die in der dampfförmigen Phase bezeichnet. Die im Nenner der beiden Gln. (14.5) und (14.6) vorkommende Größe

$$\bar{V}'' - [yV'_1 + (1-y)V'_2] = y(V''_1 - V'_1) + (1-y)(V''_2 - V'_2)$$

bezeichnet man auch als molares Überführungsvolumen. Es gibt an, um wieviel sich das Molvolumen ändert, wenn man eine Flüssigkeit isobar-isotherm in einen Dampf überführt und Flüssigkeit und Dampf die gleiche Zusammensetzung y haben. Die Flüssigkeit wird also vollständig verdampft, oder es wird umgekehrt ein Dampf der Zusammensetzung y vollständig kondensiert.

Der in der Thomsonschen Gleichung (14.5) und (14.6) vorkommende Sättigungsdruck p_0 an der ebenen Phasengrenze hängt in Zweistoffgemischen von der Temperatur ϑ und der Flüssigkeitszusammensetzung x ab, $p_0 = p_0(\vartheta, x)$. In Bild 14.2 sind die Zusammenhänge anschaulich dargestellt. Bei vorgegebenen Werten der Temperatur und der Flüssigkeitszusammensetzung x ist der Dampfdruck p_G entsprechend (14.5) um

$$p_0 - p_G = \Delta p_G = \frac{yV'_1 + (1-y)V'_2}{\bar{V}'' - [yV'_1 + (1-y)V'_2]}\frac{2\sigma}{r}$$

kleiner als der Dampfdruck $p_0(\vartheta, x)$ an der ebenen Phasengrenze, und der Flüssigkeitsdruck p_L ist entsprechend (14.6) um

$$p_0 - p_L = \Delta p_L = \frac{\bar{V}''}{\bar{V}'' - [y V_1' + (1-y) V_2']} \frac{2\sigma}{r}$$

kleiner als der Dampfdruck $p_0(\vartheta, x)$ der ebenen Phasengrenze. Da die Oberflächenspannung σ des Gemischs bei vorgegebener Zusammensetzung x noch von der Temperatur abhängt, verlaufen die Kurven für den Dampfdruck p_G und den Flüssigkeitsdruck p_L nicht parallel zur Dampfdruckkurve p_0 bei ebener Phasengrenze.

Gibt man nicht die Siedetemperatur ϑ des Systems Flüssigkeit-Dampfblase, sondern den Druck p_0 vor, so muß entsprechend Bild 14.2 die Flüssigkeit um $\Delta\vartheta$ gegenüber dem System mit ebener Phasengrenze überhitzt sein. Wie bei der Blasenbildung reiner Stoffe ist die erforderliche Überhitzung umso größer, je kleiner der Radius r der Dampfblase ist.

Zur Berechnung der erforderlichen Überhitzung wird wie bei den reinen Stoffen, Abschn. 10.1, (14.6) nach der Temperatur differenziert

$$\left(\frac{\partial p_L}{\partial \vartheta}\right)_x = \left(\frac{\partial p_0}{\partial \vartheta}\right)_x - \frac{\partial}{\partial \vartheta}\left[\frac{\bar{V}''}{\bar{V}'' - [y V_1' + (1-y) V_2']} \frac{2\sigma}{r}\right]_x. \qquad (14.7)$$

Die Ableitung $(\partial p_0/\partial\vartheta)_x$ ist die Steigung der Dampfdruckkurve p_0 bei vorgegebener Flüssigkeitszusammensetzung. Sie ergibt sich aus den Differentialgleichungen der Phasengrenzkurve eines Zweistoffgemischs [14.3], wenn man dort $x = \text{const.}$ setzt. Man erhält eine der Gleichung von Clausius-Clapeyron verwandte Beziehung, in der H_i' bzw. H_i'', $i = 1, 2$, die partiellen molaren Enthalpien (SI-Einheit J/mol) von Flüssigkeit bzw. Dampf sind

$$\left(\frac{\partial p_0}{\partial \vartheta}\right)_x = \frac{y(H_1'' - H_1') + (1-y)(H_2'' - H_2')}{T[y(V_1'' - V_1') + (1-y)(V_2'' - V_2')]}. \qquad (14.8)$$

Der Term im Zähler der rechten Seite gibt an, um wieviel sich die Enthalpie ändert, wenn man eine Flüssigkeit der Zusammensetzung y isobar-isotherm vollständig verdampft. Man bezeichnet diese Größe als molare Überführungsenthalpie $\Delta\bar{H}_{\ddot{u}}$. Wegen

$$y(H_1'' - H_1') + (1-y)(H_2'' - H_2')$$
$$= y H_1'' + (1-y) H_2'' - [x H_1' + (1-x) H_2'] - (y-x)(H_1' - H_2'),$$

worin

$$H_1' - H_2' = \left(\frac{\partial \bar{H}'}{\partial x}\right)_{T,p}$$

ist [14.3, S. 106], und mit der molaren Verdampfungsenthalpie

$$\Delta\bar{H}_v = y H_1'' + (1-y) H_2'' - [x H_1' + (1-x) H_2']$$

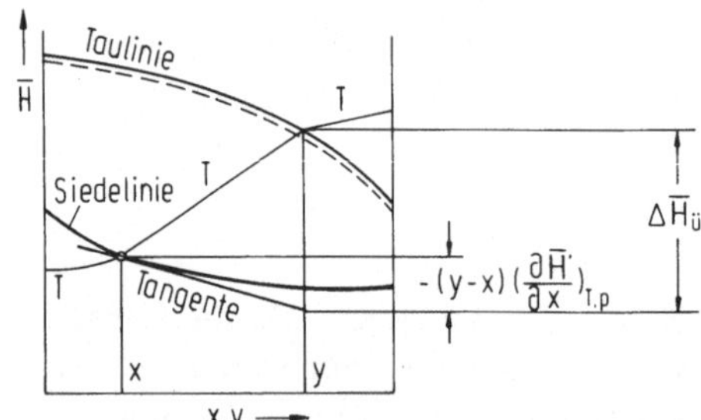

Bild 14.3. Der differentielle Ausdampfungsvorgang. Molare Überführungsenthalpie

läßt sich die molare Überführungsenthalpie auch auf die molare Verdampfungsenthalpie zurückführen

$$\Delta \bar{H}_{\text{ü}} = y(H_1'' - H_1') + (1-y)(H_2'' - H_2') = \Delta \bar{H}_{\text{v}} - (y-x)\left(\frac{\partial \bar{H}'}{\partial x}\right)_{\text{T,p}}.$$

Sie stellt diejenige Wärme dar, die man einer großen Flüssigkeitsmenge zuführen muß, um Dampf zu erzeugen. Da die Flüssigkeitsmenge groß sein soll, ändert sich ihre Zusammensetzung durch den Ausdampfvorgang nur wenig. Die molare Überführungsenthalpie läßt sich demnach anschaulich als differentielle molare Ausdampfwärme des isobar erzeugten Dampfes deuten. Der Differentialquotient $(\partial \bar{H}'/\partial x)_{\text{T,p}}$ stellt die Neigung der Tangente an die Siedelinie bei der betrachteten Flüssigkeitszusammensetzung x dar. Damit ergibt sich die molare Überführungsenthalpie aus dem $\bar{H},x$-Diagramm nach Bild 14.3. In analoger Weise erhält man im $\bar{V},x$-Diagramm das molare Überführungsvolumen.

Der Ausdruck im Zähler auf der rechten Seite von (14.8) tritt an die Stelle der Verdampfungsenthalpie bei reinen Stoffen, während das molare Überführungsvolumen in der eckigen Klammer des Nenners an die Stelle der Volumenzunahme bei der Verdampfung tritt. Einsetzen von (14.8) in (14.7) und Integration zwischen den Grenzen ϑ_{s} und $\vartheta_{\text{s}} + \Delta\vartheta$ ergibt unter Beachtung von p_{L} $(\vartheta_{\text{s}} + \Delta\vartheta, x, r) = p_0(\vartheta, x)$, Bild 14.2, den Ausdruck

$$\left[\frac{\bar{V}''}{\bar{V}'' - [yV_1' + (1-y)V_2']}\frac{2\sigma}{r}\right]_{\vartheta_{\text{s}} + \Delta\vartheta}$$

$$= \int\limits_{\vartheta_{\text{s}}}^{\vartheta_{\text{s}} + \Delta\vartheta} \frac{\Delta \bar{H}_{\text{v}} - (y-x)\left(\dfrac{\partial \bar{H}'}{\partial x}\right)_{\text{T,p}}}{T_{\text{s}}[y(V_1'' - V_1') + (1-y)(V_2'' - V_2')]}\, d\vartheta. \tag{14.9}$$

Da die Flüssigkeitsüberhitzung $\Delta\vartheta$ klein ist, kann man die Ausdrücke auf beiden Seiten in eine Taylorreihe entwickeln und diese nach dem in $\Delta\vartheta$ linearen Glied abbrechen. Man findet dann den Zusammenhang zwischen Blasenradius r und Überhitzung $\Delta\vartheta$:

$$r = \frac{2\sigma\bar{V}''T_{\text{s}}}{\Delta\bar{H}_{\text{v}}\left[1 - (y-x)\dfrac{1}{\Delta\bar{H}_{\text{v}}}\left(\dfrac{\partial \bar{H}'}{\partial x}\right)_{\text{T,p}}\right]\Delta\vartheta}\left(1 + \frac{\Delta\vartheta}{T_{\text{s}}}\omega\right) \tag{14.10}$$

mit

$$\omega = \frac{y(V_1'' - V_1') + (1-y)(V_2'' - V_2')}{\sigma \bar{V}''} T_s \frac{\partial}{\partial \vartheta}$$

$$\times \frac{\partial}{\partial \vartheta} \left[\frac{\sigma \bar{V}''}{y(V_1'' - V_1') + (1-y)(V_2'' - V_2')} \right]_x .$$

Sie geht in die bereits früher gefundene Gl. (10.12) für reine Stoffe über, wenn man $y = x = 1$ setzt.

Da der Term $(\Delta\vartheta/T_s)|\omega|$ fast immer sehr viel kleiner als 1 ist, wie schon in Abschn. 10.1 dargelegt wurde, und da außerdem fast immer der Ausdruck

$$\left| (y-x) \frac{1}{\Delta\bar{H}_v} \left(\frac{\partial \bar{H}'}{\partial x} \right)_{T,p} \right| \ll 1$$

ist, wenn man von Gemischen aus organischen Flüssigkeiten mit Wasser bei kleinen Molbrüchen x der organischen Komponente und gleichzeitig tiefen Temperaturen absieht, wo der genannte Ausdruck die Größenordnung 0,2 erreichen kann, ist in grober Näherung

$$r = \frac{2\sigma \bar{V}'' T_s}{\Delta\bar{H}_v \Delta\vartheta} \tag{14.11}$$

und stimmt damit mit dem Näherungsausdruck für die reinen Stoffe (14.1) überein.

Die zur Erzeugung einer lebensfähigen Blase erforderliche Flüssigkeitsüberhitzung in einem Zweistoffgemisch ist somit näherungsweise von gleicher Größe wie in reinen Stoffen und wird hauptsächlich durch die in (14.11) vorkommenden Stoffwerte des Gemischs bestimmt. Die Bildung von lebensfähigen Blasen hängt somit in erster Linie von den Stoffwerten des Gemischs ab und gehorcht näherungsweise den gleichen Gesetzen, die auch für die reinen Stoffe gelten.

Die Keimbildung ist zwar notwendig für das weitere Blasenwachstum, der zur Keimbildung übertragene Wärmestrom ist jedoch unerheblich verglichen mit dem insgesamt abgegebenen Wärmestrom. Dieser wird vor allem durch das weitere Blasenwachstum nach der Keimbildung bestimmt. Die Wachstumsgeschwindigkeit hängt von dem Druckunterschied zwischen Blase und Flüssigkeit ab, den Trägheits- und Reibungskräften in der Flüssigkeit, der Oberflächenspannung und dem Transport von Wärme und der leichtersiedenden Komponente durch die Flüssigkeit an die Blasenoberfläche. Dagegen können im Dampf Trägheits- und Reibungskräfte, Druck-, Temperatur- und Kondensationsgradienten und auch die Kompressibilität im allgemeinen unberücksichtigt bleiben [14.4]. Infolge des Stofftransports der leichter flüchtigen Komponente durch die Flüssigkeit zur Blasenoberfläche verarmt die Flüssigkeit in der Nähe der Blasenoberfläche an der leichter flüchtigen Komponente. Die Sättigungstemperatur an der Oberfläche einer Blase, die in der Flüssigkeit anwächst, ist als Folge dieses Stofftransports größer als die Sättigungstemperatur der ursprünglichen Flüssigkeit.

Den Einfluß des Stofftransports auf das Anwachsen einer kugelförmigen Blase in einem Zweistoffgemisch von anfänglich gleicher Temperatur und Zusammenset-

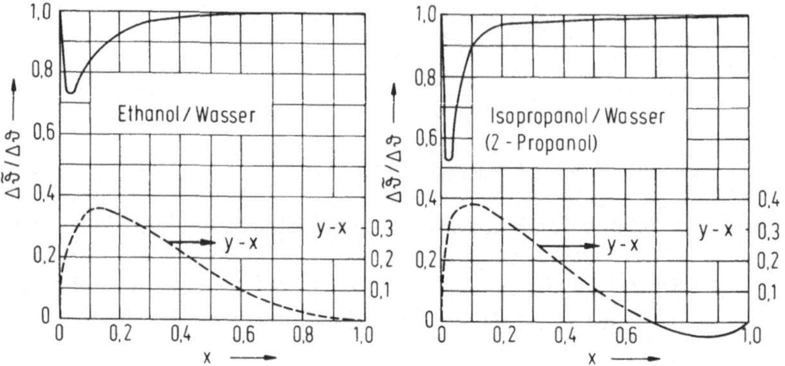

Bild 14.4. Einfluß der Diffusion auf Flüssigkeitsüberhitzung und Blasenwachstum, (14.12), $p = 1$ bar. Gestrichelte Kurve: $y - x$

zung hat zuerst Scriven [14.5] untersucht, indem er die Massen-, die Impuls- und die Energiebilanz für eine kugelsymmetrische Blase unter der Annahme vernachlässigbarer Reibungs-, Trägheits- und Oberflächenkräfte löste. Als Ergebnis erhält man das Verhältnis aus Flüssigkeitsüberhitzung $\Delta\tilde{\vartheta}$ in einem Zweistoffgemisch und der Flüssigkeitsüberhitzung $\Delta\vartheta$, die sich in dem Zweistoffgemisch einstellen würde, wenn die Diffusion vernachlässigbar, wenn also kein Konzentrationsunterschied in der Flüssigkeit vorhanden wäre. Es gilt in guter Näherung

$$\frac{\Delta\tilde{\vartheta}}{\Delta\vartheta} = \frac{1}{1 - (\xi_G - \xi_L)\dfrac{c_{pL}}{\Delta h_v}\left(\dfrac{\partial\vartheta}{\partial\xi_L}\right)_p} , \qquad (14.12)$$

worin ξ_L der Massenbruch der leichter flüchtigen Komponente in der Flüssigkeit und ξ_G der zugehörige Gleichgewichtswert im Dampf ist. Da die Wachstumsgeschwindigkeit von Dampfblasen proportional der Überhitzung ist, gibt diese Gleichung den Einfluß der Diffusion auf die Wachstumsgeschwindigkeit wieder. Bild 14.4 zeigt den Verlauf der Temperaturen $\Delta\tilde{\vartheta}/\Delta\vartheta$ über dem Molenbruch x in der Flüssigkeit der Gemische Ethanol-Wasser und Isopropanol-Wasser bei einem Druck von 1 bar. In das Bild sind außerdem die Kurven $y - x$ gestrichelt eingezeichnet. Man erkennt deutlich, daß die Diffusion dort zu einer starken Verminderung der Überhitzung und damit der Wachstumsgeschwindigkeit führt, wo sich Dampf- und Flüssigkeitszusammensetzung $y - x$ im Gleichgewicht am meisten unterscheiden. Überhitzung und damit Wachstumsgeschwindigkeit von Dampfblasen sind am größten, $\Delta\tilde{\vartheta}/\Delta\vartheta = 1$, wenn sich Dampf- und Flüssigkeitszusammensetzung infolge der ausgleichenden Wirkung der Diffusion nicht mehr unterscheiden, $y - x = 0$.

14.2 Der Wärmeübergang in Zweistoffgemischen

Wie die vorigen Erörterungen zeigten, werden das Blasenwachstum und damit der Wärmeübergang stark von dem Unterschied $y - x$ der Molenbrüche in dampfförmiger und in flüssiger Phase beeinflußt. Man darf daher erwarten, daß Wärmeüber-

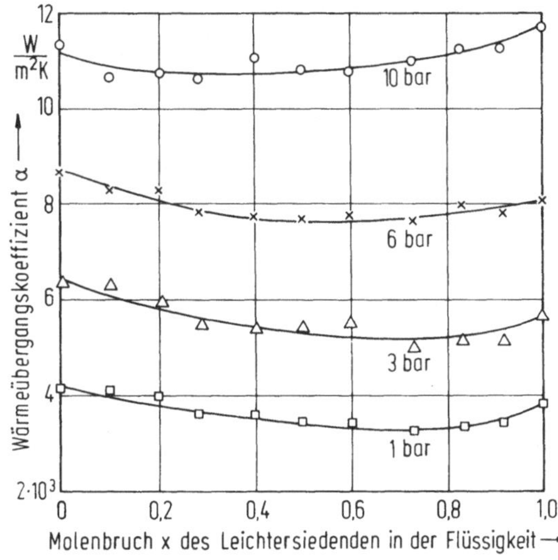

Bild 14.5. Wärmeübergangskoeffizient α für das System n-Heptan/Methylcyclohexan. Wärmestromdichte $q = 10^5$ W/m²

gangskoeffizienten umso mehr abnehmen, je mehr sich die Zusammensetzung von Flüssigkeit und Dampf unterscheiden. Dabei kommt es nur auf den Betrag des Unterschieds $y - x$, nicht aber auf dessen Vorzeichen an. Diese Erscheinungen werden durch viele Experimente belegt, von denen einige typische Beispiele vorgestellt werden sollen. Sie sind Arbeiten von Stephan und Körner [14.6,14.7] und von Happel und Stephan [14.8] entnommen.

Bild 14.5 zeigt am Gemisch n-Heptan/Methylcyclohexan (C_7H_{16}/$CH_3C_6H_{11}$) bei Verdampfung an einem waagerechten Rohr gemessene Wärmeübergangskoeffi-

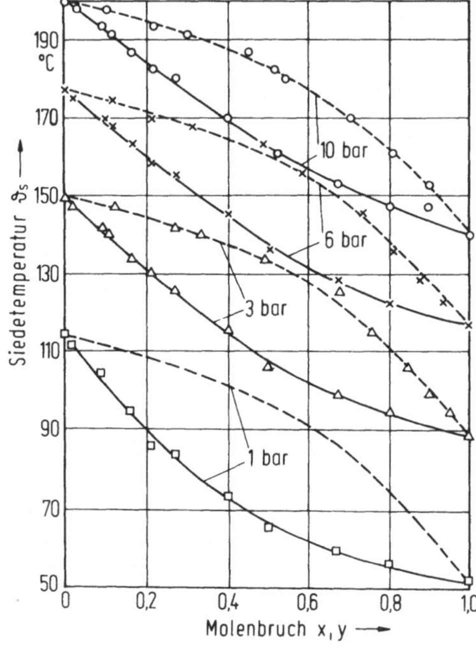

Bild 14.6. Siedediagramm Aceton/n-Butanol. Durchgezogene Kurve: Molenbruch x des Leichtersiedenden in der Flüssigkeit; gestrichelte Kurve: Molenbruch y des Leichtersiedenden im Dampf

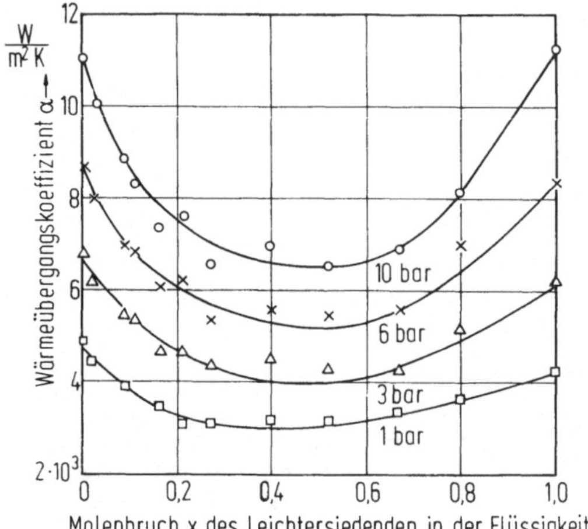

Bild 14.7. Wärmeübergangskoeffizient α für das System Aceton/n-Butanol. Wärmestromdichte $q = 10^5$ W/m²

zienten. Sie ändern sich nur wenig mit der Zusammensetzung. Siede- und Taulinie dieses Gemischs fallen praktisch zusammen, so daß das Blasenwachstum durch eine unterschiedliche Zusammensetzung von Dampf und Flüssigkeit nicht behindert wird. Die geringe Konzentrationsabhängigkeit der Wärmeübergangskoeffizienten ist hauptsächlich auf die Änderung der Stoffwerte mit der Zusammensetzung zurückzuführen. Man begeht keinen großen Fehler, wenn man den Wärmeübergangskoeffizienten des Gemischs linear entsprechend der Molenbrüche zwischen den Wärmeübergangskoeffizienten der reinen Komponenten interpoliert.

Untersucht man ein Gemisch, das in gewissen Bereichen größere Unterschiede zwischen Dampf- und Flüssigkeitszusammensetzung aufweist, wie das Siedediagramm des Gemischs Aceton/n-Butanol (($CH_3)_2CO/C_4H_9OH$) zeigt, Bild 14.6, so verringert sich in diesem Bereich der Wärmeübergang in stärkerem Maße. Dies erkennt man aus Bild 14.7, in dem der Wärmeübergangskoeffizient über der Zusammensetzung aufgetragen ist. Dort, wo der Unterschied $y - x$ am größten ist, nimmt der Wärmeübergangskoeffizient am meisten ab.

Besonders auffällig ist diese Erscheinung beim Sieden von Gemischen, die einen azeotropen Punkt aufweisen. Wir betrachten hierzu das Gemisch Methanol/Benzol (CH_3OH/C_6H_6), Bilder 14.8 und 14.9. Das Gemisch zeigt eine starke Verminderung des Wärmeübergangs im Bereich großer Unterschiede $y - x$. Zum azeotropen Punkt hin nimmt der Wärmeübergang wieder zu. Damit bestätigt sich, daß in der Nachbarschaft eines azeotropen Punkts der Wärmeübergangskoeffizient abnimmt, weil nicht das Vorzeichen der Differenz $y - x$, sondern nur deren Betrag entscheidend ist.

Wie man aus den Bildern 14.7 und 14.9 erkennt, nimmt der Wärmeübergang mit der Konzentrationsdifferenz bei höherem Druck stärker ab als bei niedrigem. Dies ist dadurch zu erklären, daß die Zahl der je Flächeneinheit entstehenden Dampfblasen mit dem Druck zunimmt. Die Dampfblasen sitzen enger beieinander, und es steht dem Massenstrom im Flüssigkeitsraum weniger Fläche zur Verfügung. Die Nachlieferung an leichter Siedendem wird somit stärker behindert, was zu einer

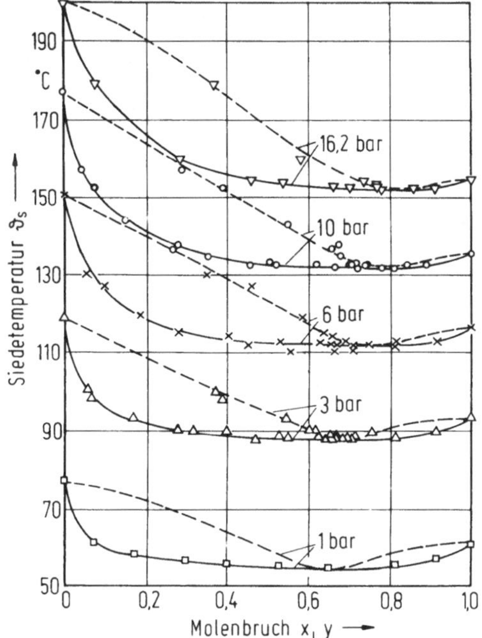

Bild 14.8. Siedediagramm Methanol/Benzol. Durchgezogene Kurve: Molenbruch x des Leichtsiedenden in der Flüssigkeit; gestrichelte Kurve: Molenbruch y des Leichtsiedenden im Dampf

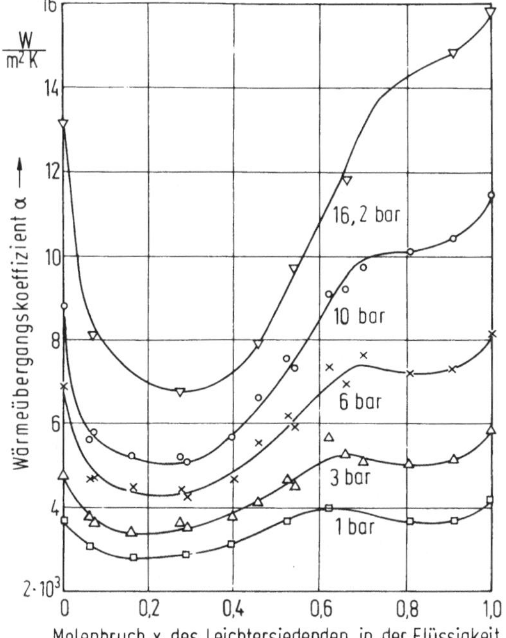

Bild 14.9. Wärmeübergangskoeffizient α für das System Methanol/Benzol. Wärmestromdichte $q = 10^5$ W/m²

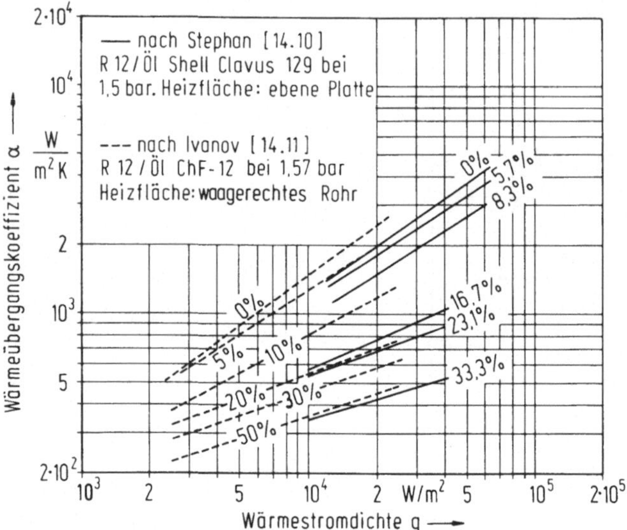

Bild 14.10. Wärmeübergangskoeffizient von R12/Öl-Gemischen. Parameter: Massenbruch des Öls

weiteren Abnahme des Wärmeübergangs führt. Ähnliche Ergebnisse hat man für viele andere Flüssigkeitsgemische gefunden. Einen Überblick über bisherige Messungen des Wärmeübergangs findet man in einer zusammenfassenden Darstellung von Stephan [14.9].

Einige Besonderheiten beobachtet man beim Sieden von *Öl-Kältemittel-Gemischen*, die in den Verdampfern von Kälteanlagen häufig anzutreffen sind, weil das Kältemittel stets etwas Schmieröl aus dem Verdichter in den Verdampfer mitschleppt. Als charakteristisches Beispiel zeigt Bild 14.10, daß Öl im Kältemittel den Wärmeübergang verringert. Geringe Ölanteile haben auch nur einen geringen Einfluß auf den Wärmeübergangskoeffizienten. Nach Bild 14.11 können je nach Art des Öls und Größe der Wärmestromdichte kleine Mengenanteile des Öls zu einer geringen Abnahme des Wärmeübergangskoeffizienten und Mengenanteile bis zu 3 % des Massenbruchs sogar zu einer Zunahme führen, so daß der Wärmeübergang sogar besser sein kann als der an das reine Kältemittel. Die Abnahme des Wärmeübergangskoeffizienten erklärt sich durch die Änderung der thermischen Stoffeigenschaften infolge der Ölzugabe, insbesondere der Oberflächenspannung in Wandnähe. Schon sehr geringe Ölzugaben zu dem Kältemittel führen zu einem Schäumen der Flüssigkeit, weil die Oberflächenspannung des Gemischs stark von der Zusammensetzung abhängt. Die Oberflächenspannung nimmt bei kleinen Massenbrüchen des Öls ab, mit größeren Massenbrüchen nimmt sie zu [14.12]. Allgemein kann man aus Bild 14.11 feststellen, daß Massenbrüche des Öls über 5 % zu einer starken Verminderung des Wärmeübergangs führen. Man sollte daher durch geeignete Maßnahmen, beispielsweise durch Ölabscheider nach dem Verdichter, dafür sorgen, daß der Ölgehalt im Verdampfer stets unter einem Massenbruch von 5 % liegt.

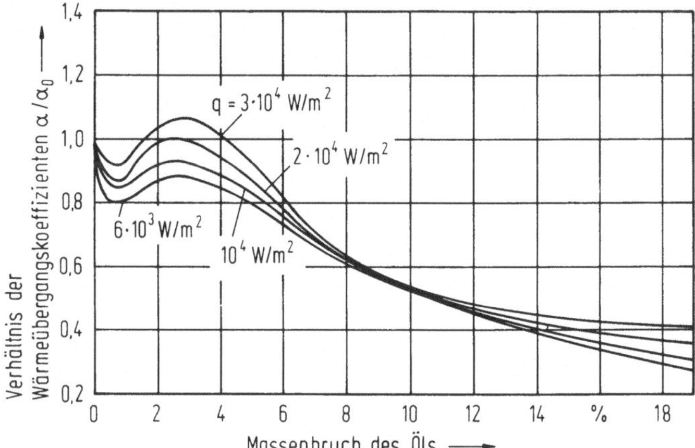

Bild 14.11. Verhältnis der Wärmeübergangskoeffizienten α/α_0, nach Henrici und Hesse [14.12]. α ist der Wärmeübergangskoeffizient des Öl-Kältemittel-Gemischs, α_0 der des ölfreien Kältemittels R114 bei 1,285 bar

14.3 Der Wärmeübergang in Gemischen mit mehr als zwei Komponenten

Untersuchungen zum Wärmeübergang an Gemische mit mehr als drei Komponenten sind bisher nicht bekannt, und nur von wenigen Dreistoffgemischen ist bisher der Wärmeübergang gemessen worden. Den Wärmeübergang der Gemische Aceton/Methanol/Wasser und Methanol/Ethanol/Wasser beim Sieden an waagerechten Rohren hat Preußer [14.13] eingehend untersucht, während Grigorjev [14.14] Messungen über den Wärmeübergang der gleichen Gemische an einer ebenen Platte ausführte. De Dood [14.15] berichtet über Messungen des Wärmeübergangs beim Sieden der Gemische n-Hexan/Ethanol/n-Heptan und n-Hexan/Ethanol/2-Butanol ebenfalls an einer ebenen Platte.

Grundsätzlich werden dabei die an Zweistoffgemischen gefundenen Ergebnisse bestätigt. Als Beispiel zeigt Bild 14.12 Ergebnisse aus den Messungen von de Dood an dem Dreistoffgemisch n-Hexan/Ethanol/2-Butanol. Diese Gemische wurden aus den beiden Zweistoffgemischen Ethanol/2-Butanol und n-Hexan/Ethanol so hergestellt, daß in jedem der gebildeten Dreistoffgemische der Molenbruch x_2 des Ethanols konstant blieb, $x_2 = 0,89$. Der Molenbruch des n-Heptans im Dreistoffgemisch kann sich daher zwischen den Grenzwerten $x_1 = 0$ (Zweistoffgemisch Ethanol/2-Butanol) und $x_1 = 1 - x_2 = 0,11$ (Zweistoffgemisch n-Hexan/Ethanol) ändern. Wie man erkennt, nimmt der Wärmeübergangskoeffizient durch Mischen der beiden Zweistoffgemische Ethanol/2-Butanol und n-Hexan/Ethanol überproportional ab. Die wenigen anderen Messungen von de Dood führten zu dem gleichen Ergebnis, vorausgesetzt, daß das Gemisch als Folge der mit der Zusammensetzung veränderlichen Oberflächenspannung nicht schäumte. Dann konnte bei starker Schaumbildung in Wandnähe der Wärmeübergang erheblich kleiner sein. Nach den

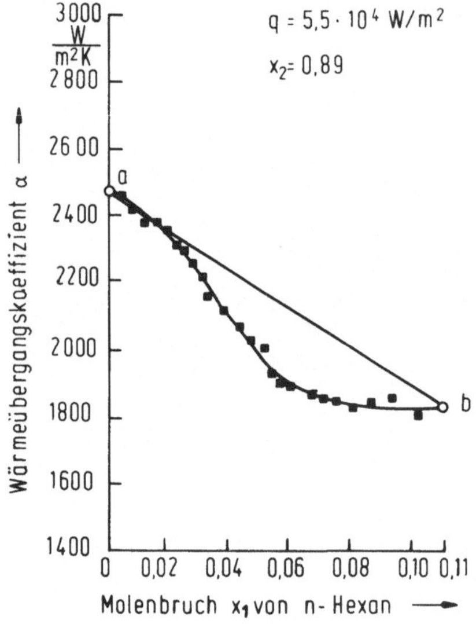

Bild 14.12. Wärmeübergang an das Dreistoffgemisch n-Hexan/Ethanol/2-Butanol nach de Dood [14.15]. Molenbruch x_2 des Ethanols ist konstant $x_2 = 0{,}89$. Punkt a: Zweistoffgemisch Ethanol/2-Butanol; Punkt b: Zweistoffgemisch n-Hexan/Ethanol

Messungen von Preußer [14.13] kann jedoch je nach der Art des Gemischs der Wärmeübergangskoeffizient des Dreistoffgemischs auch über dem der beiden zugehörigen Zweistoffgemische liegen.

14.4 Empirische Korrelationen und Gebrauchsformeln

14.4.1 Zweistoffgemische von Flüssigkeiten

Wir setzen vollständige Mischbarkeit der Flüssigkeiten voraus. Zur Wiedergabe von Wärmeübergangsmessungen haben sich hauptsächlich zwei Methoden bewährt. Die eine geht von empirischen Korrelationen für reine Stoffe aus. Solche Korrelationen enthalten meistens dimensionslose Größen, die nun mit den Stoffeigenschaften des Zweistoffgemischs zu bilden sind. Die Abnahme des Wärmeübergangs als Folge des durch Diffusion gehemmten Blasenwachstums berücksichtigt man durch einen Zusatzterm. Von dieser Art ist die von Preußer [14.13] angegebene Gleichung

$$\alpha = \alpha_0 \left[1 + |(y-x)\left(\frac{\partial y}{\partial x}\right)_{\mathrm{P}}| \right]^{-0,0733}, \qquad (14.13)$$

in welcher der Wärmeübergangskoeffizient α_0 aus der für reine Stoffe aufgestellten Gl. (11.9) zu berechnen ist. Dort sind jedoch die Stoffwerte des Gemischs einzusetzen. Der Gl. (14.13) liegen nur Messungen bei Umgebungsdruck zugrunde, so daß sie auch nur für diesen gültig ist.

Wie Preußer zeigte, ist ein beachtlicher Anteil der Verminderung des Wärmeübergangs gegenüber dem der reinen Stoffe durch die Änderung der thermischen

Stoffgrößen bedingt, während der Zusatzterm in der eckigen Klammer einen vergleichsweise kleinen Beitrag leistet. Er liegt bei den meisten Kohlenwasserstoffgemischen und den Mischungen von Kohlenwasserstoffen mit Wasser zwischen 0,8 und nahe bei 1. Alle anderen im folgenden beschriebenen Rechenmethoden und Modelle dienen letztlich dazu, die aufwendige Berechnung der Stoffwerte des Gemischs zu umgehen.

Eine solche Korrelation, welche die schwierige und zeitaufwendige Berechnung der Stoffwerte des Gemischs vermeidet, haben Stephan und Körner [14.6] vorgeschlagen. Sie geht davon aus, daß zur Übertragung einer bestimmten Wärmestromdichte an Gemische eine größere Wandüberhitzung $\Delta\vartheta = \vartheta_w - \vartheta_s$ als bei Verdampfung der reinen Stoffe erforderlich ist. Die Sättigungstemperatur ϑ_s ist hierbei die Siedetemperatur des Gemischs bei der mittleren Zusammensetzung x der Flüssigkeit. Um diese Überhitzung zu berechnen, wird eine „ideale" Wandüberhitzung $\Delta\vartheta_{id}$ definiert durch

$$\Delta\vartheta_{id} = x_1\Delta\vartheta_1 + x_2\Delta\vartheta_2 , \tag{14.14}$$

worin die Temperaturdifferenzen $\Delta\vartheta_1$ und $\Delta\vartheta_2$ zwischen Wand- und Sättigungstemperatur sich aus den Wärmeübergangskoeffizienten α_1 und α_2 der reinen Stoffe 1 und 2 bei der Wärmestromdichte q des Gemischs ergeben gemäß

$$\Delta\vartheta_1 = q/\alpha_1 \quad \text{und} \quad \Delta\vartheta_2 = q/\alpha_2$$

und beispielsweise mit Hilfe von (11.9) berechnet werden können. Nach (14.14) addiert man also die treibenden Temperaturdifferenzen, die sich bei der Verdampfung der reinen Stoffe einstellen würden, entsprechend der Molenbrüche der beiden Komponenten. Die tatsächliche treibende Temperaturdifferenz $\Delta\vartheta$ ist von der idealen verschieden

$$\Delta\vartheta = \Delta\vartheta_{id} + \Delta\vartheta_E \quad \text{oder} \quad \Delta\vartheta = \Delta\vartheta_{id}(1+\theta) \tag{14.15}$$

mit

$$\theta = \Delta\vartheta_E/\Delta\vartheta_{id} .$$

Der Zusatzterm hängt hauptsächlich von dem Unterschied zwischen Dampf- und Flüssigkeitszusammensetzung ab und ist stets positiv wegen der Verminderung des Wärmeübergangs im Gemisch. Versuche an vielen Gemischen ergaben den einfachen linearen Zusammenhang

$$\theta = K_{12}|y-x| , \tag{14.16}$$

worin K_{12} eine von der Zusammensetzung in guter Näherung unabhängige, positive Zahl ist. Man kann K_{12} als einen binären Wechselwirkungsparameter deuten, der für ein gegebenes Gemisch und jeden Druck ermittelt werden muß. Im Druckbereich zwischen 1 und 10 bar ließ sich die Druckabhängigkeit von K_{12} näherungsweise wiedergeben durch die empirische Gleichung

$$K_{12} = K_{12}^0(0,88 + 0,12p/p_0) \tag{14.17}$$

mit $p_0 = 1$ bar. Der Wert K_{12}^0 ist für jedes Gemisch ein anderer, aber unabhängig vom Druck. Die Tabelle 14.1 gibt die Werte K_{12}^0 für verschiedene Zweistoffgemische wieder. Ein Mittelwert K_{12}^0 für alle diese Gemische ist rund 1,4.

Tabelle 14.1. Werte K_{12}^0 für verschiedene Zweistoffgemische

Gemisch	K_{12}^0
Aceton/Ethanol	0,75
Aceton/Butanol	1,18
Aceton/Methanol	1,19
Aceton/Wasser (Kupferheizfläche)	1,40
(Nickelheizfläche)	0,81
Aceton/Benzol	0,42
Ethanol/Cylohexan	1,31
Ethanol/Wasser (Kupferheizfläche)	1,21
(Nickelheizfläche)	0,71
Benzol/Toluol	1,44
n-Heptan/Methylcyclohexan	1,95
i-Propanol/Wasser	2,04
Methanol/Ethanol	1,39
Methanol/Benzol	1,08
Methanol/Amylalkohol	0,80
Methanol/Wasser	0,56
Methylethylketon/Wasser	1,21
Propanol/Wasser	3,29
Wasser/Glykol	1,47
Wasser/Glycerin	1,50
Wasser/Pyridin	3,56

Gleichung (14.17) gilt nur in dem begrenzten Druckbereich zwischen 1 und 10 bar. Bei höheren Drücken wächst der Wert von K_{12} mehr als linear mit dem Druck. Zur genaueren Untersuchung des Druckeinflusses auf den Wärmeübergang beim Sieden von Gemischen insbesondere bei Drücken über 10 bar sind noch weitere Versuche erforderlich.

Messungen von Bier et al. [14.16] an dem Zweistoffgemisch aus Schwefelhexafluorid (SF_6) und dem Kältemittel R13B1 (CF_3Br) in dem bis nahe an den kritischen Druck reichenden Bereich $0,56 \leq p/p_{cr} \leq 0,97$ ließen sich durch eine Gleichung der Form

$$\frac{\alpha}{\bar{\alpha}} = 1 - K(p^*)(y-x)^{1/2} \tag{14.18}$$

mit

$$p^* = p/p_{cr}, \quad K(p^*) = -0,50 + 3,65 p^* + \frac{0,08}{1-p^*}$$

und

$$\bar{\alpha} = \alpha_1 x_1 + \alpha_2 x_2$$

korrelieren. Die Größe x_1 ist der Molenbruch des Schwefelhexafluorids, α_1 und α_2 sind die Wärmeübergangskoeffizienten der reinen Stoffe bei der Wärmestromdichte des Gemischs und dem jeweiligen Druck.

Schließlich sei noch eine Gleichung von Schlünder mitgeteilt [14.17], die von den Annahmen der Filmtheorie ausgeht, nach der man sich die Phasengrenze zwischen Dampf und Flüssigkeit als eben vorstellt und den zu verdampfenden Flüssigkeitsstrom senkrecht zur Phasengrenze strömend voraussetzt. Man erhält nach einigen Vereinfachungen für die durch (14.15) definierte Größe

$$\theta = 1 + \frac{1}{\Delta\vartheta_{\mathrm{id}}}\,(\vartheta_{\mathrm{s2}}-\vartheta_{\mathrm{s1}})\,(y-x)\left[1-\exp\left(-\frac{q}{\varrho_{\mathrm{L}}\beta_{\mathrm{L}}\Delta h_{\mathrm{v}}}\right)\right], \qquad (14.19)$$

worin der Stoffaustauschkoeffizient $\beta_{\mathrm{L}}=2\cdot10^{-4}$ m/s durch Anpassung an Messungen bestimmt wurde und von gleicher Größenordnung ist wie die Werte, die man von der Fallfilmverdampfung kennt. Die Temperaturen ϑ_{s1} und ϑ_{s2} sind die Siedetemperaturen der reinen Stoffe. Die Gleichung gibt auch die Druckabhängigkeit der Meßwerte von Bier et al. [14.16] gut wieder.

14.4.2 Flüssigkeitsgemische mit mehr als zwei Komponenten

Die für Zweistoffgemische aufgestellte Gl. (14.16) wurde von Stephan und Preußer [14.18] auch auf Gemische mit mehr als zwei Komponenten erweitert. Es gilt weiterhin (14.15), wonach die treibende Temperaturdifferenz $\Delta\vartheta$ zur Übertragung einer vorgegebenen Wärmestromdichte in einen „Idealanteil" $\Delta\vartheta_{\mathrm{id}}$ und einen Überschuß- oder Exzeßanteil $\Delta\vartheta_{\mathrm{E}}$ aufgespalten wird. Der Anteil $\Delta\vartheta_{\mathrm{id}}$ wird für ein Gemisch aus K Komponenten definiert durch

$$\Delta\vartheta_{\mathrm{id}} = \sum_{i=1}^{K} x_{\mathrm{i}}\Delta\vartheta_{\mathrm{i}}, \qquad (14.20)$$

und es ist

$$\frac{\Delta\vartheta_{\mathrm{E}}}{\Delta\vartheta_{\mathrm{id}}} = \theta = \left|\sum_{i=1}^{K-1} K_{\mathrm{iK}}(y_{\mathrm{i}}-x_{\mathrm{i}})\right|. \qquad (14.21)$$

Hierin sind die K_{iK} binäre Wechselwirkungsparameter, die in ansteigender Folge der Siedepunkte der reinen Stoffe geordnet werden müssen. Eine eingehende Begründung hierfür findet man in einer Arbeit von Stephan [14.9]. Für ein Dreistoffgemisch vereinfacht sich (14.21) zu der Beziehung

$$\theta = |K_{13}(y_1-x_1) + K_{23}(y_2-x_2)|, \qquad (14.22)$$

die als Grenzfälle die zugehörigen Zweistoffgemische enthält. Setzt man $y_1=x_1=0$, so führt man das Dreistoff- auf das Zweistoffgemisch aus den Komponenten 2 und 3 zurück, während für $y_2=x_2=0$ das zugehörige Zweistoffgemisch aus den Komponenten 1 und 3 besteht. Man erkennt daraus, daß die Koeffizienten K_{iK} in (14.21) identisch sind mit den in Tabelle 14.1 gegebenen Werten für Zweistoffgemische. Nach dieser Methode berechnete Wärmeübergangskoeffizienten geben die

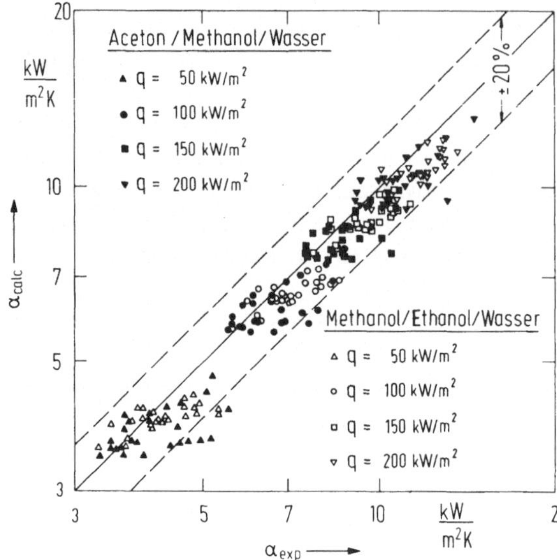

Bild 14.13. Vergleich zwischen berechneten (α_{calc}) und gemessenen Wärmeübergangskoeffizienten (α_{exp}) für Dreistoffgemische, nach [14.18]

bisher bekannten Meßwerte an Dreistoffgemischen recht gut wieder, wie Bild 14.13 für zwei Dreistoffgemische beispielhaft zeigt.

14.4.3 Lösung von Feststoffen in Flüssigkeiten

Bei der isobaren Lösung von Feststoffen in Flüssigkeiten erhöht sich der Siedepunkt. Die treibende Temperaturdifferenz zwischen Wand und Sättigungstemperatur nimmt also mit der gelösten Feststoffmenge ab. Der Dampf besteht aus dem reinen Lösungsmittel. Dieses muß in Wandnähe einen Stoffaustauschwiderstand überwinden, um aus der Flüssigkeit an die Blasenoberfläche zu gelangen. Dadurch wird genau wie bei den zuvor betrachteten Zwei- und Mehrstoffgemischen von Flüssigkeiten das Blasenwachstum gehemmt und der Wärmeübergang im Vergleich zum reinen Lösungsmittel vermindert, was zahlreiche Messungen bestätigen [14.19−14.24].

Als Beispiel zeigt Bild 14.14 Ergebnisse aus Messungen von Feldkamp [14.24]. Dargestellt ist das Verhältnis α/α_w des Wärmeübergangskoeffizienten α einer

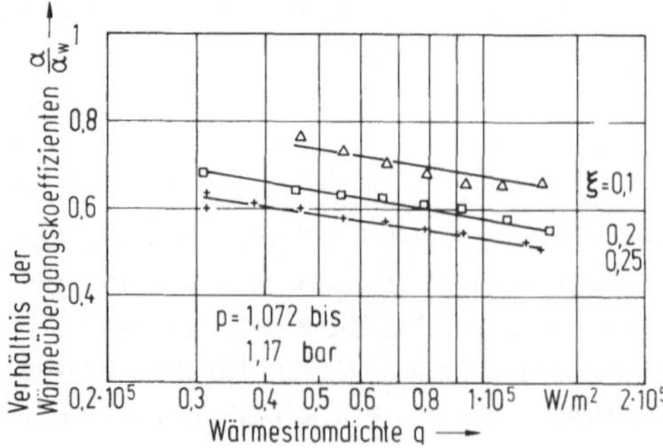

Bild 14.14. Wärmeübergangskoeffizienten α/α_w von Natriumchloridlösungen, nach [14.24]

Natriumchloridlösung zu dem von reinem Wasser α_w bei der gleichen Wärmestromdichte. Parameter ist der Massenbruch ξ des gelösten Salzes. Der Wärmeübergangskoeffizient nimmt durch die Zugabe des Salzes zum Wasser beträchtlich ab, und es ist auch eine schwache Abnahme mit der Wärmestromdichte erkennbar, die sich durch die höhere Anreicherung von Salz in wandnahen Schichten und damit der Abnahme des treibenden Temperaturgefälles unmittelbar an der Wand bei höheren Wärmestromdichten erklärt.

Versuche mit wässrigen Lösungen von Saccharose, Natriumchlorid, Natriumhydroxid und Ammoniumnitrat im Druckbereich zwischen 1 und 16 bar ließen sich von Feldkamp [14.24] durch Erweiterung einer früher von Sagan [14.23] vorgeschlagenen empirischen Gleichung mit einer Standardabweichung von 12,1 % und einem mittleren Fehler von 15,36 % wiedergeben. Danach ist

$$\frac{\alpha}{\alpha_w} = \left(\frac{\varrho_L}{\varrho_{Lw}}\right)^{0,816} \left(\frac{\varrho_G \Delta h_v c_{pw}}{\varrho_{Gw} \Delta h_{v,w} c_p}\right)^{-0,716} \left(\frac{\varrho_L - \varrho_G}{\varrho_{Lw} - \varrho_{Gw}}\right)^{-1,0795}$$

$$\cdot \left(\frac{\eta}{\eta_w}\right)^{-0,1} \left(\frac{\sigma}{\sigma_w}\right)^{-1,2135} \left(\frac{\lambda}{\lambda_w}\right)^{0,284}. \tag{14.23}$$

Der Index L bedeutet Flüssigkeit, G Gas und w Wasser. Die Stoffwerte ϱ_L, c_p, η, λ der Lösung und die Oberflächenspannung σ sind bei der Mitteltemperatur $\bar{\vartheta} = (\vartheta_w + \vartheta_s)/2$ und dem Massenbruch ξ der Lösung zu bilden.

14.5 Maximale Wärmestromdichte, Übergangs- und Filmsieden

Messungen der maximalen Wärmestromdichte von wässrigen Lösungen und von Kohlenwasserstoffgemischen an horizontalen Drähten [14.25 – 14.29] ergaben Werte, die je nach Zusammensetzung bis um den Faktor zwei größer waren als die maximalen Wärmestromdichten der reinen Komponenten. Erklärlich werden diese Ergebnisse, wenn man bedenkt, daß sich um dünne Drähte starke Unterschiede in der Flüssigkeitszusammensetzung ausbilden. Dadurch wird das Blasenwachstum erheblich behindert, und es sind größere Wärmestromdichten erforderlich, bis die Heizfläche weitgehend von Dampf bedeckt und die maximale Wärmestromdichte erreicht wird. Es wurden auch Maxima und Minima in Abhängigkeit von der Zusammensetzung festgestellt [14.28], die Maxima bei großen Unterschieden $y - x$ in der Zusammensetzung von Dampf und Flüssigkeit, die Minima in der Nähe azeotroper Punkte.

Völlig anders sind die Ergebnisse, wenn das Flüssigkeitsgemisch an einem waagerechten Rohr siedet, dessen Durchmesser im Unterschied zu dem eines Drahts um mehrere Größenordnungen größer ist als der Abreißdurchmesser der gebildeten Dampfblasen. Die maximale Wärmestromdichte liegt dann stets zwischen den Werten der reinen Komponenten. Als Beispiel zeigt Bild 14.15 maximale Wärmestromdichten der Gemische Aceton/Wasser, Methanol/Ethanol und Aceton/Methanol. Die Werte werden durch eine Korrelation von Krushilin und Subbotin [14.30]

$$q_{max} = 1830 \frac{T_s^{0,32} \sigma^{0,21} (\varrho' - \varrho'')^{0,48} (\varrho'' \Delta h_v)^{0,36} \lambda'^{0,4}}{\varrho'^{0,31} c_p'^{0,08} M_L^{0,14}} \tag{14.24}$$

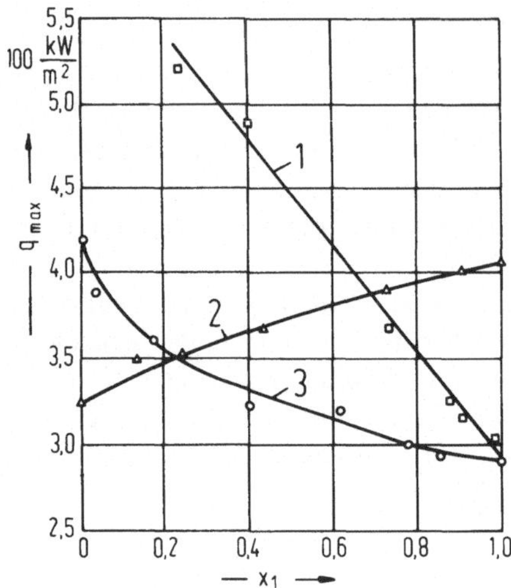

Bild 14.15. Maximale Wärmestromdichte von *1* Aceton/Wasser; *2* Methanol/Ethanol; *3* Aceton/Methanol beim Druck 1 bar, nach [14.13]

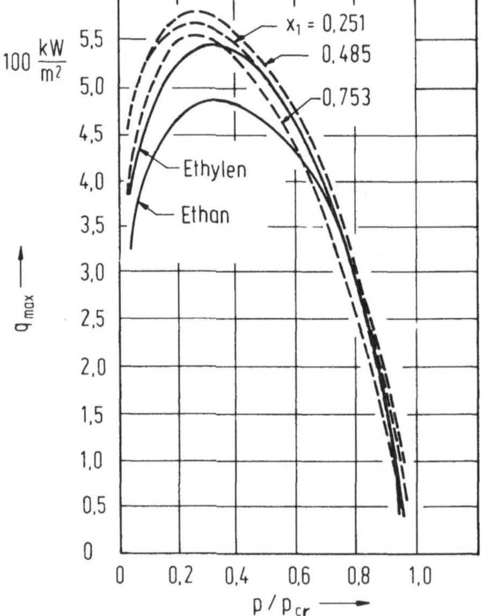

Bild 14.16. Maximale Wärmestromdichte von Ethan, Ethylen und ihren Gemischen, $x_1 =$ Molenbruch Ethylen, nach [14.31]

wiedergegeben, in die alle Stoffwerte in SI-Einheiten einzusetzen sind; M_L ist die Molmasse des Flüssigkeitsgemischs in kg/kmol. Man erhält q_{max} in W/m². Der Einfluß der Gemischzusammensetzung und auch des Drucks werden als Folge der wenigen bisher bekannten Messungen durch diese Gleichung unbefriedigend wiedergegeben. Wie die Messungen zeigen, durchläuft die maximale Wärmestromdichte als Funktion des Drucks ähnlich wie bei den reinen Stoffen, Bild 11.16, ein Maximum. Als Beispiel zeigt Bild 14.16 Ergebnisse von Wright und Colver [14.31].

Ihre Messungen ließen sich gut durch eine Gleichung von Noyes [14.32] korrelieren

$$q_{max} = 1{,}19\varrho''\Delta h_v (ga')^{1/3}\left(\frac{\varrho'-\varrho''}{\varrho''}\right)^{0,56}(Pr')^{1/12}, \qquad (14.25)$$

die gültig ist für $p/p_{cr}\leqq 0{,}3$. Im Druckbereich $p/p_{cr}>0{,}3$ lagen die Meßwerte zwischen den aus (14.25) berechneten Werten und denen, die sich ebenfalls aus einer Gleichung von Noyes ergaben

$$q_{max} = 0{,}144\varrho''\Delta h_v \left(\frac{g\sigma}{\varrho'}\right)^{1/4}\left(\frac{\varrho'-\varrho''}{\varrho''}\right)^{1/2}(Pr')^{-0,245}. \qquad (14.26)$$

Mit dem *Übergangssieden* von Gemischen befassen sich nur wenige Untersuchungen. Nach Experimenten von Happel und Stephan [14.8] ist der Einfluß des Drucks auf den Wärmeübergang im Übergangsbereich gering. Die Messungen von Preußer [14.2] ergaben eine lineare Abhängigkeit des Wärmeübergangskoeffizienten vom Molenbruch bei Zweistoffgemischen. Der sehr ausgeprägte Einfluß einer zweiten oder dritten Komponente auf den Wärmeübergang im Übergangsbereich deutet darauf hin, daß der Stoffaustausch eine merkliche Rolle spielt.

Über den Wärmeübergang beim *Filmsieden* von Gemischen sind im Vergleich zu den reinen Stoffen nur wenige Untersuchungen bekannt, und es ist insbesondere nicht geklärt, wie sich eine rauhe Filmoberfläche und auch die beim Filmsieden nicht mehr unerhebliche Wärmeabgabe durch Strahlung auf den Wärmeübergang an das siedende Gemisch auswirken. Eine analytische Untersuchung der laminaren Filmverdampfung von Gemischen unter Beachtung der Diffusion [14.33] zeigte, daß die Phasengrenztemperatur und damit auch die Dampfzusammensetzung durch den Stofftransport zur Phasengrenze festgelegt werden. Da die Flüssigkeit beim Filmsieden die Heizfläche nicht berührt, sollte man keine Ablagerung von Feststoffen an der Heizfläche erwarten. Sind jedoch die Dampfgeschwindigkeiten sehr klein, so können an der Phasengrenze zwischen Dampf und Flüssigkeit ausgeschiedene Feststoffteilchen zur Wand diffundieren und sich dort als Belag niederschlagen. Um diese Erscheinung zu vermeiden, muß die Temperaturdifferenz $\vartheta_w-\vartheta_s$ so groß sein, daß die Dampfgeschwindigkeiten ausreichen, um die Diffusion der Feststoffteilchen zur Wand hin zu unterbinden. Andererseits darf die Temperaturdifferenz $\vartheta_w-\vartheta_s$ nicht solche Werte erreichen, daß infolge der Schwankungsbewegung der Dampf-Flüssigkeits-Phasengrenze zeitweilig ein direkter Kontakt zwischen Flüssigkeit und Wand hergestellt wird. Die günstigen Temperaturdifferenzen, bei denen keine Ablagerung eintritt, liegen sehr hoch und ergaben sich in wässrigen Lösungen von Calciumsulfat nach Versuchen von Farrar und Marschall [14.33] zwischen 600 und 800 °C.

14.6 Das Sieden von unmischbaren Flüssigkeiten

In einem Zweistoffgemisch, bestehend aus zwei unmischbaren flüssigen Phasen und der Dampfphase, ist nach der Gibbsschen Phasenregel die Siedetemperatur durch Vorgabe des Drucks eindeutig festgelegt. Es sei hierzu auf die Ausführungen in

Kap. 7 verwiesen. Die Siedetemperatur des Gemischs ist geringer als die der reinen Komponenten. Mischt man beispielsweise Wasser mit Perchlorethylen, so bilden sich zwei unmischbare flüssige Phasen, deren Siedetemperatur bei einem Druck von 1 bar bei 87,8 °C liegt, während reines Wasser bei rund 100 °C und reines Perchlorethylen bei rund 121 °C siedet. Wenn man daher eine Flüssigkeit verdampfen will, die sich bei ihrer Siedetemperatur zersetzen würde, so kann man eine unmischbare Flüssigkeit oder deren Dampf zufügen und auf diese Weise die Siedetemperatur herabsetzen.

Der Wärmeübergang an solche unmischbare Flüssigkeiten wird weitgehend dadurch bestimmt, welche der beiden flüssigen Phasen die Heizfläche berührt. Füllt man beispielsweise das Gemisch Wasser/Perchlorethylen in einen Behälter mit einer waagerechten Heizfläche, die sich am Boden des Behälters befindet, so enthält die untere Phase hauptsächlich das spezifisch schwerere und auch schwerer flüchtige Perchlorethylen, während die obere Phase überwiegend aus Wasser besteht. Bei hinreichend hohen Wärmestromdichten stellt sich je nach Wärmestromdichte Blasen- oder Filmsieden an der Heizfläche ein.

Die aufsteigenden Dampfblasen vereinigen sich, wie Experimente von Bragg und Westwater [14.34] zeigten, teilweise an der Phasengrenze zwischen beiden Flüssigkeiten, so daß große Blasen die obere Phase durchwandern. Die untere, perchlorethylenreiche Phase mußte mehr als 6 mm hoch sein, damit die wasserreiche, obere Phase die Wand nicht berührte, während die obere, wasserreiche Schicht mindestens 45 mm hoch sein mußte. Nur dann stellte sich im Gemisch die Gleichgewichtstemperatur ein. Kleinere Höhen der Flüssigkeitsschichten führten zwar auch zu deutlich geringeren Siedetemperaturen als bei den reinen Stoffen, die Siedetemperatur des Gemischs lag dann aber oberhalb der Gleichgewichtstemperatur, weil die Kontaktzeit zwischen aufsteigenden Blasen und Flüssigkeit zu kurz war, so daß der Dampf seine Gleichgewichtszusammensetzung nicht erreichte.

Mischt man siedendem Perchlorethylen Wasser zu, so sinkt die Siedetemperatur. Bei konstant gehaltener Wandtemperatur nehmen die treibende Temperaturdifferenz $\Delta\vartheta = \vartheta_w - \vartheta_s$ und damit auch die Wärmestromdichte zu. Die Kurve der Wärmestromdichte $q(\Delta\vartheta)$ liegt oberhalb der für das reine Perchlorethylen, so daß bis zu 30 % größere Wärmestromdichten bei gleicher Temperaturdifferenz übertragen werden können.

In dem ebenfalls unmischbaren Flüssigkeitsgemisch n-Hexan/Wasser ist die wasserreiche Phase spezifisch schwerer, befindet sich also am Boden des Gefäßes. Die Siedetemperatur des reinen n-Hexans beträgt 68,3 °C bei 1 bar, die des n-Hexan/Wasser-Gemischs 61,7 °C. Bei hinreichender Überhitzung herrschte am Boden des Gefäßes Filmsieden. Der aufsteigende Dampf kondensierte wieder an der kälteren Phasengrenze zwischen den Flüssigkeiten und erzeugte Dampfblasen in der oberen Phase. Am Boden herrschte daher der schlechte Wärmeübergang durch Filmverdampfung und an der Phasengrenze zwischen den Flüssigkeiten der sehr viel bessere Wärmeübergang bei Blasenverdampfung. Da bei Einsetzen des Siedens durch Blasenverdampfung mehr Wärme abgeführt als am Boden des Gefäßes zugeführt wurde, kühlte die Flüssigkeit in der Nähe der Phasengrenze stark ab und wurde bis zu 33 °C unterkühlt [14.34].

Trotz dieser sehr verwickelten Erscheinung wird der Wärmeübergang beim Sieden von unmischbaren Flüssigkeiten weitgehend durch die Stoffeigenschaften der Flüssigkeit an der Heizfläche bestimmt. Bragg und Westwater konnten ihre Messungen, soweit Filmsieden an der Wand herrschte, recht gut durch eine Gleichung von Hamill und Baumeister [14.35] wiedergeben, die von den bekannten Gleichungen für das Filmsieden ausgeht, vgl. Abschn. 11.8, und als Korrekturen noch den Einfluß der Strahlung und den konvektiven Wärmetransport bei unterkühlter Flüssigkeit berücksichtigt. Es ist

$$\alpha = \alpha_f + 0{,}88\alpha_S + 0{,}12\alpha_c\theta \,. \tag{14.27}$$

α_f ist der Wärmeübergangskoeffizient für Filmsieden, der sich berechnet aus

$$\alpha_f = 0{,}41 \left[\frac{\lambda_G^3 \varrho_G (\varrho_L - \varrho_G) g\Delta h}{\eta_G (\vartheta_w - \vartheta_s)\sqrt{\dfrac{\sigma}{g(\varrho_L - \varrho_G)}}} \right]^{1/4} \tag{14.28}$$

mit $\Delta h = \Delta h_v + 0{,}95 c_{vG} (\vartheta_w - \vartheta_s)$. Die Größe α_S ist der Wärmeübergangskoeffizient für Strahlung, (11.39). Den Wärmeübergangskoeffizienten α_c erhält man aus einer der bekannten Gleichungen für den Wärmeübergang bei turbulenter freier Strömung im Dampffilm [z.B. 14.36]. Der Unterkühlungsfaktor

$$\theta = \frac{\vartheta_s - \vartheta_b}{\vartheta_w - \vartheta_s}$$

spielt eine Rolle, wenn die Temperatur ϑ_b im Innern der Flüssigkeit unter der Siedetemperatur liegt. Stoffeigenschaften sind die der Phase an der Heizfläche. Voraussetzung für die Anwendung dieser Gleichungen ist eine ausreichende Flüssigkeitshöhe von mehr als 4,5 cm der Phasen. Die angegebenen Gleichungen gelten nicht, wenn an der Wand Blasensieden herrscht. Wie man dann den Wärmeübergang unmischbarer Flüssigkeiten zu berechnen hat, ist bisher noch nicht ausreichend erforscht.

15 Wärmeübergang beim Sieden von Gemischen in erzwungener Strömung

Beim Sieden von Gemischen in erzwungener Strömung in Rohren oder Kanälen sinkt wie bei den reinen Stoffen die Sättigungstemperatur aufgrund des Druckabfalls längs des Strömungswegs. Außerdem geht die leichter flüchtige Komponente vorzugsweise in den Dampf über, so daß sich die Flüssigkeit an der siedenden Komponente anreichert. In vielen technischen Anwendungen, bei denen der Rohrdurchmesser nicht extrem klein und daher der Druckabfall nicht sehr groß ist, gleicht die Zunahme der Siedetemperatur infolge Anreicherung der schwerer flüchtigen Komponente in der Flüssigkeit die Abnahme infolge des Druckabfalls aus, so daß die Sättigungstemperatur stromabwärts sogar ansteigt. Das treibende Temperaturgefälle und der Wärmeübergangskoeffizient nehmen ab.

Bild 15.1 zeigt den Verlauf der Dampftemperatur ϑ_G im Kern einer im senkrechten Rohr aufwärts gerichteten Ringströmung eines Flüssigkeitsfilms, der durch Wärmezufuhr verdampft. In das Bild ist auch der Verlauf der Phasengrenztemperatur ϑ_I an der dampfseitigen Oberfläche des Flüssigkeitsflms eingezeichnet. Als Gemisch wurde Ethanol/Wasser verdampft. Die Anreicherung mit der schwerer flüchtigen Komponente in der Flüssigkeit verursacht in den meisten Fällen auch eine Zunahme der Viskosität, was ebenfalls zu einer Verringerung des Wärmeübergangs beiträgt.

Wie beim Sieden reiner Stoffe in erzwungener Strömung hat man zwischen Sättigungssieden und Strömungssieden zu unterscheiden.

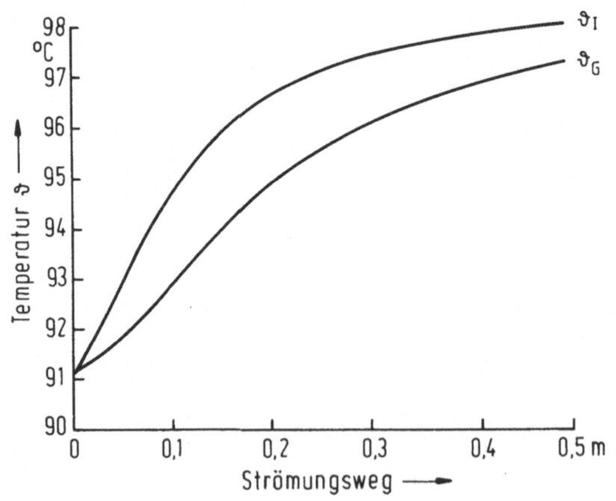

Bild 15.1. Temperatur ϑ_G des Dampfes und ϑ_I an der Phasengrenze eines siedenden Ethanol/Wasser-Gemischs. Aufwärts gerichtete Ringströmung in einem senkrechten Rohr von 37 mm Innendurchmesser, nach Shock [15.1]. Am Eintritt: Massenstrom $\dot{M} = 0,1$ kg/s, Strömungsdampfgehalt $x^* = 0,05$, Molenbruch des Ethanols $x = 0,041$. Wärmestromdichte $q = 2 \cdot 10^6$ W/m²

15.1 Sättigungssieden

Im Bereich des Sättigungssiedens sind die Dampfgehalte noch so klein, daß der Wärmeübergang durch die Bildung der Dampfblasen bestimmt wird. Der Wärmeübergangskoeffizient α_{2Ph} der zweiphasigen Strömung berechnet sich daher wie in Abschn. 13.6 geschildert. Man setzt ihn aus zwei Anteilen zusammen, (13.55):

$$\alpha_{2Ph} = \alpha_B + \alpha_K \,,$$

worin der Wärmeübergangskoeffizient α_B beim Sieden von Gemischen in freier Strömung nach den Gleichungen des Abschn. 14.4 zu berechnen ist, während man den konvektiven Anteil α_K des Wärmeübergangskoeffizienten aus der Beziehung für den einphasigen Wärmeübergang bei turbulenter Rohrströmung ermittelt

$$Nu = \frac{\alpha_K d}{\lambda_L} = 0{,}023 \; Re^{0,7} Pr^{1/3}$$

mit der Reynoldszahl

$$Re = \dot{m}_L d/\eta_L = [\dot{m}(1 - x^*)d/\eta_L]$$

und der Prandtlzahl $Pr = v_L/a_L$ der Flüssigkeit.

15.2 Strömungssieden

Für den Bereich des Strömungssiedens haben Bennett und Chen [15.2] ihre für das Strömungssieden reiner Stoffe gültige Gleichung (13.61),

$$\alpha_{2Ph} = S\alpha_B + F\alpha_K$$

modifiziert. In ihr berücksichtigte der Faktor $S \leq 1$, daß in einer erzwungenen Strömung mehr Wärme konvektiv als in einer freien Strömung durch die Temperaturgrenzschicht übertragen wird und damit bei gleicher Wärmestromdichte weniger Blasen als in freier Strömung entstehen. Der Faktor $F \geq 1$ berücksichtigte die Verstärkung des konvektiven Wärmeübergangs im Vergleich zur einphasigen Strömung, weil der Dampf in zweiphasigen Strömungen eine Schubspannung auf die Flüssigkeit ausübt. In Gemischen sind weitere Modifikationen notwendig. Da die leichter flüchtige Komponente vorzugsweise in die Dampfphase übergeht, reichert sich die wandnahe Flüssigkeit mit der schwerer flüchtigen Komponente an. Infolgedessen ändern sich das Temperaturprofil und somit auch der Faktor S. Es war naheliegend, für Zweistoffgemische den Faktor S um das Temperaturverhältnis $\Delta\tilde{\vartheta}/\Delta\vartheta$, Gl. (14.12) nach Scriven [14.5], zu korrigieren, also anstelle des Terms $S\alpha_B$ den Ausdruck $S\alpha_B\Delta\tilde{\vartheta}/\Delta\vartheta = S^*\alpha_B$ zu setzen, worin $\Delta\tilde{\vartheta}$ die treibende Temperaturdifferenz unter Berücksichtigung des Stoffaustauschs und $\Delta\vartheta$ die Flüssigkeitsüberhitzung ist, die sich einstellen würde, wenn die Diffusion vernachlässigbar wäre. Der Wärmeübergangskoeffizient α_B bei Blasenverdampfung wird also nicht auf die Flüssigkeitsüberhitzung $\Delta\vartheta$ sondern auf die effektive Flüssigkeitsüberhitzung $\Delta\tilde{\vartheta}$ bezogen.

Da sich die treibende Temperaturdifferenz ändert, ist auch der Wärmeübergangskoeffizient α_K oder der Faktor F in der für reine Stoffe gültigen Gleichung zu ändern. Man setzt für den Wärmeübergangskoeffizienten nun α_K^*, und macht für Gemische den Ansatz

$$\alpha_{2Ph} = S^* \alpha_B + F \alpha_K^* . \tag{15.1}$$

mit

$$S^* = S \frac{\Delta \tilde{\vartheta}}{\Delta \vartheta} = \frac{1}{1 + 2{,}53 \cdot 10^{-6} Re_{2\Phi}^{1,17}} \; \frac{1}{1 - (\xi_G - \xi_L) \dfrac{c_{pL}}{\Delta h_v} \left(\dfrac{\partial \vartheta}{\partial \xi_L} \right)_p} . \tag{15.2}$$

Der Faktor S für reine Stoffe ist hierin durch (13.63) gegeben, der Quotient $\Delta \tilde{\vartheta}/\Delta \vartheta$ durch (14.12). Wie in Zusammenhang mit (13.63) schon dargelegt wurde, ist

$$Re_{2\Phi} = Re F^{1,25} = \frac{\dot{m}(1 - x^*) d}{\eta_L} F^{1,25} ,$$

wobei $F(X_{tt})$ entweder aus Bild 13.21 zu entnehmen oder aus (13.65a) zu berechnen ist. Die Größe α_B ist der Wärmeübergangskoeffizient bei Blasenverdampfung ohne Berücksichtigung des Stoffaustauschs. Er würde sich ergeben, wenn man ein homogenes Flüssigkeitsgemisch zum Sieden brächte und der erzeugte Dampf im Gleichgewicht mit der Flüssigkeit stünde. Bennett und Chen [15.2] haben den Wärmeübergangskoeffizienten α_B in Anlehnung an ihre Arbeiten über das Strömungssieden reiner Stoffe aus (13.62) von Forster und Zuber [13.23], berechnet. Wie jedoch schon in Abschn. 13.7 erörtert, stammt diese Gleichung aus dem Jahre 1955 und gibt neuere Messungen nur unbefriedigend wieder. Es erscheint daher auch für die Gemische zweckmäßiger, den Wärmeübergangskoeffizienten α_B nach einer der Gebrauchsformeln des Abschn. 11.4, beispielsweise (11.9), unter Verwendung der Stoffwerte des Gemischs zu berechnen.

Um den Wärmeübergangskoeffizienten α_K^* in (15.1) zu berechnen, hat man zu beachten, daß sich die treibende Temperaturdifferenz für den Konvektionsanteil des Wärmeübergangs im Vergleich zu den reinen Stoffen verringert. Nach Bennett und Chen [15.2] erhält man den Wärmeübergangskoeffizienten α_K^* unter der Annahme, daß der Stoffaustausch nur die treibende Temperaturdifferenz, nicht aber den Wärmeübergangskoeffizienten durch Konvektion beeinflußt. Dann gilt für den konvektiven Wärmeübergang im Einstoffsystem

$$q_{K,1Ph} = \alpha_K (\vartheta_w - \vartheta_B) ,$$

wenn ϑ_w die Wand- und ϑ_B die mittlere Fluidtemperatur (adiabate Mischtemperatur) sind. In einem Zweistoffgemisch gilt entsprechend

$$q_{K,2Ph} = \alpha_K (\vartheta_w - \vartheta_I) ,$$

worin in der treibenden Temperaturdifferenz $\vartheta_w - \vartheta_I$ für die Temperatur ϑ_I die Gleichgewichtstemperatur an der Phasengrenze zwischen dem Dampfkern und der wandnahen Flüssigkeit eingesetzt wird. Definiert man einen Wärmeübergangs-koeffizienten α_K^* im Gemisch mit Hilfe der Temperaturdifferenz $\vartheta_w - \vartheta_B$, so ist

$$q_{K,2Ph} = \alpha_K^* (\vartheta_w - \vartheta_B)$$

oder

$$\alpha_K^* = \alpha_K \frac{\vartheta_w - \vartheta_I}{\vartheta_w - \vartheta_B} . \tag{15.3}$$

Die Temperatur ϑ_I ist von der Zusammensetzung an der Phasengrenze abhängig. Die Massenbilanz für die leichter flüchtige Komponente in der Flüssigkeit lautet

$$j_{L,I} = \varrho_L \beta_L (\xi_{L,I} - \xi_{L,B}) ,$$

worin $j_{L,I}$ die Massenstromdichte (SI-Einheit kg/m^{2}s) an der Phasengrenze bedeutet. Durch diese Beziehung wird der Stoffaustauschkoeffizient β_L definiert. Die Energiebilanz wird unter der einschränkenden Annahme aufgestellt, alle zugeführte Wärme diene zur Dampfbildung. Dann entfällt auf die leichter flüchtige Komponente der Anteil $q\xi_{G,B}$ der abgegebenen Wärmestromdichte und auf die schwerer flüchtige der Anteil $q(1 - \xi_{G,B})$. Die Energiebilanz für die leichter flüchtige Komponente liefert somit

$$q\xi_{G,B} = j_{L,I}\Delta h_v , \tag{15.4}$$

wenn Δh_v die Verdampfungsenthalpie der leichter flüchtigen Komponente ist. Aus beiden Beziehungen ergibt sich

$$\xi_{L,I} - \xi_{L,B} = \frac{q}{\Delta h_v \varrho_L \beta_L} \xi_{G,I} . \tag{15.5}$$

Wenn wir andererseits den Anstieg der Siedelinie im Bereich zwischen $\xi_{L,I}$ und $\xi_{L,B}$ linearisieren, ist

$$\left(\frac{\partial \vartheta}{\partial \xi_L} \right)_p = \frac{\vartheta_I - \vartheta_B}{\xi_{L,I} - \xi_{L,B}} .$$

Dafür kann man auch schreiben

$$\frac{\vartheta_w - \vartheta_I}{\vartheta_w - \vartheta_B} = 1 - \frac{\xi_{L,I} - \xi_{L,B}}{\vartheta_w - \vartheta_B} \left(\frac{\partial \vartheta}{\partial \xi_L} \right)_p . \tag{15.6}$$

Eliminiert man noch die Differenz $\xi_{L,I} - \xi_{L,B}$ mit Hilfe von (15.5), so folgt

$$\frac{\vartheta_w - \vartheta_I}{\vartheta_w - \vartheta_B} = 1 - \frac{q}{\Delta h_v \varrho_L \beta_L} \left(\frac{\partial \vartheta}{\partial \xi_L} \right)_p \frac{\xi_{G,I}}{\vartheta_w - \vartheta_B} . \tag{15.7}$$

Den hier vorkommenden Stoffaustauschkoeffizienten β_L in der flüssigen Phase erhält man aus der Beziehung für den Stoffaustausch der turbulenten Strömung, in die man nach Bennett und Chen [15.2] die Reynoldszahl $Re_{2\Phi}$ der zweiphasigen Strömung einzusetzen hat. Die Sherwoodzahl ist dann gegeben durch

$$Sh = \frac{\beta_L d}{D} = 0{,}023 \, Re_{2\Phi}^{0,8} Sc^{0,4} . \tag{15.8}$$

mit

$$Re_{2\Phi} = ReF^{1,25} = \frac{\dot{m}(1-x^*)d}{\eta_L}F^{1,25}.$$

Bei der Anwendung des Verfahrens von Bennett und Chen ist jedoch einige Vorsicht geboten, da bisher nur wenige Experimente zur Überprüfung der Annahmen und damit der Genauigkeit des Verfahrens bekannt sind. Bennett und Chen standen nur Messungen an wässrigen Lösungen von Ethylenglykol zur Verfügung. Diese ließen sich durch das Rechenverfahren mit einem mittleren Fehler von $\pm 14,9\,\%$ wiedergeben. Am weitestgehenden unter den vielen Annahmen ist sicher die, daß alle zugeführte Wärme im Gemisch zur Dampfbildung dienen soll. Tatsächlich wird aber ein nicht vernachlässigbarer Anteil der zugeführten Wärme benötigt, um die Flüssigkeit und den Dampf auf die mit dem Strömungsweg ständig zunehmende Siedetemperatur zu erwärmen.

Diesen Anteil kann man näherungsweise nach einem Vorschlag von Butterworth [15.3] berechnen, indem man berücksichtigt, daß der zugeführte Wärmestrom eine Enthalpiezunahme bewirkt

$$d\Phi = \dot{M}dh$$

und daß ein Teil dieses Wärmestroms

$$d\Phi_G = \dot{M}_G c_{pG} d\vartheta_G$$

dem Dampf zugeführt wird und dessen Enthalpie erhöht. Damit ist

$$\frac{d\Phi_G}{d\Phi} = \frac{\dot{M}_G c_{pG} d\vartheta_G}{\dot{M}dh} = x^* c_{pG}\frac{d\vartheta_G}{dh}$$

und somit

$$d\Phi_G = x^* c_{pG}\frac{d\vartheta_G}{dh}d\Phi = \alpha_G(\vartheta_I - \vartheta_B)\,,$$

worin α_G der gasseitige Wärmeübergangskoeffizient ist. Es ist daher

$$\vartheta_I - \vartheta_B = \frac{1}{\alpha_G}x^* c_{pG}\frac{d\vartheta_G}{dh}q\,.$$

Andererseits ist die treibende Temperaturdifferenz für den Wärmeübergang der zweiphasigen Strömung

$$\vartheta_w - \vartheta_I = q/\alpha_{2Ph}\,.$$

Addition dieser beiden Gleichungen ergibt

$$\vartheta_w - \vartheta_B = q\left(\frac{1}{\alpha_{2Ph}} + \frac{1}{\alpha_G}x^* c_{pG}\frac{d\vartheta_G}{dh}\right)\,.$$

Definiert man nun einen effektiven Wärmeübergangskoeffizienten $(\alpha_{2Ph})_{eff}$ der zweiphasigen Strömung durch $(\alpha_{2Ph})_{eff} = q/(\vartheta_w - \vartheta_B)$, so ist dieser gegeben durch

$$\frac{1}{(\alpha_{2Ph})_{eff}} = \frac{1}{\alpha_{2Ph}} + \frac{1}{\alpha_G}x^* c_{pG}\frac{d\vartheta_G}{dh}\,. \tag{15.9}$$

15.3 Die praktische Berechnung des Wärmeübergangskoeffizienten beim Strömungssieden

Um den Wärmeübergangskoeffizienten α_{2Ph} nach (15.1) beim Strömungssieden von Gemischen und anschließend den effektiven Wärmeübergangskoeffizienten $(\alpha_{2Ph})_{eff}$ nach (15.9) zu berechnen, geht man zweckmäßig nach folgendem *Schema* vor

— Man berechnet zuerst den Martinelli-Parameter mit den Stoffwerten des Gemischs

$$X_{tt} = \left(\frac{\varrho_G}{\varrho_L} \right)^{0,5} \left(\frac{\eta_L}{\eta_G} \right)^{0,1} \left(\frac{1-x^*}{x^*} \right)^{0,9}.$$

— Mit Hilfe von X_{tt} erhält man den Faktor F aus Bild 13.21 oder (13.65a) und damit auch

$$Re_{2\Phi} = ReF^{1,25} = \frac{\dot{m}(1-x^*)d}{\eta_L} F^{1,25}.$$

— Mit der Reynoldszahl $Re_{2\Phi}$ findet man den Faktor S aus Bild 13.20 oder (13.63a).

— Aus (15.2) ergibt sich damit der Faktor S^*.

— Den Wärmeübergangskoeffizienten α_B berechnet man aus einer der in Abschn. 11.4 mitgeteilten Gebrauchsformeln, beispielsweise aus (11.9), in die man als Stoffwerte die des Gemischs einzusetzen hat.

— Den Wärmeübergangskoeffizienten α_K^* erhält man wegen (15.3) aus dem Wert α_K und dem Temperaturverhältnis $(\vartheta_w - \vartheta_l)/(\vartheta_w - \vartheta_B)$. Man berechnet α_K aus (13.64) für den konvektiven Wärmeübergang bei turbulenter Rohrströmung. Das Temperaturverhältnis folgt aus (15.7), nachdem der Stoffaustauschkoeffizient aus (15.8) ermittelt wurde.

— Nachdem so α_{2Ph} berechnet wurde, ist noch der effektive Wärmeübergangskoeffizient zu ermitteln. Man erhält ihn aus (15.9), indem man zuerst den gasseitigen Wärmeübergangskoeffizienten aus (13.64) für den Wärmeübergang bei turbulenter Rohrströmung berechnet. Als Stoffwerte sind die des Gases einzusetzen. Die Reynoldszahl des Gases ist $Re_G = \dot{m}x^*d/\eta_G$. Um den Ausdruck $x^*d\vartheta_G/dh$ zu bilden, wird man ähnlich wie bei der Kondensation von Dampfgemischen, Abschn. 6.4, voraussetzen, daß in jedem Querschnitt thermodynamisches Gleichgewicht zwischen Dampf und Flüssigkeit herrscht und dann $h(\vartheta_G)$, $x^*(\vartheta_G)$ und damit auch $x^*d\vartheta_G/dh$ bilden.

Eine einfachere, empirische Gleichung haben Varma und Sharma [15.4] vorgeschlagen. Sie stützt sich auf Messungen an dem Kältemittelgemisch aus R12 und R22 (Siedepunkte bei 1 bar von R12: $\vartheta_s = -30\,°C$, von R22: $\vartheta_s = -41\,°C$) bei erzwungener Strömung in einem waagerechten Rohr. Die Massenstromdichte lag zwischen 120 und 300 kg/m²s, die zugeführte Wärmestromdichte zwischen 3250 und 15 200 W/m². Die Messungen ließen sich durch folgende empirische Gleichung beschreiben

$$\frac{\alpha_{2Ph}}{\alpha_K} = 8{,}275 X_{tt}^{-0,253} \left(\frac{q}{\dot{m}\Delta h_v}\right)^{0,120} (1-|y-x|)^{-0,9} \tag{15.10}$$

mit dem oben angegebenen Martinelli-Parameter X_{tt} und der gesamten Massenstromdichte $\dot{m}$. Der Wärmeübergangskoeffizient α_K ist durch (13.64) für den Wärmeübergang bei turbulenter Rohrströmung gegeben, wobei die Stoffwerte des Gemischs einzusetzen sind. Die mittlere Abweichung von den Versuchsergebnissen betrug rund $\pm 30\%$, wenn der Massenbruch des R22 gering war, und rund $\pm 15\%$ bei höheren Massenanteilen des R22.

16 Verbesserung des Wärmeübergangs beim Sieden

16.1 Allgemeines

Wärmeübergangskoeffizienten von siedendem Wasser in freier Strömung liegen in ausgeführten Anlagen zwischen $2 \cdot 10^3$ W/m²K und sind selten größer als $5 \cdot 10^4$ W/m²K, während die von Ammoniak, Alkoholen, Paraffinen und anderen organischen Stoffen selten Werte über 1500 W/m²K erreichen. In überfluteten Kältemittelverdampfern, die zur Vermeidung zu großer Temperaturdifferenzen meistens im Übergangsbereich zwischen einphasiger freier Strömung und Blasensieden betrieben werden, liegen Wärmeübergangskoeffizienten sogar nur zwischen 500 und 800 W/m²K. Dagegen können die Wärmeübergangskoeffizienten auf der Heizmittelseite, insbesondere wenn dort Wärme durch Kondensation eines Heizdampfes oder auch konvektiv von Wasser zugeführt wird, bedeutend größer sein, so daß sich der entscheidende Wärmewiderstand auf der Dampfseite befindet und man nach Maßnahmen suchen sollte, wie man diesen Wärmewiderstand verringern kann.

Schon seit langem ist bekannt, daß man bei Verdampfung den Wärmeübergang in vielfältiger Weise verbessern kann. Jakob und Fritz [16.1] wiesen als erste nach, daß der Wärmeübergang bei Sieden von Wasser an rauhen Heizflächen besser ist als an glatten Heizflächen. Wie sie fanden, Bild 16.1, läßt sich der Wärmeübergang an siedendes Wasser bis um den Faktor 1,3 verbessern, wenn man die Heizfläche sandstrahlt, und sogar bis um den Faktor 5, wenn man sie mit einem Rauhigkeitsraster versieht. Seither ist im Schrifttum mehrfach darauf hingewiesen worden, daß man den Wärmeübergang beim Verdampfen durch Verwenden aufgerauhter oder gerändelter Heizflächen verbessern kann. Man hat dabei jedoch zu beachten, daß

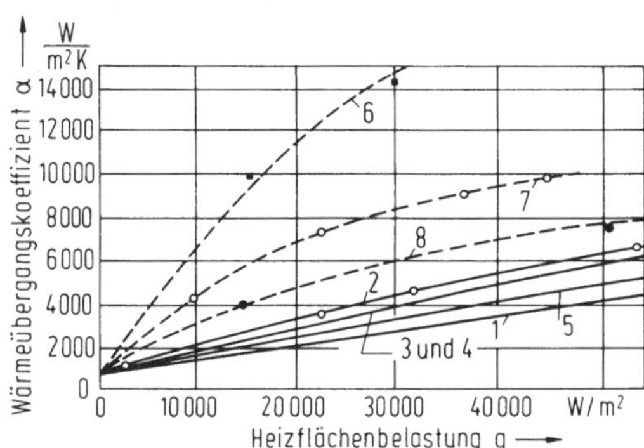

Bild 16.1. Wärmeübergang von rauhen Heizflächen an siedendes Wasser, nach [16.1]. *1* Glattrohr; *2—5* mit Sandstrahl gerauhte Heizflächen; *6—8* mit Rauhigkeitsraster versehene Heizflächen

aufgerauhte Heizflächen leichter zur Verschmutzung neigen als glatte. Als erfolg-
reich erwies es sich auch, mit Hilfe einer speziellen Formgebung der Heizfläche den
Wärmeübergang zu verbessern. Folgende Maßnahmen kommen zur Verbesserung
des Wärmeübergangs bei Verdampfung in Betracht:

— Aufrauhen der Heizfläche
— Strukturieren oder Beschichten der Oberfläche,
— Erzeugung künstlicher Keimstellen durch Sintern und
— spezielle Formgebung der Heizfläche,
— Zusatz von Gasen oder Flüssigkeiten,
— Zusatz von Feststoffen.

Welche Verbesserung man durch diese Maßnahmen erreichen kann, wird im
folgenden erörtert.

16.2 Aufrauhen von Heizflächen

Messungen an Heizflächen, die durch Walzen, Drehen, Schmirgeln oder Feilen
aufgerauht waren, zeigten, daß man den Wärmeübergangskoeffizienten bei
Verdampfung in guter Näherung durch die Glättungstiefe R_p beschreiben kann. Sie
ist in DIN 4762 definiert und ein Maß für die mittlere Rauhigkeit einer Heizfläche.
Bei Drücken in der Nähe des Umgebungsdrucks ist der Wärmeübergangskoeffizient proportional $R_p^{0,133}$. Dieser von Stephan [11.14] gefundene Zusammenhang
wurde später von anderen Autoren [16.2 – 16.4] bestätigt. Er gilt jedoch in dieser
Form nur, wenn die Rauhigkeiten, wie bei den meisten technischen Oberflächen,
nach einer Gaußschen Fehlerfunktion verteilt sind, und versagt beispielsweise bei
geätzten Heizflächen, weil dann die Heizfläche vor allem an den Korngrenzen der
Oberflächenkristalle aufgerauht wird und man so ein mehr oder weniger regelmäßi-
ges Oberflächenmuster erhält.

Nach Untersuchungen von Fedders [16.2] nimmt der Rauhigkeitseinfluß mit
zunehmender Wärmestromdichte etwas ab, so daß beispielsweise der Wärmeübergangskoeffizient von Wasser vom Druck 19,6 bar, das bei einer Wärmestromdichte
von 10^6 W/m^2 zum Sieden gebracht wird, proportional $R_p^{0,1}$ ist. Wegen des kleinen
Exponenten der Glättungstiefe ist die Verbesserung des Wärmeübergangs durch
Aufrauhen verhältnismäßig gering. Technische Oberflächen haben eine Glättungstiefe von rund 1 μm. Würde man die Glättungstiefe durch Aufrauhen bis zu 10 μm
erhöhen, was durchaus noch möglich ist, so würde der Wärmeübergangskoeffizient
nur um etwa das 1,36fach steigen. Messungen von Berenson [16.5], wonach sich
durch Aufrauhen der Wärmeübergangskoeffizient bis um den Faktor 6 steigern
ließ, scheinen übertrieben zu sein und hielten einer genaueren Nachprüfung durch
Fedders [16.2] nicht stand.

16.3 Strukturieren oder Beschichten von Oberflächen

Unter strukturierten Oberflächen seien solche verstanden, die mit Hilfe eines
Bearbeitungsverfahrens eine bestimmte Oberflächenstruktur erhalten haben. Als
Fertigungsverfahren kommen in Betracht: Drehen oder Hobeln, Kreuzhobeln,

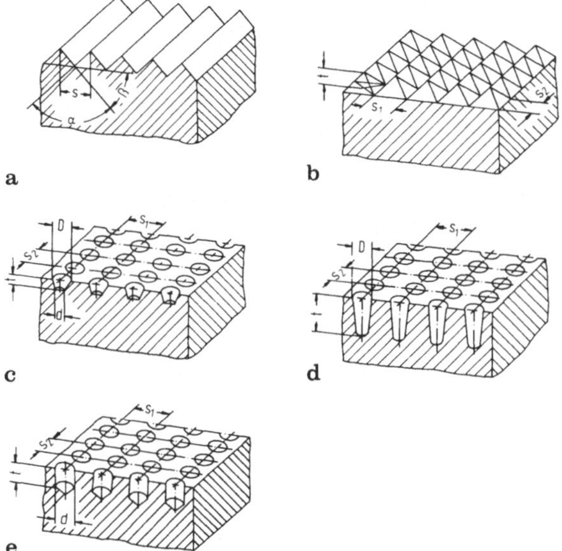

Bild 16.2. Strukturierte Oberflächen zur Verbesserung des Wärmeübergangs beim Sieden. **a** geordnete Rillen; **b** geordnete pyramidenförmige Kuppen; **c** geordnete kegelstumpfförmige Mulden; **d** geordnete Poren; **e** geordnete Grundlochbohrungen

Keimstellenherstellung durch Feinhobeln, chemisches Fräsen oder Fotoätzen, Laser- oder Elektronenstrahlbohren.

Durch Fotoätzen wird die Oberfläche mit einer fotoaktiven Schicht überzogen, die als offene Flächen bereits die Verteilung und Form der noch herzustellenden Keime enthält. Nach dem Entwickeln ist die fotoaktive Schicht gegenüber Ätzflüssigkeiten resistent, während die Fläche der Keimstellen durch ein Ätzmittel abgetragen werden kann. Nach diesem, zuerst von Schimmelpfennig [16.6] zur Erzeugung strukturierter Verdampferheizflächen vorgeschlagenen Verfahren, erhält man kegelstumpfförmige Vertiefungen von 0,1 mm Tiefe und 0,01 bis 0,15 mm Durchmesser der Grundfläche. Noch kleinere Keimstellen von rund 0,1 mm Tiefe und 0,05 mm Lochdurchmesser lassen sich durch Elektronenstrahlbohren herstellen. Die Keimstellendichte liegt bei $10^4\,\mathrm{cm}^{-2}$. Bild 16.2 zeigt einige strukturierte Oberflächen.

Nimmt man an, daß ähnlich wie bei Rippenrohren der Wärmeübergang mindestens proportional mit der Flächenvergrößerung anwächst, so würde eine Verdoppelung der äußeren Oberfläche mindestens zu einer Verdoppelung des Wärmeübergangskoeffizienten bei gleicher Temperaturdifferenz führen. Wollte man beispielsweise die Oberfläche eines Rohrs durch die in Bild 16.2b gezeigten Pyramiden um den Faktor zwei vergrößern, so könnte man dies dadurch erreichen, daß man die Pyramiden 0,15 mm hoch und ihre Grundseiten 0,2 mm lang macht. Ein Rohr mit so geringen Erhöhungen könnte während des Ziehens bei der Herstellung vermutlich ohne erhebliche Mehrkosten gleichzeitig profiliert werden.

Leider fehlen bisher zuverlässige Messungen über die erreichbaren Verbesserungen des Wärmeübergangs.

Die wenigen bekannt gewordenen Versuche zeigen, daß man die Rauhigkeit und somit den Wärmeübergang beim Sieden durch Ätzen der Heizfläche verbessern kann. Diese wird dann jedoch anfälliger für Korrosion und andere Schäden. Nach Versuchen von Nix et al. [16.7] hängt die Gestalt der erzeugten Oberfläche stark von der Ätzdauer ab. Nach kurzer Ätzdauer entstand ein rauhes Oberflächengebirge, dessen Spitzen nach längerer Einwirkung von Säure wieder abgetragen wurden, während die mittlere Rauhigkeit weiterhin zunahm. Die Messungen ergaben einen deutlichen Zusammenhang zwischen der durch Ätzen hergestellten Rauhigkeit und dem Wärmeübergangskoeffizienten beim Sieden.

Durch Ätzen von Heizflächen können auch feine, durch winzige Kanäle miteinander verbundene Poren entstehen. Die Möglichkeit, solche Poren durch Ätzen herzustellen, haben Almgren und Smith [16.8] zur Verbesserung des Wärmeübergangs beim Sieden genutzt. Durch Erhitzen einer Kupferheizfläche und anschließende Einwirkung von Salzsäure entstand eine rauhe Oberfläche mit zahlreichen Poren. An siedendes Wasser ergaben sich Erhöhungen des Wärmeübergangskoeffizienten um rund 30 %. Ob sich durch andere Prozeduren bessere Ergebnisse erzielen lassen, ist bisher nicht systematisch untersucht worden.

Auch durch Aufspritzen dünner Teflonschichten von 0,01 mm Dicke scheint eine Verdoppelung des Wärmeübergangs möglich zu sein [16.7 – 16.10]. Ursache dafür ist die geringe Benetzungsfähigkeit von Teflon durch die Flüssigkeit, was die Bildung von Dampfblasen erleichtert. Gleichzeitig scheint sich das Teflon so gut mit der ursprünglichen Oberfläche zu verbinden, daß viele winzige Kanäle entstehen, welche die Blasenbildung weiter begünstigen.

Nach einem Vorschlag von Huelle [16.11] läßt sich der Wärmeübergang innen durchströmter Verdampferrohre durch Einlage eines netzförmigen Gewebes an der Rohrwand um den Faktor 1,5 bis 1,8 erhöhen. Die Netzeinlage führt allerdings auch zu einem um den Faktor 1,5 bis 3,5 höheren Druckabfall. Sie bewirkt vermutlich weniger eine Intensivierung der Dampfblasenbildung als ein Aufreißen der wandnahen Flüssigkeitsgrenzschicht und damit eine Erhöhung des Wärmeübergangs.

16.4 Erzeugung künstlicher Keimstellen durch Sintern

Weitaus größere Erhöhungen des Wärmeübergangs hat man durch Einsatz von Heizflächen mit einer aufgespritzten, porösen Oberflächenschicht erreicht. Der Durchmesser der aufgespritzten Feststoffpartikel lag zwischen 0,1 und 0,5 mm, so daß ausreichend viele, aber nicht zu winzige Hohlräume an der Oberfläche entstanden. Die Schichtdicke betrug etwa 1 mm. Durch das in der Patentliteratur [16.12] beschriebene Herstellungsverfahren war die Oberfläche außerordentlich rauh und von einem Gewirr feiner Kapillaren bedeckt. Infolge der Kapillarwirkung füllen sich diese mit Flüssigkeit. Die große Rauhigkeit begünstigt gleichzeitig die Blasenbildung. Dampfblasen können sich rascher bilden, besitzen also eine höhere

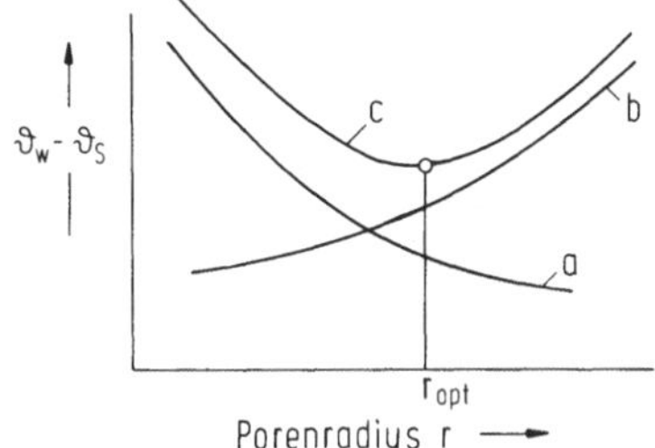

Bild 16.3. Günstigster Porenradius für den Wärmeübergang beim Sieden an gesinterten Heizflächen

Frequenz und sind kleiner als an glatten Oberflächen. Schließlich wird auch eine Rolle spielen, daß die Blasen in den engen Kapillaren durch Wärmeübergang auf einen ausreichenden Überdruck gebracht werden müssen, damit sie die Kapillarkräfte überwinden und die Sinterschicht verlassen können. Nach Verlassen dieser Schicht entspannen sie rasch unter starker Flüssigkeitsverdrängung, was zu einer weiteren Verbesserung des Wärmeübergangs führt.

Die Erhöhung des Wärmeübergangs hängt von der siedenden Flüssigkeit und dem Porenradius der Sinterschicht ab. Dieser wird durch einen äquivalenten Porenradius charakterisiert. Man mißt ihn, indem man die poröse Fläche an einem Ende in eine Flüssigkeit eintaucht und die Steighöhe z der Flüssigkeit in der porösen Schicht mißt. Der äquivalente Porenradius r_0 ergibt sich dann aus der „Steighöhenformel"

$$r_0 = \frac{2\sigma}{\varrho_L z g} , \qquad (16.1)$$

wenn σ die Oberflächenspannung, ϱ_L die Dichte der Flüssigkeit und g die Fallbeschleunigung sind.

Der im Hinblick auf den Wärmeübergang günstigste äquivalente Porenradius lag beim Sieden von Wasser von 1 bar zwischen 0,0381 und 0,127 mm [16.12]. Unter dem günstigsten äquivalenten Porenradius versteht man dabei denjenigen äquivalenten Porenradius, der zur Übertragung einer bestimmten Wärmestromdichte die kleinste Überhitzung $\vartheta_w - \vartheta_s$ erfordert; für ihn ist der Wärmeübergangskoeffizient ein Maximum.

Bisherige Messungen lassen den Schluß zu, daß es einen solchen günstigsten Porenradius gibt, denn mit zunehmender Überhitzung tragen auch kleinere Poren zur Blasenbildung bei, Kurve a in Bild 16.3. Andererseits füllen sich mit zunehmender Überhitzung die Poren stärker mit Dampf, der wegen seiner geringen Wärmeleitung den Wärmeübergang behindert. Man braucht daher mehr große Poren, damit der gebildete Dampf bei zunehmender Überhitzung aufsteigen kann, Kurve b in Bild 16.3. Überlagerung der Kurven a und b ergibt die Kurve c in Bild 16.3, die zeigt, daß die erforderliche Überhitzung bei einem bestimmten Porenradius ein relatives Minimum hat.

Da die zu einer bestimmten Überhitzung gehörende Größe r einer lebensfähigen Blase nach (10.12) näherungsweise gegeben ist durch

$$r = \frac{2\sigma}{\varrho'' \Delta h_v} \frac{T_s}{\Delta\vartheta} ,$$

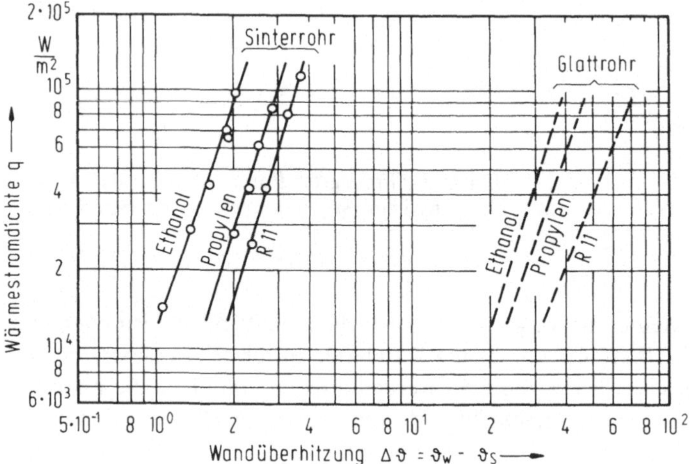

Bild 16.4. Wärmeübergang beim Sieden (Wandüberhitzung $\Delta\vartheta = \vartheta_w - \vartheta_s$) an Rohren mit gesinterter Oberfläche und an Glattrohren, nach [16.14]

die als maßgebliche Stoffwerte den Parameter $2\sigma/\varrho''\Delta h_v$ (SI-Einheit m) enthält, ist in der erwähnten Offenlegungsschrift [16.12] empfohlen worden, für Stoffe mit gleichen Werten dieses Parameters auch die gleiche Körnung des Sintermaterials zu verwenden. Beim derzeitigen Stand des Wissens kann man jedoch kaum mehr sagen, als daß es für jede Flüssigkeit und auch Wärmestromdichte eine günstigste Körnung gibt, deren Wert man zweckmäßigerweise durch einige gezielte Experimente sucht.

Die Verbesserung des Wärmeübergangs, die man mit gesinterten Oberflächen in einigen Fällen erreicht, sind bemerkenswert. Nach Bild 16.4 ergibt sich beispielsweise beim Sieden des Kältemittels R11 an einem Glattrohr bei einer Wärmestromdichte von 31 540 W/m² ein Wärmeübergangskoeffizient von 2270 W/m²K. An einem gesinterten Rohr wurde bei gleicher Wärmestromdichte ein 16mal größerer Wärmeübergangskoeffizient von 38 000 W/m²K erreicht. Einen so hohen Wärmeübergangskoeffizienten kann man nur dann nutzen, wenn man auch auf der Heizmittelseite den Wärmeübergang verbessert.

Für den praktischen Betrieb hat man zu beachten, daß die Blasenbildung an gesinterten Rohren erst einsetzt, nachdem eine ausreichende Wandüberhitzung überschritten wird. Damit der Dampf aus den engen Poren ausgetrieben wird und die Blasenbildung in Gang kommt, bedarf es meistens einer höheren anfänglichen Überhitzung als an Glattrohren mit normaler technisch rauher Oberfläche. Dieser Hystereseeffekt beim Übergang vom stillen Sieden zum Blasensieden kann beträchtlich sein. Erst wenn die Blasenbildung einmal in Gang gekommen ist, ist die Wandüberhitzung zur Übertragung einer bestimmten Wärmestromdichte kleiner als an Glattrohren.

16.5 Rohre mit gekerbter Oberfläche, Rohre mit T-förmigen Rippen

Nach einem Verfahren von Union Carbide [16.15] wird eine Rohrwand durch spanloses Kerben mit Nuten versehen, so daß sich bei Bildung einer Nut die zuvor hergestellte in unregelmäßiger Weise verengt. Es entsteht eine Rohroberfläche entsprechend Bild 16.5. Der Abstand der Nuten beträgt 0,1 bis 0,9 mm, ihre Tiefe etwa 0,2 bis 0,6 mm. Die Flüssigkeit verdampft nur in den Vertiefungen. Der bessere Wärmeübergang dürfte hauptsächlich dadurch zustande kommen, daß der im Innern der Vertiefung erzeugte Dampf durch Wärmezufuhr einen Druckanstieg erfährt, dann durch die Öffnungen in die Flüssigkeit gepreßt wird, wodurch sehr hohe Strömungsgeschwindigkeiten mit gutem Wärmeübergang entstehen. Seitlich kann aus der umlaufenden Nut genügend Flüssigkeit für eine neue Dampferzeugung nachströmen, so daß die sonst beträchtliche Wartezeit für die Blasenbildung weitgehend entfällt. Günstigste Nutabstände sind wie bei den Rohren mit aufgesinterter Oberfläche von der Oberflächenspannung des verwendeten Fluids abhängig. Flüssigkeiten mit größerer Oberflächenspannung erfordern einen größeren Nutabstand als solche mit kleinerer Oberflächenspannung. Es liegen jedoch noch keine systematischen Versuche vor, aus denen erkennbar wäre, welcher günstigste Nutabstand einer bestimmten Flüssigkeit bei vorgegebener Wärmestromdichte zuzuordnen ist. Bisher erzielte Verbesserungen des Wärmeübergangs sind beachtlich. Sie betrugen je nach Art der verwendeten Oberfläche für siedendes Wasser bei einer Wärmestromdichte von $31\,400\ \text{W/m}^2$ das 2,6- bis 8-fache des Wärmeübergangskoeffizienten einer glatten Heizfläche. Die Verbesserung des Wärmedurchgangs ist natürlich geringer, wird aber immer noch beachtlich sein. Für Kältemittel lassen sich wegen fehlender Versuchsergebnisse bisher keine Angaben über erzielte Verbesserungen machen.

Rohre mit T-förmigen Rippen werden dadurch hergestellt, daß man die Spitze einer Rippe einschneidet und nach beiden Seiten umklappt, Bild 16.6. Es entsteht so um das Rohr ein spiralförmiger Kanal, der durch einen engen Schlitz mit der Umgebung verbunden ist. Wärmeübergangskoeffizienten sind rund 1,2- bis 1,4mal so groß wie an dem ursprünglichen Rohr mit geraden Rippen [16.16] und weitgehend unabhängig von der Lage eines Rohrs im waagerechten Bündel eines überfluteten Verdampfers. Die in dem engen, spiralförmigen Kanal gebildeten Dampfblasen können den Kanal erst an dessen Oberseite verlassen, berühren daher die Rohroberfläche über eine längere Kontaktstrecke l als die Blasen eines Rohrs mit geraden Rippen, Bild 16.7. Auf ihrem Weg zur Oberseite des Kanals reißen sie

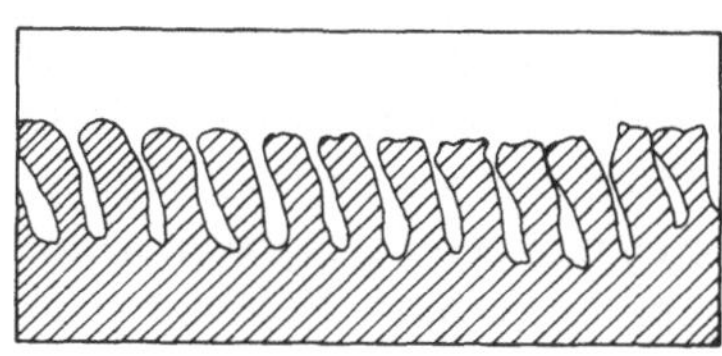

Bild 16.5. Gekerbte Oberfläche

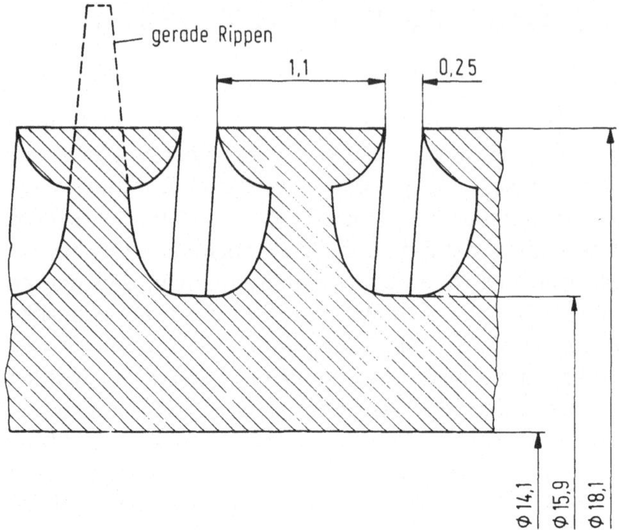

Bild 16.6. Rohr mit T-förmigen Rippen (GEWA-T-Rohr, Hersteller Wieland-Werke, Ulm). Rohr mit geraden Rippen: Oberfläche $A = 0,159\,\mathrm{m^2/m}$, Glattrohroberfläche $0,050\,\mathrm{m^2/m}$, Flächenverhältnis $\varphi = 3,18$

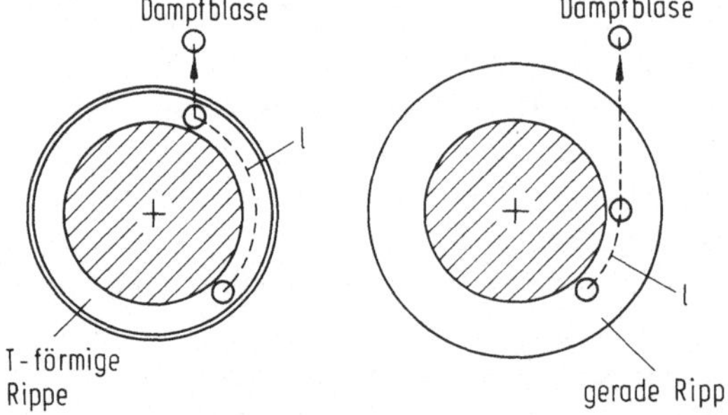

Bild 16.7. Weg l einer Dampfblase

andere Blasen mit. Der konvektive Anteil des Wärmeübergangs in den Kanälen wird größer als an Rohren mit geraden Rippen, ebenso die Blasenfrequenz und damit auch der Wärmeübergangskoeffizient.

16.6 Zusatz von Gasen oder Flüssigkeiten

Durch Zusatz nicht kondensierbarer Gase erhöht sich im allgemeinen der Wärmeübergang beim Sieden. In Kältemitteln gelöste Luft beispielsweise kann zu einem vorübergehend besseren Wärmeübergang führen, der jedoch im Laufe der Zeit wieder abnimmt, weil sich die Luft an den kälteren und tiefer gelegenen Stellen des Verdampfers vorzugsweise sammelt. Um reproduzierbare Ergebnisse zu erhalten, achtet man daher im allgemeinen darauf, daß die verwendeten Flüssigkeiten entgast sind, da sonst der Wärmeübergang zeitlich meistens nicht konstant, sondern mit Laständerungen in schwer kontrollierbarer Weise veränderlich ist. Anwesende Luft kann wegen des Sauerstoffanteils zu Korrosion der Heizfläche führen. Systematische Versuche über den Einfluß von Inertgas auf den Wärmeübergang bei Verdampfung fehlen bisher weitgehend.

Zweckmäßiger als die Verwendung von Inertgas ist eine Verbesserung des Wärmeübergangs durch Einspeisen eines Teils des erzeugten Dampfs. Da dieser praktisch die gleiche Temperatur wie die Flüssigkeit besitzt, findet zwar kein Wärmeaustausch statt, die Strömung im Verdampfer wird jedoch merklich beeinflußt und, falls man den Dampf blasenförmig zuführt, wird die Keimbildung verstärkt und damit der Wärmeübergang erhöht. Für die Dampfrückführung sind jedoch Pumpen und Regeleinrichtungen erforderlich, deren Kosten man gegen den Gewinn durch Flächeneinsparung abzuwägen hat.

Durch Zusatz oberflächenaktiver Stoffe lassen sich beträchtliche Verbesserungen des Wärmeübergangs beim Sieden erreichen, weil diese die zur Blasenbildung erforderliche Energie herabsetzen. So hat Kirschbaum [16.17] durch Zusatz von 1 Gewichtsprozent eines Netzmittels (Erkantol BDX) zu Wasser eine Verbesserung des Wärmeübergangs in durchströmten Verdampferrohren um mehr als den Faktor 2,5 gemessen. Schon mehr als ein Jahrzehnt zuvor hatten bereits Brooks und Badger [16.18] auf den starken Einfluß der Oberflächenspannung auf den Wärmeübergang bei Verdampfung hingewiesen. Wie aus (11.9) folgt, ist

$$\alpha \sim \sigma^{-0,32}.$$

Die Oberflächenspannung von Wasser ist ungefähr $70 \cdot 10^{-3}$ N/m und deutlich größer als die der Kältemittel und Kohlenwasserstoffe von $8 \cdot 10^{-3}$ bis $25 \cdot 10^{-3}$ N/m, so daß durch Zusatz oberflächenaktiver Stoffe zu Wasser die Oberflächenspannung stärker herabgesetzt werden kann als bei Kältemitteln und Kohlenwasserstoffen. Systematische Versuche darüber, wie weit man den Wärmeübergang beim Sieden durch Zugabe geringer Mengen von oberflächenaktiven Stoffen verbessern kann, liegen bisher nicht vor. Insbesondere ist bisher ungeklärt, welche oberflächenaktiven Stoffe für den jeweiligen Zweck als Zusätze in Frage kommen.

16.7 Zusatz von Feststoffen

Feststoffe können in siedenden Flüssigkeiten als Keime für die Blasenbildung dienen. So beobachtet man, daß einzelne Dampfblasen in Verdampfern nicht immer unmittelbar an der Heizfläche, sondern auch in einer dünnen, wandnahen, überhitzten Flüssigkeitsschicht entstehen können, was unter anderem durch die Anwesenheit von Fremdstoffen, welche die Keimbildung begünstigen, erklärt werden kann. Nach Messungen von Elrod et al. [16.19] führt bereits ein Zusatz von über 40 ppb fein disperser Feststoffpartikel zu siedendem Wasser zu einer merklichen Verbesserung des Wärmeübergangs. In den genannten Versuchen war die Teilchengröße kleiner als 1 bis 3 μm. Für den Feststoffanteil von beispielsweise

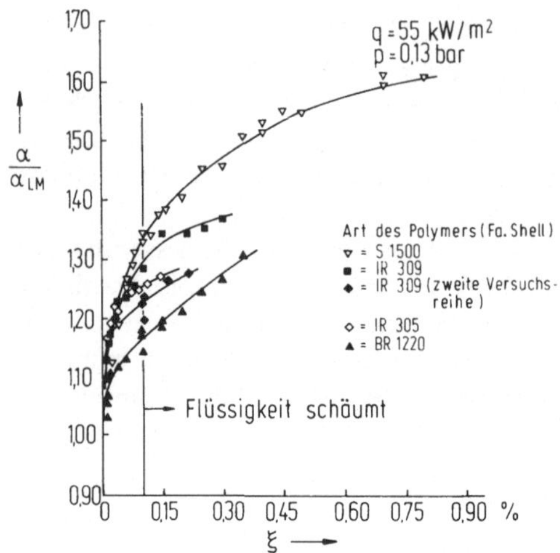

Bild 16.8. Verbesserung des Wärmeübergangs beim Sieden durch Zugabe von Polymeren zu n-Heptan, nach [16.20]

20 bis 25 ppb ergab sich für $\Delta\vartheta = 5,56$ K und einen Druck von 37 bar ein Wärmeübergangskoeffizient von 6590 W/m²K. Erhöhte man den Feststoffanteil auf Werte zwischen 40 und 150 ppb, so ergab sich eine Erhöhung des Wärmeübergangskoeffizienten um den Faktor 1,22 auf den Wert 8039 W/m²K. Ob sich der Wärmeübergang durch Zugabe von Teilchen anderer Größe und in anderer Menge weiter erhöhen läßt, ist bisher nicht geklärt. Es ist jedoch zu vermuten, daß es eine kritische Konzentration des zugesetzten Feststoffes gibt, unterhalb der die Keimbildung und damit der Wärmeübergang gefördert werden und oberhalb der Oberflächenablagerung des Feststoffes auftritt, wodurch der Wärmeübergangskoeffizient herabgesetzt wird.

Auch durch Zusatz von Polymeren ergaben sich Verbesserungen des Wärmeübergangs, die von der Art und Menge des Polymers abhängen. Bild 16.8 zeigt Ergebnisse von de Dood [16.20], in denen der Wärmeübergangskoeffizient α der Polymerlösung bezogen auf den Wert α_{LM} des reinen Lösungsmittels über dem Massenbruch ξ des zugesetzten Polymers aufgetragen ist. Oberhalb von 0,1 Gewichtsprozent des zugegebenen Polymers begann die Flüssigkeit zu schäumen. Die Polymere werden teilweise an der Heizfläche absorbiert und begünstigen dort die Keimbildung und das Wachstum von Dampfblasen. Die Blasenfrequenz nimmt daher zu [16.21]. Die Polymere können an Phasengrenzflächen eine netzförmige Struktur bilden [16.22], wodurch die Bewegung der Flüssigkeit an der Blasenoberfläche gedämpft und die Viskosität dort viel größer als im Kern ist. Wichtig ist eine ausreichend große Molmasse ($\geq 10^5$ bis 10^6 kg/kmol) der Polymere, weil Moleküle mit zu kleiner Molmasse wegen ihrer besseren Beweglichkeit von der Oberfläche der Blase wegdiffundieren können.

Literaturverzeichnis

Kapitel 1

1.1 Butterworth, D.: Condensers: Basic heat transfer and fluid flow. In: Kakaç, S.; Bergles, A. E; Mayinger, F.: Heat exchangers, thermal-hydraulic fundamentals and design. Washington: Hemisphere 1981, p. 289–313

1.2 Berman, L. D.: On the effect of molecular-kinetic resistance upon heat transfer with condensation. Int. J. Heat Mass Transfer 10(1967) 1463

1.3 Nußelt, W.: Die Oberflächenkondensation des Wasserdampfes. VDI Z. 60(1916) 541–546, 569–575

Kapitel 2

2.1 Chen, M. M.: An analytical study of laminar film condensation. Part 1, Flat plates. Part 2, Single and multiple horizontal tubes. Trans. Am. Soc. Mech. Eng., Ser. C. J. Heat Transfer 83(1961) 48–60

2.2 Rohsenow, W. M.: Heat transfer and temperature distribution in laminar film condensation. Trans. Am. Soc. Mech. Eng., Ser. C. J. Heat Transfer 78(1956) 1645–1648

2.3 Koh, Y. C. H.; Sparrow, E. M.; Harnett, J.P.: The two-phase boundary layer in laminar film condensation. Int. J. Heat Mass Transfer 2(1961) 68–80

2.4 Sparrow, E. M.; Eckert, E. R. G.: Effects of superheated vapor and non-condensable gases on laminar film condensation. Am. Inst. Chem. Eng. J., 7(1961) 473–477

2.5 Stephan, K.; Laesecke, A.: The influence of suction in condensation of mixed vapors. Wärme Stoffübertrag. 13(1980) 115–123

2.6 Sparrow, E. M.; Minkowycz, W. J.; Saddy, M.: Forced convection condensation in the presence of noncondensables and interfacial resistance. Int. J. Heat Mass Transfer 10(1967) 1829–1845

2.7 Dukler, H. E.; Bergelin, O. P.: Characteristics of flow in falling liquid films. Chem. Eng. Progr. 48(1952) 557–563

2.8 Kirschbaum, E.: Neues zum Wärmeübergang mit und ohne Änderung des Aggregatzustandes. Chem. Ing. Tech. 24(1952) 393–402

2.9 Brauer, H.: Strömung und Wärmeübergang bei Rieselfilmen. VDI-Forschungsh. 457(1956)

2.10 Grimley, S. S.: Liquid flow conditions in packed towers. Trans. Inst. Chem. Eng. (London) 23(1945) 228–235

2.11 Van der Walt, J.; Kröger, D. G.: Heat transfer resistances during film condensation. Proc. Vth Int. Heat Transfer Conf., Tokyo 1974, Vol. III, p. 284–288

2.12 Voskresenskij, K. D.: Berechnung des Wärmeübergangs bei Filmkondensation mit temperaturabhängigen Stoffwerten des Kondensats (russ.). Izv. Akad. Nauk SSSR(1948) 1023–1028

2.13 Grigull, U.: Wärmeübergang bei der Kondensation mit turbulenter Wasserhaut. Forsch. Ingenieurwes. 13(1942) 49–57 und VDI Z. 86(1942) 444–445

2.14 Mostofizadeh, Ch.; Stephan, K.: Strömung und Wärmeübergang bei der Oberflächenverdampfung und Filmkondensation. Wärme Stoffübertrag. 15(1981) 93−115
2.15 Henstock, W. H.; Hanratty, Th. J.: The interfacial drag and the height of the wall layer in annular flows. Am. Inst. Chem. Eng. J. 6(1976) 990−1000
2.16 Isashenko, V. P.: Wärmeübergang bei Kondensation (russ.). Moskau: Energia 1977
2.17 Labunzov, D. A.: Wärmeübergang bei Filmkondensation reiner Dämpfe an vertikalen Kühlflächen und waagerechten Rohren (russ.). Teploenergetika 7(1957) 72−79
2.18 Blangetti, F.: Lokaler Wärmeübergang bei der Kondensation mit überlagerter Konvektion im vertikalen Rohr. Diss. Univ. Karlsruhe 1979
2.19 Kern, D. Q.: Mathematical development of tube loading in horizontal condensers. Am. Inst. Chem. Eng. J. 4(1958) 157−160
2.20 Short, B. E.; Brown, H. E.: Condensation of vapours in vertical banks of horizontal tubes. Proc. Inst. Mech. Eng., General Discussion Heat Transfer, 1951, p. 27−31
2.21 Shekriladze, I. G.; Gomelauri, V. I.: Theoretical study of laminar film condensation of flowing vapor. Int. J. Heat Mass Transfer 9(1966) 581−591

Kapitel 3

3.1 Watson, R. G. H.; Birt, D. C. P.; Honour, G. W.; Ash, B. W.: The promotion of dropwise condensation by Montan wax. Part I. Heat transfer measurements. J. Appl. Chem. 12(1962) 539−552
3.2 Erb, R. A.; Thelen, E.: Promoting permanent dropwise condensation. Ind. Eng. Chem. 57(1965) 49−52
3.3 Woodruff, D. W.; Westwater, J. W.: Steam condensation on electroplated gold: Effect of plating thickness. Int. J. Heat Mass Transfer 22(1979) 629−632
3.4 Krischer, S.; Grigull, U.: Mikroskopische Untersuchung der Tropfenkondensation. Wärme Stoffübertrag. 4(1971) 48−59
3.5 Hampson, H.; Özisik, N.: An investigation into the condensation of steam. Proc. Inst. Mech. Eng. 1, Ser. B, 1952, p. 282−293
3.6 Wenzel, H.: Versuche über Tropfenkondensation. Allg. Wärmetech. 8(1957) 53−39
3.7 Welch, J. F.; Westwater, J. W.: Microscopic study of dropwise condensation. Int. Dev. Heat Transfer 2(1961) 302−309
3.8 Kast, W.: Theoretische und experimentelle Untersuchung der Wärmeübertragung bei Tropfenkondensation. Fortschrittsber. VDI-Z., Reihe 3, Nr. 6, Düsseldorf 1965
3.9 Le Fèvre, E. J.; Rose, J. W.: An experimental study of heat transfer by dropwise condensation. Int. J. Heat Mass Transfer 8(1965) 1117−1133
3.10 · Tanner, D. W.; Pope, D.; Potter, C. J.; West, D.: Heat transfer in dropwise condensation at low pressures in the absence and presence of non-condensable gas. Int. J. Heat Mass Transfer 11(1968) 181−190
3.11 Griffith, P.; Lee, M. S.: The effect of surface thermal properties and finish on dropwise condensation. Int. J. Heat Mass Transfer 10(1967) 697−707
3.12 Brown, A. R.; Thomas, M. A.: Filmwise and dropwise condensation of steam at low pressures. Proc. IIIrd Int. Heat Transf. Conf., Chicago 1966, Vol. II, p. 300−305
3.13 Eucken, A.: Energie- und Stoffaustausch an Grenzflächen. Naturwissenschaften 25(1937) 209−218
3.14 Wicke, E.: Einige Probleme des Stoff- und Wärmeaustausches an Grenzflächen. Chem. Ing. Tech. 23(1951) 5−12
3.15 Kast, W.: Wärmeübergang bei Tropfenkondensation. Chem. Ing. Tech. 35(1963) 163−168
3.16 Jakob, M.: Heat Transfer. Vol. I. New York: Wiley 1949, p. 694
3.17 Umur, A.; Griffith, P.: Mechanism of dropwise condensation. Trans. Am. Soc. Mech. Eng., Ser. C. J. Heat Transfer 87(1965) 275−282
3.18 McCormick, J. L.; Baer, E.: On the mechanism of heat transfer in dropwise condensation. J. Colloid Sci. 18(1963) 208−216

Kapitel 4

4.1   Jakob, M.; Erk, S.; Eck, H.: Verbesserte Messungen und Berechnungen des Wärme-
      übergangs beim Kondensieren strömenden Dampfes in einem vertikalen Rohr. Phys. Z.
      36(1935) 73–84
4.2   Rohsenow, W. M.; Webber, J. H.; Ling, A. T.: Effect of vapor velocity on laminar and
      turbulent film condensation. Trans. Am. Soc. Mech. Eng., Ser. C. J. Heat Transf.
      78(1956) 1637–1643
4.3   Jones, W. P.; Renz, U.: Condensation from a turbulent stream into a vertical surface.
      Int. J. Heat Mass Transfer 17(1974) 1009–1014
4.4   Carpenter, E. F.; Colburn, A. P.: The effect of vapour velocity on condensation inside
      tubes. Proc. Inst. Mech. Eng., General Discussion Heat Transfer, 1951, p. 20–26
4.5   Mostofizadeh, Ch.; Stephan, K.: Strömung und Wärmeübergang bei der Oberflächen-
      verdampfung und Filmkondensation. Wärme Stoffübertrag. 15(1981) 93–115
4.6   Dukler, A. E.: Fluid mechanics and heat transfer in vertical falling film systems. Chem.
      Eng. Prog. Symp. Ser. 56(1960) 1–10
4.7   Deissler, R. G.: Analytical and experimental investigation of adiabatic turbulent flow in
      smooth tubes. Nat. Advis. Comm. Aeronaut. Tech. Notes 2138(1950) 24–25
4.8   Deissler, R. G.: Analysis of turbulent heat transfer, mass transfer and friction in smooth
      tubes at high Prandtl and Schmidt numbers. Nat. Advis. Comm. Aeronaut. Tech. Notes
      3145(1954) 8
4.9   von Kàrmàn, Th.: Mechanische Ähnlichkeit und Turbulenz. Nachr. Ges. Wiss.
      Göttingen, Math. Phys. Kl. 58(1930) und Verhandlg. d. III. Int. Kongr. Tech.
      Mechanik, Stockholm, Teil I, 85(1930). Nat. Advis. Comm. Aeronaut. Tech. Notes
      611(1931)
4.10 Chun, K. R.; Seban, R. A.: Heat transfer to evaporating liquid films. Trans. Am. Soc.
      Mech. Eng., Ser. C. J. Heat Transfer 93(1971) 391–396
4.11 Domanski, I. V.; Solokov, V. I.: Wärmeübergang von einer beheizten Rohrwand an
      siedende, abwärts strömende Flüssigkeitsfilme (russ.). Zh. Prikl. Khim. 40(1967)
      66–71
4.12 Hewitt, G. F.: Analysis of annular two-phase flow, application of the Dukler analysis to
      vertical upward flow in a tube. AERE-R 3680, H.M.S.O.
4.13 Lee, J.: Turbulent velocity profile of a vertical film flow. Chem. Eng. Sci. 20(1965)
      533–536
4.14 Levich, V. G.: Physiochemical Hydrodynamics. Englewood Cliffs, New Jersey: Prentice
      Hall 1962
4.15 Lamourelle, A. P.; Sandall, O. C.: Gas absorption into turbulent liquid. Chem. Eng. Sci.
      27(1972) 1035–1043
4.16 Mills, A. F.; Chung, D. K.: Heat transfer across turbulent falling films. Int. J. Heat Mass
      Transfer 16(1973) 694–696
4.17 Brötz, W.: Über die Vorausberechnung der Absorptionsgeschwindigkeit von Gasen in
      strömenden Flüssigkeiten. Chem. Ing. Tech. 26(1954) 470–478
4.18 Blangetti, F.: Lokaler Wärmeübergang bei der Kondensation mit überlagerter
      Konvektion im vertikalen Rohr. Diss. Univ. Karlsruhe 1979
4.19 Van Driest, E. R.: On turbulent flow near a wall. J. Aerosol Sci. 23(1956) 1007–1010
4.20 Pantankar, S. V.; Spalding, D. B.: Heat and mass transfer in boundary layers. 2nd ed.
      London: Intertext Books 1970, p. 21
4.21 Bergelin, O. P.; Kegel, P. K.; Carpenter, F. G.; Gazley, C.: Co-current gas liquid flow.
      Part II. Flow in vertical tubes. Am. Soc. Mech. Eng., Heat Transfer Fluid Mech. Inst.
      (1949) 19–28
4.22 Shah, M. M.: A general correlation for heat transfer during film condensation inside
      pipes. Int. J. Heat Mass Transfer 22(1979) 547–556
4.23 Wallis, G. B.: One dimensional two phase flow. New York: McGraw-Hill 1969
4.24 Tandon, T. N.; Varma, H. K.; Gupta, C. P.: A new flow regime map for condensation
      inside horizontal tubes. Trans. Am. Soc. Mech. Eng., Ser. C. J. Heat Transfer 104(1982)
      763–768

4.25 Jaster, H.; Kosky, P. G.: Condensation heat transfer in a mixed flow regime. Int. J. Heat Mass Transfer 19(1976) 95−99

4.26 Zivi, S. M.: Estimation of steady state void fraction by means of the principle of minimum entropy production. Trans. Am. Soc. Mech. Eng., Ser. C. J. Heat Transfer 86(1964) 247−252

4.27 Collier, J. G.: Convective boiling and condensation. New York: McGraw-Hill 1972

4.28 Mayinger, F.: Strömung und Wärmeübergang in Gas-Flüssigkeits-Gemischen. Wien: Springer 1982

4.29 Ahmad, S. Y.: Axial distribution of bulk temperature and void fraction in a heated channel with inlet subcooling. Trans. Am. Soc. Mech. Eng., Ser. C. J. Heat Transfer 92(1970) 595−609

4.30 Butterworth, D.: Developments in the design of shell-and-tube condensers. Am. Soc. Mech. Eng., preprint 77-WA/HT-24

4.31 Lockhart, R. W.; Martinelli, R. C.: Proposed correlation data for isothermal two-phase, two-component flow in pipes. Chem. Eng. Prog. 45(1949) 39−48

4.32 Palen, J. W.; Breber, G.; Taborek, J.: Prediction of flow regimes in horizontal tube condensation. Heat Transfer Eng. 1(1979) 47−57

Kapitel 5

5.1 Sukhatme, S. P.; Rohsenow, W. M.: Heat transfer during film condensation of a liquid metal vapour. Report MIT 2995−1, 1964

5.2 Chen, M. M.: An analytic study of laminar film condensation. Part I: Flat plates. Part II: Single and multiple horizontal tubes. Trans. Am. Soc. Mech. Eng., Ser. C. J. Heat Transfer 81(1959) 48−60

5.3 Koh, J. C. Y.; Sparrow, E. M.; Hartnett, J. P.: The two-phase boundary layer in laminar film condensation. Int. J. Heat Mass Transfer 2(1961) 69−82

5.4 Subbotin, V. I.; Ivanovskii, M. N.; et al.: Wärmeübergang bei der Kondensation von Kalium-Dampf (russ.). Teplofiz. Vys. Temp. 2(1964) 612−622

5.5 Labunzov, D. A.; Smirnow, S. I.: Heat transfer in condensation of liquid metal vapours. IIIrd Int. Heat Transf. Conf., Chicago 1966, Vol. II, p. 328−336

5.6 Aldyev, I. T.; Kondratyev, N. S.; Mukkin, V. A.; Kpshidze, M. E.; Porfentyeva, I.; Kisselev, V. V.: Thermal resistance of phase transition with condensation of potassium vapour. IIIrd Int. Heat Transf. Conf., Chicago 1966, Vol. II, p. 313−317

5.7 Barry, R. E.; Balzhizer, R. E.: Condensation of sodium at high heat fluxes. IIIrd Int. Heat Transf. Conf., Chicago 1966, Vol. II, p. 318−328

5.8 Kröger, D. G.; Rohsenow, W. M.: Film condensation of saturated potassium vapour. Int. J. Heat Mass Transfer 10(1967) 1891−1894

5.9 Wilcox, S. J.; Rohsenow, W. M.: Film condensation of liquid metals − precision of measurement. Report MIT 7145−62, 1969

5.10 Lee, J.: Turbulent film condensation. Am. Inst. Chem. Eng. J. 10(1964) 540−544

5.11 Deissler, R. G.: Analysis of turbulent heat transfer, mass transfer and friction in smooth tubes at high Prandtl and Schmidt numbers. Nat. Advis. Comm. Aeronaut. Tech. Notes 3145 (1954)

5.12 von Kàrmàn, Th.: Mechanische Ähnlichkeit und Turbulenz. Nachr. Ges. Wiss. Göttingen, Math. Phys. Kl. 58(1930) und Verhandlg. d. III. Int. Kongr. Tech. Mechanik, Stockholm, Teil I, (1930) 85; Nat. Advis. Comm. Aeronaut. Tech. Notes 611(1931)

Kapitel 6

6.1 Claude, G.: Air liquide, oxygène, azote, gas rares. 2. ed. Paris: Dunod 1926

6.2 Lucas, K.: Die laminare Filmkondensation binärer Dampfgemische. Habil.-Schrift, Ruhr-Univ. Bochum 1974

6.3   Tamir, A.; Taitel, Y.; Schlünder, E. U.: Direct contact condensation of binary mixtures.
       Int. J. Heat Mass Transfer 17 (1974) 1253 – 1260

6.4   Ford, J. D.; Missen, R. W.: On the conditions for stability of falling films subject to
       surface tension disturbances; the condensation of binary vapors. Can. J. Chem. Eng.
       46 (1968) 309 – 312

6.5   Ford, J. D.: Ph.D. Thesis, Univ. of Toronto 1967

6.6   Tamir, A.: „Mixed" pattern condensation of multicomponent mixtures. Chem. Eng. J,
       17 (1979) 141 – 156

6.7   Ackermann, G.: Wärmeübergang und molekulare Stoffübertragung im gleichen Feld
       bei großen Temperatur- und Partialdruckdifferenzen. VDI-Forschungsh. 382 (1937)
       1 – 16

6.8   Silver, L.: Gas cooling with aqueous condensation. Trans. Inst. Chem. Eng. 25 (1947)
       30 – 42

6.9   Bell, K. J.; Ghaly, M. A.: An approximate generalized design method for multicompo-
       nent/partial condensers. Am. Inst. Chem. Eng. Symp. Ser. 69 (1972) 72 – 79

6.10   Ward, D. J.: How to design a multicomponent partial condenser. Petro-Chem. Eng.
       32 (1960) C42 – C48

6.11   Butterworth, D.: A calculation method for shellside heat exchangers in which the
       overall coefficient varies along the length. Nat. Eng. Lab. (U.K.) Rep. 510 (1975)
       56 – 71

6.12   Emerson, W. H.: Effective tube-side temperature differences in multipass heat
       exchangers with nonuniform heat transfer coefficients and specific heats. Nat. Eng.
       Lab. (U.K.) Rep. 590 (1975) 32 – 55

6.13   Roetzel, W.: Näherungsverfahren zur Berechnung von Kondensatoren für Dampfge-
       mische. Wärme Stoffübertrag. 8 (1975) 211 – 218

6.14   Stephan, K.; Laesecke, A.: The influence of suction on heat and mass transfer in
       condensation of mixed vapors. Wärme Stoffübertrag. 13 (1980) 115 – 123

6.15   Sparrow, E. M.; Minkowycz, W. J.; Saddy, M.: Forced convection condensation in the
       presence of noncondensables and interfacial resistance. Int. J. Heat Mass Transfer
       10 (1967) 1829 – 1845

6.16   Bird, R. B.; Stewart, W. E.; Lightfoot, E. N.: Transport Phenomena. New York: Wiley
       1962, p. 663

6.17   Colburn, A. P.; Hougen, O. A.: Design of cooler condenser for mixtures of vapours with
       noncondensing gases. Ind. Eng. Chem. 26 (1934) 1178 – 1182

6.18   Krishna, R.; Standart, G. L.: A multicomponent film model incorporating a general
       matrix method of solution to the Maxwell-Stefan equation. Am. Inst. Chem. Eng. J.
       22 (1976) 383 – 389

6.19   Hirschfelder, J. O.; Curtiss, C. F.; Bird, R. B.: Molecular theory of gases and liquids.
       New York: Wiley 1967, p. 516

Kapitel 7

7.1   Bernhardt, S. H.; Sheridan, J. J.; Westwater, J. W.: Condensation of immiscible
       mixtures. Am. Inst. Chem. Eng. Symp. Ser. 68 (1972) 21 – 37

7.2   Akers, W. W.; Turner, M. M.: Condensation of vapours of immiscible liquids. Am. Inst.
       Chem. Eng. J. 8 (1962) 587 – 589

7.3   Stephan, K.; Mayinger, F.: Thermodynamik. Bd. 2. 12. Aufl. Berlin: Springer 1987,
       S. 136

7.4   Tamir, A.; Taitel, Y.; Schlünder, E. U.: Direct contact condensation of binary mixtures.
       Int. J. Heat Mass Transfer 17 (1974) 1253 – 1260

7.5   Tamir, A.; Rachmilev, I.: Direct contact condensation of an immiscible vapour on a thin
       film of water. Int. J. Heat Mass Transfer 17 (1974) 1241 – 1251

Kapitel 8

8.1   Renz, U.: Maßnahmen zur Verbesserung des Wärmeübergangs bei der Kondensation. In: Wärmeaustauscher, Neuere Entwicklungen und Berechnungsmethoden. Düsseldorf: VDI-Verlag 1983, S. 239–276

8.2   Berman, L. D.: Influence of vapour velocity on heat transfer with filmwise condensation on a horizontal tube. Therm. Eng. 26 (1978) 16–20

8.3   Spencer, D. L.; Ibele, W. E.: Laminar film condensation of a saturated and superheated vapour on a surface with a controlled temperature distribution. Proc. IIIrd Int. Heat Transfer Conf., Chicago 1966, Vol. II, p. 337–347

8.4   Henrici, H.: Kondensation von R11, R12 und R22 an glatten und berippten Rohren. Kältetechnik 15(1963) 251–256

8.5   Katz, D. L.; Hope, R. E.; Zatsko, St. C.; Robinson, D. B.: Condensation of Freon 12 with finned tubes. Refrig. Eng. 53(1947) 211–215

8.6   Gregorig, R.: Hautkondensation an feingewellten Oberflächen bei Berücksichtigung der Oberflächenspannungen. Z. Angew. Math. Phys. 5(1954) 36–49

8.7   Webb, R. L.: Generalized procedure for the design and optimization of fluted Gregorig condensing surfaces. Trans. Am. Soc. Mech. Eng., Ser. C. J. Heat Transfer 101(1979) 335–339

8.8   Mori, Y.; Hijikata, K.; Hirasawa, S.; Nakayama, W.: Optimized performance of condensers with outside condensing surface, condensation heat transfer. Am. Soc. Mech. Eng. 18th Nat. Heat Transfer Conf., San Diego 1979, p. 55–62

8.9   Panchal, C. B.; Bell, K. J.: Analysis of Nusselt-type condensation on a triangular fluted surface. Int. J. Heat Mass Transfer 25(1982) 1909–1911

8.10 Lin Ji-fang, Hsu Tung-chi, Pei Jue-min: Heat transfer of condensation on a vertical V-type corrugated tube – A new physical model. 7th Int. Heat Transfer Conf., München 1982, Vol. V, p. 119–124

8.11 Barnes, C. G.; Rohsenow, W. M.: Vertical fluted tubes condenser performance prediction. 7th Int. Heat Transfer Conf., München 1982, Vol. V, p. 39–43

8.12 Adamek, Th.: Kondensation an Profilrohren. In: Wärmeaustauscher, Neuere Entwicklungen und Berechnungsmethoden. Düsseldorf: VDI-Verlag 1983, S. 277–299

8.13 Marto, P. J.; Reilly, D. J.; Fenner, J. A.: An experimental comparison of enhanced heat transfer condenser tubing. Advances in Enhanced Heat Transfer. Am. Soc. Mech. Eng. 18th Nat. Heat Transfer Conf., San Diego, 1979, p. 183–191

8.14 Azer, N. Z.; Said, S. A.: Augmentation of condensation heat transfer by internally finned tubes and twisted tape inserts. Advances in Enhanced Heat Transfer. Am. Soc. Mech. Eng. 18th Nat. Heat Transfer Conf., San Diego 1979, p. 33–38

8.15 Royal, J. H.; Bergles, A. E.: Augmentation of horizontal in-tube condensation by means of twisted tape inserts and internally finned tubes. Trans. Am. Soc. Mech. Eng., Ser. C. J. Heat Transfer 100(1978) 17–24

8.16 Akers, W. W.; Deans, H. A.; Crosser, O. K.: Condensing heat transfer within horizontal tubes. Chem. Eng. Progr. Symp. Ser. 55(1959) 19, 171–176

8.17 Chun, K. R.; Seban, R. A.: Heat transfer to evaporating liquid films. Trans. Am. Soc. Mech. Eng., Ser. C. J. Heat Transfer 93(1971) 391–396

Kapitel 9

9.1   Prüger, W.: Die Verdampfungsgeschwindigkeit von Flüssigkeiten. Z. Phys. 115(1949) 202–244

9.2   Jakob, M.; Fritz, W.: Versuche über den Verdampfungsvorgang. Forsch. Ingenieurwes. 2(1931) 435–447

9.3   Jakob, M.: Kondensation und Verdampfung. VDI Z. 76(1931) 1161–1170

9.4   Jakob, M.; Linke, W.: Der Wärmeübergang von einer waagerechten Platte an siedendes Wasser. Forsch. Ingenieurwes. 4(1933) 75–81

9.5   Jakob, M.; Linke, W.: Der Wärmeübergang beim Verdampfen von Flüssigkeiten an senkrechten und waagerechten Flächen. Phys. Z. 36(1935) 267−280

9.6   Jakob, M.: Heat transfer in evaporation and condensation. Mech. Eng. 58(1936) 643−660 u. 729−739

9.7   Fritz, W.: Wärmeübergang an siedende Flüssigkeiten. VDI Z. Beihefte Verfahrenstech. 5(1937) 149−155

9.8   Fritz, W.: Verdampfen und Kondensieren. VDI Z. Beihefte Verfahrenstech. 1(1943) 1−14

Kapitel 10

10.1   Mitrović, J.; Stephan, K.: Gleichgewichtsradien von Dampfblasen und Flüssigkeitstropfen. Wärme Stoffübertrag. 13(1980) 171−176

10.2   Bashfort, Fr.; Adams, J.: An attempt to test the theory of capillary action. Cambridge: Cambridge University Press 1883

10.3   Fritz, W.: Berechnung des Maximalvolumens von Dampfblasen. Phys. Z. 36(1935) 379−384

10.4   Fritz, W.; Ende, W.: Über den Verdampfungsvorgang nach kinematographischen Aufnahmen an Dampfblasen. Phys. Z. 37(1936) 391−401

10.5   Kabanow, W.; Frumkin, A.: Nachtrag zu der Arbeit „Über die Größe elektrisch entwickelter Gasblasen". Z. Phys. Chem. (A) 166(1933) 316−317

10.6   Stephan, K.: Beitrag zur Thermodynamik des Wärmeübergangs beim Sieden. Abh. Dtsch. Kältetech. Ver. Nr. 18. Karlsruhe: Müller 1964

10.7   König, A.: Der Einfluß der thermischen Heizwandeigenschaften auf den Wärmeübergang bei der Blasenverdampfung. Wärme Stoffübertrag. 6(1973) 38−44

10.8   von Ceumern, W. C.: Abreißdurchmesser und Frequenzen von Dampfblasen in Wasser und wässrigen NaCl-Lösungen beim Sieden an einer horizontalen Heizfläche. Diss. TU Braunschweig 1975

10.9   Mitrović, J.: Das Abreißen von Dampfblasen an festen Heizflächen. Int. J. Heat Mass Transfer 26(1983) 955−963

10.10 Stephan, K.: Bubble formation and heat transfer in natural convection boiling. In: Hahne, E.; Grigull, U.: Heat transfer in boiling. Washington: Hemisphere 1977, 3−20

10.11 Tokuda, N.: Dynamics of vapor bubbles in binary liquid mixtures with translatory motion. IVth Int. Heat Transfer Conf., Paris 1970, B 7.5

10.12 Kutateladse, J. J.; Gogonin, I. I.: Wachstumsgeschwindigkeit und Abreißdurchmesser von Dampfblasen bei Verdampfung gesättigter Flüssigkeiten in freier Strömung. Teplofiz. Vys. Temp. 17(1979) 792−797

10.13 Mamontova, N. N.: Diss. Novosibirsk 1967

10.14 Golovin, V. S.; Kolcugin, B. A.; Sacharova, E. A.: Berichte. ENIN 35 (1976) 30

10.15 Jagov, V. V.; Gorodov, A. K.; Labunzov, D. A.: Sammelband der Arbeiten 1968−1969. ENIN, 1969

10.16 Cole, R.: Bubble frequencies and departure volumes at subatmospheric pressures. Am. Inst. Chem. Eng. J. 13(1967) 779−783

10.17 Labunzov, D. A.; Kolcugin, B. A.; Golovin, V. S.; Sacharova, E. A.; Vladimirova, L. N.: Sammelband „Wärmeübergang in Apparaten der Energietechnik". Moskau: Nauka 1966

10.18 Grigorjev, V. A.; Pavlov, Ju. M.; Ametistov, E. V.; Klimenkov, V. V.; Klimenkov, A. V.: Berichte MEI 198(1974) 3

10.19 Nishikawa, K.; Fujita, Y.; Nawata, J.; Nishijama, T.: Heat Transfer Jpn. Res. 5(1976) 66

10.20 Gorodov, A. K.; Kabankov, 0. N.; Labunzov, D. A.; Jagov, V. V.: Berichte MEI 198(1974) 48

10.21 Zamilova, G. N.: Diss. LTIHP, Leningrad 1968

10.22 Nordmann, D.: Temperatur, Druck und Wärmetransport in der Umgebung kondensierender Blasen. Diss. TU Hannover 1980

10.23 Jakob, M.; Linke, W.: Der Wärmeübergang von einer waagerechten Platte an siedendes Wasser. Forsch. Ingenieurwes. 4(1933) 75−81

10.24 Zuber, N.: Nucleate boiling. The region of isolated bubbles and the similarity with natural convection. Int. J. Heat Mass Transfer 6(1963) 53−78

10.25 McFadden, P.; Grassmann, P.: The relation between bubble frequency and diameter during nucleate boiling. Int. J. Heat Mass Transfer 5(1962) 169−173

10.26 Ivey, H. J.: Relationships between bubble frequency, departure diameter and rise velocity in nucleate boiling. Int. J. Heat Mass Transfer 10(1967) 1023−1040

10.27 Malenkov, I. G.: The frequency of vapor-bubble separation as a function of bubble size. Fluid Mech. Sov. Res. 1(1972) 36−42

Kapitel 11

11.1 Jakob, M.; Linke, W.: Der Wärmeübergang beim Verdampfen von Flüssigkeiten an senkrechten und waagerechten Flächen. Phys. Z. 36(1935) 267−280

11.2 Nukijama, S.: Maximum and minimum values of heat transmitted from metal to boiling water under atmospheric pressure. J. Soc. Mech. Eng. Jpn. 37(1934) 53−54 u. 367−374; vgl. auch Int. J. Heat Mass Transfer 9(1966) 1419−1433

11.3 Stephan, K.: Stabilität beim Sieden. Brennst. Wärme Kraft 17(1965) 571−578

11.4 Jakob, M.; Linke, W.: Der Wärmeübergang von einer waagerechten Platte an siedendes Wasser. Forsch. Ingenieurwes. 4(1933) 75−81

11.5 Rohsenow, W. M.: A method for correlation heat-transfer data for surface boiling of liquids. Trans. Am. Soc. Mech. Eng., Ser. C. J. Heat Transfer 74(1952) 969−976

11.6 Forster, H. K.; Zuber, N.: Dynamics of vapor bubbles and boiling heat transfer. Am. Inst. Chem. Eng. J. 1(1955) 531−535

11.7 Forster, H. K.; Zuber, N.: Growth of a vapor bubble in superheated liquid. J. Appl. Phys. 25(1954) 474−478

11.8 Han, C. Y.; Griffith, P.: The mechanism of heat transfer in nucleate pool boiling. Part I, II. Int. J. Heat Mass Transfer 8(1965) 887−904, 905−914

11.9 Beer, H.: Beitrag zur Wärmeübertragung beim Sieden. Progr. Heat Mass Transfer 2(1969) 311−370

11.10 Moore, F. D.; Mesler, R. B.: The measurement of rapid surface temperature fluctuations during nucleate boiling. Am. Inst. Chem. Eng. J. 7(1961) 620−624

11.11 van Stralen, S. J. D.: The mechanism of nucleate boiling in pure liquids and in binary mixtures. Part I, II. Int. J. Heat Mass Transfer 9(1966) 995−1020, 1021−1046

11.12 Frost, W.; Kippenhan, C. J.: Bubble growth and heat transfer mechanism in the forced convection boiling of water containing a surface active agent. Int. J. Heat Mass Transfer 10(1967) 931−949

11.13 Styrikovich, M. A.; Nevstrueva, E. J. u.a.: Interconnection between mass and heat transfer in boiling. IVth Int. Heat Transfer Conf., Paris 1970, B 7.4

11.14 Stephan, K.: Beitrag zur Thermodynamik des Wärmeübergangs beim Sieden. Karlsruhe: Müller 1963

11.15 Müller, F.: Wärmeübergang bei der Verdampfung unter hohen Drücken. VDI-Forschungsh. 522(1967)

11.16 Fedders, H.: Messung des Wärmeübergangs beim Blasensieden von Wasser an metallischen Rohren. Diss. TU Berlin 1970

11.17 Danilowa, G. N.; Belskij, W. K.: Untersuchung der Wärmeabgabe beim Sieden von Freon 113 und 12 an Rohren verschiedener Rauhigkeit (russ.). Cholod. Techn. 4(1965) 24−28

11.18 Danilowa, G. N.: Korrelation des Wärmeübergangs bei Verdampfung von Freonen. Cholod. Tech. 8(1969) 79−85

11.19 Nishikawa, K.; Fujita, Y.; Ohita, H.; Hidaka, S.: Effekt of system pressure and surface roughness on nucleate boiling heat transfer. Mem. Fac. Eng. Kyushu Univ. 42(1982) 95−123

11.20 Stephan, K.; Abdelsalam, M.: Heat transfer correlations for natural convection boiling. Int. J. Heat Mass Transfer 23(1980) 73−87

11.21 Stephan, K.; Preußer, P.: Wärmeübergang und maximale Wärmestromdichte beim Behältersieden binärer und ternärer Flüssigkeitsgemische. Chem. Ing. Tech. 51(1979) 37 (Synopse MS 649/79)

11.22 Fritz, W.: In VDI-Wärmeatlas. Düsseldorf: VDI-Verlag 1963, Hb2

11.23 Gorenflo, D.: In VDI-Wärmeatlas. Düsseldorf: VDI-Verlag 1984, Ha4−Ha7

11.24 Danilowa, G. N.: Einfluß von Druck und Temperatur auf den Wärmeübergang an siedende Freone (russ.). Cholod. Techn. 4(1965) 36−42

11.25 Haffner, H.: Wärmeübergang an Kältemittel bei Blasenverdampfung, Filmverdampfung und überkritischem Zustand des Fluids. Bundesminist. Bild. Wiss. Forschungsber. Kernforsch. 70−24, 1970

11.26 Bier, K.; Engelhorn, H. R.; Gorenflo, D.: Wärmeübergang beim Blasensieden im Bereich niedriger Siededrücke. Chem. Ing. Tech. 49(1977) 671 (Synopse 514/77)

11.27 Jakob, M.; Fritz, W.: Versuche über den Verdampfungsvorgang. Forsch. Ingenieurwes. 2(1931) 435−447

11.28 Stephan, K.: Mechanismus und Modellgesetz des Wärmeübergangs bei der Blasenverdampfung. Chem. Ing. Tech. 35(1963) 775−784

11.29 Nishikawa, K.; Fujita, Y.; Ohita, H.; Hidaka, S.: Effect of the surface roughness on the nucleate boiling heat transfer over the wide range of pressure. Proc. VIIth Int. Heat Transfer Conf., München 1982, Vol. 4, p. 61−66

11.30 Gorenflo, D.: Zur Druckabhängigkeit des Wärmeübergangs an siedende Kältemittel bei freier Konvektion. Chem. Ing. Tech. 40(1968) 757−762 und Diss. TH Karlsruhe 1966

11.31 Bier, K.; Engelhorn, H. R.; Gorenflo, D.: Wärmeübergang an tiefsiedende Halogenkältemittel. Klima + Kältetech. 4(1976) 499−506. Vgl. auch Gorenflo, D.: Abh. Dtsch. Kälte- und Klimatechn. Ver. 22(1977) 31. Karlsruhe: Müller

11.32 Slipčević, B.: Wärmeübergang bei der Blasenverdampfung von Kältemitteln an glatten und berippten Rohren. Klima + Kältetech. 3(1975) 279−286

11.33 Nikolaev, G. P.; Skripov, V. P.: Berechnung der kritischen Wärmestromdichte auf der Grundlage der thermodynamischen Ähnlichkeit (russ.). Inzh. Fiz. Zh. 15(1968) 46−51

11.34 Hahne, E.; Feuerstein, G.: Heat transfer in pool boiling in the thermocritical region: Effect of pressure and geometry. In: Hahne, E.; Grigull, U.: Heat transfer in boiling. Washington: Hemisphere 1977, p. 159−200

11.35 Hesse, G.: Wärmeübergang bei Blasenverdampfung, bei maximaler Wärmestromdichte und im Übergangsbereich zur Filmverdampfung. Diss. TU Berlin 1972

11.36 Kutateladse, S. S.: Kritische Wärmestromdichte bei einer unterkühlten Flüssigkeitsströmung. Energetica 7(1959) 229−239 und Izv. Akad. Nauk Otd. Tekh. Nauk 4(1951) 529

11.37 Zuber, N.: On the stability of boiling heat transfer. Trans. Am. Soc. Mech. Eng., Ser. C. J. Heat Transfer 80(1958) 711

11.38 Bromley, L. A.: Heat transfer in stable film boiling. Chem. Eng. Progr. 46(1950) 221−227

11.39 Roetzel, W.: Berechnung der Leitung und Strahlung bei der Filmverdampfung an der ebenen Platte. Wärme Stoffübertrag. 12(1979) 1−4

Kapitel 12

12.1 Struve, H.: Der Wärmeübergang an einem verdampfenden Rieselfilm. VDI-Forschungsh. 534(1969)

12.2 Thoma, R.: Messungen und Berechnung des Wärmeübergangs und des Druckverlustes in einem Fallfilmverdampfer. Diss. TH Karlsruhe 1966

12.3   Zaletnev, A. F.; Aksel'rod, A. F.; Tikhonov, A. V.: Prediction of heat transfer in surface boiling of water in tubes. Heat Transfer Sov. Res. 8(1976) 79−83

12.4   Slesarenko, V.: Hydrodynamics and heat transfer during seawater boiling in thin-film desalination plants. Desalination 21(1977) 275−283

Kapitel 13

13.1   Collier, J. G.: Convective boiling and condensation. New York: McGraw-Hill 1972

13.2   Baker, O.: Simultaneous flow of oil and gas. Oil Gas J. 53(1954) 184−195

13.3   Hewitt, G. F.; Roberts, D. N.: Studies of two phase flow patterns by simultaneous X-ray and flash photography. UK At. Energy Agency Rep. No. AERE-M 2159, H.M.S.O., 1969

13.4   Taitel, Y.; Dukler, A. E.: A model for predicting flow regime transitions in horizontal and near horizontal gas-liquid flow. Am. Inst. Chem. Eng. J. 22(1976) 47−55

13.5   Rouhani, S. Z.: Void measurements in the region of subcooled and low quality boiling. Atomenergy AE−239, part 2, 1966

13.6   Plummer, D. N.: Post critical heat transfer to flowing liquid in a vertical tube. Ph.D. thesis, Mass. Inst. Technol. 1974

13.7   Hsu, Y. Y.: On the size of range of active nucleation cavities on a heating surface. Trans. Am. Soc. Mech. Eng., Ser. C. J. Heat Transfer 84(1962) 207−216

13.8   Davis, E. J.; Anderson, G. H.: The incipience of nucleate boiling in forced convection flow. Am. Inst. Chem. Eng., J. 12(1966) 774−780

13.9   Bergles, A. E.; Rohsenow, W. M.: The determination of forced-convection surface boiling heat transfer. Trans. Am. Soc. Mech. Eng., Ser. C. J. Heat Transfer 86(1964) 365−372

13.10 Bankoff, S. G.: Entrapment of gas in the spreading of a liquid on a rough surface. Am. Inst. Chem. Eng. J. 4(1958) 24−26

13.11 Bowring, R. W.: Physical model based on bubble detachment and calculation of steam voidage in the subcooled region of a heated channel. OECD Halden Reactor Project Report HPR-10(1962)

13.12 Engelberg-Forster, K.; Grief, R.: Heat transfer to a boiling liquid − mechanism and correlations. Trans. Am. Soc. Mech. Eng., Ser. C. J. Heat Transfer 81(1959) 43−53

13.13 Bergles, A. E.; Rohsenow, W. M.: The determination of forced convection surface boiling heat transfer. Paper 63-HT-22. VIth Nat. Heat Transfer Conf. Am. Soc. Mech. Eng. − Amer. Soc. Chem. Eng., Boston 1963, siehe auch [13.9]

13.14 Jens, W. H.; Lottes, P. A.: Analysis of heat transfer burnout, pressure drop and density data for high pressure water. Rep. ANL-4627, 1951

13.15 Thom, J. R. S.; Walker, W. M.; Fallon, T. A.; Reising, G. F. S.: Boiling in subcooled water during flow up heated tubes or annuli. Symp. Inst. Mech. Eng. paper 6. London: 1965

13.16 Dengler, C. E.; Addams, J. N.: Heat transfer mechanism for vaporization of water in a vertical tube. Chem. Eng. Progr. Symp. Ser. 52(1956) 95−103

13.17 Chawla, J. M.: Wärmeübergang und Druckabfall in waagerechten Rohren bei der Strömung von verdampfenden Kältemitteln. VDI-Forschungsh. 523(1967)

13.18 Stephan, K.; Auracher, H.: Correlations for nucleate boiling heat transfer in forced convection. Int. J. Heat Mass Transfer 24(1981) 99−107

13.19 Steiner, D.: Wärmeübergang beim Sieden gesättigter Flüssigkeiten. In: VDI-Wärmeatlas, 4. Aufl. Düsseldorf: VDI-Verlag 1984, Abschn. Hbb

13.20 Pujol, L.: Boiling heat transfer in vertical upflow and downflow tubes. Ph.D. thesis, Lehigh Univ. 1968

13.21 Slipčević, B.: Wärmeübergang beim Sieden von R-Kältemitteln in horizontalen Rohren. Kältetech. Klim. 24(1972) 345−351

13.22 Chen, J. C.: Correlation for boiling heat transfer to saturated liquids in convective flow. Ind. Eng. Chem. Proc. Des. Dev. 5(1966) 322−329

13.23 Forster, H. K.; Zuber, N.: Dynamics of vapour bubbles and boiling heat transfer. Am. Inst. Chem. Eng. J. 4(1955) 531–535

13.24 Jallouk, P. A.: Two-phase pressue drop and heat transfer characteristics of refrigerants in vertical tubes. Ph.D. thesis, Univ. Tennessee, U. Microfilms 75–11–171, 1974

13.25 Gungor, K. E.; Winterton, R. H. S.: A general correlation for flow boiling in tubes and in annuli. Int. J. Heat Mass Transfer 29(1986) 351–358

13.26 Cooper, M. G.: Saturation nucleate pool boiling. A simple correlation. 1st UK Nat. Conf. Heat Transfer 2(1984) 785–793

13.27 Guerrieri, S. A.; Talty, R. D.: A study of heat transfer to organic liquids in single-tube natural circulation vertical-tube boilers. Chem. Eng. Progr. Symp. Ser. 52(1956) 69–77

13.28 Schrock, V. E.; Grossman, L. M.: Forced convection boiling studies. Univ. California, Inst. Eng. Res. Berkely. Final Rep. Ser. No. 73308 – UCX 2182, TID – 14632, 1959

13.29 Bennett, J. A. R.; Collier, J. G.; Pratt, H. R. C.; Thornton, J. D.: Heat transfer to two-phase gas-liquid systems. Part I: Steam-water mixtures in the liquid-dispersed region in an annulus. Trans. Inst. Chem. Eng. 39(1961) 113–126

13.30 Wright, R. M.; Somerville, G. F.; Sani, R. L.; Bromley, L. A.: Downflow boiling of water and n-butanol in uniformly heated tubes. Chem. Eng. Progr. Symp. Ser. 61(1965) 220–229

13.31 Somerville, G. F.: Downflow boiling of n-butanol in a uniformly heated tube. Univ. California, Lawrence Radiation Lab. 10527, Oct. 1962

13.32 Collier, J. G.; Lacey, P. M. C.; Pulling, D. J.: Heat transfer to two-phase gas-liquid systems. Part II: Further data on steam-water mixtures in the liquid dispersed region in an annulus. Trans. Inst. Chem. Eng. 42(1964) T127–139

13.33 Pujol, L.; Stenning, A. H.: Effect of flow direction on the boiling heat transfer coefficient in vertical tubes. Proc. Int. Symp. Cocurrent Gas-Liquid Flow. Univ. Waterloo, Canada, Sept. 1968, p. 401–453

13.34 Sani, R. L.: Downflow boiling and non-boiling heat transfer in a uniformly heated tube. Univ. California, Lawrence Radiation Lab. 9023, Jan. 1960

13.35 Chaddock, J. B.: Forced convection evaporation in tubes. Am. Soc. Heating Refrig. Air Cond. Eng. (ASHRAE). Handbook of Fundamentals. Chapt. 3, New York 1972

13.36 Borishanskij, B. M.; Andeevskij, A. A.; Fromzel, V. N.; Fokin, B. S.; Cistgakov, V. A.; Danilowa, G. N.; Bikov, G. S.: Wärmeübergang bei Zweiphasenströmungen (russ.). Teploenergetika 11(1971) 68–69

13.37 Shah, M. M.: A new correlation for heat transfer during boiling flow through pipes. Trans. Am. Soc. Heating Refrig. Air Cond. Eng. (ASHRAE) 82(1976) 66–86

13.38 Shah, M. M.: Chart Correlation for saturated boiling heat transfer: Equations and further study. Trans. Am. Soc. Heating Refrig. Air Cond. Eng. (ASHRAE). Preprint no. 2673, 1982

13.39 Weatherhead, R. J.: Nucleate boiling characteristics and the critical heat flux occurence in subcooled axial flow water systems. ANL 6675, 1963

13.40 Silvestri, M.: Two-phase (steam and water) flow and heat transfer. Part II. IInd Int. Heat Transfer Conf., Boulder 1961

13.41 Lee, D. H.; Obertelli, J. D.: An experimental investigation of forced convection boiling in high pressure water. Part I. AEEW – Rep. 213, 1963

13.42 Lee, D. H.: An experimental investigation of forced convective boiling in high pressure water. Part III. AEEW – Rep. 355, 1965

13.43 Matzner, B.: Basic experimental studies of boiling fluid flow and heat transfer at elevated pressures. TID 18978, 1963

13.44 Doroshchuk, V. E.; Levitan, L. L.; Lantsmann, F. P.: Recommendations for calculating burnout in a round tube with uniform heat release (russ.). Teploenergetika 22(1975) 66–70; s. auch: Academy of Science, USSR: Tabular data for calculating bournout when boiling water in uniformly heated round tubes. Therm. Eng. 23(1977) 77–79

13.45 Macbeth, R. V.: Burn-out analysis. Part 4. Application of a local condition hypothesis to world data for uniformly heated round tubes and rectangular channels. AEEW – Rep. 267, 1963

13.46 Thomson, B.; Macbeth, R. V.: Boiling water heat transfer — burnout in uniformly heated round tubes: A compilation of world data with accurate correlations. AEEW — Rep. 356, 1964

13.47 Bowring, R. W.: A simple but accurate round tube uniform heat flux, dryout correlation over the pressure range 0,7 — 17 MN/m^2 (100—2500 psia). AEEW — Rep. 789, 1972

13.48 Drescher, G.; Köhler, W.: Die Ermittlung kritischer Siedezustände im gesamten Dampfgehaltsbereich für innendurchströmte Rohre. Brennst. Wärme Kraft 33(1981) 416—422

13.49 Kon'kov, H. S.: Experimental studies of the conditions under which heat exchange deteriorates when a steam-water mixture flows in heated tubes. Teploenergetika 12(1965) 77

13.50 Alad'yev, I. G.; Goslov, L. D.; Dodonov, L. D.; Fedynskij, O. S.: Heat transfer to boiling potassium in uniformly heated tubes. Heat Transfer Sov. Res. 1(1969) 14—26

13.51 Wallis, G. B.: One-dimensional two-phase flow. New York: McGraw-Hill 1969

13.52 Watson, G. B. R.; Lee, A.; Wiener, M.: Critical heat flux in inclined and vertical smooth and ribbed tubes. Vth Int. Heat Transfer Conf. Tokyo 1974, Vol. IV, p. 275—280

13.53 Drescher, G.; Hein, D.; Katsaounis, A.; Köhler, W.; Ulrych, G.: Kritische Siedezustände strömender Flüssigkeiten. In: VDI-Wärmeatlas. 4. Aufl. Düsseldorf: VDI-Verlag 1984, Arbeitsblätter Hbc

13.54 Lee, D. H.: Burnout in a channel with nonuniform circumferential heat flux. AEEW — Rep. 477, 1966

13.55 Alekseev, G. V.: Burnout heat fluxes under forced flow. IIIrd Int. Conf. on peaceful uses of atomic energy, Geneva, A/Conf. P. 28/P/327 a, 1964

13.56 Collier, J. G.: Convective boiling and condensation. New York: McGraw-Hill 1972, p. 273

13.57 Köhler, W.: Einfluß des Benetzungszustandes der Heizfläche auf Wärmeübergang und Druckverlust in einem Verdampferrohr. Diss. TU München 1984

13.58 Iloeje, O. C.; Plummer, D. N.; Rohsenow, W. M.; Griffith, P.: A study of wall rewet and heat transfer in dispersed vertical flow. M I T Dept. Mech. Eng., Rep. 727(1974) 18—92

13.59 Collier, J. G.: Post-dryout heat transfer — A review of current position. Proc. Nato-Advanced Study Inst. on Two-Phase Flow Heat Transfer. New York: Hemisphere 1976

13.60 Mayinger, F.; Langner, M.: Post-dryout heat transfer. Proc. VIth Int. Heat Transfer Conf., Toronto 1978, Vol. 6, p. 181—198

13.61 Bennett, A. W.; Hewitt, G. F.; et al.: Heat transfer to steam-water mixtures flowing in uniformly heated tubes in which the critical heat flux has been exceeded. AERE — Rep. 5373, 1967

13.62 Gnielinski, V.: Neue Gleichungen für den Wärme- und den Stoffübergang in turbulent durchströmten Rohren und Kanälen. Forsch. Ingenieurwes. 41(1975) 8—16

13.63 Groeneveld, D. C.: An investigation of heat transfer in the liquid deficient regime. At. Energy Can. Ltd. AECL Rep. 3281, 1969

13.64 Müller, H.-J.: Beitrag zur Untersuchung des Wärmeübergangs an einer simulierten Sekundärkühlzone beim Stranggießverfahren. Diss. TU Clausthal 1972

13.65 Bolle, L.; Moureau, J. C.: Spray cooling of surfaces. In: Multiphase science and technology. Vol. 1. New York: McGraw-Hill 1982, p. 1—97

13.66 Wachters, L. H.: Westerling, N. A.: The heat transfer from a hot wall to impinging water drops in the spheroidal state. Chem. Eng. Sci. 21(1966) 1047—1056

13.67 Wachters, L. H.: De warmteoverdracht van een hete wand naar druppels in de sferoidale toestand. Thesis, TH Delft 1965

13.68 Moureau, J. C.: Le refroidissement des parois métalliques très chaudes par pulvérisation d'eau. Thèse. Univ. Catholique de Louvain 1978

13.69 Savic, P.: The cooling of a hot surface by drops boiling in contact with it. Nat. Res. Coun. Can. Rep. MT — 37, 1958

13.70 Grigull, U.; Sandner, H.: Wärmeleitung. Berlin: Springer 1979, S. 66

Kapitel 14

14.1 Bonilla, C. F.; Perry, C. W.: Heat transmission to boiling binary mixtures. Am. Inst. Chem. Eng. J. 37(1941) 685−705

14.2 Preußer, P.: Wärmeübergang beim Verdampfen binärer und ternärer Flüssigkeitsgemische. Diss. Ruhr-Univ. Bochum 1978

14.3 Stephan, K.; Mayinger, F.: Thermodynamic. Bd. 2. 12. Aufl. Berlin: Springer 1987, S. 200

14.4 Plesset, M. S.; Zwick, S. A. J.: The growth of vapor bubbles in superheated liquids. J. Appl. Phys. 25(1954) 493−500

14.5 Scriven, L. E.: On the dynamics of phase growth. Chem. Eng. Sci. 10(1959) 1−13

14.6 Stephan, K.; Körner, M.: Berechnung des Wärmeübergangs verdampfender binärer Flüssigkeitsgemische. Chem. Ing. Tech. 41(1969) 409−417

14.7 Stephan, K.: Wärmeübergang beim Verdampfen von Gemischen in natürlicher Strömung. Verfahrenstechnik Int. 14(1980) 470−474

14.8 Happel, O.; Stephan, K.: Heat transfer from nucleate to the beginning of film boiling in binary mixtures. Proc. Vth Int. Heat Transfer Conf., Tokyo 1974, Vol. IV, p. 340−344

14.9. Stephan, K.: Heat transfer in boiling of mixtures. Proc. VIIth Int. Heat Transfer Conf., München 1982, Vol. 1, p. 59−81

14.10 Stephan, K.: Einfluß des Öls auf den Wärmeübergang von siedendem Frigen 12 und Frigen 22. Kältetechnik 16(1964) 162−166

14.11 Ivanov, O. P.: Experimentelle Untersuchung des Wärmeübergangs beim Sieden von Freon-Öl-Gemischen. Cholod. Techn. 42(1965) 32−35

14.12 Henrici, H.; Hesse, G.: Untersuchungen über den Wärmeübergang beim Verdampfen von R114 und R114-Öl-Gemischen an einem horizontalen Glattrohr. Kältetech. Klim. 23(1971) 54−58

14.13 Preußer, P.: Wärmeübergang beim Verdampfen binärer und ternärer Flüssigkeitsgemische. Diss. Ruhr-Univ. Bochum 1978

14.14 Grigorjev, L. N.; Usmanov, A. G.: Wärmeaustausch beim Sieden binärer Gemische (russ.). J. Tech. Phys. 28(1958) 325−332

14.15 de Dood, J.: Nucleate pool boiling of pure liquids, liquid mixtures and polymer solutions at subatmospheric conditions. Diss. Univ. Amsterdam 1981

14.16. Bier, K.; Schmadl, J.; Gorenflo, D.: Pool boiling heat transfer to mixtures of SF_6 and CF_3Br at elevated saturation pressures. Proc. VIIth Int. Heat Transfer Conf., München 1982, Vol. 4, p. 35−40

14.17 Schlünder, E. U.: Über den Wärmeübergang bei der Blasenverdampfung von Gemischen. Verfahrenstechnik 9(1982) 692−698

14.18 Stephan, K.; Preußer, P.: Heat transfer and critical heat flux in pool boiling of binary and ternary mixtures. German Chem. Eng. 2(1979) 161−169

14.19 Kutateladse, S. S.: Fundamentals of heat transfer. London: Arnold 1962

14.20 Badger, W. L.; Monrad, C. C.; Ziamonoc, H. W.: Evaporation of caustic soda to high concentrations by means of diphenyl vapors. Ind. Eng. Chem. 22(1930) 700

14.21 Kirschbaum, E.: Wärmeübergang im senkrechten Verdampferrohr in dimensionsloser Darstellung. Chem. Ing. Tech. 27(1955) 248−257

14.22 Rant, Z.: Verdampfen in Theorie und Praxis. 2. Aufl. Frankfurt: Sauerländer 1977

14.23 Sagan, I. I.: Weitere Präzisierung der Kriterienbeziehungen für das Sieden von Flüssigkeiten in Rohren (russ.). Nachr. d. höheren Lehranst. f. Nahrungsmittel-Technologie 1(1961) 106−110

14.24 Feldkamp, K.: Wärmeübergang beim Sieden von wässrigen Lösungen. Preprints IVth Int. Heat Transfer Conf., Paris 1970, Vol. VI, B 7.2

14.25 van Stralen, S. J. D.: Heat transfer to boiling binary mixtures. Brit. Chem. Eng. 4(1959) Part I, 8−17; Part II, 78−82; Part III, 834−840

14.26 van Stralen, S. J. D.: The mechanism of nucleate boiling in pure liquids and in binary mixtures. Int. J. Heat Mass Transfer 9(1966) 995−1046

14.27 van Wijk, W. R.; van Stralen, S. J. D.: Maximale Wärmestromdichte und Wachstumsge-
       schwindigkeit von Dampfblasen in siedenden Zweistoffgemischen. Chem. Ing. Tech.
       37(1965) 509—517
14.28 Afgan, N. H.: Boiling heat transfer and burnout heat flux of ethylalcohol-benzene
       mixtures. Proc. IIIrd Int. Heat Transfer Conf., Paris 1966, Vol. 3, p. 175—185
14.29 Huber, D. A.; Hoehne, J. C.: Pool boiling of benzene, diphenyl and benzene-diphenyl-
       mixtures. Trans. Am. Soc. Mech. Eng., Ser. C. J. Heat Transfer 85(1963) 215—220
14.30 Krushilin, G. N.; Subbotin,V. I.: Proc. IInd Int. Conf. for peaceful use of atomic energy,
       Geneva, paper no. 2144
14.31 Wright, R. D.; Colver, C. Ph.: Saturated pool boiling burnout of ethane-ethylen
       mixtures. Chem. Eng. Progr. Symp. Ser. 65(1969) 204—210
14.32 Noyes, R. C.: An experimental study of sodium pool boiling heat transfer. Trans. Am.
       Soc. Mech. Eng., Ser. C. J. Heat Transfer 85(1963) 125—131
14.33 Farrar, L. C.; Marschall, E.: Film boiling in a scaling liquid. Trans. Am. Soc. Mech.Eng.,
       Ser. C. J. Heat Transfer 98(1976) 173—177
14.34 Bragg, J. R., Westwater, J. W.: Film boiling of immiscible liquid mixtures on a
       horizontal plate. Preprints IV-th Int. Heat Transfer. Conf., Paris 1970, Vol. VI, B7.1
14.35 Hamill, T. D., Baumeister, U. J.: Effect of subcooling and radiation on film boiling heat
       transfer. NASA, Tech. Note D-3925, 1967
14.36 VDI-Wärmeatlas, Berechnungsblätter für den Wärmeübergang. 4. Aufl. Düsseldorf:
       VDI-Verlag 1983, Blätter Fa

Kapitel 15

15.1   Shock, R. A. W.: Evaporation of binary mixtures in upward annular flow. Int. J.
       Multiphase Flow 2(1976) 411—433
15.2   Bennett, D. L.; Chen, J. C.: Forced convective boiling in vertical tubes for saturated
       pure components and binary mixtures. Am. Inst. Chem. Eng. J. 26(1980) 454—462
15.3   Butterworth, D.: Unresolved problems in heat exchanger design. In: Heat exchangers,
       thermal-hydraulic fundamentals and design. Kakaç, S., Bergles, A. E.; Mayinger, F.
       (Eds.) New York: Hemisphere 1981, p. 1095
15.4   Varma, H. K.; Sharma, C. P.: Heat transfer coefficients during forced convective
       evaporation of R12 and R22 mixtures in annular flow regime. Int. Congr. Refrig.,
       Venice 1979, Bl-46

Kapitel 16

16.1   Jakob, M.; Fritz, W.: Versuche über den Verdampfungsvorgang. Forsch. Ingenieurwes.
       2(1931) 435—447
16.2   Fedders, H.: Messungen des Wärmeübergangs beim Blasensieden von Wasser an
       metallischen Rohren. Diss. D 83, TU Berlin 1971
16.3   Danilowa, G. N., Belskij, W. K.: Untersuchung der Wärmeabgabe beim Sieden von
       Freon 113 und 12 in Rohren mit verschiedener Rauhigkeit (russ.). Cholod. Techn.
       42(1965) 24—31
16.4   Danilowa, G. N.: Der Einfluß des Druckes und der Siedetemperatur auf den
       Wärmeübergang beim Sieden von Freonen (russ.). Cholod. Techn. 42(1965) 36—42
16.5   Berenson, P. J.: Experiments on pool-boiling heat transfer. Int. J. Heat Mass Transfer
       5(1962) 985—999
16.6   Schimmelpfennig, K.: Über den Einfluß künstlicher Dampfblasenkeimstellen auf den
       Siedevorgang. Diss. D 83, TU Berlin 1973
16.7   Nix, G. H.; Vachon, R. I.; Hall, D. M.: A scanning and transmission electron microscopy
       study of pool boiling surfaces. Preprints IVth Int. Heat Transfer Conf., Paris 1970,
       Vol. V, B 1.6
16.8   Almgren, D. W.; Smith, J. L.: The inception of nucleate boiling with liquid nitrogen.
       Trans. Am. Soc. Mech. Eng., Ser. B. J. Eng. Ind. 91(1969) 1210—1216

16.9   Vachon, R. I.; Nix, G. H.; Tanger, G. E.; Cobb, R. O.: Pool boiling heat transfer from Teflon-coated stainless steel. Trans. Am. Soc. Mech. Eng., Ser. C. J. Heat Transfer 91 (1969) 364–370

16.10 Young, R. K.; Hummel, R. L.: Improved nucleate boiling heat transfer. Chem. Eng. Progr. Symp. Ser. 61 (1965) 264–270

16.11 Huelle, Z. R.: Leistungssteigerung eines Luftkühlers durch Beeinflussung der Kältemittelströmung. Kältetech. Klim. 23 (1971) 198–202

16.12 Offenlegungsschrift Deutsches Patentamt 1919556, Patentanmeldung der Union Carbide, USA

16.13 Vachon, R. I.; Tanger, G. E.; Davis, D. L.; Nix, G. H.: Pool boiling on polished and chemically etched stainless-steel surfaces. Trans. Am. Soc. Mech. Eng., Ser. C. J. Heat Transfer 90 (1968) 321–328

16.14 Union Carbide High Flux Tubing. Firmenschrift der Union Carbide, USA

16.15 DBP 155142

16.16 Stephan, K.; Mitrović, J.; Heat transfer in natural convective boiling of refrigerants and refrigerant-oil-mixtures of T-shaped finned tubes. Adv. Enhanced Heat Transfer, Am. Soc. Mech. Eng. HTD-vol. 18 (1981) 131–146

16.17 Kirschbaum, E.: Neues zum Wärmeübergang mit und ohne Änderung des Aggregatzustandes. Chem. Ing. Tech. 24 (1952) 393–400

16.18 Brooks, C. H.; Badger, W. L.: Heat transfer coefficients in the boiling section of a long-tube natural circulation evaporator. Trans. Am. Soc. Chem. Eng. 33 (1937) 392–416

16.19 Elrod, W. C.; Clark, J. A.; Lady, E. R.; Merte, H.: Boiling heat transfer data at low heat flux. Trans. Am. Soc. Mech. Eng., Ser. C. J. Heat Transfer 88 (1967) 235–243

16.20 de Dood, J.: Nucleate pool boiling of pure liquids, liquid mixtures and polymer solutions at subatmospheric conditions. Diss. Univ. Amsterdam 1981

16.21 Papaioannon, A. T.; Konmolitsoi, N. G.: The effect of polymer additives on nucleate boiling. Proc. VIIth Int. Heat Transfer Conf., München 1982, Vol. 4, p. 67–72

16.22 Hampe, M. J.: Zur Thermodynamik der Transportprozesse in Grenzflächensystemen. Diss. TU München 1980

Namenverzeichnis

Sachverzeichnis

Stephan/Mayinger

Thermodynamik

Grundlagen und technische Anwendungen

Band 1
Einstoffsysteme

12., neubearbeitete und erweiterte Auflage. 1986. 214 Abbildungen, 2 Tafeln in der Tasche. XVIII, 511 Seiten.
Gebunden DM 86,-. ISBN 3-540-15751-4

Inhaltsübersicht: Liste der Formelzeichen. – Aufgaben und Grundbegriffe der Thermodynamik. – Das thermodynamische Gleichgewicht und die empirische Temperatur. – Der erste Hauptsatz der Thermodynamik. – Der zweite Hauptsatz der Thermodynamik. Thermodynamische Eigenschaften der Materie. – Thermodynamische Prozesse. – Strömende Bewegung von Gasen und Dämpfen. – Der Luftstrahlantrieb. – Die Grundbegriffe der Wärmeübertragung. – Anhang: Dampftabellen. Lösungen der Übungsaufgaben. Namen- und Sachverzeichnis. Tafel A: Mollier h, s-Diagramm des Wasserdampfes. Tafel B: Mollier log p, h-Tafel von Ammoniak.

Band 2
Mehrstoffsysteme und chemische Reaktionen

12., neubearbeitete und erweiterte Auflage. 1987. 135 Abbildungen. Etwa 430 Seiten. Gebunden DM 88,-.
ISBN 3-540-17889-9

Band 2 beschäftigt sich mit den Mehrstoffsystemen und den chemischen Reaktionen in einem Umfang, wie er vor allem für die Ausbildung und Tätigkeit des Verfahrens-Ingenieurs erforderlich, aber auch für den Energie-Ingenieur sehr nützlich ist. Wesentlich erweitert und aktualisiert wurden die Ausführungen über die Berechnung der Zustandsgrößen, Phasengleichgewichte und deren Anwendung auf thermische Trennprozesse. Der Stoff wird wissenschaftlich streng, jedoch anschaulich und praxisnah dargestellt. Zahlreiche Übungsaufgaben dienen nicht nur dazu, sich in die Thematik einzuarbeiten, sondern auch zur Bearbeitung von Problemen der Praxis. Alle Tabellen und Diagramme wurden auf den neuesten Stand gebracht.

Springer-Verlag
Berlin Heidelberg New York
London Paris Tokyo